实物保护系统设计与评估

（第2版）

［美］Mary Lynn Garcia　著

军工保密资格审查认证中心　译

電子工業出版社
Publishing House of Electronics Industry
北京 • BEIJING

内 容 简 介

本书分三部分，共16章。第一部分为定义系统目标（第2～4章），该部分主要从目标定义、设施表征、威胁定义、防护目标辨识等方面深入分析了定义系统目标和威胁分析的相关内容。第二部分为实物保护系统的设计（第5～12章），该部分从实物保护系统的设计标准和关键要素出发，详细介绍了包括入侵报警探测、视频复核、报警通信与显示、出入口控制等子系统的设计方法、关键设备的功能性能指标、选型依据、环境适应性等内容。第三部分为系统分析与评价（第13～16章），通过搭建计算机分析模型，进行风险分析和判别，评价系统设计的合理性，判定防护的有效性。

本书是实物保护系统工程设计、风险评估领域的专业著作，适用于从事安全保卫、安全防范工程设计、安全防范风险评估等相关专业从业者阅读和学习。

Design and Evaluation of Physical Protection Systems, 2nd Edition Mary Lynn Garcia ISBN: 9780750683524

图书在版编目（CIP）数据

实物保护系统设计与评估：第2版/（美）玛丽 • 琳 • 加西亚（Mary Lynn Garcia）著；军工保密资格审查认证中心译. —北京：电子工业出版社，2017.3

书名原文：The Design and Evaluation of Physical Protection Systems, Second Edition

ISBN 978-7-121-30762-1

Ⅰ. ①实…　Ⅱ. ①玛…　②军…　Ⅲ. ①安全系统－系统设计②安全系统－安全评价　Ⅳ. ①X913

中国版本图书馆 CIP 数据核字（2016）第 322435 号

策划编辑：秦绪军　徐蕾薇
责任编辑：王凌燕
印　　刷：三河市华成印务有限公司
装　　订：三河市华成印务有限公司
出版发行：电子工业出版社
　　　　　北京市海淀区万寿路 173 信箱　邮编　100036
开　　本：787×1 092　1/16　印张：21.25　字数：544 千字
版　　次：2017 年 3 月第 1 版
印　　次：2017 年 3 月第 1 次印刷
定　　价：78.00 元

凡所购买电子工业出版社图书有缺损问题，请向购买书店调换。若书店售缺，请与本社发行部联系，联系及邮购电话：（010）88254888，88258888。

质量投诉请发邮件至 zlts@phei.com.cn，盗版侵权举报请发邮件至 dbqq@phei.com.cn。

本书咨询联系方式：（010）88254467。

.Foreworo

序言

法国物理学家贝克勒尔1896年发现了铀原子核的天然放射性，开启了原子核物理学的大门；居里夫妇对人工放射性的研究，进一步推动了现代核物理学的发展；美国在20世纪40年代启动了“曼哈顿计划”，并在广岛和长崎投掷的两颗原子弹，更是将令世人恐怖的“终极武器”带入人间。

第二次世界大战结束之后，世界大国竞相开展核技术研究，建立了大量的核设施，生产了数量可观的核材料，以核电站为代表的核技术应用得到推广。在取得这些成就的同时，也随之带来了新的课题，即如何防范各类威胁造成的影响和破坏，如何有效地保护核设施与核材料。因其危险性与复杂度，核设施保护也被誉为世界安全防范领域的“皇冠”。实物保护系统（PPS）——核设施与核材料的安全防范体系——应运而生，已成为国际核安全体系的重要组成部分，在我国核设施保护工作中也在广泛应用。

由国防科工局军工保密资格审查认证中心组织翻译并出版的《实物保护系统设计与评估》是由美国桑迪亚国家实验室研究人员所编写的，该实验室作为国际著名实物保护技术研究机构，自成立以来长期致力于实物保护系统的风险理论、防护技术、产品检测、系统集成等研究开发工作，积累并形成了大量理论基础与实践经验。其研究成果在9·11事件后被广泛应用于美国关键基础设施保护计划，从核设施保护出发，向涉及国家安全的多个行业领域拓展并延伸。本书既展现了实物保护系统的基础理论、设计过程和效能评估，也针对新的威胁变化探讨了新技术的应用前景，具有较强的实践指导和借鉴意义。

2014年，习近平总书记提出“坚持总体国家安全观，走出一条中国特色国家安全道路”。总体国家安全观深刻而全面地揭示了中国新时期安全与发展的关系，是国防科技工业安全、保卫、保密工作的指导思想。随着形势、任务、环境的发展和变化，需要我们认真贯彻落实总体国家安全观，采取更加切实有效的工作方法和手段，不断加强国防科技工业的安全防范水平。希望本书能够给大家以启示和帮助，从中学习和借鉴国外的成熟经验与做法，探索并构建适应我国国情和行业特点的安全防范系统，从而更好地加强安全防范系统建设，提升安全防范能力，为武器装备科研生产保驾护航，为国防和军队现代化建设作出自己应有的贡献。

蔺建勋

.Preface

前言

本书首次出版时间是在 2001 年 4 月，恰好在 9 • 11 恐怖袭击的数月之前。我个人感到很欣慰的是这意味着该书可为解决这些因袭击而引发的安全问题提供帮助。同时，书中不包含介绍这些新型威胁的动机和能力的细节内容。我们无论如何也绝对想不到此类袭击会针对平民目标。9 • 11 袭击完完全全属于那种高风险低概率事件，需要高度重视现有的细节问题，本书介绍的方法对此可有效应对。

从那时起，我们的世界经历了太多的变化，特别是在平民安全方面。阿富汗战争和伊拉克战争为恐怖分子提供了训练土壤；马德里、伦敦和孟买列车袭击案、巴黎夜总会爆炸案，还有对俄罗斯别斯兰中学的恶毒袭击，这些例子全是针对日常生活中普通民众新兴的威胁策略。虽然我们对威胁能力的演变已不陌生，但对手为其理想信念而战的狂热努力业已促使平民提高了安全意识，如果你询问自从 9 • 11 袭击后乘坐飞机的任何人，他们均会给出肯定的答复。在新的环境中，我们需要重新审视有效安全的原则与理念，并进行必要的更新。

本书大部分是针对自 9 • 11 以来新兴的威胁能力、法律及其他的变化，探讨了未来可能有用的一些新兴技术。对这些新兴技术，我们在第 6 章“室外入侵报警探测器”设计了一张成熟模式图，可用作选择防范对手威胁新技术的指导。此外，无论哪种应用，其安全基本原则是相同的，同时新增了一章专门讨论这些原则在高级防护、货物地面运输和网络系统（计算机及网络）中的应用。本书还探讨了使用抑制（用以挫败在袭击时使用武力的对手）作为衡量设施响应和风险评估的另一项性能指标。

本书是作者在最近出版有关《脆弱性评估》（VA）一书（在本书相应章节内提及）之后的又一新作。这两本书互补映衬，《脆弱性评估》一书介绍了如何运用程序验证资产的有效保护，而本书则介绍了验证的全过程及方法。

与第一版相同，本书介绍了一种解决问题的方法，探讨了在设计系统前需要定义和理解的专题，并阐述了实施前评估设计的方法。本书描述了现有的支持安全系统许多部件的使用，但主要是讲述如何整合这些要素并形成一个高效的系统。此过程最出色之处是风险评估，预测防护系统如何完善和帮助高级管理层量化其余的风险，做出明智的决策。本过程的核心是系统工程领域。所有选择必须考虑其成本和性能效益，我们实施的这些要素需要科学和工程原理及测试数据支撑，才能满足用户目标要求。

对于如此众多的工作，我在此要特别感谢以下人士：桑迪亚的杰克·杜厄尔、格雷格·艾伯宁、弗兰克·格里芬、布鲁斯·格林、约翰·亨特、威利·琼斯、米利阿姆·明顿、达勒·穆雷、辛迪·尼尔森、恰克·莱克德、查尔斯·瑞格尔、JR·拉塞尔、史蒂夫·斯哥特、马克·斯奈尔、里根·斯汀奈特、戴夫·斯瓦哈兰、德鲁·沃尔特、罗恩·威廉姆斯、托米·伍达尔及丹尼斯·米约什。感谢他们为本书提供的专家信息，如有任何差错，均由本人负责。尽管有多处重复，但本书的论述绝对是真实的。爱思唯尔巴特沃思海涅曼公司的帕姆·切斯特尔、马克·利斯特文涅克、简·索西、凯利·维沃、格里格·德扎恩·奥海雷、加涅桑·穆鲁吉桑和雷纳塔·高巴尼快捷高效地完成了出版程序。本人还要感谢马克·波托克及南方反贫穷法律中心，允许第3章“威胁定义”使用其地图，康泰克集团的杜恩·乌兹以及德尔塔科技公司的戴维·迪克因森为第11章“访问延迟”提供的插图。第16章“流程应用”得到桑迪亚国家实验室以外其他人的专业协助，特别感谢乔·卡隆和迪克·莱弗尔的专业指导及其提供的有关高级防护稿件，威斯顿·亨利提供了网络安全一节。最后，特别感谢杜格、福兹和凯西。

本书首次面世，希望对您有所帮助！

利·莱恩·加西亚

.Contents

目录

Chapter 1

第1章

实物保护系统的设计与评估

实物保护系统（PPS）集人员、程序和设备于一体，用于防范资产或设施被盗、受破坏或其他人的恶意攻击。有效的实物保护系统设计需要使用系统性方法：设计师需要权衡实物保护系统的目的与可用的资源，评估提出的设计，确定如何才能满足这些目的。如果没有这种悉心评估，实物保护系统就有可能会在无必要的防护上浪费宝贵的资源，甚至会出现无法对设施的重要节点提供充分的防护。例如，最不明智的是设施内员工咖啡厅采用了与中央计算区同样的防护等级。同样，如果对设施主要入口提供了最高级防卫，但咖啡厅进货地点却不设防，人员能够随意进出，这也是浪费。即使通常进行的是同样活动，然而每座设施均有其特别之处，因此，此系统方法允许灵活使用适合当地条件下的安全工具。

本章其他部分论述了设计和分析实物防护系统的过程。本书提出的方法与桑迪亚国家实验室设计重要核设施实物防护系统使用的方法相同（威廉姆斯，1978）。在过去的25年，此方法和支持工具的开发及验证得到了能源部（DOE）的资助，总计超过2亿美元。虽然其他的工业和政府资产不需要使用像核武器场所那样的最高级防护，但是不管是保护生产设施、炼油厂还是零售商店，其方法是相同的。该方法的基础是综合的、基于性能的系统设计。而对于诸如传感器、视频或响应时间的系统各部分，其性能指标（如验证合格的数字特征）采用模型，预测系统应对已知威胁的性能。依据设施系统性能上升和相关风险下降的量化结果，将此效能措施用作系统投资或升级的理论基础。对比成本与系统改进，支持分析成本效益。通过以下程序，在设施界限和预算之内，系统设计师可对业务单元、技术和刑事司法进行最有效的设计。但是，在更全面地介绍本程序之前，首先需要区分一下安全与保安。

1.1 安全与保安

在本书中，安全是指在诸如洪灾、火灾、地震、电路故障或事故等异常环境中系统的运行，而保安是指用于防范或探测对手恶意人为攻击的系统。两者之间有些重叠，如火警处置上可能是相同的，无论火灾是由于电线短路或恐怖爆炸所致。但是如果火灾是由对手所致，它就有助于认清火灾有无电源的推理。只要有燃料和氧气，火就会燃烧；如果消除这些要素，火就会熄灭。另外，对手恶意的人为攻击，要求我们认清对手适用的及最终攻击安全系统的能力。

如果出现诸如火灾那样重要的安全事件，保安人员明确的职责是协助，不损害设施的安全状态。除此之外，保安人员不应过度承担安全方面的任务，因为一旦出现紧急情况时，就会增加设施出现保安事件的危险，特别是如果此事件是对手制造的用来分散注意力或可利用的机会。此外，保安人员可能不具备应对安全事件的专业知识或没有受过专业培训。例如，出现火灾时，不应指望保安人员关闭电源或设备。这一职责最好交给熟悉设备、电源或生产线运行和维护的人员负责。应开发、理解和演练阐述这些事件中保安人员作用的程序，确保合适的防护和安全等级。

1.2 威慑

防范设施的盗窃、破坏和其他恶意行为有两种途径：威慑或挫败对手。威慑是通过使用让潜在对手认为难度太大而无法逾越的措施取得的；对手对该设施不再有兴趣，迫使其放弃或绝不会再尝试攻击。威慑作用方面的例子，如在停车场驻守保安人员、夜间灯光充足、设置标志和使用障碍物，如窗户安装护栏。这些措施的特点是：通常发生袭击时缺乏其他的防护层次。威慑对阻止对手袭击很有帮助，但在防范选择性攻击目标的对手方面，则作用不明显。

只依据对手未挑战某个系统就断定该系统的效能是不合理的。实物保护系统的威慑作用难以测量，只依赖成功的威慑会产生风险，因此本书对辅助功能未作进一步的探讨。另一方面，真正的实物保护系统威慑价值可能非常高，在受到袭击时，它可为资产提供保护。本书目的是介绍开发有效实物防护系统设计、验证其性能的程序，将改进系统效能与成本联系起来。应用此程序可使实物保护系统设计在实际袭击中保护资产，并通过威慑获得更多的利益。

目前研究威慑可测量和长期价值的成果很多，这些可纳入到保护系统设计。但是，到目前为止，还没有支持威慑作用效益的有效统计信息。同时，有些研究表明威慑使用效果并未达到所期望的效果（斯瓦加辛格姆和谢菲德，1999）。

1.3 程序概述

有效的实物保护系统设计包括确定实物保护系统的目的、实物保护系统的初始设计或特性描述、设计评估和在许多情况下系统的重新设计或细化。要制订这些目标，设计师开始时就必须收集设施运行和各种条件的信息，如设施、运行状态以及物理防护要求的综合描述。接下来，设计师需要识别威胁，包括考虑潜在对手的因素，如级别、能力和战术的范围。下一步，设计师应识别目标。目标可能是物理资产、电子数据、人员或可能影响业务运行的任何事务。现在设计师理解了实物防护系统的目的，即设计目标的防护内容。再下一步就是设计新的系统或描述现有系统特征。如果是设计新系统，就必须整合人员、程序和装备以满足该系统的各项指标。如果是现成的系统，就必须表征建立一条绩效基线。完成设计或表征后，必须分析和评估该实物防护系统，确保其满足实际防护目标的要求。评估必须将特征组合在一起来确认防护作用，而不是分别考查每项功能。因防护系统复杂，评估通常需要使用建模技术。如果发现任何漏洞，初始系统必须重新设计，修复其脆弱性并进行重新评估。

1.3.1 实物保护系统设计和评估程序——目的

图 1.1 所示为实物保护系统方法。如上所述，程序第一步是确定保护系统的目标。为规划这些目标，设计师必须表征（理解）设施的运行和各项条件、定义威胁和识别目标。

描绘设施运行和条件需要制作一份设施本身的全面描述（现场界限位置、建筑物位置、建筑物内部平面图、进出地点），还要描述设施内部的过程，以及识别现有的物理防护特征。此信息来自多个途径，包括设施设计图纸、过程描述、安全分析报告和环境影响报告。除获取和审查上述文件外，有必要现场巡视该设施并采访设施人员，理解该设施实物保护要求、评价其运行和安全约束，这些都是必须要考虑的。因每座设施各不相同，所以程序必须紧随每次识别的需求，通常必须全面协调折中方案，以便能在安全和高效环境中持续运行，同时保持实际防护。其他要考虑的因素还包括理解可靠性、必须遵守的法律或管理要求。

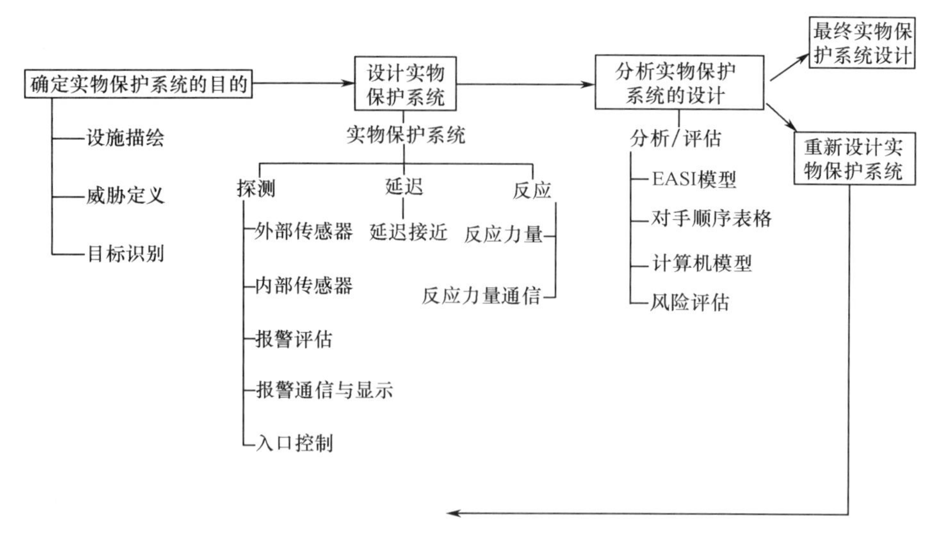

图 1.1　实物保护系统的设计与评估程序

该程序开始是明确目标，然后是设计系统满足目标要求，最后是比较目标，评估系统的性能。

接下来是必须定义设施威胁。必须收集信息，解决有关对手的三个问题：

（1）要考虑的对手级别是什么？

（2）对手的战术范围是什么？

（3）对手的能力如何？

可将对手分为三个层次：外来人员、内部人员和内外人员勾结。对各层次对手，应考虑其战略的全部范围（欺骗、武力、隐身或这些的组合）。欺骗是使用假授权和身份，尝试攻破安全系统；武力是指跳过、强行攻克安全系统；隐身是指秘密攻破威慑系统并进入设施的尝试。

任何现有设施都可能有多种威胁，如外部犯罪人员、心存不满的员工、竞争对手或上述人员的某些组合，因此实物保护系统必须设计防范所有这些威胁。选取最可能的威胁，设计出防范此威胁的系统，然后优化该过程，测试检验系统防范其他威胁的性能。

最后，识别设施目标。目标可能包括重要资产或信息、人员或重要区域和程序。这需要对设施及其资产进行全面审查，解决诸如“如果该设备受到破坏，会造成什么损失”等问题，这将有助于识别最脆弱的资产或设备，或出现无法接受的后果。

利用从设施表征、威胁定义和目标识别获得的信息，设计师能够确定实物保护系统的防护目标。例如，某个防护目标可能是拥有手工工具和车辆的犯罪对手，应在装卸码头运走 CPU（中央处理器或微机）成品之前进行阻止。确定目标的过程有点递归性，即威胁定义取决于目标识别，反之亦然。此递归应可预计，表明防护系统目标之间复杂的关系。

1.3.2　实物保护系统设计和评估程序——设计实物保护系统

如果是设计新的实物保护系统，此程序下一步是确定如何最好地组合栏杆、障碍物、传感器、程序、通信设备和保安人员等要素，形成一个可实现防护目标的实物保护系统。设计出的最终实物保护系统应在设施运行的安全、法规和经济条件界限内，满足这些目标要求。实物保护系统的主要功能是探测对手、造成对手延迟并由保安人员（保卫力量）响应处置。

实物保护系统设计过程应遵循某些指南。如果探测距离目标越远且延迟最靠近的目标，则实物保护系统的性能越好。另外，探测（外部或内部）与评估之间密切相关，设计师应认识到没有评估的探测不是探测。另一项密切联系是响应与响应力量通信之间的关系。响应力量在收到呼叫呼应通信前，无法做出反应。实物保护系统组件和其他的特定功能帮助设计师确保发挥每件装备的优势，组合使用装备，相互补充，防范任何漏洞。

1.3.3　实物保护系统设计和评估程序——评估实物保护系统

开始实物保护系统设计的分析和评估时，要审查和全面理解设计的系统必须满足的防护目标。这可能只需简单检查实物保护系统所要求的特征，如入侵检测、入口控制、接入延迟、响应通信和响应力量。但是，基于所需特征设计出的实物保护系统，预计将不会变成一个高性能系统，除非这些特征在一起使用时能够充分保证相应的防护等级。现在可用更高级的分析和评估技术，估算实物保护系统达到的最低性能水平。这些技术包括定性和定量分析。设计保护高价值重要资产的系统通常需要进行定量分析。保护较低价值设施的系统则使用不严格的定性方法进行分析。为完成定量分析，必须获得系统组件的性能数据。

正在使用中的现有设施实物保护系统通常无法对系统进行全面检测。此类测试会极大影响设施的运行，影响生产进度以及安全效能（即出现一项漏洞）。由于无法进行直接的系统性测试，评估方法依据组件子系统的性能测试，运用系统建模技术，将估算的组件性能组合成系统性能进行估计。

本阶段设计和分析程序的最终结果是评估系统脆弱性。分析实物保护系统设计将会发现设计已有效达到防护目标或发现漏洞的要求。达到防护目标后，设计和分析过程即结束。但是，应定期分析实物保护系统，以确保原防护目标一直生效且该防护系统持续满足要求。

如果发现实物保护系统不起作用，则可确定系统的脆弱性。设计和分析周期的下一步是重新设计或升级初始防护系统设计，修复记录到的脆弱性。可能还需要重新评估实物保护系统目标，分析重新设计的系统。此循环应连续进行直至结果表明该实物保护系统符合保护目标要求。

1.4　实物保护系统设计

系统可以解释为组件或元件的综合集成，按方案设计达到某项目标要求。系统设计师心中必须有该系统的最终目标。实物保护系统的最终目标是防止实施恶意跳过或秘密活动。典型目的是防范重要设备被破坏、资产或设施内信息被盗，并保护人员（高级防护或工作场地暴力）。实物保护系统必须通过组合威慑，或探测、延迟或响应来实现其目的。

实现实物保护系统探测和延迟功能是使用装备和警卫。设施警卫通常做出响应。使用装备与警卫一定要平衡。在不同条件和应用中，通常满足一个目标是较好的选择。随着技术进步，混合装备与警卫将会改变和提高系统效能。防护系统成功的关键是将人员、程序和装备整合为一套系统，保护设施不受对手的恶意攻击。

探测、延迟和响应是有效实物保护系统规定的所有功能。这些功能必须按顺序并在低于对手完成其任务所需时间以内发挥作用。设计完备的系统可提供深度防护，最大限度地降低组件故障的影响，并展示出均衡的保护能力。另外，设计程序要依据性能指标而非功能标准，应按对整个系统性能的贡献大小选择元器件和程序。性能指标还应可测量，协助分析设计出的系统。这些原则将在第5章“实物保护系统（PPS）设计”中进行更详细探讨。

1.5 实物保护系统功能

实物保护系统功能的目的是阻止对手成功完成对设施的恶意行动。实物保护系统必须能够发挥多种作用。其主要作用是探测、延迟和响应。由于评估该系统需要全面理解这些功能的定义以及衡量每项功能的效能，所以详细研究系统的功能极为关键。重要的是要注意只有成功探测才能有效延迟。谨记系统目标是保护设施，防范恶意对手。要发挥此系统目标的效力，必须能察觉到袭击（探测）和延缓对手向目标的进程（延迟），因而使响应力量有充足时间阻断或终止对手的行动（响应）。

1.5.1 探测

探测就是发现对手行动，包括侦测其秘密活动或公开行动。衡量探测功能的效能是侦测对手行动的可能性，报告及评估报警所需的时间。这两项措施主要是评估具体传感器的探测概率。实物保护探测功能包含入口控制。入口控制指允许授权人员进入和探测非法人员及材料的试图进入。衡量入口控制的效能是通行能力、错误接受率和错误拒绝率。通行能力定义为假设所有试图进入的人员均是合法进入的，在单位时间允许合法人员访问的数量。错误接受率是允许虚假身份或证书进入的比率，而错误拒绝率是阻止授权人员访问的频率。

响应力量也可进行探测。处于固定岗位或巡逻中的警卫在感知侵入时有着重要作用。但是，此决定必须仔细考虑。一旦启动报警和收到报告，即开始评估。有效的评估系统提供了与探测相关的两类信息。此信息包括该报警是有效报警还是滋扰报警，以及报警的原因细节——何事、何人、何地及多少人。

1.5.2 延迟

作为实物保护系统的第二功能，延迟用于延缓对手进程，它可通过人员、障碍物、锁和启动延迟实现。如果响应力量处于固定的和防护良好的位置，则可以将其视作延迟要素。衡量延迟效果是对手（在探测后）绕过各延迟要素所需的时间。尽管对手可能会在被发现前受到延迟，但该延迟对实物保护系统效果没有意义，因为它未对处置对手提供额外的时间。探测前延迟主要是形成一种威慑。

1.5.3 响应

响应功能是响应力量阻止对手成功所采取的行动。响应包括阻断和压制。阻断是到达相应位置阻止对手进程的响应人员的数量，包括向响应力量通报有关对手行动和部署响应力量的准确信息。压制描述了阻断后响应者的行动和效果。主要衡量响应效能的是从收到对手行动通信到阻断对手行动之间的时间。主要衡量响应时间，因为响应者必须处于正确的位置才能压制对手。在没有立即响应的现场，设想资产可能丢失，这是个可接受的风险。在此情况下，主要的响应可能是事件损失后调查、资产恢复及刑事检控。

部署是指响应力量从收到通信起直至力量处于阻断对手位置的行动。此功能效果衡量是部署到对手位置的概率和部署响应力量所需的时间。

1.6 设计目标

我们已讨论过实物保护系统探测、延迟和反应功能的效能及其关系。另外，系统所有的硬件单元必须正确安装、维护和运行。实物保护系统程序必须与设施运行和程序相兼容，必须随时保证安全和目标运行正常。工程设计完好的实物保护系统应基于合理的原则，包括纵深防护、最低的组件故障影响和均衡防护。这些原则中的每一项都将在第5章“实物保护系统（PPS）设计”进行更详细的探讨。

1.7 设计标准

设计必须包括评估设计元件的标准（要求和技术指标）。使用性能标准的设计过程将依据对整个系统性能的作用大小，选择部件和程序。衡量的效果将是整个系统的性能。

特征标准（也称为基于合规）方法就是选择满足现有某些项目要求的元件或程序。有效性衡量就是提出这些特征。在适用于实物保护系统的规定或要求中，一般要避免使用某项特征标准方法，或要特别仔细。除了细心以外，特征标准方法还可能使用检查表方法，依据有无要求的特征确定系统能力。很明显这并不需要，因为我们要关注的是整个系统性能，而不仅仅是系统特征或组件的有无。例如，某一周边探测系统性能标准是该系统能够探测到采用袭击方法正在移动的入侵者。而同一探测系统的某项特征标准可能是该系统包括两种不同传感器类型。

性能衡量

本书提出的设计和评估技术支持基于性能的方法，满足实物保护系统的目标要求。但是，很多组件技术材料适用于性能标准或特征标准设计方法。实物保护系统功能的性能指标包括探测概率；报警通知和评估的概率及时间；滋扰报警频率；克服障碍物时间；对响应力量准确沟通的概率和时间；响应力量部署至对手位置的概率；部署至某一地点的时间以及部署后响应力量的效能。

1.8 分析

实物保护系统是探测、延迟和响应单元的一个复杂配置组合。利用计算机技术可分析实物保护系统并评估其效能（本奈特，1977；查普曼和哈兰，1985）。此技术可发现系统缺陷、评估改进和比较成本效益。这些技术适用于分析单个地点的实物保护系统。此外，这些技术可用于评估某个现有防护系统或提出的系统设计。

对手目的就是在实物保护系统受到可能最小的影响下，找到一条通向目标的通道。为此，对手会尽力减少越过此途径所需的时间。策略包括降低被发现的概率，穿透障碍物。如果在警卫响应前对手已越过该路径，则他就成功了。换言之，对手可能试图不考虑所需时间，将被发现的概率降至最小。在此情况下，如果对手不被发现而越过了该路径，那么他就获得了成功。

本书使用的衡量阻止对手效果指标是及时探测。及时探测是指当对手还处在路上时，响应力量有充裕时间在某点阻断对手的累计概率。沿此路径的延迟单元决定了必须发现对手的地点。此地点是通过该道路剩余地段的最短延迟，刚刚超出警卫的响应时间。阻断概率（P_1）是从路径起点至按警卫响应所剩时间确定地点的发现累积概率。P_1 值用于衡量实物保护系统效能。在中等现场反应（通常配备武器）严密防范的设施中，另一项响应措施是压制（P_N）概率，即阻断后挫败对手。

1.9 实物保护系统设计与风险的关系

实物保护系统的设计和分析包括确定实物保护系统的目的、表征实物保护系统设计与评估，以及可能的系统重新设计或细化。此过程开始时必须收集设施信息、定义威胁，然后识别目标。确定设施是否有吸引力主要是基于获取该资产的难易程度及其价值。下一步是通过定义探测、延迟和响应单元，表征实物保护系统设计，然后分析和评估实物保护系统，确保符合实物保护目标。评估必须将功能合并在一起才能保证防范，而不是分别研究每项特征。

本书介绍的方法的基本前提是实物防护的设计和分析必须是一套综合系统。在此方法中，按照探测、延迟和响应整体对实物保护系统的作用大小，权衡其所有组件。在更高级层面，设施业主必须平衡实物防护系统的效能与可用的资源，然后评估拟定的设计。未经严谨、明确和分析性评估，实物保护系统可能会将有价值的资源浪费在无必要的防护上，甚至会无法对重要地点设计提供充分的防护。由于防护系统复杂，通常的评估需要使用计算机建模技术。如果发现任何漏洞，初始系统必须重新设计，以校正其脆弱性并进行重新评估。然后，计算系统的整体风险。如果对手能够到达目标，该风险应规范至“后果严重”。这意味着损失某项资产的结果是由 0 和 1 之间的数值表示，其中最大的损失结果表示为 1，其他低后果损失相应地分配较低的值。此方法将设施损失后果由特别严重不可接受下降至非常低或无影响。这些将在第 4 章“目标辨识”中进行说明。接下来，设施管理者能够对剩余的风险数量，以及它是否可接受作出判断。

使用的风险公式为

$$R = P_A \cdot [1-(P_E)] \cdot C$$

公式每一项在文中均有全面阐述。此时，应充分注意实物保护系统效益衡量，P_E，将袭击概率（P_A）与损失结果（C）联系起来以确定风险。另外，P_E 是阻断概率（P_1）和抑制概率（P_N）的根，前提是阻断和抑制是响应的组成部分。

一旦确定风险值，安全经理可依据科学的、可测量及优先性分析，判断资金支出。将此信息提交给公司或设施的行政经理，表示如何减轻安全风险和可承受多大的风险。此分析可用作探讨可承受多大的安全风险基础，或根据风险水平增加或降低预算。此分析还可用于向管理部门展示已进行的对设施安全的全面审查情况，制订合理的措施保护人员和设施。此分析可规定假设的设施情况（威胁、目标、风险级别），表示系统设计并提供支持系统效能衡量的详细信息。

此过程只阐述了评估出的安全系统及其效能风险。应注意某个设施或企业可能有多个风险领域，安全只是其中的一部分。商业企业需要考虑的其他风险领域包括金融风险管理、风险金融、财产、净收入金融、员工福利、环保健康和安全以及财产工程（祖克曼，1998）。应清楚安全计划是公司保护设施不受人为恶意威胁的关键。安全经理可分配可用的资源，为公司资产提供最好的保护并根据面对的威胁做出应对，调整资源配置。在公司体制中，这属于安全经理或主管的职责。

1.10 小结

本章介绍了实施实物防护系统使用的一项系统性和可测量方法。它强调了延迟、响应及探测的作用，简要说明了这些功能之间的关系；对比了威慑对手与挫败对手，提出不应依赖威慑保护资产；介绍了实物保护系统各个组件的专用指标衡量，以及如何组合这些指标支持成本效益分析。此过程强调综合运用人员、程序和装备组成一体化系统来满足保护目标的要求。为此，介绍了安全与保安之间的区别，强调了事故或自然灾害与恶意人为攻击之间的区别。

本书其他章阐述了该方法的具体细节。所提出的概念整体上有些专用于安全行业，但在过去 25 年中，已证明在保护重要核设施方面也卓有成效。尽管某个具体设施可能不需要相同级别的防护，或拥有相同的不可接受的高损失后果——丢失一件核武器或材料可能造成数以千计人员死亡，而零售店丢失一件珠宝则损失很小——但本书介绍的这些程序仍适用于防范目标不受相应威胁。最终，它得出有效的系统设计，解释了为什么要使用某些保安组件，它们对系统效能的作用多大，以及该系统如何减小对设施或公司总的风险。

1.11 参考文献

[1] 本奈特，H.A. 物理安全评估的 EASI 方法. 兰德报告*7605000 1977 年；第 1-35 页.
[2] 查普曼，L.D，哈兰，C.P. IBM 微型计算机敌对序列中断的 EASI 估算. 兰德报告

*兰德报告可从美国商务部国家技术信息服务署获取，弗吉尼亚州斯普林菲尔德，波特罗尔路 5285 号，电话：800-553-NTIS（6847）或 703-605-6000；传真：703-605-6900；TDD：703-487-4639；http://www.ntis.gov/help/ordermethods.asp?loc=7=4=0 或美国政府印刷办公室，华盛顿特区，西北，诺斯卡比托街 732 号，邮编：20401。电话：202-512-1800，或 866-512-1800；传真：202-512-2104；邮箱：ContactCenter@gpo.gov ; http://www.access.gpo.gov.

8511051985；第 1-63 页.
[3] 斯瓦拉加辛格姆，V. 谢菲尔德，J.P.闭路电视有关城市暴力效应. 事件和紧急药学杂志，1999；16（4）：第 255-257 页.
[4] 威廉姆斯，J.D. DOE/SS 手册：传播物理安全设备信息的一种途径. 核材料管理研究所杂志，1978；7（1）：第 65-75 页.
[5] 祖克尔曼，M.M. 转向风险管理教育的方法；教育运营安全管理. 第二届美国工业安全教育协会研讨会，1998 年 8 月 13-15 日，纽约州纽约市.

1.12　问题

1．解释安全系统目标和运行以及警戒系统及运行之间的区别。
2．讨论威慑作为安全系统目标的优缺点。
3．良好警戒系统的作用有哪些？这些功能如何使用？为什么？

Chapter 2

第2章

设施特性

在设计一个新的物理防范系统或升级现有系统时，第一步应当首先分析被保护对象的设施特性。在进行方案设计之前，充分了解被保护对象所需的保护程度及其周边环境，这个关键步骤是必不可少的。然而在实际操作过程中，往往是最容易被忽视的。一旦忽视了该步骤，可能会造成过度保护了一个不必要的目标，也可能造成需要采取保护的目标未能获得应有的防护效能。一个过度保护的系统必然导致巨大的成本，而防护效能不足也会引发灾难性的后果。因此先充分了解被保护对象的设施特性，对物理防范系统的预期效果、可操作性、合理性做出应有的判断是理所应当的。

当开展设施特性分析时，需要尽可能地获取并审查设施的多方面信息资料。首先，需要对设施开展特性调查，并将其作为信息收集工作的基础。设施特性调查的主要内容包括：

（1）物理环境。

（2）设施的操作。

（3）设施的政策和程序。

（4）监管要求。

（5）法律问题。

（6）安全因素。

（7）组织目标和宗旨。

当完成信息收集后，会发现其他相关领域的调查内容。在PPS的设计过程中，关于被保护对象的设施特性分析是一个主观的、难以约束的过程。这一过程在开始阶段是结构化的，但最终结果却可能出乎预料，将会出现很多难以预计的新问题。在对某一单位的调查分析中发现，单位员工并不真的清楚掌握了设施的操作流程和管理政策，对调查信息的反应经历了从初期的感兴趣发展到后期非常震惊的过程。例如，在对一个游乐场的调查中，访谈的对象覆盖了各层次的员工，通过访谈了解到，在游乐场营业期间如果设备电源突然停止供电，其补偿政策是为游客提供一张免费游玩一天的门票。这一结果导致陪同访谈的一些高级管理人员十分惊讶。这个事例强调了对设施周围人员调研访谈的价值，同时也说明了那些通常作为所收集信息的文档评论、旅游和简报的价值。

2.1 物理环境

最简单的区域特征和物理条件包括站点的边界、建筑物的数量和位置、各房间在建筑物内的位置、各接入点的位置、现有的物防条件等所有基础设施的详细信息。这些信息可以通过对设施进行描绘的蓝图及工程图获得。应审查的物理基础设施还包括：供暖、通风和空调系统（HVAC）；通信路径和类型（光纤、电话、计算机网络等）；建筑材料的墙壁和天花板以及配电系统；任何特有的环境、任何有害的物质，以及外部区域等。一个站点的物理方面还包括已知的地形地貌、植被、野生动物、背景噪声源（如机场、铁路站场、主要公路或电磁干扰）、气候和天气、土壤和路面。上述这些信息都可以用于预测有害入侵的路径，建立目标的位置，识别设备保护装置发出的潜在滋扰警报来源。

现有的物理防护功能包括围栏、传感器、摄像头、输入控制系统、障碍和反应装置的可用性。同时，以下这些内容也是非常重要的，包括设备是否具有现场警卫力量（合同或专有的），警卫力量能力如何，以及是否还有依赖其他非现场响应的力量，如当地执法部门。这些信息将在很大程度上影响整个物理防范系统的有效性。

有几个来源核对表可以帮助对网站进行物理调查（巴纳德，1988、1994；芬内利伯斯坦，1996）。这些列表对于物防系统的设计是有益的，但不建议其过分依赖。没有任何一个检查表能将不同情况都涵盖进去，或者说可以预测出潜在的威胁，应结合实际具体问题具体分析。当然，现有的勘察工具可以形成针对一个特定设备清单的基础，并可以结合实际修改来完善不同情况下对设施的设计。

2.2 设施的操作

调查的另一个重要领域是设备的操作，主要包括设备的主要产品，支持这些产品的过程，操作条件（工作时间，非工作时间紧急行动）以及员工的数量和种类。这个阶段的数据收集有很大一部分是审查用于完成设施任务的流程。这个任务与在设备中生产的产品有关，并可以包括制造零件、研究数据、零售销售或其他产品。显而易见，任何安全系统不应影响设备的正常运转。

对设施操作性的审查还应当包括对网点其他支撑功能的评估，包括采购程序，计算资源分配，维护活动，资产跟踪，操作参与和高级管理人员的位置，工作流程，交接班时间，员工福利，运输和接收，会计职能以及其他设备特殊性支撑功能等。这些信息将更好地约束在实施过程中的安全技术或程序，并有助于在以后的过程中识别设施的安全漏洞。

在设施运作上的细节可以揭示重要的过渡期。例如，在换班时很多员工可能会进入和离开设施。这在对控制进入设施或停车场区的设计中都是需要考虑的重要部分。必须将系统设计成容纳这种高通量的人员，尽管它可能仅发生每日两次总共 60 分钟。在设计资产跟踪系统或者对进出入设施的原料或产品实施管控时，有关工作负载和货物装运、接收的时间安排方面的知识是非常重要的。这些信息将帮助确立一种操作性的需要，可以满足任何安全系统的升级。进出入设施的车辆活动，以及设施内车辆活动（如果它是一个大型工业园区），提供了风险评估的一个基础，同时，它也有助于建立一种操作限制，在进行安全系统设计时，这是应考虑的一个部分。

总之，有关操作性的事项应当这样理解：它的目的是确保所设计的系统能够有效保护设施，而不会影响设施的运转。一旦 PPS 设计提出后，在任何要实施的权衡分析中，这种影响都是需要考虑的部分。

2.3 设施的政策和程序

在研究一个设施时，其中最关键的领域是了解使用在一个 site 的成文和不成文的政策和程序。虽然许多公司都有许多明文规定的程序，但是，许多员工按照其他非正式的程序完成工作的情况也很常见。这种缺乏规范的行为有时会导致严重的偏差，使工作难以按照本来的方式按计划完成。这些差异可能是轻微的，但有时会造成重大的风险和暴露公司方面存在的责任。由于属临时性质的不成文的政策和程序很难发现，因此，花一些时间在一个设施内部观察工作如何完成将是非常有用的。这样做的一个途径就是在专业人士或者负责任员工的陪同下，对设施内部进行一次巡视。同时，在安全的情况下，独立地对设施内部各个区域进行访问，观察一般工作流程。这种做法非常有启示作用。因为这种不受限制的接触访问机会往往很难得，因此，它应当提出减少风险、降低责任的意见，而不能成为一种批评的特权。非正式的程序往往有时比正式程序更有效，因此，对非正式的发现和运用也会导致积极的效果。在这一过程中，管理层会认为有些批评含混不清，为避免这一情况出现，一种方式是达成不公开协议。这样，安全专家未经专门允许，不能够随意泄露所掌握的有关设施任何方面的信息。当然，如果该设施的雇主就是设施安全系统的设计者，这个就不成问题了。

公司应在有关文件中明确规定：所有雇员涉及个人隐私的权利、不享有隐私的工作岗位，携带毒品、酒精和武器进入公司应获得许可，警卫力量的使用以及公司对雇员的其他通告。公司的相关程序中还应当有寻求警察力量支持的规定，详细描述当员工提出申请，谁负责，该做什么，以及对员工以及承包商进行适当的培训来提高安全性。

在一个设施内部，必须提供对公司程序正确理解和应用的培训。如果公司期望每个员工每年都要接受一次安全培训，那么就应当有组织地、公开地与员工沟通，并且提供培训机会。如果公司在满足自身需求和员工培训之间缺乏统一性，将降低员工士气和生产效率，增加安全事故发生率。相类似的情况，如果员工想维持一定的安全水平，但却无法在日常工作中获得教育和培训，结果也将令人失望。企业培训应该可以巩固员工所期望的行为，并且显示管理层完全致力于实施这项政策。如果管理层无法实施，政策就应该修订或废除。员工培训是任何企业系统有效运转的重要组成部分，特别是对安全而言，因为员工可以成为预防和检测危险的最重要的途径之一。

在一个设施内部，执行规程和培训政策是否存在以及是否持续并且统一，可以体现企业文化。企业文化如果能够顺应这种预期并且实现这种预期，将提供一种必要的规则，从而对安全系统提供一种有效的支撑。如果企业文化是无规则可言或更多的放任自流，员工不是心甘情愿地接受主动维护企业的安全系统，将会对企业的成功带来严重的阻碍。稍后将在2.7节“组织目标和宗旨”进一步讨论。

2.4 监管要求

所有设施，无论生产何种产品或从事何种业务，都应当对特定的监管机构负责。这可能包括当地消防部门，安全卫生监管机构，联邦机构，以及劳动部门、能源、国防或商务，或任何特殊监管机构，如核监督管理委员会或地方企业委员会。此外，每个设施在工作运行中都必须符合一定的标准。这些标准是由专业组织制定的，如注册会计师或者是行业领导者制定的。许多设施利用各种各样的标准，如美国保险商实验室的标准（UL，2000）。所有工程必须符合各州和当地建筑规范。如果设施期望符合或需要达到各种各样的标准要求，理解这些标准本身的性质是非常重要的。

譬如，一个记账的小型办公室可能只需要满足州或者当地最低的消防规定，而主要的石化生产商还必须符合各州和地方机构的监管规范。一些联邦机构，比如美国职业安全与健康管理局（OSHA，2006）、劳工局、环境保护署（EPA，2006）、联邦劳资关系委员会也会对石化生产商提出监管要求。作为一个安全系统设计，必须考虑这些要求。任何安全系统的建立都不应该把公司置于违反监管规定的风险之中，这一点显而易见。

2.5 安全因素

正如第 1 章“实物保护系统的设计和评估”中讨论的，在对于设施的特性描述中，安全和安保措施并不具有一致的目标，虽然它们的功能互补。比如，在面对设施发生的一场火灾中，考虑到一部分员工的可能行为，安全代表会说：“停止你现在所做的事情，有秩序地离开该地区或建筑，到指定位置，等待更多的信息。”然而，安保措施经理（安全主管）会说：“停止你现在所做的事情，确保重要信息和资产安全后，离开这栋大楼。”

在这个例子中，显示了安全和安保措施之间的冲突——当发生火灾时，安全人员提示应尽可能快地撤离，但是安保人员则要求人们首先确认在有价值的物品是否可能被偷窃或处于未受保护状态（哪一个可以转移）。虽然这个矛盾很难解决，但是必须尽可能满足两者的需求，实现个人和公司的利益最大化。毕竟没有哪个安全主管希望一个人置身于危险之中去保护资产。设计满足各种需求的技术系统和规程必须十分审慎。举个这方面的例子，在火灾中可以延迟很短的时间（10～15s）离开重要区域，这样可以给予安全管理人员一定的时间去查明是否存在火情，或者通过广播向全体人员下达指令。现在，一些消防系统包含一个特殊的功能设置，当确定没有危险的时候（如假火警），管理员可以不断重置门的延迟功能设置。一些关键设施可以派遣一名安全管理员进行职守，直到安全事件结束或该区已经成为危险区域。如果一个可以被证明合理的紧急事件发生，在特殊的情况下，许多地方经授权可以放弃。无论方式如何，在设施安全系统中融入这种考虑是很重要的。另一个大型发电厂的不同例子也体现了关于安全和安保措施之间的冲突。火灾刚发生在工厂通道房间的有限区域，一些工人受伤，为了应对火灾，自动洒水系统被激活，水流导致电路短路，进入房间的入口大门被锁死，导致医务人员难以进入。这是一个如何确保人身和资产安全的典型例子，充分说明了在设计安全系统时，必须同时考虑到任何复杂情况的发生。在有效的安全系统设计中，设备或操作安全管理员必须发出重要的声音，提出相关的意见，这一点必须明确。许多公司安全系统的标准是根据美国保险商实验室发布的标准建立的（UL，2006）。安全和安保措施人员必须共同努力，设计出有效的安全系统，既要考虑一般情况（如日常操作），也要考虑异常情况（如火灾），以及恶性冲突事件（如人为破坏）。安全和安保措施之间的冲突应通过合理的、整体的方案解决。如果这种解决方案不成功，应提前确定合理的解决办法。这其中就包括资产损失结果，增强公司工作人员责任，伤害或死亡或在两者之间权衡。

2.6 法律问题

在设计和实施一个安全系统时，可能其中最明显也最复杂的方面是对相关的法律问题进行全面审查。这些法律事项包括责任、隐私、访问残疾人通道、劳资关系、就业实践，适当的保安培训，故障保护，安保力量过度使用，这里只能罗列其中一部分。在设计和组建一个安全防范系统时，对刑事司法系统的了解也是非常重要的部分。

即使没有糟糕的设计或者增加的安全系统设计带来的额外负担，对一个公司每天所面临法律事务不可能给予一个完整的概括。由于这个原因，只能就有关法律事务中一些应当考虑的主要问题进行一个简短的讨论。每一个设施应当评估自身涉及的法律问题，并且依据评估信息采取行动。有一点必须强调，一个组织不能仅仅因为法律复杂性是压倒一切的问题就选择回避安全问题。这一行为将把企业推入承担责任的风险中。过去就曾经发生过，因为没有采取有效防止措施，在建筑物内出现了犯罪行为（或发生在另外地点的相似情况）。酒店行业可以作为一个很好的例子。判例法中有很多这样的例子。在强奸、抢劫、袭击发生之前，酒店就应该提前采取相关措施，保证客人避免受到类似的侵害。若他们没有采取这些相关措施，在下次发生突发意外时，对其进行的处罚要严重得多（斯莱皮恩，2006）。强烈建议聘请一位律师来解决这一问题。对此，肯尼迪对涉及安全和法律的问题已经有一个很好的概括分析（2006）。

2.6.1 安全责任

安全责任的发生是安全系统实施后产生的结果。这一背景下，很多商业机构被起诉，都是因为没有提供积极主动的安全服务和操作（未能提供合理的人员、财产安全保障或者有关信息），以及在事故处理中侵犯性的、不恰当的、滥用的一些服务和措施。为了更好地理解这一点，将讨论几个例子。对安全组织遇到法律问题的详尽评论可以参考有关作者的观点。（Hess and Wrobleski，1996；Fischer and Green，2006）

2.6.2 保护失败（未能保护）

这种情况包含各种各样的情形，如保安人员对餐馆或其他场所顾客保护的疏忽、雇员盗用、欺诈造成的财产损失或者商业秘密泄露等。保护失败还包括专利、版权、商标等知识产权方面的损失，以及秘密信息的损失，比如员工人事档案、病人记录或业务记录。

2.6.3 过度反应

过度反应产生的责任包括以下一些情况：安全官员权力过度使用、调查者或者科技对个人隐私的侵犯、安全官员的非法监禁（Timm and Christian，1991）。尽管通过明确的政策和与联合警方开展的培训可以解决上述问题，但许多公司政策、程序和实践操作并不统一。

与此相关的事件无疑暴露了在这方面日益增加的责任。有相当数量的公司缺乏对安保人员以正当程序使用武力的培训，比如扣留雇员或者其他嫌疑人。因为许多警卫并不是宣誓过的治安官，他们没有逮捕的权力，由此也会产生法律责任。

2.6.4 劳动就业问题

许多公司都有工会组织，因此必须了解联邦法律有关方面的内容，包括工会宗旨、罢工、纪律行为、工会成员询问等。其他相关的领域，还包括工人赔偿要求，因安全违规行为而解雇、随意雇用。在任何一个工厂，这些情况并不很多，但却是不时需要面对并且是需要根据具体情况考虑并解决的问题。有一点在法律中很明确，如果公司雇员以公司名义实施了违法行为，公司必须承担法律责任。因此，一些公司对在敏感岗位工作的雇员，要进行背景调查，如安保人员、安全监管者等。在法律事务和安全问题方面，有大量的信息可供参考，以及跟踪报告涉及安全方面判例法的其他出版物，如私人安全判例报告（Strafford Publications，Atlanta）。若有关设施的信息已收集，法律问题已出现，就有必要咨询律师，或者查阅涉及安全方面的法律信息，从而发展完善相关的指导原则、政策、程序，以在缩小企业责任的同时有效地保护资产。

2.7 组织目标和宗旨

当设计一个安全防范系统时，了解公司或者设施如何看待安全组织的作用是很重要的。如果安全被视为一个没有附加价值的功能，那么很难建立一个运用了人力、程序和设备以实现预期目标的安全系统。对高级管理人员而言，认识到安全功能是公司经营的组成部分，以及实现企业目标战略计划的支持力量，这一点也很重要。出于这个原因，安全系统设计者得到高级管理人员的支持就至关重要。如果高级管理人员无法认识到安全对商业运作的重要性，他们可能就不愿意就安全系统开发或改进提供任何资源。另外，安全经理应该被告知有关设施即将发生的重大行动。例如，购买一个新的业务部门、网站，预计裁员、扩张或增加生产能力、公司高管或者其他官员的计划会议、访问等。出于持续保护资产和人员安全目的，这些信息都是需要知悉的。因此，安全系统设计者的第一项工作就是使公司高管认识到安全系统的重要性和价值，或者至少要使他们了解设施存在的安全漏洞，并提出改进系统安全的建议，从而体现出安全系统的价值。这是本书的目标。本书通篇所描述的方法，目的是向公司高管说明一个商业原理，使他们认识到安全性对于保证他们投资的意义。同时，帮助安全经理可以申请到更多有效可用的资源。在本书后面的章节中，主要是对风险的更详细的分析和描述，这些内容将把本书不同章节的相关内容联系在一起。

2.8　其他信息

社区周围的政治环境和设施的内部环境，对于描述设施特性可以提供更多的信息。地方的政治家或议会对设施的运行可以产生影响。设施内部的权力斗争也会影响安全系统的价值实现以及功能发挥。设施之间的联络和当地执法部门也是非常重要的，特别是对设施发生安全事件的响应要依赖于这些组织时。在此区域与其他行业互助协议的存在往往决定了安全系统的设计目的，因此也属于应当被调查了解的情况。因为这些协议可以提供额外的资源，对安全威胁提供相应或者收集相关的信息。在处理一些紧急情况时，这也将帮助与其他社区进行联系。最后，还应当注意，对不同类型设施的信息收集都具有一些共同点（如允许员工进入），有一些不同点（如电力公司比零售商店有更多的基础设施），还有一些特殊性（如一个大坝）。因此，并没有一个适用于所有对象的数据列表或来源。这也是一个动态变化的过程，随着情况的进展，可能需要额外的数据，而一些数据可能会变得无关。

2.9　小结

本章描述了为对设施特征定性而收集信息的过程。设计一个 PPS 之前，应收集尽可能多的信息来了解设施的活动和设施布局。这将帮助明确限制条件，现有文件保护特性，揭示可能存在风险的区域和资产。对于区域的调查包括物理条件、设备操作、设备的政策和程序、监管要求、法律问题、安全注意事项和企业的战略目标和战术目标。随着收集到的信息越来越多，其他相关性的领域就可能会出现。在收集信息时，应当使用各种各样的信息来源，包括图纸、政策和程序、巡查、简报、参考材料和个人访谈。

2.10　安防理论

为了设计一个有效的系统，安全防范系统设计必须符合公司和设施的安全、流程和任务需求。

2.11 参考文献

[1] Barnard, R.L. Intrusion Detection Systems, 2nd ed. Boston: Butterworth-Heinemann, 1988, 7-15.

[2] Burstein, H. Introduction to Security. Englewood Cliffs, NJ: Prentice Hall, 1994, 217-230.

[3] EPA-Environmental Protection Agency: Laws and Regulations. http://www.epa.gov/ epahome/ rules.html, last accessed December 2006.

[4] Fennelly, L.J. Handbook of Loss Prevention and Crime Prevention, 3rd ed. Boston: Butterworth-Heinemann, 1996, 33-54, 370-374.

[5] Fischer, R.J., and Green, G. Introduction to Security, 7th ed. Boston: Butterworth-Heinemann, 2006, 103-128.

[6] Hess, K.M., and Wrobleski, H.M. Introduction to Private Security. St. Paul: West Publishing, 1996, 72-90.

[7] Kennedy, D.B. "Forensic security and the law" in Gill, M., ed., The Handbook of Security. New York: Palgrave Macmillan, 2006, 118-145.

[8] OSHA（Occupational Safety and Health Administration）—Regulation and Compliance Links. http://www.osha.gov/, last accessed December 2006.

[9] Slepian, C.G. Developing and Managing a Hotel /Motel Residence Security Program. Foreseeable Risk Analysis Center. May 22, 2006. http://www.frac.com/ storage/ docs/ Amended-Slepian_ Charles.doc.

[10] Timm, H.W., and Christian, K.E. Introduction to Private Security. Pacific Grove: Brooks-Cole Publishing, 1991, 224-227.

[11] Underwriters Laboratories Inc.: Standards Catalog. May 22, 2006. http:// ulstandardsinfonet. ul.com/.

2.12 问题

1．选择三种不同的设施类型，如零售商店、博物馆和电力公司，并描述所需的关于设施特性的各种信息。

2．将安全系统设计人员分为三组，对同一个设施进行分析，并讨论为何设施相同分析结果却不同。

3．讨论如何收集所需要的有关设施数据，关于公司的业务目标、使用的安全技术、刑事司法系统方面的信息。

4．一名防护系统设计者在面对一个新的或升级的安全系统时会遇到什么障碍？是什么可以让系统设计者相信 PPS 对这个设施是有效的？

Chapter 3

第3章

威胁定义

犯罪分子或恐怖分子有可能针对工业或政府设施进行窃取资产或信息、破坏设施、实施勒索等其他犯罪活动，这就产生了保护资产的特殊问题。PPS 的设计师和那些负责制定需求的人员需要假设他们意识到的敌方的意图与能力。这种假设被用于政府或工业部门采取实物保护措施进行预算，对于是否采购特定类型安防设备或雇用更多安保人员时作出决定。研究潜在的罪犯或敌人的能力和意图，虽然存在一定的不确定性，但为作出这样的假设提供了基础。在假定基本威胁的基础上，应根据一个已知的威胁定义，确定敌方可能的意图，评估其犯罪动机和敌方的生理特性。此外，现场有效的人员响应能力是一个重要的考虑因素。一旦确定了敌方类型，就应当确定设计基准威胁（DBT）或对抗威胁，使设施或目标得到保护。本章将介绍一种方法，可以用来确定特定目标的威胁。当定义防护目标或评估目前 PPS 有效性时，必须明确威胁定义。

设计基准威胁的概念（DBT）经常被用来为一个目标建立预期威胁。DBT 作为管理和设计工具，有助于帮助管理者提供决策参考和为设计师提供技术要求。从管理的角度看，DBT 的文档是为评价或设计提供假设；从保护资产的角度，设计一个技术防护系统将比对抗武装罪犯的保护更少。威胁的范围可以从蓄意破坏者到有经验的恐怖分子。如果一个工厂进行动物实验或提供堕胎服务，极端分子可能会试图干扰或停止其作业。政府建筑和遗址已成为各种极端主义者的目标，他们通过暴力和引人关注的方式来表示与政府政策的分歧（见图 3.1）。收集和组织信息，并用它来确定威胁（S1 特定设施可能遭遇来自基础定义的威胁。自从 9・11 袭击以来，许多机构和私人企业已经花费了大量的时间来定义预期的威胁，尤其是重要的基础设施。此外，新的美国国土安全部（DHS）成立于 2002 年，一直与私人企业合作来定义基准威胁，并可用于漏洞评估和建立关键基础设施的风险等级。

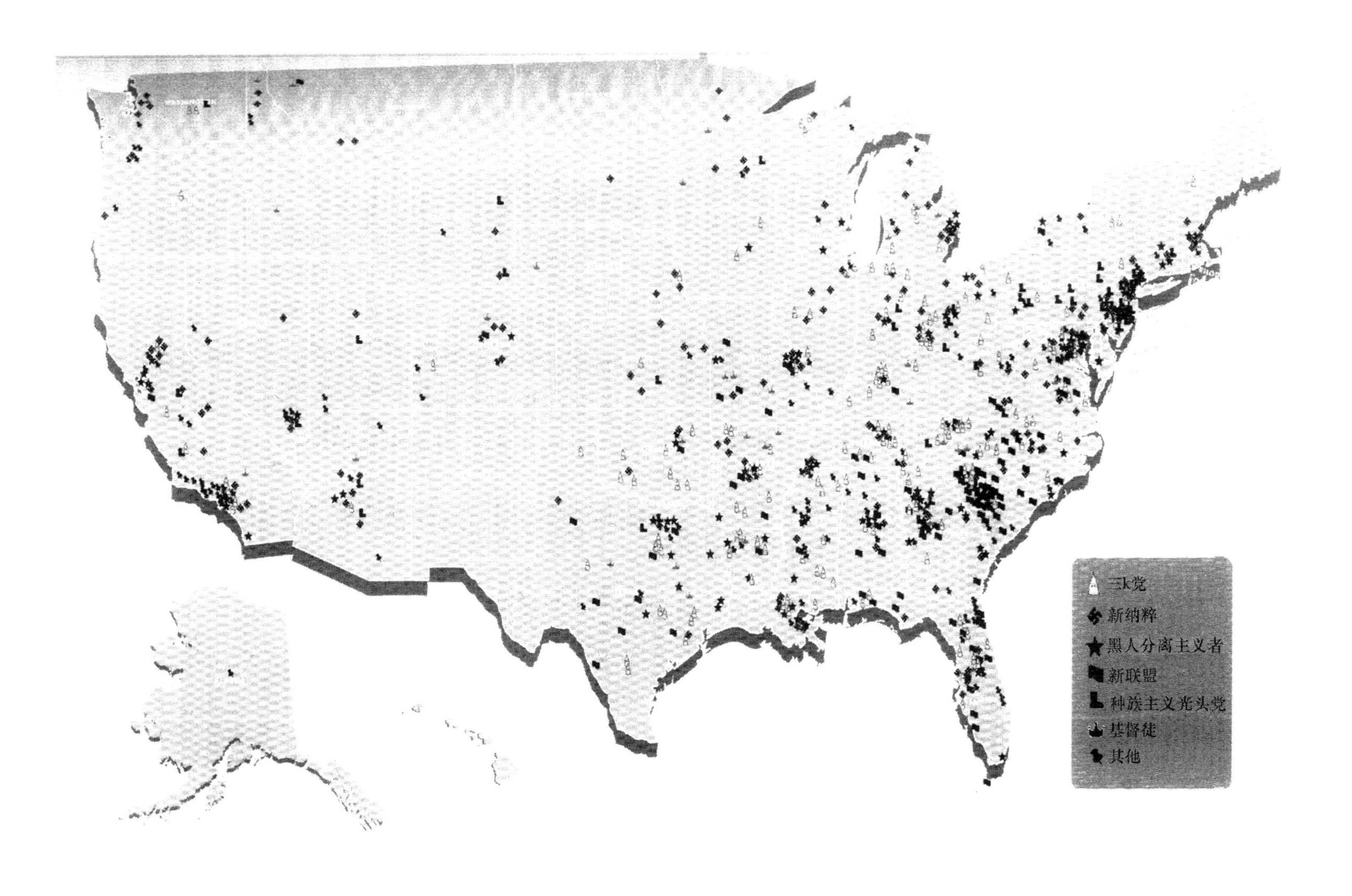

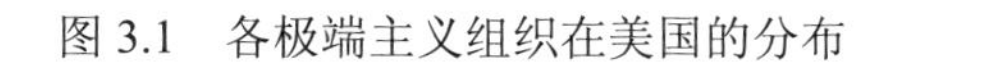
图 3.1 各极端主义组织在美国的分布

PPS系统的设计是用于防止这些威胁的。举一个例子，美国能源部（DOE）设计了DOE基准威胁策略，其中一部分涉密信息是不允许提供给公众的。核管理委员会（NRC）为他们的商业核设施同样设计和分析了一个类似的PPS。没有一个明确的威胁，为了选择适当的分系统，设计师需要了解威胁的能力和动机，但事实上这是几乎不可能的。比如，要求一个汽车制造商在没有任何参数的情况下设计一辆车。汽车的设计通常是针对特定人统计数据，其中包括价格点、年龄、性别、教育程度和其他特性。此外，每辆车都有一套特性说明书，这对许多买家是非常重要的，如可靠性、舒适（空调、电动车窗、ETC），座位和汽油表。缺少这些分类输入的汽车设计过程，工程师们将很难达到汽车设计目标。以类似的方式，如果一个设施没有对预期威胁的认识，设计师将没有选择设备的依据，以及建立过程控制或培训人员去使用和操作PPS的基础。

3.1 威胁定义的步骤

一个设施面临的威胁与另外一个设施是不同的。威胁可能会有所不同，即使设备制造使用相同的产品和相同的操作。除此之外，一个设备可能面临不同的威胁。应当指出的是，威胁是基于目标的，这些目标必须并行考虑。

设施的物理威胁必须被定义为确定的PPS目标的一部分。威胁定义导致敌手对系统恶意攻击物理威胁的详细描述。描述应包括潜在的行动、动机和潜在入侵行为的物理性能等信息。

威胁定义方法由三个基本部分组成：

（1）列出需要定义的威胁信息。

（2）收集潜在的威胁信息。

（3）组织这些信息使之可用。

在得出对一个特殊位置威胁的完整定义的过程中，以上每一个部分都是很重要的。

3.2 威胁的信息列表

在收集信息之前，对一个场所来说，完成威胁定义需要什么样的信息是非常重要的。对敌手来说必要的信息包括：

（1）动机。

（2）基于目标的潜在目标。

（3）策略。

（4）数字和能力。

对威胁的定义必须包括敌手的类型描述。在本书中，敌手被界定为三大类——外部人员、内部人员、内外人员相互勾结。

3.2.1 外部人员

外部人员应该包括恐怖分子、罪犯、极端主义者或者黑客（弗里德曼和曼，1997）。动机可能会促使潜在敌手对一个企业或设施实施犯罪行为，其动机可分为三大类：

（1）思想动机与政治或哲学体系的联系。其中包括那些政治恐怖分子、反核武器的极端分子和哲学或宗教狂热分子的特定群体。一些例子包括反堕胎、动物权利、民兵以及各种仇恨团体。

（2）经济动机包括金钱欲望。罪犯可能会查看潜在的受关注目标的材料和信息，企图盗窃、出售或勒索。

（3）个人动机视每个人的特定情况而定。犯罪的个人原因可能出自那些心怀不满的雇员对雇主的敌意及精神病的个体。有些攻击是一种娱乐，如黑客入侵计算机系统。其他的动机可能是基于药物或酒精依赖或心理不稳定。

（4）对敌手潜在目标的讨论包括：这些敌手对什么类型的犯罪行为感兴趣，以及这些犯罪行为受特殊站点的关心。一些敌手的潜在目标是获取保护信息、资产、盗窃、蓄意破坏、敲诈、绑架或者暴力伤人、滥用设施、泄露保密或专有信息。

3.2.2 内部人员

内部人员被定义为能够单独出入安全设施和了解安全系统操作的人。内部人员威胁的全部范围包括个人的行为或被动参与（如提供信息）、积极的非暴力行为（如帮助进出，禁用报警和通信）或者主动暴力行动（参与暴力攻击）。主动参与暴力行动的内部人员的入侵防御是非常困难的。尽管内部多人参与是有可能的，但最有可能的内部威胁重点应放在解决单人行为上。霍林格和戴维斯（2006）所写的员工盗窃是极好的探讨。

最近的调查表明，大多数的物理和计算机系统安全破坏是由内部人员造成的（计算机安全协会[CSI]，拉德克利夫，1998；平克顿，1997，全国零售业安全调查，2002）。当考虑内部威胁时，我们必须承认，内部人员与外部人员有同样的动机。任何员工都可能构成潜在的内部威胁，甚至是被信任的工厂管理人员和安全人员。他们不见得被认为是由于一名起了贪心或遭受不公平待遇的雇员或者由于为了避免受伤而被迫与敌手合作的。与其他敌手相比，辨识内部人员有三个特点：

（1）对系统的了解对他们有利。

（2）授权访问该设施、资产或PPS而不会引起他人怀疑。

（3）选择最佳时间从事犯罪行动。

防止内部人员是非常具有挑战性的。内部人员可能会利用他们在安全系统操作方面的专业知识，最大限度地获得成功的机会，因为他们可以访问关键区域或信息，可以选择自己的时间和策略。内部人员也可能通过他们身边的信息或资产或安全人员滥用他们的职权。警卫犯罪是一个特殊的棘手问题。在对一个设施的研究中，警卫们犯下的罪行占资产额的41%（霍夫曼等，1990）。

图 3.2 显示了在整个威胁谱中使用的威胁保护方法。保护方式贯穿整个威胁范围。物理防护最有效地阻止了外部人员及相互勾结，而资产清点及管控可以很有效地应对内部人员。资产的清点及管控可通过利用相关程序、审计以及财产目录来完成。结果表明，外部人员的单独行动被实物保护措施（物理安全）阻止或拒绝，而内部人员主要通过涉及说明和跟踪关键资产的额外程序措施（即资产清单，随机搜索或扫描）。在外部人员和内部人员勾结的情况下，受到严格控制的资产被添加到现有的实物安全程序中。在这种情况下，额外的访问控制和特殊控制将控制资产的移动或离开一个设施。例如，在一个制造厂，VCR值机人员可能与运送食品的卡车司机相互勾结。

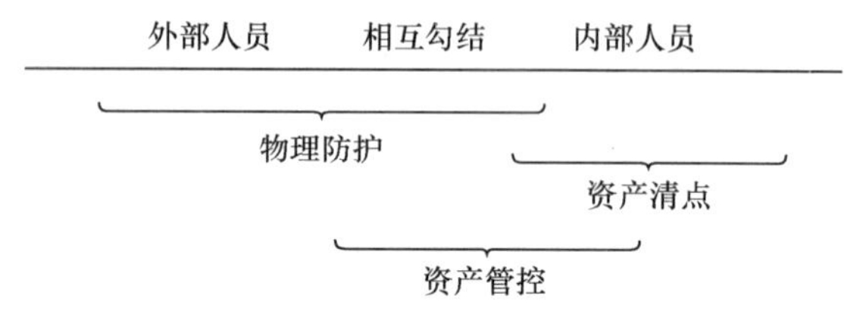

图 3.2 威胁谱的保护方式

实物保护对防止外部人员或合谋作案的效果最佳，而控制资产对预防业内人员有效。通过熟练地使用程序、审计和编辑删除已完成的录像目录去控制和记录。这个方法通过手动或自动的方式跟踪目标以排除员工将设备移出防护区的能力。

实物保护提供了最有效的屏障防止外部人员单独或与内部人员勾结作案，也可有效防止内部人员对资产进行控制。通过使用程序，完成审核和盘点，完成程序的控制、记录、审计并编制清单。

额外的制度保护措施包括对内部人员安全保障程序的使用，如就业前的背景检查、定期更新和工作职责分离，对于敏感的工作要求由两名或两名以上的员工完成，这将降低敌手的成功概率，因为规定多人合作，有较高的可能性可以让更多的人意识到即将发生的攻击。很多内部人员有机会作案原因是制度的失败而不是技术的失败。最近一个显著的例子是 Aldrich Ames 的案件。Ames 单枪匹马破坏了整个美国在俄罗斯的情报收集网络（Earley，1997）。这个案件中，一名有专业技术的内部人员通过获取关键信息被允许停留在一个敏感位置，尽管有警告标志，也应该执行日常安全检查。其他内部攻击的常见例子是银行欺诈和抢劫运钞车。

3.2.3 敌手的能力

PPS 的设计师最为关心的是潜在敌手的能力。抵御攻击者的成功率一直是一个主要关注的问题。了解敌手是如何武装的也是有价值的，敌手可能携带武器和爆炸物，如果真是这样，怎么办？其他用来描述敌手能力的因素包括敌手工具和装备清单，交通工具（汽车、直升机等），技能熟练程度和经验，以及是否有内部人员援助。

除了武器以外，敌手还可以使用各种工具进入安全系统。威胁定义的一部分是对攻击者可能使用何种工具进行评估。工具可以包括如断线钳、钳手工具、锯条、电动工具、燃烧棒或切割手电筒以及任何设施工具。这可能包括化学药品、叉车或设施的车辆。图 3.3 显示了一些敌手可以选择携带或在现场改装的工具。

图 3.3 位于设备附近的设施

沙林毒气袭击东京地铁、9•11 袭击、2001 年秋天纽约和佛罗里达的炭疽袭击、伦敦和马德里火车爆炸案（关于这些事件的信息搜索 http://en.wikipedia.org/wiki/main_page）已经开始分析敌手使用包括大规模杀伤性武器（WMD）的能力。WMD 包括化学、生物、放射性或爆炸材料等有能力造成大量伤亡的物品，同时造成公众的恐惧和持久的污染，虽然这些功能可能无法在所有设施上使用，9•11 之后它们的大部分用于关键的工业和政府设施的威胁定义。

3.2.4 敌手的手段

敌手期望使用任何手段增加他们达到目标的机会。这些手段包括武力、秘密行动和欺骗。敌手通常使用暴力手段直接控制设施系统或人员，而不试图隐藏他们的意图。敌手可能使用武器迫使他人合作从而不必担心潜入安全系统时被发现。秘密行动是指攻击者试图偷偷地进入一个设施去接近他们的目标并尽可能长时间地保持不被发现。欺骗意味着使用真实的或伪造的证件或假借授权去获得信息或者资产。

显然，不同组织的敌手会采用不同的手段。内部人员可以使用任何手段，他们通过欺骗而受益，正因如此，他们有合法凭证和授权去靠近目标。工作场所暴力事件可能是一种最普遍的内部人员使用武力行为。一名罪犯可能会使用隐秘行动加欺骗的组合，一个恐怖分子可能使用秘密行动，然后攻击。应将敌手的手段或组合手段纳入设施威胁定义的一部分去考虑。

9•11以来，恐怖主义已经占据威胁谱的大部分，20世纪90年代，进行了多次袭击的伊斯兰恐怖组织在多个国家实施了炸弹攻击。1993年在纽约世界贸易中心和1995年巴黎地铁袭击是这些袭击当中最早的，但在后来的十年间，更多的攻击发生在其他国家，包括在沙特阿拉伯、埃及、坦桑尼亚、肯尼亚和也门。9•11袭击和重大袭击在以穆斯林为主的国家，如巴基斯坦、突尼斯、摩洛哥、印度尼西亚、卡塔尔、苏丹和土耳其；印度以及埃及、沙特阿拉伯、也门是演化的炸弹袭击的例子。上述讨论中指出，在欧洲也有使用大规模杀伤性武器的重要袭击。

3.2.5 可能的行动

当攻击者攻击一个设施时，他们心中会有特定的目标。一个敌手可能采取的行动包括盗窃、工业间谍活动、破坏设备或程序，勒索、敲诈、威胁、对他人实施暴力或绑架。在可能的入侵行动发生之前设计出一套系统来保护设备是重要的。例如，如果一个公司发现他们预期的威胁来自外部竞争者未经授权访问计算机系统收集情报，那么采用添加高安全周界入侵探测系统则不可能减少被攻击的可能性。可是，如果威胁是来自一个有内部人员配合的犯罪团伙，那么PPS是很有效的。

3.3 收集威胁信息

当地环境可以提供一个特定区域的威胁信息。设施的内外部环境都应该被考虑。设施的外部环境，如社会团体的大致态度，无论周边地区是城市还是乡村都会出现有组织的极端组织，电话提供威胁信息。设施的内部环境，如劳动力、劳动问题、劳资关系政策、公共关系政策、安全意识和人的可靠性，也可能会影响潜在的威胁。

当地和国家人口的审查和表征能确定一个特定设施的潜在威胁。任何在人口中不满的行为或不满的小团体都应该被审查。对于小团体，应特别注意其中会格斗的经验丰富的老兵、技术熟练的人、政治极端主义者和有经验的或可以进入类似设施的雇员。

一些设施的特征如果可能对敌手有利，那么这些特征会或多或少地吸引敌手的注意。有效 PPS 有这些特征：设施地理和结构上的差异、特定资产的吸引力和敌手的评估。

确定威胁，应该寻找区域、国家和国际威胁的信息，根据不同的任务和设施的位置确定。

这些信息的来源包括：

（1）情报来源。

（2）犯罪分析研究。

（3）专业组织和服务。

（4）公开发行的文献。

（5）政府的命令和立法。

3.3.1 情报来源

情报来源可以提供关于一个集团目前活动的详细信息，这可能会对设施构成威胁。重要的是，当前的信息被不断地接收和检查。在 9·11 恐怖袭击后，情报收集被很大程度地关注，希望能在发生之前瓦解攻击。这当然是令人满意的，但安全管理人员被警告不要相信在袭击计划之前就能拘捕敌手，尤其对关键资产。

同样重要的是建立一个能够从国家法律和情报来源收集信息的网络，建立这种关系可以提早获得重要的信息。安全考虑和兴趣在于必须表达清楚和明确这些来源，他们需要了解想要得到什么信息和为什么要得到这些信息。帮助他们了解你的问题包括以下几点：

（1）特殊的目标或各目标的关系。

（2）敌手的目标是阻碍、盗窃、蓄意破坏、工业间谍活动和被保护目标。

（3）关于在你的设施或其他设施的事件类型的信息（盗窃、非法侵入、间谍）。

一般要求可以不予回应。英国情报局的网站提供了一些有用的信息（m15，2006；m16，2006）。

建立与当地的执法和情报来源网络的优势是可获取与他们的合作和接收国家信息源的批准。再者，自 9·11 以来，由于关注暴露的来源和分类问题，与地方当局的情报共享数据已证明是有问题的。具体地说，许多地方当局都有可能是攻击的潜在目标，没有特殊权限不允许访问情报信息。这反过来又使得其难以与不同群体有效工作。工作正在有序进行，获得许可和开发程序的地方官员已允许更好地共享情报信息（卡普兰，2006）。

3.3.2 犯罪研究

通过回顾过去和当前在本土、全国和国际范围内的犯罪行为，有助于提供有用的信息，以明确潜在威胁。由于缺乏足够的入侵者概况介绍的样本数据，分析师可能会扩大其研究范围，包括某些特定领域可能发生的犯罪行为、未遂的犯罪行为，以及确定构成犯罪的行为。对于高价值或高资产的设施，要重点审视对其进行的盗窃、武装抢劫，以及对工业设施的破坏。要保持对受过良好教育的专业人士犯罪行为的洞察力。通过深入研究涉及政治极端分子制造的恐怖袭击或者爆炸事件，可以发现摧毁特定目标建筑不是其主要目的，表明其政治立场才是主要目的。研究犯罪（纵火犯、患精神科疾病的及大规模屠杀）以及犯罪分子本身的犯罪线索和动机是很有必要的。

3.3.3 专业组织和服务

非政府网络的信息交换可提供有关威胁评估的信息。学术研究、行业组织会定期碰面，以讨论当前的主流问题，通常会包括安全问题。建立地方、国家、国际层面面临的不同威胁的比较与看法。国家专业机构如 ASIS（详见 http://www.asisonline.org）以及计算机安全协会（CSI，1998）公布的内部威胁调查、针对工业设施的犯罪成本以及黑客的威胁。

除了利用专业组织，一些专业化服务也能够帮助有效地界定威胁。调查研究、监督、商业情报、尽职调查方面的顾问，以及计算机系统有能力为企业提供有价值的威胁信息。其他专业服务包括心理行为学专家、犯罪学专家、律师等提供的有关近期案例剖析、裁定，这些也有助于帮助识别最新威胁的信息或建议。

3.3.4 已出版发行的文献和互联网

现有文献的完整搜索就可提供有关威胁的大量信息。信息可从公开渠道和图书馆以及相关研究机构获得。公开的文献来源主要包括：国家信息服务、公开出版物、报纸、广播，以及特定主题的出版物。图书馆和研究机构的电子数据库、影印版的报纸、相关材料的相互参考条目也可提供相关确实存在的威胁信息。美国联邦调查局（FBI）的爆炸装置数据中心有专门的页面可供人们浏览有关的犯罪统计和近期出版物（FBI，2006）。在美国国家司法研究所的资助下，JUSTNET 由国家执法与矫正技术中心（NLECTC）所有，是执法和矫正信息的全面来源，包括最近新闻媒体关注的威胁（NLECTC，1999）。一些特别令人感兴趣的文章或是报告讨论新出现的威胁，如生化武器袭击、非国家行为的恐怖主义行为、国际犯罪，包括毒品走私及信息战。美国国务院发布了一份年度报告来描述全球恐怖威胁和美国秘密服务，并联合卡内基梅隆大学发布计算机系统内部威胁报告（Keeney 等，2006）。

3.3.5 政府行政指令和立法

政府的各种立法和指令可提供潜在或现存威胁的信息。这些来源可就设施或行业面临的潜在威胁提供独特见解，也可以事先告知政府重点保护的相关企业目标免遭威胁。

最近颁布的打击恐怖主义的总统令（PDD-62），突出反映了美国面临着日益增长的非传统威胁。它详细介绍了一种新的、更为系统的方法——项目管理的方法——来打击针对美国的恐怖主义行为。该总统令还指出要建立一个协调安全、设施保护、反恐的办公室，该办公室用于监督各种相关政策和项目，包括反恐、关键基础设施保护、实时准备，以及针对大规模杀伤性武器的结果管理（环境保护局，2006）。

保护美国关键基础设施的第63号总统令（PDD-63），要求要从国家层面确保美国日益脆弱又相互关联的基础设施的安全（环境保护局，2006）。这些基础设施主要包括：电信、银行和金融、能源、交通、必要的政府部门。该指令要求联邦政府要立即采取行动，包括风险评估和规划以减少其受到的攻击。该指令强调政府和私营组织合作的重要性。

此外，第13010号行政令，成立了总统关键基础设施保护委员会（PCCIP），由克林顿政府于1996年7月15日签署。该行政令明确这些设施是国家关键设施的一部分，要对其进行审查和充分保护，并将其上升为国家安全层面。这些关键基础设施主要包括：

（1）信息和通信。

（2）电力系统。

（3）燃气和石油的运输和存储。

（4）银行和金融。

（5）运输。

（6）供水系统。

（7）应急服务。

（8）政府服务。

在过去的几年中，国会通过立法显现出对生化武器等新威胁的重视。州和当地政府也要应对国内恐怖主义威胁。例如，1996年的反恐怖主义法案加大了对涉及爆炸物和拥有核材料的处罚力度，以及针对本土或者非本土的美国人使用化学武器的犯罪行为。该法案还指出，美国司法部长要通过第一次的修正案颁布针对制造大规模杀伤性武器保护的公开报告，并授权国务卿设立反恐组织，授权超过10亿美元，5年以上的联邦、州和当地政府的法案，以预防、打击恐怖主义。在识别特定资产或目标受到威胁时，这项法案可提供有价值的信息。与此相关的工作、研究完成后，可为政府在识别、确定、应对威胁方面提供信息（Riley and Hoffman，1995）。

9·11恐怖袭击发生后，更多的相关法案出台。相关重要法案信息如下所示：

- 使用适当手段来阻止或避免恐怖主义，以团结并强化美国的法律，《美国爱国者法案》（USA PATRIOT ACT）于2001年颁布。

《美国爱国者法案》是在2001年9·11恐怖袭击发生后的两个月签署的，该法案极大地扩大了美国的执法权力，以阻止未来的恐怖袭击事件发生。该法案包括10个部分，数百个段落和子段落，尽管该项法案对民主自由有一定程度的侵犯，但是9·11恐怖袭击后该项立法受到两党的广泛支持。该法案规定要加大对恐怖分子嫌疑人的监控力度，加强跟踪和预防国际洗钱力度，加强执法机构和应急救助人员等培训。

链接：http://thomas.loc.gov

- 航空和运输安全法案

2001 年 11 月 19 日，美国签署《航空和运输安全法案》，该法案要求运输部新成立运输安全局（TSA），由其负责航空运输安全。由 TSA 负责旅客的安检工作，包括开发新的安检技术，如爆炸物检测和生物识别技术，极大地扩大“航空马歇尔计划”来保护飞行途中的安全。该法案还要求 TSA 定期进行漏洞评估，定义威胁属性和技术路线图，审查民航安全。

链接：http://thomas.loc.gov

- 海事运输保安法案 2002（MTSA）

MTSA 于 2002 年 11 月 25 日签署成为法律，目的是为了保护国家的港口和航道免遭恐怖袭击。这项法案要求要全面评估数十个关键港口面临的威胁和脆弱性，保安计划发展超过 1 万艘海轮和 5000 个相关设施，安全认证和审计小组用于检测 2500 个外籍港口，私人所有的关键港口要制订安全事故应急计划，并报海岸警卫队批准，运输工人身份识别验证（TWIC）计划，实现了国家交通设施关键节点的访问控制，美国海岸警卫队海上安全保安队在东部和西部海岸建立了海上威胁的快速响应战略位置，以及操作安全和其他计划用以改进集装箱安全等。

链接：http://www.Uscg.mil/hq/g-cp/comrel/factfile/Factcards / MTSA2002. html and http://www.user.rail/news/Headquarters / MTSAPressKit.pdf

- 国土安全法案 2002

该法案也于 2002 年 11 月 25 日签署，并成立了国土安全部（DHS），由 22 个联邦机构合并而成，新部门主要负责保护美国，防止恐怖活动，DHS 成立后的机构主要包括：出入境及海关执法处、运输安全管理局、海关和 B 级保护专员、特勤处以及海岸警卫队。

链接：http://www.whitehouse.gov/deptofhomeland/bill/

- 国土安全第 7 号总统令

关键基础设施的识别、优先级和保护。

该指令是一系列新的国土安全总统令（HSPD）的一部分，始于 2001 年 9・11 恐怖袭击之后，要求所有联邦部门识别、明确优先次序，以及协调国家关键基础设施和资产的保护。指令还要求寻求降低资产和设施的脆弱性的方法，以“阻止、减缓或消除恐怖袭击”。它还要求 DHS 和其他联邦部门要对其责任部门进行脆弱性评估，鼓励使用风险管理的策略，以防止和减少恐怖袭击的影响。

链接：http://www.whitehouse.gov / news / releases / 2003 / 12 / 20031217—5.html

3.4 组织威胁信息

威胁信息收集工作基本完成后，要将其置入一个表格内，以便于使用。表 3.1 列出了所需信息类型，并提出了一种方法来定义外部威胁。该表格列出了三个外部敌手组织：恐怖主义、犯罪以及极端分子。可将其他外部敌手列入该表或者替换表格中的某一项。对于外部敌手，要对其盗窃、破坏或其他行动进行评估。评估结论为高、中、低。要以相同的方式对敌手的动机进行高、中、低判定。最后，敌手能力被制成表格。每组具体数据应对应某一能力主题。

表3.1 信息类型

	敌方类型		
潜在行动可能性（H,M,L）	恐怖主义	罪犯	极端主义
偷窃			
破坏			
其他			
动机（H,M,L）			
意识形态			
经济上的			
个人的			
（军事）能力/力量			
数量			
武器			
装备和工具			
运输工具			
技术经验			
内部援助			

定义内部威胁的信息如表3.2所示。不同类型的内部人员信息列在表格最左端，每种信息对应某一类内部人员。内部人员包括：PPS设计者、安全控制台操作人员、维修人员、工程师、文职人员、安全管理员等。当前的问题是不同的内部人士多久可以访问一次资产、关键设备或是PPS。基于此访问信息来评估盗窃、破坏、内外勾结的可能性，评估结果也分为高、中、低。

表3.2 内部威胁的信息

内部人员	对资产的使用权（经常、偶尔、从不）	对PPS的使用权(经常、偶尔、从不）	偷窃的时机/机会（H,M,L）	破坏的时机/机会（H,M,L）	勾结的时机/机会（H,M,L）

当表格中所有信息完成后，竞争对手可对比潜在威胁类型并排名。这种威胁定义可为PPS设计师或分析师提供特定站点所需信息。然而，即便一个威胁被定义为最高级别的潜在威胁（成为设计基准威胁），PPS也必须对整个威胁范围进行评估。

3.5 威胁样本描述

下面是一个设计基准威胁的实例，是用于核设施设计和评估保障系统以防止放射性破坏和盗窃特殊核材料的。威胁的认定主要包括：确定的暴力外部攻击、隐身攻击或其他欺骗性行为，具有以下属性的人员、援助和设备：

（1）良好的训练（包括军事训练和技能）和专业人员。

（2）内部援助，包括处于任何位置的知识型员工，试图成为一个被动角色（如提供信息）或者主动角色（如出入控制点、禁用警报和通信系统，参与暴力攻击）或者两者兼顾。

（3）适合的武器，包括手持式自动武器，配有消音器及远程精确打击的武器。

（4）手持装备，包括使用失能毒剂和炸药作为工具进入，或以其他方式破坏反应堆、设施、运输系统的完整性或保障系统的功能性。

（5）陆地车辆用于运输人员及其手持装备。

（6）操控两个或两个以上团队的能力。

该威胁说明，考虑到潜在威胁，包括处于任何位置的个人，谁有权访问核设施及相关设备、物品等的详细信息，便于盗窃特殊核材料（如小工具、替代材料、假文件等）或两者兼具。

以下是另一个威胁说明，识别和描述半导体制造商的潜在威胁：设施应当受到保护，防止产品、生产材料、工具和设备、个人计算机或组件，以及个人财产被盗。威胁可能包括多达3人实施的犯罪行为，他们通常不会因为获取经济利益而采取暴力行动，但他们可能会使用低致命武器抗拒或避免被捕。个人或团伙通常会犯机会罪行，并经常针对可个人使用或方便出售的易于访问的、便于移动的资产实施犯罪行为。攻击方法包括：隐身和欺骗，可能是内部人员或是对该设施非常了解的辅助人员，可能会使用武器，但其不会使用枪支和炸药防止被捕。设施面临的其他威胁还包括心怀不满的雇员和工业间谍活动，每个都需要自己具体表征。

另一个样本设计基准威胁说明如下：

（1）建立安全保密程序和要求。

（2）提出现场安全保密方案规划实施和设施设计的安全基础。

（3）为实施系统评估提供依据。

（4）支持反间谍程序和要求。

（5）对反间谍活动的危险权益评估提供依据。

这种威胁描述的是基准威胁，随着这种威胁的发展，特定的场地、环境或其他特殊的设施区位特征将不被考虑。特定场地的威胁说明应修改，要考虑其独特的地点和区域所面临的威胁，补充设计基准威胁。

例如，要列入特定场地威胁定义的入侵组织的类型主要包括：

（1）恐怖分子——个人或组织，非法使用武力或暴力对人或财产进行威胁或要挟政府、平民或促进政治或社会目标实现的任何部分。

（2）智能化犯罪——个体寻求涉密或非密敏感信息或材料或试图改变数据维护个体或雇主的经济利益。

（3）有组织犯罪——为了经济利益实施的犯罪。

（4）精神疾病——人遭受周期性精神疾病困扰，或长期缺乏与现实接触。

（5）心怀不满的雇员——针对就职方的暴力或恶意行为。

（6）暴力行为——个体或组织出于生态、政治、经济或其他原因的暴力行为。

（7）情报收集人员——使用人工智能的方法和代表外国情报服务进行的秘密情报收集。

总之，一个结构合理的威胁说明应由一个合适的组织结合相关信息建立起来的，进行定期审查和更新、补充组织的政策与当地威胁评估、解决内部威胁、提供威胁的详细信息包括数量、设备、武器、运输和动机。一旦这些信息被收集和总结，它应该被视同涉密或敏感信息保护，且访问受限。

3.6　小结

特定场所的威胁定义的方法已经提出。该方法提出了所需信息和这些信息来源的类型用以描述威胁。信息可被用于概括敌手排名，根据其潜在威胁排名，包括威胁频谱、设计基准威胁时可选。设计基准威胁应该是设施面临的最大有效威胁。对于特定场所的威胁界定由 PPS 设计者和系统分析者所需信息确定。一旦建立，这些信息应该受到保护，限制其分布范围。设计基准威胁应当定期审查和更新，或随事件决定。

3.7　安防理论

设计基准威胁——设施的 PPS 是基于设施最大有效威胁设计的。最终设计应该针对整个威胁频谱进行检查。一旦建立，设计基准威胁应该被视为秘密或敏感数据保护。威胁说明的定期审查和更新是必要的。

3.8 参考文献

[1] Computer Security Institute (CSI)andFederal Bureau of Investigation(FBI). 1998 CSI/FBI Computer Crime and Security Survey.Computer Security Issues and Trends IV(1)，1998，1-12. http://www.gocsi.com.

[2] Earley，P. Confessions of a Spy：The Real Story of Aldrich Ames. New York：G. P. Putnam's Sons，1997, 1-36.

[3] Environmental Protection Agency，2006. http://www.epa.gov / radiation / rert / authorities. htm#pdd, last accessedDecember 2006.

[4] Federal Bureau of Investigation(FBI). http://www.Fbi.gov.last accessed December 2006.

[5] Federal Bureau of Investigation. May 22. 2006. http://www.fbi. gov / publications.htm.

[6] Freedman，D. H.，and Mann，C. C. Cracker. U. S. News and W0rld Report. June 2. 1997，57-65.

[7] Hoffman，B.，Meyer，C.，Schwarz，B.，and Duncan，J.Insider Crime：The threat tonuclear facilities and programs. RANDReport，U. S. Department of Energy. February 1990：42.

[8] Hollinger，R. C.，and Davis，j. L. “Employee theft and dishonesty，” in Gilt，M.，ed.，The Handbook of Security. New York：Palgrave Macmillan, 2006，203-228.

[9] Keeney，M.，Kowalski，E. ，et al. Insider threat study：Computer system sabotagein critical infrastructure sectors. May2005. http://www.cert.org / archive / pdf / insidercross 051105. pdfand http：//www.secretservice. gov / ntac_its. shtml. 1astaccessed October 28，2006.

[10] Kaplan，D. E. Spies among us. U. S. News and World Report. May 8. 2006. 41-49.

[11] National Law Enforcement and Corrections Technology Center(NLECTC). http://www.nlectc. org / , last accessed December 2006.

[12] National Retail Security Survey，2002. Summary available at http://retailindustry. about. com / od / statistics_loss_prevention / l / aa021126a. htm. lastaccessed December 2006.

[13] Pinkerton Service Corp. “Top organizational and professional issues fortoday's security director.” Pfnkerton Organization Security Issues Study, 1997. 1-19.

[14] Radcliff. D. “Physical security：The danger within.” Info world April 20. 1998；20(16).

[15] Riley，K. J.，and Hoffman，B. Domesticterrorism：A national assessment of stateand local preparedness. RAND Report1995：1-66.

[16] United Kingdom.MI5 home page http://www.mi5.gov.uk / , and M16 homepage http：//www.mi6.gov.uk/output / Page79.html， last accessed August 2006.
[17] United States Department of State Office of the Coordinator for Counterterrorism Country Reports onTerrorism 2005，April 2006，UnitedStates Department of State Publication 11324. http://www.state.gov / documents / organization / 65462.pdf， last accessed November 2006.

3.9 问题

1．使用表 3.1 和表 3.2 挑选样品设备和制造威胁谱。选择一个设计基准威胁并解释你的选择。

2．为什么要在 80 个重要的实物保护系统设计之前完成一个威胁的定义？

3．什么样的工作条件下的内部威胁的评估很重要？

4．解释为什么威胁定义需要考虑另外一个局部或国家威胁的国际威胁。

5．信息的其他来源的威胁是什么？

6．一个内部人员帮助一个局外人敌手的方法是什么？

.Chapter 4

第 4 章

目标辨识

目标辨识重点专注哪些对象需要进行保护，从而为 PPS 系统的设计提供基础，而 PPS 系统的设计工作则主要解决如何进行保护。目标辨识是对需要实施保护的目标的评价手段，但该评价方法并不考虑受保护对象所面临的威胁或提供实物保护的难度。换句话说，目标辨识用于定义被保护的范围、资产或行为，通常针对那些可能产生不良后果或者损失的单位。在辨识完成后，可以确定针对这些项目的威胁，以及特定威胁对于这些项目实施保护的难易程度。在本章中，“目标”和“资产”可以互换使用，而在后面的章节中，资产是指任何遭受对手攻击的目标。首要目标可能是有形资产、信息数据、人或任何可能影响业务运营的活动；次要目标还包括可能被攻击的 PPS 组件，从而降低系统效能导致入侵成功。基于威胁的目的、能力、动机，资产损失和后果等因素，通常需要对这两类资产进行识别。

图 4.1 概括了目标辨识所涉及的步骤。这些步骤在后面的章节中讨论。

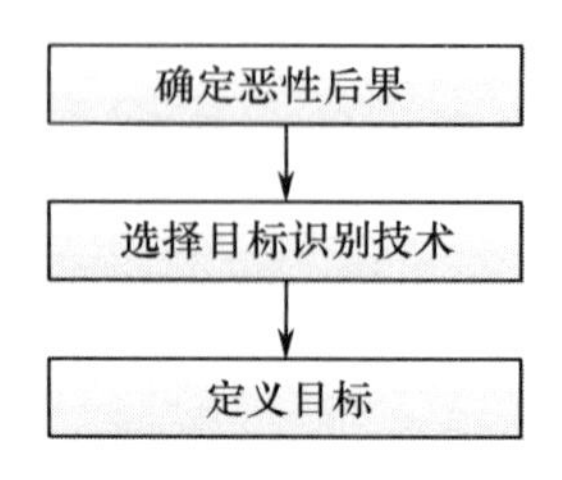

图 4.1 目标辨识步骤

4.1 恶性后果

希望一套设施中的所有资产得到保护是不可能的，也是不现实的。针对设施中的有限目标，有效的安全提供最低限度但却完整的保护。防护目标的选择标准，取决于需要防止的恶性后果。通常所关注的恶性后果是指：

（1）人身伤亡。

（2）通过工业间谍活动而导致材料或信息损失。

（3）因盗窃或破坏释放的有害物质产生环境损害。

（4）中断如水、电力设施或通信设备。

（5）业务暂停或停止。

（6）职场暴力、勒索、敲诈。

（7）建筑物倒塌。

（8）破坏名誉。

（9）法律责任。

从上述恶性后果可以明显看出，损失的后果可能形成一个范畴，从无法接受损失（如人身伤亡）到经济损失（如工业间谍），再到相对较轻的损失（如破坏名誉）。目标辨识过程中所使用的损失后果，可以帮助确定哪些资产应该保护到何种程度。例如，某一设施中非关键性的专用数据丢失无法与生命损失相比。因此，我们认为，与其他恶性后果相比，生命损失是最高等级的后果事件。9•11 恐怖袭击后，在选择关键防护目标时，避免造成多人的生命损失已成为一个普遍性的标准。但这并不意味着，针对具体设施时，生命损失是唯一的高等级后果事件。

4.2 后果分析

目标辨识的主要结果是基于资产的损失后果确定目标优先级。首先列出一个机构（企业）的所有的目标；其次需要确定损失后果的水平（即高、中、低）；第三是估计事件发生的概率；最后针对一个特定的威胁进行评估。其损失后果的度量标准可能是经济损失、生命损失、名誉损失或这些的组合，但应建立损失后果之间的一致性指标，用以评估其相对排序。事件发生概率表示了对手攻击的可能性，可通过历史记录进行判定，或者是通过威胁定义过程获得的信息进行判定。这个过程可以采用矩阵方式快速判定，如表 4.1 所示。

表 4.1 泵站后果损失分析表

损失后果	袭击事件		
高		生物/化学袭击（恐怖分子）	
中		破坏（内部人员、反社会人士）	
低			喷涂（破坏分子）
发生概率	低	中	高

注：表中“袭击事件”分别对应了“损失后果”和“发生概率”。

表 4.1 以自来水公司的供水泵站作为防护目标，该泵站的后果分析显示在表中的矩阵中。可以看出，最高的后果事件是使用生物或化学制剂污染水源的恐怖威胁；较低的后果事件是由内部人员或对本公司心怀怨恨人员实施破坏的可能性；最低的后果事件的特点是破坏者在墙上、设备上或其他财产进行涂鸦。此外，事件后果的排名与事件发生概率都是非常重要的。以水泵站为例，在泵站资产进行涂鸦有很高的发生概率。尽管存在很高的发生概率，但比造成当地自来水水污染的后果相比要小得多。以类似的方式，恐怖袭击和破坏事件的概率已被评估为中等概率。这一分析表明，关于恐怖袭击或破坏事件存在中度概率，但恐怖袭击造成的后果是高的，所以防止水供应的污染是最高优先级的任务。

采用矩阵提供了一种快速进行后果、事件概率和威胁评估的方法。这个矩阵有助于通过威胁谱和后果水平确定设施风险。对于防护系统设计过程中资源配置和更为全面的风险分析，这些信息都是非常有用的，详细内容参见第 15 章“风险评估”。在定量化分析中，后果损失取值在 0 和 1.0 之间，1.0 表示了最高的后果损失。此外，基于后果损失的重要程度，后果损失也可以定义为“高、中、低”。由于本书将全面介绍 PPS 的设计和评估工作，因而无法涵盖关于后果损失的详细分析内容，同时，在第 4 章将提供额外的脆弱性评估内容（Garcia，2005）。

4.3 目标集

当目标辨识重点关注盗窃活动时，则所有关心的资产必须被保护；而当目标辨识关注破坏活动时，则存在选择保护目标集的可能。例如，大坝是通过中控室、各种阀门和泵来控制水流；通过选择对某些系统部件实施保护，即使其他系统部件遭到破坏，也可以避免发生大洪水。在考虑破坏性时，有时就是通过在多个部件中选择出一个关键性部件。这一保护对象的选择是由所提供保护的可用性、操作影响及其损失后果来确定的。防护目标也包括人，如在工作场所针对员工或高级主管的暴力行为。当防护目标包括人员或者要人时，可能需要额外的信息和计划。要人保护不是本书的关注点（关于保护原则应用的简要说明见第 16 章，“过程应用”）。有许多优秀的参考文献提供了此类活动的细节（Braunig，1993；

Oatman，1997；Hawley and Holder，1998）。如果将高级管理人员确定为防护目标，将需要提供额外的人员保护。本书主要集中关注设备资产和信息的保护，其资产也包含人员。

选择有限的部件作为防护目标集，从而防止遭到破坏，其目的是降低防护难度。设计 PPS 的目的是对最少的部件实施高水平的保护。而防护目标集必须是完整的，通过对最小的防护目标集采取完整的保护，从而避免针对设施实施的破坏所造成的损失，不涉及防护目标集。

关于目标辨识还需要注意一点。在大型的复杂设施中，可能存在许多面临盗窃、破坏，或其他攻击的目标。通常这些目标分布在整个设施。例如，关键资产可能会分布在多个建筑，也可能存在许多更小的目标，如最终产品、笔记本计算机、专有信息和工具。对于分布式目标的大型设施，PPS 的设计必须涵盖和涉及资产的整个区域。另一方面，一些复杂的设施可能包含某些局部性目标。例子包括爆炸物储存设施、变电站、输电塔、水坝和中心机房等。在这种情况下，PPS 可以集中在一个较小的区域。防护范围的减少可以保护重要资产，也非常符合成本效益分析的方法。

4.4 目标辨识技术

本节讨论两种目标辨识技术，即目标集列表法和逻辑图法，从而识别关键保护区域。本节主要介绍运用逻辑图法进行关键保护区域的识别。

4.4.1 目标集列表

针对一些具体目标（如计算机、工具、专用信息、工艺流程等）实施的盗窃行为，建立防护目标清单是一种适当的方法。这种方法列出所有关键资产的数量和位置，其列表就是防护目标集。

这种人工建立目标列表的方法也适用于某些中间产品环节（如电子器件或药物）中的盗窃活动，或者是一些简单设施中针对关键资产的破坏活动。而对于一些复杂设施，此种方法面对上述两种威胁就存在局限性。中间产品可能包括物品准备包装或包装完成后在库房等待运输的环节。这些中间环节，特别是对于内部人员而言，可能成为盗窃活动很好的目标物。如果产品生产线非常复杂或多条生产线同时工作，遭到盗窃的机会可能将分布在整个生产过程中，而不是仅仅局限于生产线末端。此外，存储和运输环节也是高风险领域。其次，类似大型石化企业这样容易遭到破坏的目标，都建有许多复杂的系统，每一系统都由上百个部件组成，相互作用进行生产、传输和存储。最后，电力、通风以及其他基础设施类的支持系统是将许多组件通过管道和泵相连接组成的，通过复杂的运行管理方式进行操作。因此，目标识别必须考虑系统及其部件的保护，以及与其他支持系统的相互作用。

当设施过于复杂，而无法使用人工方式进行目标辨识时，就需要采用更为有效的辨识技术。下面将详细讨论这一方法，利用逻辑关系，建立一种综合性的分析方法，从中分析出需要实施保护的系统和部件，从而避免安全事件的发生。

4.4.2 逻辑图

对于复杂设施，确定其存在盗窃和破坏等潜在威胁的目标，逻辑图（Logic Diagrams）是一种很有效的工具方法。故障树（Fault Tree）是逻辑图的一种类型（Fussell，1976），它以图形方式表示了可能导致特定的突发事件的系统组件和子系统。关于从设施周界外部，通过一些事物保护单元向内部侵入活动的简单故障树图参见图 4.2。下面首先说明故障树中使用到的“逻辑阀”（Putman，1986）。

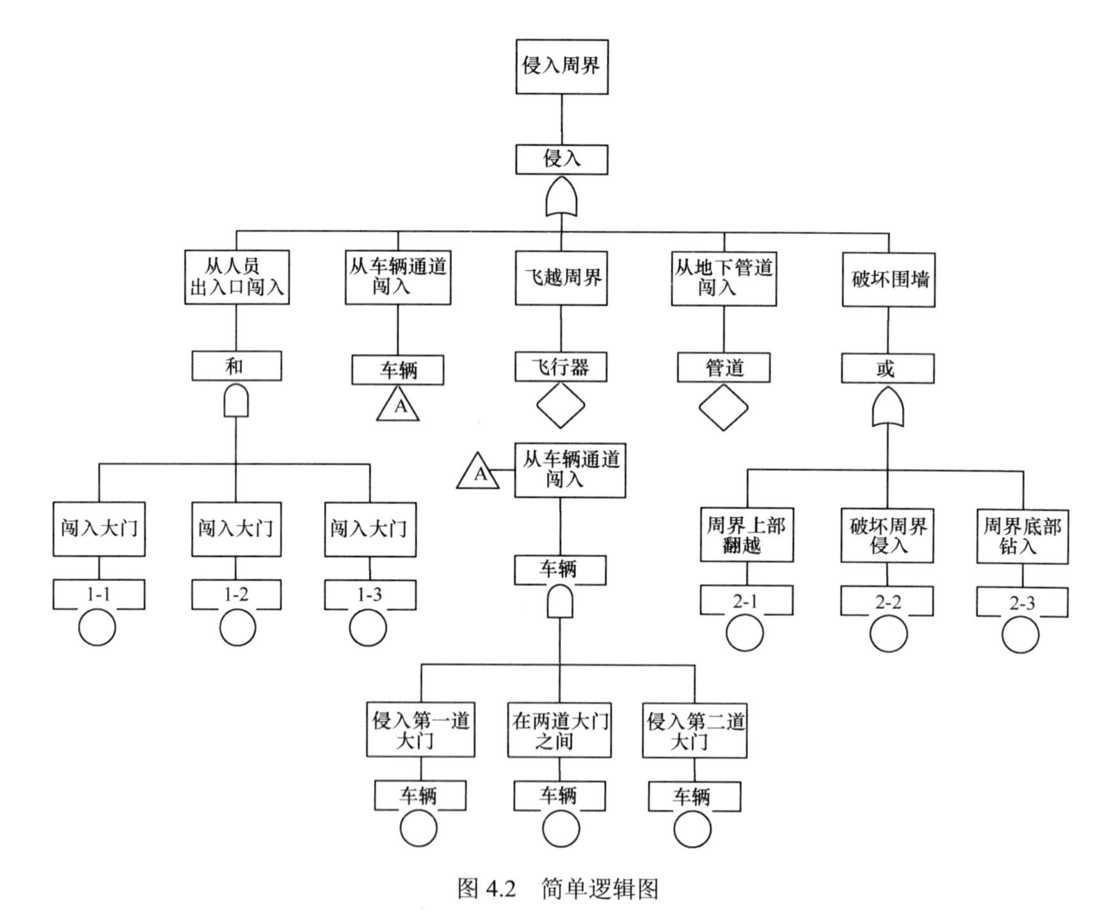

图 4.2　简单逻辑图

图 4.2 表示了闯入设施边界的所有途径。

在上例中，突发事件意味着闯入设施边界，其途径包括突破人或车辆入口、从边界下部爬入或钻入、破坏周界系统。同时，也对突破人和车辆入口、破坏周界的行为进行了深入分析。

再举一个更为复杂的例子，对于水坝而言，严重事件的后果是由于水坝的关键部件遭到破坏，大量的蓄水不受控地进行排放。PPS 的目的就是为了防止这些组件遭到破坏。逻辑图是用于识别敌方可能实施破坏的组件，而导致安全事件的发生，也称之为破坏故障树。这一方法也可用于重要保护区域的分析工作。逻辑树描述了敌方实施破坏需要采取的行动，并用于识别保护区域（或场所），从而保护这些目标免遭破坏。

图 4.3 说明了逻辑图所使用的符号。逻辑图展示了事件之间的关系，每一个事件通过一个大的矩形展示出来，而小矩形则用于描述该事件的名称或编号。事件名称应当简洁并可由字母或数字组成。

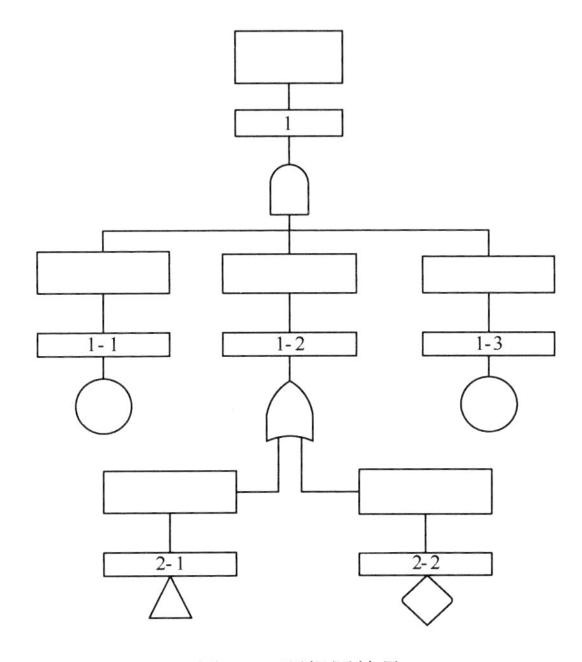

图 4.3 逻辑图符号

逻辑图是一种图形表示形式，用以表示一个指定的状态或事件的组合。每个符号都有其特定含义。

在图 4.3 中所示逻辑图符号将被详细讨论。它们包括逻辑阀、项目符号和传递过程。“与”阀和“或”阀这两种逻辑阀常用于逻辑图中。逻辑阀应当包括输入和输出。输入从阀的底部进入，而输出则从阀的顶部离开。

1. “与”阀

“与”阀的形状是一个平底圆拱（见图 4.4）。当所有的输入事件发生时，才能导致输出事件的发生。对于上述门发生的不良事件，这些事件输入和门必须发生。因此，如果输入事件的任何一个可以预防的，上述事件，门会阻止。例如，假设事件和由与门的输入事件产生的 1-1，1-2，1-3。事件和是否会发生，取决于事件 1-1、1-2 和 1-3 是否全部发生。

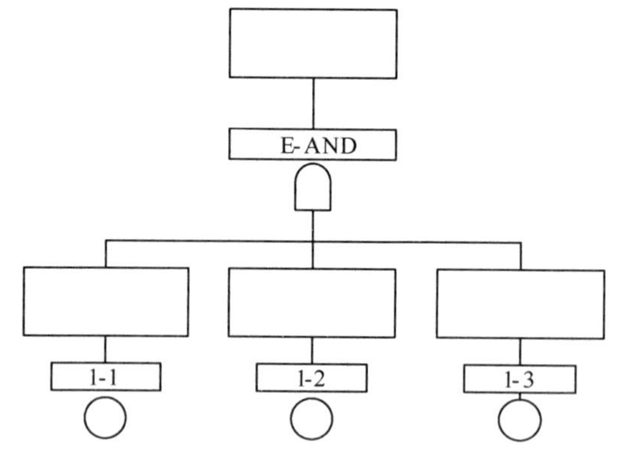

图 4.4 “与”阀样例

2.“或”阀

“或”阀的形状是一个弯底的尖拱（见图 4.5）。任何一个“或”阀下方的事件发生，都将导致“或”阀上方的安全事件。必须防止所有的输入事件发生，才能防止出现“或”阀上方的安全事件发生。例如，在图 4.3 中，事件 E-OR 由“或”门及其输入事件 1-1、1-2 和 1-3 组成。如果 1-1、1-2 和 1-3 中的一个或多个事件发生，将导致 E-OR 事件发生。

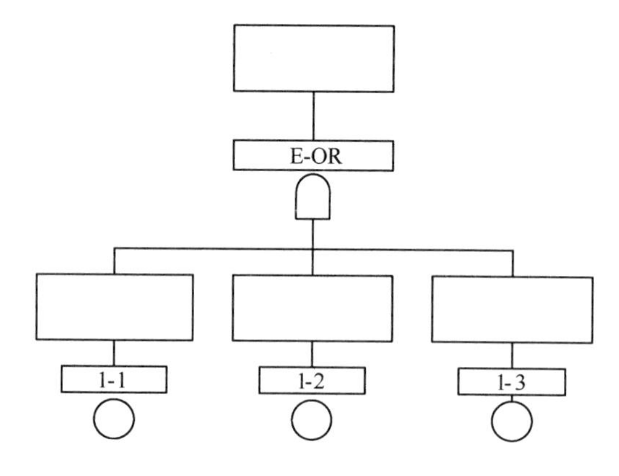

图 4.5 “或”阀样例

3. 事件

在逻辑图中有几种类型的事件，它们包括置顶事件、中间事件和主要事件。如果一个事件不输入到另一个阀中，则被称为置顶事件。在逻辑图中只有一个置顶事件，位于逻辑树的顶端。在图 4.3 中，事件 1 是置顶事件。有时候，这个事件也被称为“树端”。而既有输入又有输出的，称为中间事件。在图 4.3 中，事件 1-2 是中间事件。

主要事件是指没有输入的事件。它表示了置顶事件的起因。主要事件有两种类型，即基本事件和未展开事件，通过事件下方的不同符号进行区分。

基本事件由矩形下方圆形标志表示，如图 4.6 所示。这是导致置顶事件发生的起始事件。基本事件可以根据分析的目的，进行定性或定量分析，也可以理解成不可能进一步展开的事件。在图 4.3 中，事件 1-1 和 1-3 均为基本事件。

图 4.7 表示了未展开事件，其标志是矩形下面的菱形图案。未展开事件表示在逻辑图中未能进一步展开分析的事件。当用于评估时，未展开事件可被视为基本事件。如果未展开事件被很好地定义，那么从逻辑树分析得出的结论是初步性的，也是可修正的。图 4.3 中事件 2-2 是未展开事件。

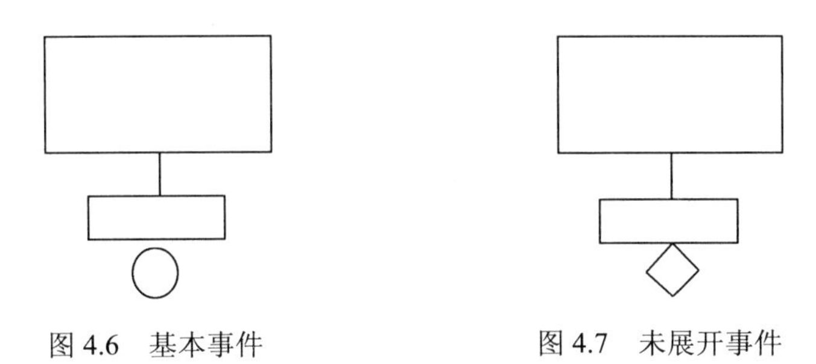

图 4.6 基本事件　　图 4.7 未展开事件

4．传递

传递操作由三角形表示。传递操作使得逻辑树图形更加紧凑并易于解读。当设计逻辑树时，由于其图形由左至右占据较大的页面，可能需要在某些位置进行断开处理，并在另一张图形中将其扩展。在连接事件和其发展事件时，不用连接线表示，而采用传递符号的方式。

关于传递符号的样例如图 4.8 所示，图中显示了一个传递符号。事件 A 在图中另一处进行扩展。传递操作使逻辑图更紧凑并具可读性。传递操作是通过单独的图形显示在逻辑树下部，图中事件 1-2 发生了传递，则事件 1-2 在逻辑树中出现了两次：一次在逻辑树中出现，而另一次在子图中被展开。通常情况下，一个事件可能发生在逻辑树几处地方，这一事件的展开可能被传递。利用传递符号表示事件展开，事件 1-2 左边的符号表示事件 1-2 的输入。通常，应当建立一个传递事件列表，表示事件的输入。

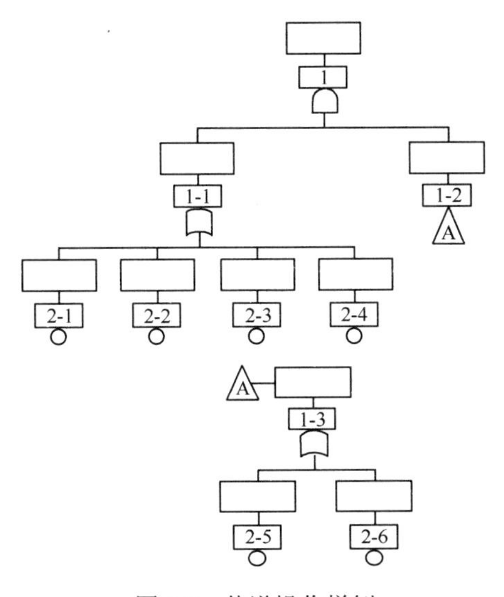

图 4.8 传递操作样例

4.5 重要区域辨识

为一处设施开发 PPS，必须要确定哪些资产对盗贼具有吸引力；为破坏或降低生产过程，哪些设备是破坏者必须破坏的；以及这些设备在设施内的位置。针对贵重材料实施的盗窃活动，其目标是相对容易指定的。由于给定设施的功能和结构是非常复杂的，因此选择哪些重要的组件和关键设施区域实施保护，从而防止安全事件发生，通常是较为模糊的。关键设施区域是指包含那些需要保护防止破坏设备所在的区域。通过全面而一致性的方法确定关键设施区域，需要采取严格的机构化方法。利用功能性进行需求分析是一种有效的分析手段。很多时候，一旦关键设施区域辨识完成，就可以被复用到其他类似的设施，这些设施的结构和布局基本相同，或是相同功能区承担同一任务。

图 4.9 说明了关键设施区域识别的基本步骤。这些步骤也适用于任何类型的设施。以下将以水坝为例，说明关键设施区域的识别过程。

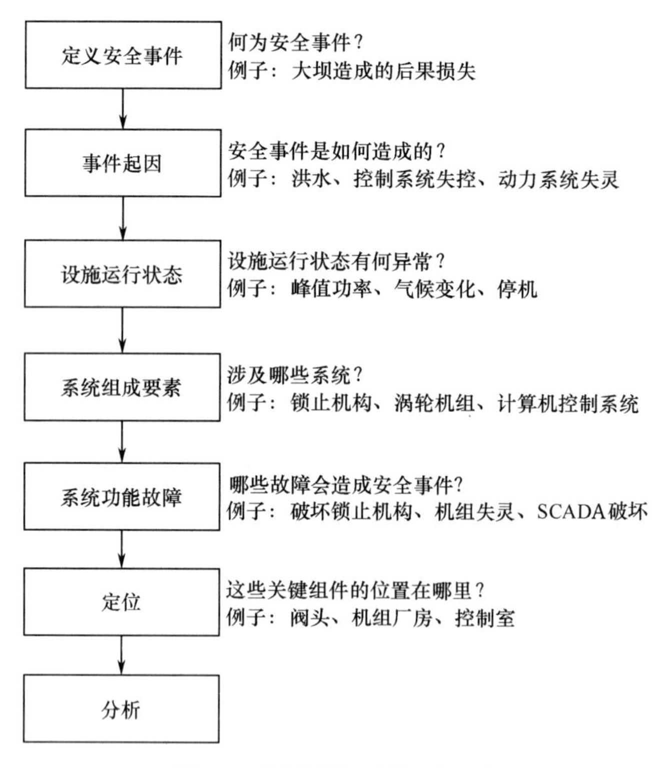

图 4.9　关键设施区域识别方法

以水坝为例，通过这些步骤可确定需要防止破坏的保护区域。

（1）应当定义目标设施的安全事件。相应的，安全事件的强度有助于确定建立安全需求分析所需的范围。

（2）确定安全事件的起因。

（3）确定设施的运行状态。水坝的运行状态包括峰值运行功率、季节气候变化（如下雨或干燥季节）和动力系统停机。某些设备需要防止安全事件，可能需要控制某个运行状态，而不需要通过其他指标。因此，针对设施的不同运行状态，可以分别确定不同的关键区域。

（4）确定导致系统故障的安全事件，这是一个关键性步骤。对于复杂设备组成，且具有多种运行状态的设施，这个步骤将是最复杂也最耗时的。为确保许多不同的系统失效机理被严格分析和综合评估，使用系统性的分析技术是必要的。这就需要辨识系统运行情况。

（5）确定导致安全事件发生的功能性故障。

（6）为确定关键保护区域，确定设施中引发安全事件的位置是必要的。

（7）对系统故障和设备位置的详细信息收集整理后，可以利用计算机程序（布尔代数运算）对破坏故障树进行分析。随着故障树的代码分析完成，可以分析得出关键保护区域。根据故障树的规模大小，运算过程也可采用手工计算。

破坏故障树将在下面进行更详细的讨论。

4.5.1 破坏故障树分析

破坏故障树分析过程是用来确定在一定组合下的破坏事件，可能造成安全事件的发生。故障树是一种逻辑图，以图形方式表示组件和子系统事件的组合，这些事件可能导致特定的安全事件状态。在下例中，我们以大坝失控放水造成破坏定义为安全事件。破坏故障树分析是将安全事件依次分解到故障树的每个分支。基本事件定义为个人的破坏行为，如破坏水泵或切断管线。图 4.10 是大坝故障树的简化样例，图中的安全事件沿中间事件展开，直到引发安全事件的源头。树中的每个阀代表着逻辑运算的输入与输出。对逻辑树中的每一事件进行直观判断和充要条件识别，从而确定每个分支。

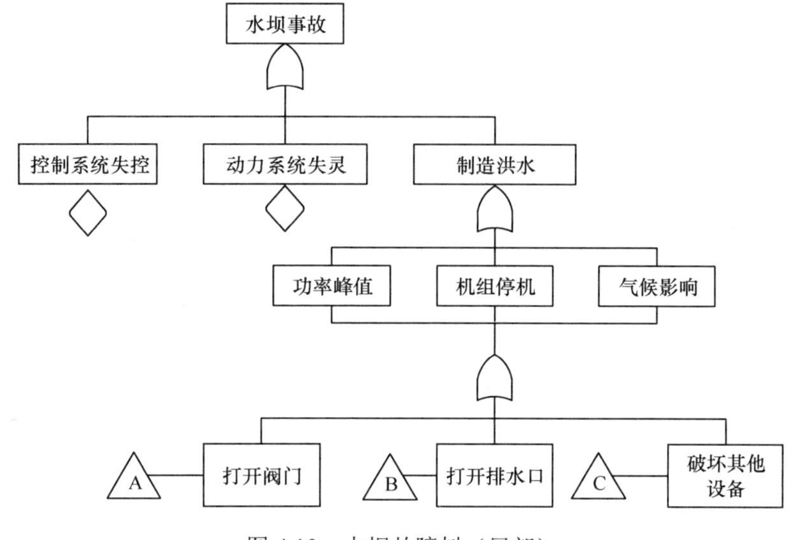

图 4.10 大坝故障树（局部）

这个例子描述了可能导致洪水事件发生的情况。

4.5.2 通用破坏故障树

由于许多设施具有一些共同特点，因此其破坏故障树在结构上将非常相似。通用破坏故障树则可以适用于许多相同类型的设施。

对于不同的设施，其设计和布局的细节其实并不相同。那些需要提供保护，并防止安全事件发生的系统，以及它们的子系统和组件，在设施与设施之间，其安装位置通常是各不相同的。由于存在位置上的差异，因此，即使设施的操作流程完全一致。设施破坏故障树的细节——即关键区域的数量和位置——也将随着设施不同而不同，对故障树模型的通用程序进行展开，通过收集适当的定位信息，并将其转化为通用故障树模型，从而形成特定设施安全事件的详细破坏故障树（Fussel，1976）。利用通用破坏故障树程序有三个优点：

（1）针对具体设施建立破坏故障树时，不太可能出现忽略安全事件。

（2）减少搭建故障树模型所需的时间。

（3）在实际工作中，对于故障树了解较少的人也可构建故障树。

4.5.3 关键区域定位

一旦故障树模型搭建完毕，接下来就要利用故障树进行分析，找到造成安全事件的组合。每一个事件的组合都表示了设施遭到破坏的场景。关键区域识别的下一步就是要发现安全事件组合在设施的哪些场所中可能发生。这就需要对基本事件进行定位，然后将引起破坏的事件组合转换为破坏的位置组合。通常情况下，通过这种转换将减小故障树的规模。

下一步是确定位置的最小集，也称为最小临界位置，如果在这些位置实施保护，将防止敌方破坏任务的完成。通过对这些位置实施保护，将中断所有可能导致安全事件发生的逻辑树序列。显然，“与”阀可以对设施保护提供明显帮助，尤其是如果设备位于设施的不同区域或部位，这是由于“与”阀的结果是所有的输入存在时，才可能导致输出事件的发生。如果关键组件位置之间存在一定距离，就迫使敌方需要更多的人力，或者按照一定的顺序进行攻击而花费更多的时间，这就成为了 PPS 设计者的优势。这一设计方法已在美国之外的核电设施中加以应用，以降低一名攻击者实施入侵破坏的成功概率。同时，这一理论也被用于美国国家关键基础设施保护工作中，如电力、供水、电信枢纽、银行、运输系统等。在选择保护点位时，需要考虑保护成本和被保护点位的可操作性影响。在有些点位实施保护，可能更为经济且更易于保护，并且对运行效果影响较少。如果这些区域是“与”阀的一个部分，应当优先选择这些特征区域。一旦建立了故障树和保护范围，这些数据应该作为敏感专有信息进行保护，并被有限范围知悉。

在实践中，上述过程是利用计算机程序进行处理，简化故障树方程计算所需的冗长过程。在通用故障树中定位后，计算机程序将利用布尔运算，辨识发生安全事件的最小集合点位，在这些点位实施保护，将防止一次成功的蓄意攻击行为造成破坏（Fussell，1976）。计算机程序利用了布尔代数恒等式。图 4.11 说明了布尔代数运算和模型理论方法相互之间的联系。故障树信息被布尔逻辑表达式所取代，利用计算机进行分析计算。

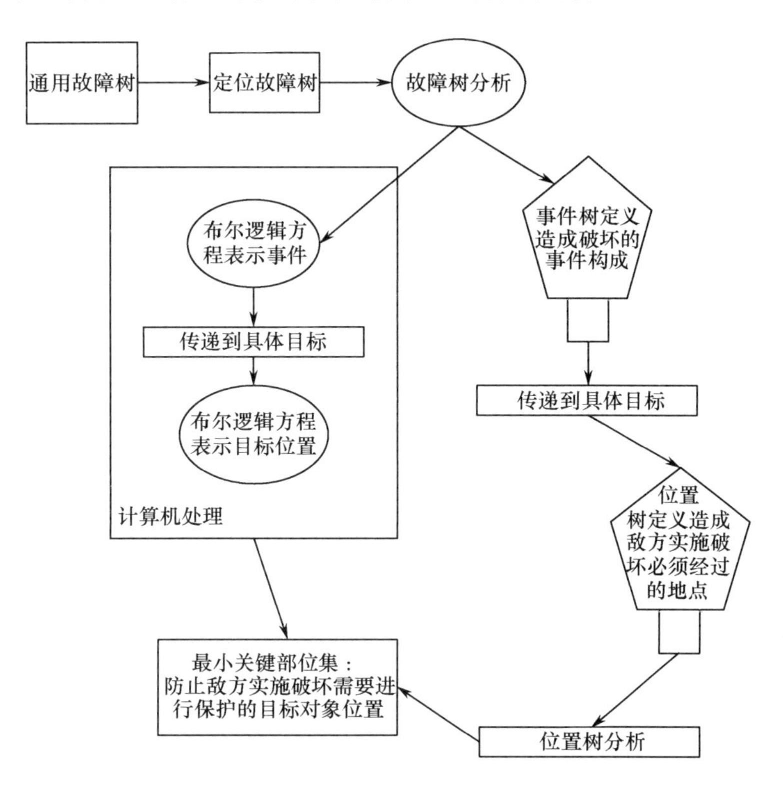

图 4.11 重要区域识别——布尔逻辑运算与故障树模型方法

一套完整保护目标辨识，也可通过笔算而不使用计算机。在这种情况下，通过建立一个列表，记录下每一个“或”阀的输入和任一个“与”阀的输入，从而生成一套完整的保护目标集。

4.6 小结

目标识别是用以识别需要加以保护的特定位置、活动或资产的过程，防止设施发生安全事件而造成损失。目标识别技术包括从手工列表到更为严格的逻辑方法。一个目标手册清单可用于针对现场实施的盗窃活动。对于简单设施而言，也可用于针对过程产品的盗窃和关键部件的破坏活动。

关键区域识别是一种目标识别的结构化方法，它利用逻辑图方法论，也称为故障树模型。故障树分析对于定义复杂设施的重要部位，提供了一个严格的、逻辑性强的、可复现的方法。破坏故障树清楚地记录了分析时所做出的假设，并针对不同组件的影响进行假设，也可针对不同数量和位置的关键区域进行假设。由于对于每一个设施分析的形式和细粒度是统一的，因此，其采用的标准也就是一致的。由于关于最小防护目标集的分析将有助于降低防护成本，因此也是十分关键的。对于复杂设施，利用通用破坏故障树模型可以快速搭建出破坏故障树。

当完成了设施表征处理，定义了设计基准威胁，明确了基于威胁和后果的防护目标，就意味着 PPS 系统的设计工作正式开始。在本书的第二部分，将深入探讨满足 PPS 系统功能的检测、延迟和响应的组件。

4.7 安防理论

目标辨识用于定义哪些对象需要进行防护。防护目标可能针对盗窃、破坏或人身伤害等事件。目标的优先级则是基于损失后果和威胁的分析而确定。

4.8 参考文献

[1] Brauing, M.J. *The Executive Protection Bible.* Aspen: ESI Education Development Corp., 1993, 1-606.

[2] Fussell, J.B. Fault Tree Analysis: Concepts and Techniques, Generic Techniques in Systems Reliability Assessment. Groningen, The Netherlands: Noordhoff Publishing, 1976, 133-162.

[3] Garcia, M.L. Vulnerability Assessment of Physical Protection Systems, Boston: Butterworth-Heinemann, 2005, 72-77.

[4] Hawley, D.L., and Holder, P.T. The Executive Protection Professional's Manual. Boston: Butterworth-Heinemann, 1-144.

[5] Oatman, R.L. The Art of Executive Protection. Baltimore: Noble House, 1997, 1-296.

[6] Putman, B.W. Digital and Microprocessor Electronics. Englewood Cliffs, NJ: Prentice-Hall, 1986, 10-15.

4.9 问题

1．使用本章所描述的符号和过程，为你经常做的某些事情绘制一个逻辑关系图，例子可以包括制作晚餐、换轮胎或粉刷房间。

2．使用列表法列出一些选定设施中盗窃的目标，列出目标类型，如计算机、人、工具或信息及位置，记录损失后果（使用高、中、低）。选择的设施包括学校、零售商店、商场、博物馆、水或电力设施等。

3．论证如何将目标识别的过程运用于电影院、博物馆、当地电话基站三个场景，并运用表 4.1 总结你对每个不同场景下的分析。

4．怎样来源的信息可以被运用于辅助目标识别？

.Chapter 5

第 5 章

实物保护系统（PPS）设计

设计者现在已经知道了 PPS 的目标，这就是，保护什么和对抗谁。第二步就是设计这个新安防系统或者特征化现有的安防系统。如果是设计一个新的安防系统，人员、程序、设备必须协调配合，以满足系统防护目标的要求。如果安防系统已经设计完成或者被特征化，就必须进行分析和评估以确保符合实物保护的目标。PPS 的设计必须将防护组件整合起来以保证防护，而非将各个有关部分孤立起来。其次 PPS 设计的实现应在对手攻击的预期对资产进行系统、完整的防护，而非在其发动攻击后才进行反应。

如果设计一个新 PPS 系统，设计师必须决定怎样将 PPS 系统中的围墙、实体防护、报警探测器、应急程序、通信设备和保安人员这些部件进行最佳的结合以达到防护目的。PPS 的最终设计应满足几个目标，包括设备的可操作性、安全性、合法性以及合理的经济约束。PPS 的一个主要功能是探测对手、延迟对手和保安人员的响应（警卫力量）。这些功能和其中的一些部件如图 5.1 所示。

PPS 功能包括探测、延迟和响应。

在 PPS 的设计中应该留意以下指导方针。如果入侵行为在与目标尽可能远的地方被发现，在靠近目标之前被延迟，则表示 PPS 的实施效果良好。此外，入侵探测（外部或内部）和报警复核之间也存在着密切的关联。安保系统设计的一个基本原则是没有评估的探测是没有意义的，因为没有评估，值机员就不知道到底是什么触发了警报。如果警报是因为垃圾吹过外部区域或者内部区域的灯被关掉，就没有必要进行响应，这是因为没有有效入侵（如对手）。另一个密切相关的是应急响应和响应通信之间的关系。除非受到响应命令的通信指令，否则响应力量是无法做出响应的。PPS 的这些功能和许多其他功能有助于设计者充分发挥每件设备的优势，同时通过使用设备的组合，它们能够相互补充和防护任何弱点。

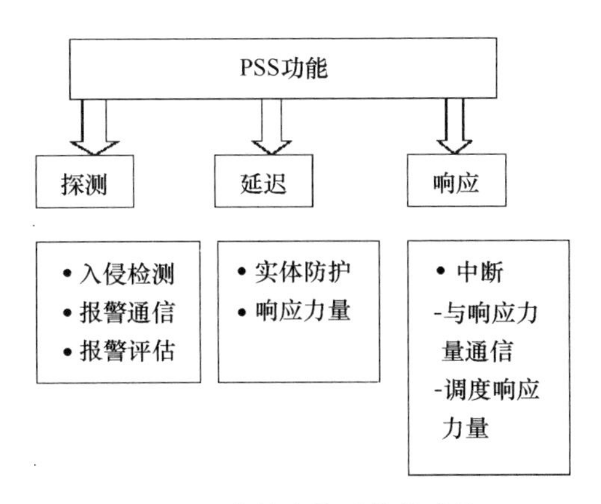

图 5.1 实体防护系统的功能

PPS 的设计以对设计系统所需满足的防护目标的综述和深入了解开始。这可以简单地通过检查 PPS 的需求特征来实现，如入侵检测、出入口控制、出入口延迟、响应通信和人防力量等。然而，这种基于要求的特征所设计出来的 PPS 系统是无法满足预期效果的，除非这些功能被结合起来形成一个高性能系统，以保证足够的保护水平。基于特征的设计只检查特定数量或者特定类型的组件，并不考虑如何在对手入侵时有效地使用组件。一个好的 PPS 使用被证实表现良好的组件。组件性能与系统性能结合程度可以通过使用系统建模技术来衡量。

5.1 实物保护系统设计概述

系统可以被定义为一个根据计划实现目标的部件或元件设计的集合。一个 PPS 的最终目的是为了防止或明或暗的恶意行动。典型的目标是预防重要设备被破坏、预防设施内的资产或信息被盗窃以及人员的保护。无论是通过威慑或联合探测、延迟和响应，PPS 必须实现其设计目标。下面所列举的组件/子系统将提供执行这些功能的工具。其中的每一个组件子系统都将在第二部分的其余部分讨论其细节。

子系统的功能和组件如下。

1. 检测

（1）内部/外部入侵传感器。

（2）报警评估。

（3）报警通信与复核。

（4）出入口控制系统。

2. 延迟

出入口延迟。

3. 响应

（1）响应力量。

（2）响应通信。

系统的探测和延迟功能可以通过使用硬件和/或警卫来实现。尽管自动响应技术已在研发当中，但通常情况下还是由警卫来处理响应。总是存在使用硬件和使用守卫之间的平衡。在不同的条件和应用中，会经常选择其中之一。一个成功系统的关键在于整合人、程序和设备到一个系统中去，从而保护资产远离危害。这种整合需要平衡费用和性能。所以如果设计者决定使用更多的警卫和更少的硬件，就需要与之相应的分析来支持这个决定。要记住的是人类通常并不是好的探测器，而设备在重复和令人厌倦的长期密切监视中有很好的表现。

有效的 PPS 系统要求具备探测、延迟和响应的全部功能。这些功能必须在少于对手完成其目标所需时间内按照这一顺序执行。一个精心设计的系统提供纵深防御、最小化器件失效结果，并呈现出平衡保护。此外，基于性能标准而非功能标准的设计过程将依据元件和程序对整个系统的性能进行选择。性能标准也是可以量度的，所以可以用其帮助分析设计好的系统。

5.2 实物保护系统功能

PPS 主要的功能是探测、延迟和响应。考虑系统功能的细节是必不可少的，因为在评估 PPS 系统时需要彻底了解这些功能的定义和有效性衡量。应该注意到必须完成探测才能进行有效的延迟。最高优先级的系统目标是防护关键资产免被恶意对手盗窃或者破坏。为了使系统有效地达到这个目标，必须有入侵警报（探测），对手的进程必须被减慢（延迟），这会使得响应力量有足够时间来中断或阻止对手（响应）。

5.2.1 探测

探测是为了发现对手的活动。它包括隐蔽或者公开的行动。为了发现对手的行动，需要做以下的事情：

（1）探测器对行为作出反应并启动警报。

（2）探测器和评估子系统的信息被上报并显示。

（3）人工评估信息并判断警报是否有效。如果评估为误报，探测不发生。不经过评估的探测不被认为是探测。评估是决定警报源是由于攻击还是由于误报引起的过程。

这些事件如图 5.2 所示并且表明探测并不是瞬间事件。实体防护的探测功能包括出入口控制。出入口控制允许被授权的人员进入，并对试图进入的未授权人和物进行探测。出入口控制的指标是吞吐量、错误接受率和错误拒绝率。吞吐量的定义为授权人员单位时间内允许进入的次数，假设所有企图进入的人员都是被授权进入的。错误接受率是指错误的身份或者授权被允许进入的频率，而错误拒绝率是指拒绝授权人员进入的频率。

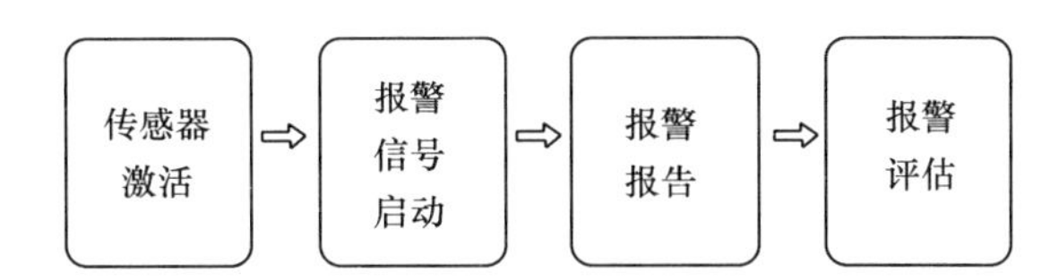

图 5.2　PPS 中的探测功能。探测开始于传感器激活，结束于报警原因的评估

探测功能的衡量指标是探知对手行为的概率、报告和评估报警所需时间以及误报率。传感器在 T_0 时间激活，稍后一个人可以接收到来自传感器和评估子系统的信息。如果时间延迟在传感器激活和警报评估之间，那么探测概率 P_D 会接近探测器发现未授权行为的概率（P_S）。评估时间增加则会减小探测概率。如图 5.3 所示，在探测和评估之间的一个长时间延迟降低了探测概率，因为做精确评估所需的时间越多，引起警报的原因就越不可能继续存在。探测发现概率随着评估时间的增加而降低。举例来说，如果传感器的警报是通过派遣警卫去传感器的位置来进行评估的，当警卫到达时也许明显的报警源就不存在了。在这个例子中，在传感器启动和评估之间的延迟如此之长以至于无法做出评估。这就是 P_D 下降的原因。此外，探测和评估之间的延迟有利于对手，因为对手可以在被发现攻击之前更进一步推进其到达目标的进程。

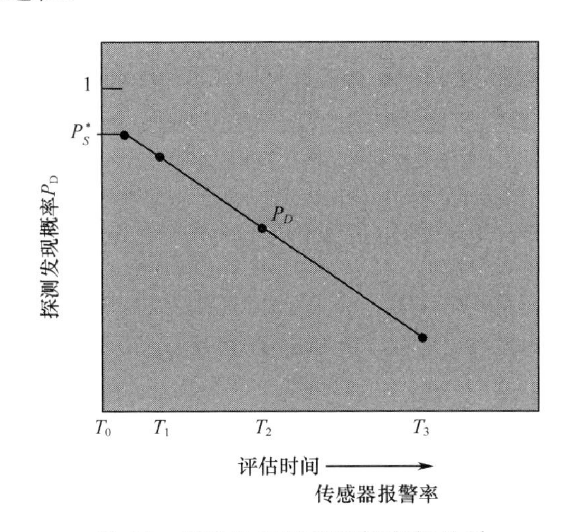

图 5.3　评估时间和发现概率的关系

响应力量也可以完成探测。固定哨位或者巡逻中的警卫会在发现入侵中起到重要作用。一个有效的评估系统提供两种有关的探测信息：关于是否为有效或者错误警报的信息，及导致警报的细节——发生了什么，谁，在哪里以及有多少。然而，即使有视频-评估系统的帮助，人们也并不能做出很好的探测。研究表明短暂的运动实体在视频监控中也有 48%的概率被观察人忽视（Tickner 和 Poulton，1973）。

探测器的一个附加性能指标是误报率。误报是指由非入侵而引发的警报。在理想的探测器系统中，误报率应该是零。然而，在现实世界里所有的探测器都和环境进行相互作用并且无法在它们的探测区域内区分入侵和其他事件。这就是为什么需要一个报警分析系统，并不是所有的探测器报警都是由于入侵引发的。

误报通常情况下可以被进一步地按照源头进行划分。自然和工业环境会导致误报。自然噪声的公共源头是植物（树木和杂草）、野生动物（动物和鸟类）以及天气状况（风、雨、雪、雾、闪电）。工业环境噪声包括地面震动、风吹动碎片以及电磁干扰。错误报警是由设备自身产生的误报（包括设计欠佳、维护不当或元件失效）。

5.2.2 延迟

延迟是 PPS 的第二个功能。它可以拖延对手的进程。延迟可以由人力、实体防护、锁定和主动延迟完成。如果响应力量处于固定并且防护优良的位置，可以考虑将其用作延迟元素。延迟有效性的衡量是对手（在被探测以后）绕过每个延迟部件所用的时间。虽然对手在探测之前就可能被延迟，但是这种延迟对 PPS 的效力并没有价值，因为这并没有提供额外的时间来响应对手。在探测之前的延迟主要是提供威慑。有些情况下实体防护放在探测之前；然而，这些应用是为了逼迫对手改变或者放弃其攻击策略。例如，放置在路边的减速带或者新泽西弹性障碍（jersey bounce barriers：一种可移动的下宽上窄半人高钢筋水泥矮墙）会减慢或者防止驾驶车辆的对手离开道路。图 5.4 总结了 PPS 中延迟的作用。

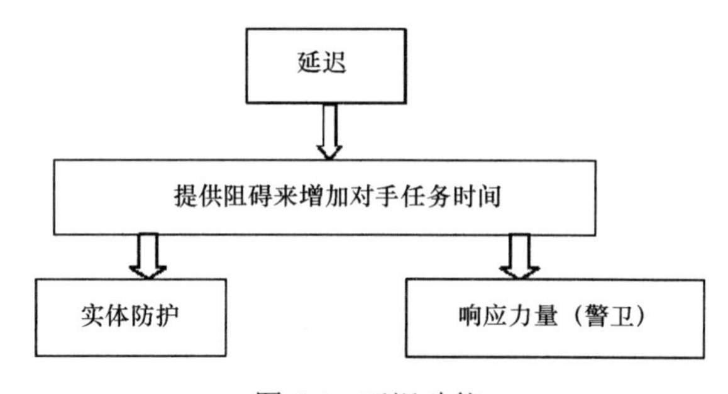

图 5.4　延迟功能

延迟期间包括实体防护和响应力量的成员。实体防护包括主动和被动的实体防护。

5.2.3 响应

响应功能由响应力量防止对手成功所采取的行动组成。响应包括中断和中止。中断的定义是充分的人力响应力量到达恰当位置迫使对手的进程停止。其包括对有关对手行动和响应力量部署的精确信息和防御力量的通信。另一种响应力量有效性的衡量——中止——也用于一些高安全应用。中止是响应力量和对手对抗结果的度量。中止的范围可以从驱赶故意破坏他人财产者到与武装精良的进攻者进行武力交战。这个概念会在第 12 章“响应”

中做具体阐述。响应力量有效性的衡量包括收到对手行动的通知到中断敌人行动（响应力量时间）之间所用的时间，以及响应小组在中断（中止）上的成功，如图 5.5 所示。

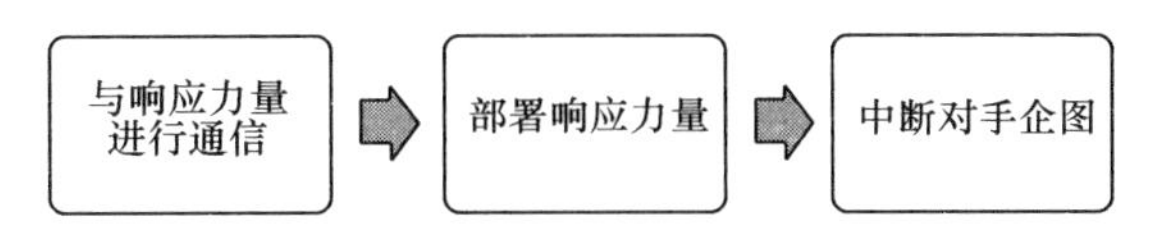

图 5.5　响应功能

响应部件包括通信、恰当的部署响应力量、在对手实现其进攻目的前进行中断。

响应通信的有效性度量是精确通信的概率和所需的通信时间。这个时间在最初的信息传输后是根据通信方式变化的。在最初阶段之后，有效通信的概率开始急剧增加。如图 5.6 所示，随着确立精确信息的时间增加，正确通信的概率也在增加。在建立当前数据时可能由于人类的行为发生延迟。在第一次尝试通信的时候，操作员警觉到发生了呼叫，但是也许并没有听到所有相关的信息。然后，第二次通信的请求会要求重复信息，最后，操作员会理解呼叫并要求澄清。

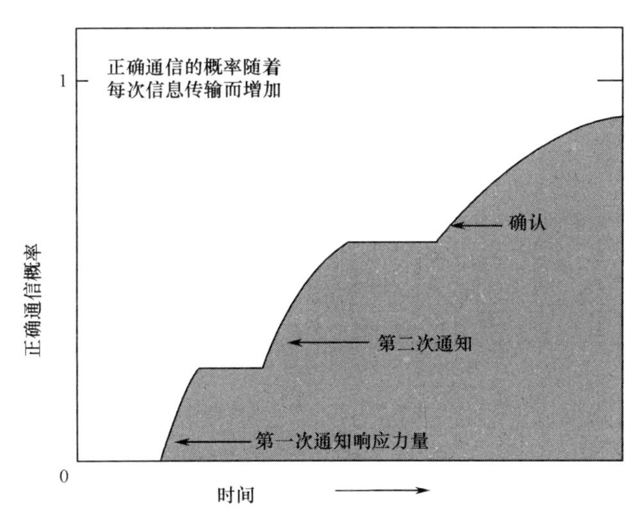

图 5.6　通信概率随着时间而变化

调度描述了从收到通信到中断对手的力量就位这段时间里防御力量的行动。这一功能的有效性衡量指标是调度到对手位置的概率以及调度响应力量所需的时间。

5.3　PPS 各功能要素的关系

如图 5.7 所示是对手任务时间和 PPS 开始发挥作用的时间之间的关系。对手完成其目标所需要的总时间被称为对手任务时间。其随 PPS 延迟提供的时间而定。对手也许会在第一个警报之前的一些时间开始其任务，在图中被称为 T_0。在此前的对手任务时间如虚线所示，这是因为延迟在探测之前并不生效。在警报之后，警报信息必须被报告并且评估来决定警报是否有效。警报评估为有效的时间被称为 T_A，且在此时警报位置必须和响应力量的成员进行通信。数量足够并且具备充足装备的响应力量需要进一步的时间来中断对手的行动。响应力量中断对手行为的时间被称为 T_I，对手目标完成时间被称为 T_C。很明显，为使 PPS 完成其目标，T_I 必须在 T_C 之前发生。同样明显的是第一个警报应该尽可能地早发生，并且 T_0（T_A 和 T_I 也同样）应该尽可能地在时间轴的左边。

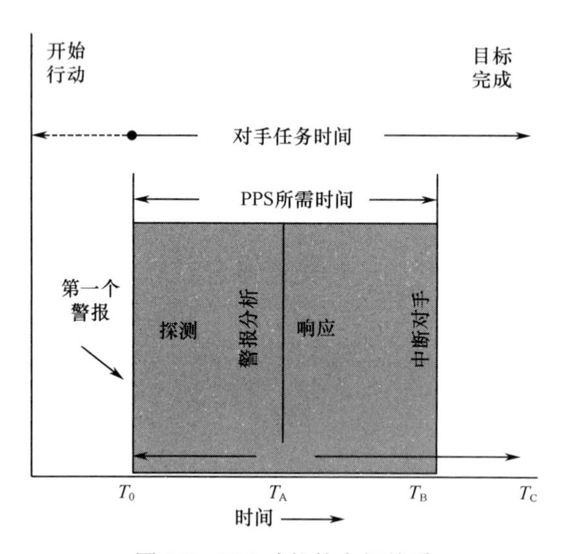

图 5.7　PPS 功能的内部关系

在图 5.7 中，探测在收到第一个警报后开始，并且在警报分析后结束。延迟功能减慢对手使得响应力量有时间来部署。PPS 必须提供足够的时间使响应力量来阻止对手成功达成其目标。

化学、生物和放射性攻击的考虑并不改变 PPS 功能上的时间关系。仍然有必要进行足够时间的探测来做各种响应——就地寻找避难、疏散、穿戴防护设备等。一些设施需要不同的策略来处理攻击，如总是过滤入口空气，但是过滤器必须定期更换来维持有效的工作。在这种情况下，探测器仍然可以提供探测，并且延迟器件包括过滤器或者关闭采暖通风系统来减缓媒介的扩散。基本的原则是相同的——传播媒介必须被延迟以便有足够时间来实施想要的响应。恰当的探测、延迟和响应元件的部署必须为整体系统对抗已界定威胁考虑。

5.4　有效 PPS 的关键要素

PPS 功能探测、延迟和响应的有效性和它们的关系已经被讨论过了。此外，系统必须安装、维护和正确操作所有的硬件部件。PPS的程序必须和设备程序相匹配并且和PPS设计融为一体。人员在策略、规程和操作方面的训练也对系统的有效性相当重要。保安、安全和操作对象任务可在任何时间完成。一个设计良好的PPS应具备以下要素：

（1）纵深防御。

（2）部件失效的最小影响。

（3）均衡防护。

5.4.1 纵深防御

纵深防御意味着为了完成任务，对手要避免或者逐一击败防护装置。例如，对手也许会在进入程序控制室或工程造价区域里的项目档案柜之前，击败一个传感器或者穿过两个实物防护。穿过各个防御层所需的行动和时间的必要性并不相同，并且每一个防御层的有效性有所差别，但是各层由入侵者按路径通过时需采取单独和区别的行动。通过提供深度防御的系统对敌方产生作用将会：

（1）增加系统的不确定度。

（2）在攻击系统前要求更加广泛的准备。

（3）产生额外的步骤使入侵者失败或者放弃任务。

5.4.2 部件失效的最小影响

一个复杂系统在其生命周期之中的发展和操作会伴随着一些部件失效。导致PPS中部件失效的原因为数众多并且覆盖广泛，其范围从环境影响（可以预期的）到超出系统设计中所预计的对手活动。虽然确定导致部件失效的原因以便恢复系统到正常状态十分重要，但是更重要的是提供应急计划以便系统可以继续运行。这些可以自动实施的应急计划（例如，冗余设备自动接管失效设备功能）在某些情况下会得到相当满意的结果。其中的一个例子是给设施提供备用电源。在对手破坏主电源的情况下，发动机或者电池组可以用作保安系统的电源。一些部件失效也许会要求设备外部资源的援助，以便使失效的影响最小化。一个例子是利用当地法律实施来增补高警戒状态下的机场安保人员。在这个例子中，部件失效是在新的威胁条件下临时缺少充足的响应力量造成的。

5.4.3 均衡防护

均衡防护是指无论对手试图达成何种目标，都会遇到PPS的有效部件。例如，围绕在房屋表面的实体防护，这些表面可能由以下设施构成：

（1）各种墙、地板和天花板。

（2）各种门；地板和天花板里的设备闸门。

（3）采暖、通风和空调的各种格栅的开口。

对于一个完整的均衡系统来说，穿过各种实体防护所需的最短时间是一样的，并且探测到穿过各种实体防护的概率也是一样的。然而，完整的均衡是不可能或者不合适的。某些部件，比如说墙面，也许对穿透有很强的抵抗力，但并不是因为实体防护的要求，而是由于建筑结构或者安全要求。门、舱口和格栅拖延也许通常比墙的拖延要小，但也是足够的。如果安装门的墙是可以通过手工工具几秒钟就能穿透的标准干式墙，安装需要花费几分钟来炸开的昂贵门这样的过度设计并没有什么优越性。

最后，对抗某种威胁的特征设计不应该被淘汰，因为它们可以过度防护其他的威胁。设计目标应该是提供充分保护来对抗所有可能路径的威胁，并且保持和其他考虑因素之间的平衡，如花费、安全或者结构完整性。

5.5 设计标准

任何设计过程必须针对评估过的设计部件设立标准。基于性能标准的设计过程会根据部件和程序对整个系统性能的贡献来对其进行选择。有效性量度应是整个系统性能。通过建立整个系统性能的量度，这些值可以将现有（基线）系统和升级系统以及确定改进数量进行比较。系统效率的增加可以与提议的升级实现代价相比较，并支持花费/效益分析。

基于特征参数的 PPS 系统以特征参数标准来选择部件或程序以满足某些项存在的要求。以出现这些特征来度量其效性。在适用于 PPS 条例或需求方面的特征标准方法的使用一般应避免或特别小心，除非特征标准方法可以使用清单方法来确定系统是否满足要求，基于需求特征的存在与否，但这明显是无法让人满意的，因为与整体系统性能相比，某些系统特征或部件的存在与否更加重要。例如，周界检测系统的判断标准应该是这个系统能否探测到使用各种攻击手段的跑动的对手。而对同一系统的特征参数标准则可能是这个系统是否半包含两种特别的传感器种类，如运动探测器和围栏探测器。

出现在本书中的设计方案技术是基于性能来实现 PPS 系统目的的。然而，许多技术原料部件既符合性能标准也符合特征参数标准的设计方法。

PPS 功能的性能指标是：

（1）探测：

- 探测概率。
- 通信和评估时间。
- 误报警概率。

（2）延迟：

- 击败障碍的时间。

（3）响应：

- 与响应力量精确沟通的概率。
- 通信的时间。
- 部署到对手位置的概率。
- 部署的时间（中断）。
- 响应力量的有效性（中止）。

5.6 其他设计要素

正如之前强调的，有效的 PPS 系统需要将人力、程序和设备整合到系统里。这样才能有效地保护财产远离预期的威胁。人力和技术部件的使用是重要的设计工具，并且通常是设计防护系统的基础。将程序当作防护元素并不夸张。程序上的改变可以成为一种划算的实体防护解决方式，尽管当只使用程序的时候，它们只能保护财产远离最低的威胁。程序不光包括操作程序和之前所讲的维护程序，也包括设备人员的安全意识训练，以及使警卫和其他响应力量明白何时和怎样来阻止对手。另一个程序化的设计工具是调查。调查可以对损失事件做出评估或者用于预估威胁，如对有潜力的雇员进行背景情况调查。无论以何种方式使用调查这一工具，它都是 PPS 中十分重要的一个设计元素，并且应该在恰当的时候被使用。当然，对于丢失后影响严重的资产，在丢失之后做调查也许太晚。在这种情况下，则需要更多的立即响应来阻止丢失或者损害重要资产。

除了使用调查这个工具之外，一些公司使用更多的资源来采取技术监视措施，如彻底搜索和寻找电子窃听装置。这是安全系统的补充方面，如要员保护，是用于资产防护的综合防护的一部分。使用酒店或者其他非专属地方开探讨会或会议，给工业间谍提供了机会。对于这些威胁，安全管理人员需要选择派遣人员去会议场所并且确定房间或者区域没有任何录音或者其他监控设备。无论是在日常事件中还是在特殊事件中，技术监控方法都可以在设施中使用，如现场董事会会议，来防止信息失窃。

调查和技术监控方法的性能度量并不像技术防护元素一样容易量化。在这种情况下，负责人对盗窃、损害或监控设备的发现作为设计元素的性能度量。这些工具非常有用，但是并不足以保护重要资产。正如任何设计一样，用于实现保护系统任务的设计元素会依赖于威胁、可能的进攻以及财产损失结果而定。

有多种多样的程序元素可以被用于设施内有效系统设计的一部分，太多以至于无法一一在这里列出，但是作为一般准则，程序可以提供优良的技术设计和训练。根据威胁和资产价值可以考虑这些程序，包括废弃之前粉碎所有文件，安全上锁程序，密码控制和升级计算机系统，按照公司规定和法律要求进行随机药物检查，周期审计雇员计算机上的文件，以及对雇员发放停车许可证和授权访客。无论以何种方式使用程序，这些程序都可以被归结为优良 PPS 设计的三种功能之一——探测、延迟和响应。

5.7 小结

本章描述了系统化地使用和实现可量度的 PPS 系统设计；强调了探测、延迟和响应的概念，简短描述了这些功能之间的关系；介绍了 PPS 系统中各种器件的具体性能度量，包括纵深防御、部件失效的最小影响以及均衡防护；强调了整体系统的使用过程，将人力、程序和满足保护目标的设备结合起来，重点放到了基于性能的系统设计，而非基于特征。因为系统基于性能可以表明在面对保护目标时设计的成功性，而非仅仅是元件的存在与否。性能度量的使用可以实现花费/效益分析，即将实现费用和改进系统的效果进行对比。

5.8 安防理论

PPS 系统的功能包括探测、延迟和响应。其将人力、程序和实现系统目标的设备整合起来。

探测位于延迟之前，探测最有效的周界以及延迟更有效的目标。

没有评估的探测是不完整的。探测、延迟和响应的总时间必须小于对手的目标时间以实现防护重要资产。

一个优良的 PPS 系统拥有以下特征：纵深防御，部件失效的最小影响以及均衡防护。

在评估整体系统效果时，基于性能的设计标准强于基于特征的设计。

5.9 参考文献

Tickner, A.H., and Poulton, E.C. “Monitoring up to 16 television pictures showing a great deal of movement.” Ergonomics 1973；16(4)：381-401.

5.10 问题

1．经常说实体防护的作用是鼓励对手攻击其他人的计划。这是实体防御的作用么？请解释。

2．如果所有的分析指出对手被越早探测到越有利于我们击败对手，那么我们为什么不将探测器移动到资产的最边界位置？

3．解释警报通信和响应通信之间的区别。

4．如我们在场地周围使用警卫塔，哪一种 PPS 的功能（探测、延迟和响应）会被得到最多的加强？

5．纵深防御系统对比单层防御的优点在哪里？

6．解释平衡防护。

7．性能标准和特征标准之间的区别是什么？

.Chapter 6

第 6 章

室外入侵报警探测器

入侵探测系统由外部/内部入侵探测器、视频报警复核、准入控制、报警通信系统协同工作构成。外部探测器用于室外环境，内部探测器用于内部建筑。

入侵探测被定义为对人或者车辆试图未经授权就进入，或由其他人进行准入授权，或启动相应响应的保护区域的探测。入侵探测边界的理想状态是球体，进而使得被包围的项目受到保护，使得不论是地面、空中、水下或地下的所有入侵，都能被探测到。外部入侵探测技术的发展强调对地面上或略高于地面的探测，越来越多的重点将放在空中入侵和隧道入侵的研究。本章主要涉及地面层面的入侵。

6.1 性能特点

入侵探测器性能由三个基本特征进行描述：探测概率、误报率、导致功能失效的弱点。设计和运行一个有效入侵探测系统对这些特征的理解是必不可少的。

6.1.1 探测概率

对于理想探测器，入侵的 P_D（报警探测器概率）是一（1.0）。然而，没有探测器是理想的，它的 P_D 往往是小于 1 的。P_D 的计算方式也并不允许 P_D 的值为 1，即便进行成千上万次测试，P_D 的值也只会接近 1。对于任何特定的探测器和场景（如夜间特定的设备、晴朗的天气、爬行的攻击者），P_D 和置信水平（C_L）这两个值就是用来描述探测器的有效性的。探测器将以 C_L 置信水平下 P_D 的探测概率来对入侵进行探测，这意味着，根据测试结果以及 C_L 概率，尽管探测器的准确度未知，但其探测概率至少为 P_D 。对于一个理想的探测器，P_D 为 1，C_L 为 1.0 或者 100%。事实上，P_D 等于 1 或者 C_L 等于 1.0 是不可能的，因为我们无法得到对探测器有效性的完备理解。此外，(P_D, C_L）不是唯一的，基于相同的测试结果，可以计算不同 C_L 下的不同 P_D。通常，C_L 为 90%、95%或乃至 99%，尽管 99%需要相当大量的测试。制造商只会声明 P_D 的值而不声明与之相应的 C_L 的值，尽管这种方式从技术上讲是不完善的。这种时候，假定他们为 C_L 推断一个至少为 90%的值来应对低级别的威胁是合理的。

探测概率主要取决于：

（1）目标探测（步行、跑步或爬行入侵；隧道掘进等）。

（2）探测器硬件设计。

（3）安装条件。

（4）灵敏度调节。

（5）天气条件。

（6）设备状况。

（7）可接受误报率。

所有的上述条件是可变的，因此，一些探测器制造商声称，无法为每个组件或一组探测器硬件确定具体的 P_D。由于这种变化，为任何探测器指定 P_D 是有条件的，需要基于探测器工作条件的假设。

例如，一个入侵探测器可能对于一种低级别威胁（如故意破坏他人财产者）有一个 P_D 值，对于一个更复杂的威胁则会对应另一个较低 P_D 值，这是一个基准威胁驱动系统设计的领域。如果设计基准威胁是三个具有相当知识和技能的罪犯，最好使用具有较高 P_D 的探测器，因为我们面对的是一个更为强大的对手。如果威胁是肆意破坏财产的青少年，低 P_D 的探测器可以承受，因为威胁相对来说较小。类似地，在一个冬天深雪堆积的地方使用微波探测器是不切实际的，因为这会让敌人利用积雪打通隧道接近设备而不被探测到。基于这些原因，探测器的选择必须与应用场合和环境相匹配。

系统设计者根据探测器或探测器系统需求或期望指定探测标准是很重要的。规格应明确对什么进行探测、预期的行为、其他诸如重量或移动速度等方面的考虑以及所需的 P_D。一个探测标准的例子可能如下：周界入侵探测系统必须能够在 95%的自信度下，以 90%的探测概率，探测到一个体重 35kg 以上、以 0.15～5m/s 的速度步行、爬行、跳跃、跑步或滚动来通过探测区域，或是攀爬探测区围栏的人。这表示了一个明确的、可衡量的一组条件，而不只是一个诸如“大多数时候探测成功”的说法。可以发现：前一种标准中对于系统按照预期的含义——应该白天/晚上、好天气/坏天气发生是明确的，而后者将会很难客观地衡量。当在一天24h内所有的预期天气条件下都需要高P_D时，建议使用多功能互补探测器。互补探测器是指一个探测器的弱点被另一个探测器的优势补充。例如，当流水在电场探测器线路下经过时，可能会导致电场探测器误报警率上升；在这种情况下，可用围栏安置光纤探测器作为互补探测器，光纤探测器不会对围栏下的流水作出响应，因而可以用于补充电场探测器。在解决误报警率或脆弱性问题上，可以采用互补式探测器。一般而言，互补探测器具有不同的探测器现象学。此外，还应有应急计划和程序，这样在某些或全部探测器失效的情况下，可以实施补偿措施。

6.1.2 误报率

误报警是指任何非入侵所造成的报警。误报率（NAR）是关于给定时间下误报警次数的函数。理想的探测系统中，误报率应该是（0.0）。然而，现实世界中，探测器会受到环境的影响，进而在其探测区域内无法对敌人入侵和其他事件做出分辨，这就是报警复核系统的必要性所在，因为并非所有探测器报警都是由入侵引发的；这也正是每个报警都由警卫部队做出响应的低效性的原因。复核的目的是为找出引发报警的原因并判断是否需要对其做出响应。这就是为什么我们说没有复核系统的探测器是不完善的。

通常，误报警按照其报警源被进一步分类。自然和工业环境都会引起误报警。常见自然噪声的来源有植物（树和杂草）、野生动物（野兽及禽鸟）以及天气条件（风、雨、雪、雾、雷电）。工业源的噪声包括地震、风吹动的碎片以及电磁干扰。

错误的报警是由设备本身产生的误报警（设计不合理、维护不当或组件故障等）造成的。不同类型的入侵探测器对不同误报警源有着不同的敏感性，本章后面会详细讨论。

至于P_D，指定一个可接受的误报率（FAR）是很重要的。例如，整个周界入侵探测系统的误报率为90%，平均每周每个区域不得超过一次误报警，保持P_D为0.9。这种表述比起“在系统性能不下降的前提下，可接受更高的误报率”的说法更有意义。在这种情况下，系统性能下降呈现一种非常主观的意义，因此变得更难衡量。指定误报率的值，也可以帮助操作者决定什么时候探测器应该向维护人员报告。

6.1.3 导致功能失效的弱点

所有的探测器都有可能失效，安全系统设计者利用探测器的优点来使得系统难以或者必须付出高的代价才被击败。不同类型的探测器和探测器模型有不同的弱点，弱点可以通过利用探测器物构成、信号处理、安装、退化因子或位置条件来改善。一般有两种方式导致探测器失效：

旁路——所有的入侵探测器都有其有限的探测区域，绕过其探测范围会导致探测器失效。

欺骗——通过任何技术或利用某种装置通过探测器的探测范围而不产生报警。

初级测试或过去的经验往往会体现出弱点，或提示建议做额外的测试来更好地表征特定的弱点。如果在理想条件下探测器的测试结果没有达到期望的性能，则进行额外的脆弱性测试是不可能的。简单地说，如果探测器不是在理想条件下工作，则它未必可以在作战环境中工作，因此，在现场使用中测试不是一个好的选择。

每个安全系统设计者都应注意以下几个脆弱性相关问题，它们包括：

（1）可否利用某个安全技术的弱点，从而绕过安全措施？

（2）脆弱性对于整个系统有效性的损害有多大？

（3）识别和研究脆弱性所需的资源和技能是什么？

（4）可以通过去除或减少现有脆弱性来提高安全系统设计（包括人，流程，技术）吗？

前三个问题的答案给了安全设计者一个脆弱性严重程度的指示，并强烈依赖于定义的威胁级别。解决最后一个问题，则需要对整个安全系统进行分析。一个熟练的设计者会检查许多选项来提高系统的安全性，包括：

（1）设计选项成本——包括安装和生命周期成本。

（2）额外的脆弱性问题产生。

（3）维护影响。

（4）安全问题。

（5）人力资源的增加。

（6）培训需求的增加。

（7）设计使用年限。

（8）应对特定威胁的系统有效性。

（9）可能只接受设计中遗留脆弱性问题带来的相关风险。

显然，在一个安全系统设计的过程中，识别和缓解脆弱性问题是十分复杂的。每个安全设计者在不同程度上要面对这些问题，他们的部分工作是减少脆弱性的存在和/或减小脆弱性对安全设计部署的影响。脆弱性评估会在一本新的教材中详细讨论（Garcia, 2006）。

6.2 探测技术分类

有几种方式来对各种类型的外部入侵探测器进行分类，这里对五种分类方式进行讨论：

（1）被动式/主动式。

（2）隐蔽式/可见式。

（3）直线探测型/随地形变化型。

（4）空间探测型/线性探测型。

（5）应用举例。

6.2.1 被动式/主动式

被动式探测器对由感兴趣目标发射出的能量或探测目标引起的一些自然场的变化进行探测。前者探测如人在地面上走动或者攀爬围栏产生机械能，后者探测如因金属的存在导致的局部磁场变化。被动式探测器利用接收器来收集发射出的能量，其技术包括那些基于振动、热、声/磁和电的领域。主动式探测器传输某种类型的能量并探测接收目标出现或移动产生的能量变化。它们通常包括一个发射器和一个接收器，包括微波、红外以及其他无线电频率（RF）设备。主动式和被动式探测器之间的区别有着重要的现实意义。由于入侵者没有对探测器定位的能量来源进行屏蔽，因而被动式探测器的位置比主动式探测器更难被确定，进而使得入侵者处于劣势。在具有爆炸性气体或材料的环境中，被动式探测器比主动式探测器更加安全，因为没有可引发爆炸的能量来源。主动式探测器因其强大的信号，可以更加有效地排除误报警。

6.2.2 隐蔽式/可见式

隐蔽式探测器是指从视线中隐藏的探测器，如地埋式探测器。可见式探测器对入侵者是一览无遗的，如安附于围栏或者安装在其他支撑结构上的探测器。隐蔽式探测器对入侵者而言更难被发现和定位，因此它们也更加有效；此外，它们也不会影响环境的外观；而可见式探测器则有可能阻止入侵者的行为，而且可见式探测器比起隐蔽式通常更容易进行安装、修理和维护。

6.2.3 直线探测型/随地形变化型

直线型探测器只有当其安装在一个明确的直线型探测区域时才会工作。这通常意味着主动式探测器的发射器和接收器之间有一个直线区域。这些探测器通常需要一个平坦的地面，或至少是一个从地表某点到发射器和接收器的直线路径。在不平坦的地形使用直线探测型需要大范围地整理地面才能达到可接收的性能。

随地形变化探测器可以在平坦地形或不规则地形达到类似的探测效果，传感器元素和辐射场跟随地形变化，进而在探测区域形成均衡的探测。

6.2.4 空间探测型/线性探测型

空间探测器在一定体积的空间内探测入侵，当入侵者进入探测空间，则产生报警。其探测空间通常是不可见的，而且不易被入侵者准确识别。

线性探测器沿一条直线进行探测。例如，用于探测围栏移动的探测器直接安装在围栏上，围栏就形成探测线，当入侵者靠近围栏的时候不会被探测到，只有当入侵者移动安装探测器的围栏的时候，才会被探测到。线性探测器的探测区域通常易被识别。

6.2.5 应用举例

在这种分类方法下，这些探测器按照实际探测空间应用的模式进行分类，这些模式是：

（1）地埋式直线型，这种方式下，探测器以直线形式埋在地下。

（2）围栏相关型，探测器安装在围栏上，或者形成一个围栏探测器。

（3）独立型，既不埋在地下，也不安装在围栏上，而是安装在空闲空间中的一个支撑物上。

6.3 探测技术分类

在本章，对探测器按照其应用模式进行分类。表 6.1 根据不同探测器分类方案对外部入侵探测器技术进行了总结。许多探测技术综述已经出版，并且补充了本章所提到的资料（Barnard, 1988；Cumming, 1992；Fennelly, 1996；Williams, 1988）。

表 6.1 外部入侵探测器类型及特征

类　　型	被动式/主动式	隐蔽式/可见式	直线/随地形变化	空间探测/线性探测型
地埋式				
压力或震动	P	C	TF	L
磁场	P	C	TF	VOL
泄漏电缆	A	C	TF	VOL
光纤电缆	P	C	TF	L
围栏相关				
围栏震动	P	V	TF	L
探测器围栏	P	V	TF	L
电场	A	V	TF	VOL
独立式				
主动式红外	A	V	LOS	L
被动式红外	P	V	LOS	VOL
双基站微波	A	V	LOS	VOL
双技术	A/P	V	LOS	VOL
视频移动探测	P	C	LOS	VOL

6.3.1 地埋式探测器

根据不同的探测方式，目前有四种不同类型的地埋式探测器。

1. 压力或震动

压力或震动探测器是被动、隐蔽、地形跟随式的地埋式探测器。它们对入侵者走、跑、跳、或爬引起的土地变化进行响应。压力探测器通常对土地的较低频率压力波比较敏感；震动探测器对土地的较高频率震动比较敏感。例如，一个简单的压力探测器由一个充满加压液体的增强软管连接到一个压力传感器构成；一个压力平衡系统由两个这样的软管连接到一个传感器来进行差分检测并减少远处地震源而引起的误报警。

一个典型的地震探测器组件由一排或者一组称为地震检波器的独立震动传感器组成，检波器由永久磁铁悬挂于导电弹簧线圈构成。地面震动引起的地震检波器的运动使得磁体相对于线圈产生移动，进而在线圈内产生一个小的感应电压。地震检波器的标度设置这个电压与地面速度直接相关，进而对于地震检波器位置发生的偏移值作出精确衡量。根据利益和环境噪声场的具体特征，应合理选择使用各种不同振幅强度、频率、灵敏度范围的地震波检测器。

加速计为震动传感器提供了一种选择，它们常常是基于压电晶体或压电陶瓷的材料，震动的时候，会从晶体产生一个输出电压；其缺点是需要一个独立的小功率源，并且不够坚固耐用，所以并不是长期无人监控值守的首选。然而，这种加速计在频率范围或灵敏度方面的特点可能符合设计需求，或适合应用在一些特殊情况下。

震动探测器容易受多种噪声源的影响，进而导致误报警，最常见的是受到来自无所不在的电网带来的电力线噪声干扰。该噪声源来自地震检波器线圈直接感应的60Hz电力以及电杆传送到土地的60Hz的震动。在所有的情况下，噪声源频带限制在60Hz的谐波和分谐波。通常需要由窄波滤波器消除特定的频率以及适当的屏蔽探测器和电缆连接的震动阵列。

其他最常见的噪声源是风噪声和人文噪声。风噪声来自于风吹动杆、植被以及建筑之类的地面物体产生的相互作用。地埋式探测器某种程度上减少了这种噪声源，但是在考虑P_D的时候也仍需考虑风和天气状况。另外，人文噪声，是指附近其他活动所造成的地面震动，如交通、机械及其他人类活动；这种类型的噪声很大程度上依赖于人类活动的程度，也与环境（如城市和农村）以及一天之中不同时间段相关，往往清晨是最安静的时候。

检波器的耦合在安装地震监测阵列的时候是一个重要的考虑因素。探测器必须与地面紧密接触来保持振动能量的幅度与频率。通常情况下，探测器会被埋到一定深度，然后回填，以保证强耦合并且降低风噪声的影响（噪声随深度迅速衰减）。松弛的土地可能会影响信号的接收质量，但是，在一般情况下，将探测器埋入2～3英尺的深度就会为良好信号接收提供足够耦合。这些探测器是被动、地埋式的，因而地面上的运动不能直接被探测到。如果地埋式探测器的位置是已知的，攻击者可以通过在探测器上方形成一个低桥来使探测器失效。然而，人的运动引起的震动仍会在搭桥的锚的位置被传输，因而仍可能被探测到。

2．磁场

磁场探测器是埋在地里的被动、隐蔽、随地形式探测器。它们对附近铁磁材料的运动引起的局部磁场变化做出响应。因此磁场探测器对探测带有武器的车辆或者入侵者是有效的。

这种类型的探测器由一系列埋在地里的线圈组成。线圈附近的金属材料的运动会改变局部磁场并且产生电流。磁场探测器容易受到类似闪电的局部电磁干扰。不穿戴或者携带任何金属的入侵者将会轻易使该类型探测器失效。磁场探测器主要用于车辆交通探测。

3．泄漏电缆

泄漏电缆探测器是埋在地里的主动、隐蔽、地形跟随式探测器，也被称为泄漏同轴或辐射电缆探测器。这种类型的探测器会对电缆附近出现的具有高介电常数、高导电性材料的运动做出响应；这些材料包括人体和金属车辆。图 6.1 为一种泄漏电缆探测器的安装。

图 6.1 泄漏电缆的安装

这种类型的泄漏电缆使用两根电缆，每个渠道安装一根，渠道必须保持足够间隙并且平坦，另外，通常在铺设电缆前要对部分渠道用砂砾填充。

该探测器的名字来自于传感器电缆的构造。这种同轴电缆的外导体不能为中心导体提供完整的屏蔽，因此，一些辐射信号会通过外导体端口泄漏。泄漏电缆探测器的探测空间延伸显著高于地面：约高于地表 1.5～3 英尺，宽于电缆距离 3～6 英尺。这种类型探测器在冻土中的灵敏度相对于解冻条件下略有增加，这是因为一些场的能量被导电土壤吸收，而冻土的电导率小于解冻地面。

在泄漏电缆探测区域，金属或水会引起两种探测问题。运动的金属物体和流动的水是泄漏电缆探测器的两个大的目标，因此也就成为了误报警的主要的潜在来源。流动的水和（主要是流动的水）静止的水都会引起这个问题。第二个问题是固定的金属物体和静止的水会使得辐射场变形，可能会产生不敏感区域，因而不对其进行探测。附近的金属物体或者管线应排除在探测空间外，包括地面上的围栏、电线杆、地下水线路以及电缆。

泄漏电缆探测器的 P_D 受泄漏电缆处理器设置、入侵者的方向、土壤特性以及金属物体出现的影响。土壤中大量的盐或金属也会使得探测器的性能下降。

4．光纤电缆

光纤是一条长长的、像头发一样的透明玻璃或塑料丝。光纤是一类使用透明纤维将光从一端传导到另一端的光学技术。当光通过光纤时，它反射离开具有不同折射率镀层的表面，使得光仍然停留在塑料芯内。因此光纤变成了一个光导管。

光纤不需要是直线的，因为光可以从弯曲表面或者平整表面反射。光的衍射模式和光纤末端的光强是光纤形状相对其整个长度的函数。即使是微小的光纤形状的改变也可以在远端（大于等于 100 码）利用先进的探测器和计算机信号处理来检测到。因此，这样一个埋在地面下几厘米深度的光纤电缆，在当有入侵者走在光纤上的地面时，可以有效地进行报警（Wolfenbarger, 1994）。为了确保入侵者走上光纤时被探测到，它通常是编织成网状埋在地表之下。一个地面下的光纤网典型的安装如图 6.2 所示。一旦安装，光纤网络就会用砂砾和泥土覆盖。踏上覆盖网络的地面，就会引起光纤弯曲，改变接收信号。这种信号变化会引起报警。

图 6.2　用于地面探测器的光纤网络安装

因为光纤电缆可以感应震动，因此它的误报警源与地震探测器类似。可以通过减弱震动与土壤之间的连接，如把探测器安装到砂砾中，来减少震动事件，因而大大降低误报警率。值得一提的是，光纤探测器不受电场影响，因此它对于闪电频繁或者离高压电线较近的区域进行监测，可能是一种很好的选择。

6.3.2　围栏相关探测器

有三种类型的围栏相关入侵探测器，架置到或安附到围栏上，或者是使用传感器材料的围栏：围栏震动探测器、探测器围栏、电场或电容探测器。

1. 围栏震动探测器

围栏震动探测器是一种主动、可见、地形跟随式探测器，它设计用于安装在保护围栏上，典型的是链节网孔结构。这些探测器被认为是地形跟随式的，因为链节网孔由每三码一个镀锌钢柱支持，因此围栏本身是地形跟随式的。

围栏震动探测器可以探测围栏的运动或震动，所以，它们倾向于探测爬进或是挤进围栏结构的入侵者。探测围栏的移动或是震动用到几种传感器：开关、机电能转换器、应变敏感电缆、压电晶体、检波器、光纤电缆等。

围栏震动探测器会感应围栏的所有机械震动，而不仅仅是入侵者。常见的噪声源包括风、风吹的碎片、风吹来的雨、冰雹以及来自附近的交通或连接到围栏的机械通过土地引起的震动。好的围栏结构对于减少误报警是十分重要的，所以需要刚性围栏和坚固的围栏结构；在高于地面 5 英尺以上，施加 50 英镑的力时候， 围栏柱移动应不超过 0.5 英寸；当 30 英镑的力施加于围栏柱之间中心位置的时候，围栏结构不应该偏离 2.5 英寸。为了排除嘎吱声引起的误报警，不能把牌子、松散的绳子或者其他的东西放到围栏上。此外，把围栏探测器安装在双围栏系统的内围栏可以减小误报率，这种防备会使外部围栏阻挡吹来的垃圾或其他碎片，而且也可以阻止小动物靠近安装探测器的围栏。

在围栏下挖掘或者在围栏上建桥而不触碰到围栏就通过围栏则会使围栏震动探测器失效。为了解决这个问题，可采用互补探测器方式，将地震探测器沿围栏线埋下来探测挖掘入侵，也可以在围栏下安置钢筋混凝土来阻止挖掘入侵，或将围栏的末端直接安置在钢筋混凝土上。围栏震动探测器的 P_D 会受结构张力、处理器环境、硬度、相关噪声以及对手击败围栏使用的工具等影响。例如，若入侵者使用梯子并且不接触围栏来通过围栏探测器，P_D 就会下降到 0。

2. 探测器围栏

围栏探测器是被动、可见、地形跟随式探测器，它利用传感器元素来构成围栏本身。这类探测器主要对攀爬或损害围栏进行探测，有几种常见的围栏构造。

紧线探测器围栏由许多连接到电线跨度中点的高抗拉强度的平行、水平的电线组成。探测器用于探测由入侵者剪切/攀爬线网来越过围栏或分离线网来通过围栏而引起的偏移。这些线通常是带刺的线，传感器是机械开关、应变仪或者压电元件。紧线探测器围栏可以安装在已有的围栏柱上或者安装在一排独立的柱上。

探测器围栏比起围栏震动探测器不易受误报警影响，因为探测器围栏对于震动不敏感，而且需要大约 25 英镑的力作用于线网上才引起报警。然而，由于探测器围栏有一个定义明确的探测水平，它们与围栏震动探测器的失效方法类似。紧线围栏大部分的误报警来于大型动物闯入围栏、不适当的安装或维修以及暴风雪等。

线网围栏的 P_D 受到线的张力、线摩擦以及线间隔的影响。如果线间距宽到使一个人不经探测就能通过，P_D 会比它的间距保持在小于或等于 4 英寸的时候低得多（Greer, 1990a, b）。

3. 电场或电容探测器

电场或电容探测器是主动、可见、地形跟随式探测器，用于探测围栏上连接的一组导线的耦合电容的变化，它与围栏电隔离。

电场探测器的灵敏度可调到超出线或线平面 1m。高灵敏度通常与多误报警之间有一个权衡。电场或电容探测器对闪电、雨、围栏移动、小动物等敏感；暴风雪可能会导致导线和绝缘子的破损和损坏。良好电气接地的电场探测器对减少误报警是非常重要的，其他的金属物（如链状围栏）也必须接地良好，薄弱的或是间断的接地会引起误报警。由于探测区域超出围栏平面，电场探测器比起其他围栏相关探测器，诸如在围栏下挖掘或在围栏上架桥的方式更难被探测（Follis, 1990）。

电场或电容探测器可以安装在它们自己的接线柱组上，而不是连接到保护围栏上，在性能上的主要差异是并联接地链状网是否存在。可以从两个方面来提高性能：灵敏电场探测器较宽的探测范围和低误报率是由对链状围栏移动带来的噪声的排除带来的；对于独立的电场探测器，在一些电信号处理技术中，需要在水平面利用额外的线来减小远处闪电和小动物所引起的误报警。

6.3.3 独立式探测器

目前用于外部入侵探测的独立式探测器基本类型有：红外、微波、电场探测器以及视频移动检测探测器。

1. 主动红外探测器

红外（IR）探测器是用于外部入侵的主动、可见、直线、独立式探测器。红外光束是由红外发光二极管通过准直透镜发射的。准直透镜用于主动式红外探测器，使得发射的红外光束转换为平行光束，使得接收端可以有效采集信号；没有这个透镜的话，光束会发散，使得接收端接收到的信号较弱。光束在探测区域的另一端被一个会聚透镜将能量聚焦到一个光敏二极管上接收。当有不透明物体阻挡光束时，红外探测器会探测接收到红外能量的损失。这些探测器在人眼不可见的约 0.9μm 的波长下工作。一种类型的主动式红外外部探测器如图 6.3 所示。这张图片显示了发射器/接收器对中的一个装置。当红外光束被阻断时进行探测。

在大气能见度降低的状况下，有潜在的物体会阻挡或者减弱红外光束进而引起误报警。如果两个阵列间的可见度范围小于二者间的距离，系统就可能会产生误报警，如雾、雪、沙尘暴等情况下；此外，草、植被、动物也可能会增加误报警。红外柱之间的区域应该将草或者其他植被除去，因为即便是风吹动的草可能也会引起误报警；其他误报警源包括地面隆起、光学校准问题以及深雪堆积等。

多光束红外探测器的探测空间的横截面一般是 2 英寸宽、6 英尺高，所以红外探测器像围栏探测器一样在一个狭窄的面上进行探测。红外探测器是直线型探测器，需要平坦的地表，因为红外光束沿直线传播，而凸起的地面会阻挡光束，凹下的表面会使得入侵者未经探测就从光束下通过。在光束下挖掘通过是可能的，除非安置混凝土岩床或者地表面已被平铺，多光束探测器的 P_D 是非常高的。其他使探测器失效的方法包括架桥、撑杆跳过、跨步、滑动通过光束，或在柱上使用遮阳伞。

图 6.3　独立式主动红外探测器

2．被动红外探测器

人类由于自身身体的温度而发出热能，平均说来，每个人可以发出一个 50W 灯泡的等效能量，被动式红外探测器会探测到这种能量的存在而引起误报警。多年来，这项技术只在室内应用，因为地面发出的热度的变化、空中的云飘过等会造成太多的误报警。然而，现在的模型是通过双幕感应模式对接收到的热能进行对比。人进入一个区域，然后就会对另外一个区域造成不平衡；而类似夏天温度会升高这样的天气，相关温度的改变会平均地影响两个区域，而不会引起报警。

被动式红外探测器的安装应使得入侵者的运动最有可能出现在探测范围内，因为那是最敏感的方向。风吹的碎片、动物、鸟、植被、死水以及暴雨或降水都会引起误报警。被动式红外探测器在背景温度与入侵者温度差异最大的时候最为敏感。使探测器失效的方法包括：架桥、隧道、撑杆跳过、庇护入侵者来减小其与背景温度的差异或引起两个感应模式发生等效变化，如阻挡视野。探测范围在冷天可以超过 100 码，并且根据背景温度的不同进行变化。大的热的物体，如车辆，可能会在超出探测区域被探测到。下一章“内部入侵探测器”会详细介绍被动式红外探测器。

3．双基站微波探测器

双基站微波探测器是主动、可见、直线、独立式探测器。通常情况下，两个相同的微波天线安装在探测区的两端。一个被连接到 10/24GHz 的微波发射机，另一个被连接到用于探测接收到微波能量的微波接收机上。这个能量是天线和发射束从地表或其他物体反射的微波信号的直接束矢量和。微波探测器对接收器直线范围内的发射束某部分物体移动所引起的矢量和的变化做出响应。矢量和可能增加或减少，因为反射信号可能是同相也可能是异相。一种双基站微波天线如图 6.4 所示。该探测器会对爬行或滚动通过微波束的人进行探测。微波对的另一装置放置在探测区域另一端来建立探测空间。

图 6.4　双基站微波探测器

双基站微波探测器常安装用于探测人爬过或者滚过微波束地面，保持身体和光束平行。从这个角度看，人体是双基站微波探测器的最小有效目标。这对微波探测器的安装可以得到两个重要结论。首先，发射机和接收机间的地面必须平整，因此对象就不会从光束隐藏，而阻止探测；这种情况的地面平整度定义为+0，−6 英寸。即便是在这样的平整度下，如果天线间距离超过 120 码，就可能无法探测到爬行者。第二，在天线前面几米存在一个探测盲区，从天线到第一个爬行者探测点的距离叫做偏移距离，由于这种偏移距离，为配置微波探测器实现一个连续的周界，需要天线互相重叠，而不是彼此相邻；通常为设计目标假定一个 10 码的偏移量，因此相邻探测器必须覆盖两倍偏移距离，总共是 20 码。其他位置的必要条件是天线为 18～24 英寸高于探测器地面的高度，并且操作的平面的斜率在平面表面 10 英尺的任何点不允许超过 1 英寸高度变化。因为对于一个双基站微波误报警的主要原因是死水，当探测器床面由 4 英寸的河床砂砾石构成时，探测器的性能最佳。直径不大于 1.5 英寸，中性颜色适用于评估中，如果砂砾石的直径大于 1.5 英寸，大雨会造成误报警。可通过 1 英寸屏风的碎石可能会用到。小石块会很快淤塞到土壤里导致排水不正常。

双基站微波探测器的探测空间随不同制造商天线的设计不同而不同，但是相比其他大多数入侵探测器，其探测空间较大。最大的探测横截面是在两个天线的中点处，大约为 4 码宽、3 码高。

微波探测器可以适应较宽泛的环境条件，而不产生误报警。然而，误报警会由一些特定的环境条件引起，这些区域的植被应不高于 1～2 英寸，没有植被最好。附近宽松网孔平行链状围栏被风吹弯曲也作为一个大的移动目标出现在探测器中，进而可能会造成误报警。雨水或融化的雪水形成的地表水可作为微波探测器的移动的反射物，因此探测爬行者的平整平面应该有一个横向坡度来排水，而且应该使用砂砾来阻止探测区域表面形成积水。暴风雪可能会产生误报警，积雪会降低探测概率，尤其是对爬行入侵者的探测，而且天线被完全埋在雪里后会引起持续的报警。由于其探测区域较大，以架桥或挖掘的方式来使得探测器失效并非易事。可以使用第二级发射器使得系统更难以被击败失效。

建议将某些形式的围栏结合到外部双基站微波探测器的应用中去，来减少潜在的引起误报警的可能，以及对事先划定的区域进行良好防护。这些探测器不适用于那些有山、树、或其他阻碍微波束的自然植物的地区。

4．单基站微波探测器

微波探测器也可用于单基站情况下。在这种配置下，发射器和接收器在同一单元。无线电频率能量是由发射器脉冲调制得到的，接收器对反射波能量的变化进行检测。入侵者的移动会引起反射波能量变化，因而引起报警。这类探测器是距离选通的，意味着其位置范围可以设置，超过该范围出现的运动就会引起报警。单基站微波探测器如图 6.5 所示，发射器和接收器在同一装置中。

图 6.5　单基站微波探测器

5．双技术探测器

因为可以减少误报警，所以双技术探测器变得非常流行。双技术探测器是把被动红外和单基站微波置于同一屏障下，这些设备基于的理论是两个探测器都探测到入侵时发生报警，否则探测器不会报警。因此它可以避免单个技术常见的误报警，只有在有真正入侵者的时候才发起报警。这种模式下，每个探测器在误报警不相关的情况下，可以设置较高的灵敏度。然而，误报警的减少伴随的是 P_D 的减小，因为入侵者只需要击败一个传感器就可以使探测器失效。

6.3.4 新技术探测器

在美国的 9 • 11 恐怖袭击事件之后，安全领域被出现的威胁事件推入了一个新的纪元。在这个恐怖主义的新时代下，美国的敌人的公然目标是美国资产或美国土地上的民众。今天的恐怖分子更加明目张胆、有组织，会花费几年的时间来计划阶段性的袭击，并且召集更多的人组成进攻组织，而恐怖分子可能仅仅是利用到安全系统设计程序的不足和传感器或探测器技术的局限性来搞破坏。

鉴于这种情况，安全设计者在探索新的技术和策略，来提高未来安全设计的系统有效性。对于高安全性的应用程序，一个策略被认为能够用于检测和应对入侵者超过传统安全周界的位置，这种策略被称为扩展检测。用于实现扩展检测目的的多种技术正在发展，包括：

（1）视频移动侦测技术。

（2）被动式扫描热像仪。

（3）主动式扫描热像仪。

（4）地面雷达。

（5）无线探测器网络技术。

（6）敌我双方轨迹跟踪技术。

这些技术领域会在本章接下来的几个部分介绍。

1. 视频移动侦测技术

视频移动探测器是被动、隐蔽、直线式探测器，用于处理来自闭路电视摄影机的视频信号。这些摄影机一般装在塔上，用来观察感兴趣的场景，也可联合用于探测、检测、报警评估，照明是连续 24 小时运行所必需的。一般来说，对视频或者报警评估的使用不熟悉的读者，在读这部分之前，可以先阅读第 8 章“报警复核与评估”，比较易懂。

视频移动探测器感应视景中一些特定的部分在视频信号层的变化。根据不同的应用，这个区域可能是一个大的矩形，一组离散的点，或者一个矩形网格。它对人体运动的探测一般是可靠的，除了在低能见度情况下，如雾、雪、雨或者无照明的夜间。视频移动探测器的有效性主要决定于视频信号的质量，如果视频质量较低，意味着图像分辨率不足以让设备迅速确定报警源，则会使得视频移动探测器性能不佳。因此，结论是一个有效视频移动探测器的首要需求是有一个高分辨率图像，这样入侵的起因就可以被确定。如果误报警率太高或者触发报警的灵敏度设置太低，则不建议将移动视频探测作为唯一的探测方式。

当移动视频探测器用于户外时，会有许多潜在的误报警源，由于新的视频移动探测器的信号处理技术旨在减少误报警而不降低探测性能，因而外部入侵探测应用受到了限制。误报警可能由几个方面引起：如相机安装不稳定引起的明显的场景移动；云影、光反射、车辆灯所引起的场景亮度变化；或场景中运动的物体，如鸟、动物、风吹的碎片、相机上或者近相机处的积淀物等。使探测器失效的策略包括利用低可见度条件、在背景中伪装目标、低能见度时发起攻击等（Ringler and Hoover, 1994；Matter, 1990）。视频移动探测器通过为安全人员提供视频图像来进行报警复核。图像中探测到运动的区域通常会增加亮度，使得安全人员可以做出快速和适当的响应。一个单一的摄影机可以监测一个较大区域，而只受限于镜头提供的视野以及相机分辨率；或者它可以通过使用掩盖（只选择部分视频场景来进行移动视频探测保护，忽略其他未掩盖部分的活跃性）来监测视野中选定区域。掩盖使得移动视频探测器可以对照相机捕获的大量区域的区别做出分辨。根据上面描述的性能，系统是高度敏感的，可对应至图像中的单个像素。然而，在可接受敏感度和误报警率之间是需要有一个折中的，因为往往灵敏度的增加伴随的是误报警数量的增加。

老式的移动视频探测器使用模拟技术。这类探测器仍在生产中，它们根据不同的系统灵敏度设置可以非常有效；然而，它们分析一幅图像的能力是有限的，而且无法排除类似照相机场景中树上的叶子，或是水里的波纹等错误报警。数字视频移动探测器越来越普遍，它们比起同类模拟式探测器更加昂贵，但是它们改进了模拟移动视频探测器的一些缺点。数字移动视频探测器使用 A/D 转换器对输入视频信号进行采样，并且将其转换为数字电平，视频信号的分辨率越高，数字移动视频探测器的精度和性能就越好。高分辨率移动探测器允许更长的探测范围，更少的摄影机，可以在更长距离范围对更慢更小的移动目标进行探测。

移动视频探测器可以通过调节其可变因素来优化探测性能和降低误报警。如上所述，掩蔽功能将允许探测区域范围可变，尺寸可改，目标尺寸和灵敏度可以调整来适应特定应用；跟踪功能的实现有助于视频复核。数字移动视频探测器可适应环境中光照度的缓慢变化，以及调整摄像机带来的振动；但其对于分辨风、雨、雪、落叶、小动物或鸟的能力还是有限的。即便数字移动视频探测器可对可变因素进行优化调整，但适应探测场景中任何类型移动目标的最佳选择仍是低端的模拟移动视频探测器。换言之，高端数字移动视频探测器在合适配置下，主要适用于误报警排除、小区域（像素层）探测、运动方向估计；它们在低对比度条件下也非常有效，如低照度区域下的缓慢运动。

移动视频探测器技术最好和其他探测器联合使用。移动视频探测器开发者在不断地提高其算法以扩大该技术的应用范围。移动视频探测器在内部应用场合的使用非常有效，随着数字移动视频探测器的进步，它们在外部环境的应用也变得越来越流行。近几年的发展已经将移动视频探测技术扩展到了三维空间。三维移动视频探测器探测能力进一步增强，可以提供用于辅助评估复核的三维信息，如智能过滤误报警、分类和命中目标移动物体、增加测定体积感知能力。

移动视频探测技术适用于内部应用，可以提供良好探测能力及低误报警率。就移动视频探测器外部应用而言，在高安全位置对其进行部署前，应进一步发展该技术以减少过高的误报警率。如果移动视频探测器联合其他外部探测器使用，在低敏感度设置下，就可以减少误报警并且可为操作员提供一些视觉评估资源。

2. 被动式扫描热像仪

为了在夜间使用移动视频探测器以延长其探测，被动式扫描热像仪（PSTIs）出现了。目前的被动式扫描热像仪声明对一个步行入侵者的探测范围为从400～2500m。被动式扫描热像仪的一个优点是只使用一个设备就可以探测和确定入侵者。这会使得成本降低，因为一个独立的成像器的花费不是必须的。下面简单描述PSTI的工作原理。

配置时，PSTI对水平线进行几次扫描来建立一个基线图像。当入侵者进入探测范围，记录的基线扰动会被探测到，入侵者位置会被监视屏幕的颜色框突出。操作者可以采取手动控制PSTI，指向入侵者的位置，对之放大来确定报警的原因。

可以改变扫描速率、探测阈值、扫描角等可变因素来优化探测能力和减小误报警率，一些PSTI可以屏蔽用户确定的扫描限制区域。PSTI面临的一些相关挑战是：

（1）大的扫描角会增加扫描时间，造成大的时间间隔，某些情况下，会降低探测性能。

（2）PSTI依赖于直线型，需要仔细选择要扫描的地形。

（3）PSTI与热像仪有相同的限制条件，热天灵敏度会下降；因此，一些PSTI包含CCD成像器，在热背景下可提供较好性能。

（4）CCD成像器在热天由于热紊流也会有性能退化。

（5）大多数PSTI设计用于战术环境，在融入普通商业检测系统方面并不优先考虑，因此，大多数PSTI是独立的系统，需要额外的人力来观察探测器输出。

（6）PSTI最大的挑战是在扩展探测应用时，面临的高误报警率；影子、移动的树叶、飘动的云、野生动物、雾等，每天都会引起成百上千的误报警。

PSTI开发者继续致力于提高探测算法以求在保持探测性能的同时减少误报警。

3. 主动式扫描热像仪

为了应对被动式PSTI的一些限制，开发者考虑应用IR照明。结论是，这种技术被认为是主动装置或主动式扫描热像仪。ASTI可以通过匹配IR照明波长来优化性能，由此来提高探测性能。补充IR照明有降低由阴影或飘动的云引起的误报警率的潜能，这是因为IR照明像聚光灯一样，虽然不能完全排除、但是可以减小阴影影响。典型的ASTI范围从500～1000码不等，依赖于照明能量可变。如果使用强红外照明灯的部署，眼睛的安全问题必须得到解决，而且根据不同的照明功率和波长，它们在机场的使用可能是被禁止的。

ASTI的基本操作类似于PSTI，目前，小范围的测试数据是可用的，但是还没有对探测性能或误报警的声明。

4. 地面雷达

另外一个扩展检测技术目前被视为固定场所的安全应用，即地面雷达（GBR）。传统的地面雷达系统设计是用于由一队训练有素的人使用这些远程系统来检测敌军运动的兴趣领域的军事战略部署。操作者使用GBR系统的音频和视频系统根据可用信息来确定目标的合理性。定点整合的相关问题、损害和误报警以及运算符重载是不关心的，关键在于减轻训练，或被认为在恶劣环境下是可接受的，或可以提高用户通过其他手段确定目标的能力。结论是，它们在防守定位PPS的使用上仍有一些相关问题。

标准战术系统宣称在理想条件下其范围可从200m～48km，这些系统是基于脉冲式多普勒系统设计的，它利用飞行时间来确定目标范围，利用返回信号频率和相位变化来确定目标的飞行速度和方向。

这种多普勒系统缺点很少，非要论述的话，包括：误报警过滤；系统前有约65～200m死区；需要人力增强（每个系统一个操作者）；弱角度和范围分变化；大功率输出（允许可能发现对手正在用的雷达）；花销；不足以有效确定几千米以外的目标（较少依赖天气以及时间段）；一个有限的操作界面；较少考虑系统集成。大多数扩展探测技术的一个限制是，必须有一个清晰的视线才能探测到入侵者。地形和植被问题可能是地面雷达大规模应用所面临的鸿沟，如果需要实现一个连续的探测区域，则需要额外的不依赖于视野的传感器技术来实现。这增加了成本，性能又类似其他类型传感器单独使用，因而使得这种结合很难自圆其说。随着处理功率的增加，大多数新的系统增加了过滤功能，系统集成方法（XML协议），不感兴趣掩蔽区域的能力，并且可以很容易地结合热与光电成像系统。

除脉冲式多普勒效应系统外，新系统采用调频连续波的设计（FMCW），它允许较低的发送功率。小功率使得攻击者更难截获传输信号。FMCW设计中包含少量变量，目前一些人仍使用多普勒识别来探测敌人，而另外一些人则根据返回信号建立一个可调整的临界值。根据许多可能的结合以及现代探测算法的使用，理解二者之间的区别是非常重要的，FMCW雷达不是按其相同的方式运作或过滤目标数据。

这些系统变量包括现象学、扫描角度、范围、减小探测速度设置、临界值设置、敏感度设置、安装高度、天线倾斜度以及数据吞吐率等。当与一些新技术一起部署时，强烈建议在采购前对它们的运行环境进行测试，有必要理解探测性能、脆弱性、误报警源、误报警率以及安装启用这些系统对整体系统有效性有何影响。有些位置可通过建立测试床来表征这些设备的性能，这些结果将确定探测和误报警事件是否满足作战地形、植被、天气条件，并且会提供更多的数据来评估其整体性能。

5. 无线探测器网络技术

微电子技术的进步可以使得传感器能力、本地数据处理、无线网络智能车载控制系统相结合，进而为无线探测器网络（WSNs）奠定基础。

无线传感器网络的概念可以应用到内部和外部传感器应用中，也可以用于传统的周界探测以及复核系统来补充所需的传感器优势。无线传感器网络允许安全系统设计者快速简单地将单个的传感器/通信节点安置到需要进行安全保障的位置。一旦传感器节点被定位并接受能量，它们会找到相邻节点并建立无线通信路径返回监测站。如果一个传感器节点损坏或者失去传递信息的能力，传感器网络就会通过确定备选通信路径返回检测台并做出调整。因此形成了特定无线网络术语用于描述这样一个概念。节点到节点通信路径的使用将允许安全范围超越传统LOS传感器概念的能力。每个传感器节点必须看到至少一个邻居节点，节点可以设置在山顶、俯瞰的沟壑峡谷，提供对视线无法覆盖的区域进行检测。

无线传感器网络的长期目标是能够对当前地形提供可靠的探测和复核，从而节省为传感器和摄影机部署做整地工作的昂贵费用，传感器节点可以提供足够几年运作的能量，而且 WNS 将覆盖现有的电力和通信基础设施，最大限度地减少需要重建的基础设施。如果这个目标能够实现，就可以实现大量工程费用的节省，而且安全系统的设计未来也将变得大不相同。

然而，在 WNS 实际运用到高安全场合之前，一些问题仍待解决，包括以下几个方面：

（1）一个节点的成本应接近或低于手机成本。

（2）安全可靠的无线通信方式必须建立（目前，美国能源部和国防部都不会在高安全性位置使用无线通信来获得安全探测器信息）。

（3）任何天气条件下传感器节点有廉价可靠的电力。

（4）廉价的电池储能。

（5）需要改进算法把传感器数据转换成信息，并从误报警中辨别入侵者。

（6）需要低功耗、廉价的成像器长期对探测器报警原因进行复核。

（7）创立可以使得数据在节点间大量传感器可靠传播的网络技术。

（8）体系结构层可以进行分布式数据处理和信息融合。

（9）在自然地形和各种天气条件下误报警的减少。

（10）不经操作者的信息显示。

（11）适应不断变化的威胁，包括系统功能的快速调整和重组数据分析算法的能力。

当无线传感器网络成熟、可靠、廉价、安全的时候，一种虚拟存在的状态就成为可能。关于一个安全系统，虚拟存在能通过使用大量无线探测器节点来探测、跟踪，当入侵者通过安全层时与其互相影响，近实时收集传达信息返回到一个中央报警站，进而扩展贵重资产周围的形式意识。类似的系统可以提供实时定位、跟踪以及与其他同组力量进行通信。

WSN 今天看起来似乎是一个非常有野心的目标，然而，许多政府和商业机构都在探索无线传感器系统提供附加的情境意识的使用。在接下来的几年里，我们希望看到站点开始使用网络无线传感器技术，并且可以在合理的成本下，提供入侵预报警，减少脆弱性威胁。为了促进这一目标，无线传感器网络接收了大量的由美国国防部、能源部、情报机构以及工业行业提供的研究与开发资金。

6. 敌我双方轨迹跟踪技术

建立扩展的探测能力可以在超出已建立的周界范围提高来探测和应对入侵者的能力。如果敌人和回应者之间发生接触，则需要对随之而来的冲突进行处理；为了实现这个目标，确定敌人和响应者的位置将会非常重要。传感器会持续反馈信息来显示持续的入侵信息，战斗场地处理器必须对敌我力量加以区分。

如果可以随时对我方成员的位置进行跟踪处理，这个问题就可以得以解决，也称作敌我识别（IFF）。我方力量跟踪方法包括：

（1）GPS（全球卫星定位系统）。

（2）射频识别标签。

（3）蓝牙技术。

（4）基于三角网的射频/无线通信。

（5）网状网络。

（6）超宽带技术。

（7）无人机（UAVs）。

敌方力量跟踪要考虑的概念包括测距、定位、测距望远镜或其他技术来确定敌人的位置。发展问题涉及在地图中增加敌人位置和使用更多卫星技术来去除高频信号相关视线问题。值得注意的是对于任何有用的系统而言，敌我跟踪必须同时存在，只跟踪其中一方是不够的。在今天的安全系统中，我们已经可以探测敌方力量；未来敌我双方力量的跟踪会提高我们的战术响应能力。

一种方法是结合移动通信到敌方力量跟踪，并且添加语音互联网协议和谷歌地图；这将使得各级命令共享数据，让每个人都看到前线部队相同的数据。

随着 WSN 的研究和发展，许多需要高安全性的政府和商业组织正在探索增加更多的情境来使用敌我双方跟踪探测技术。预计，敌我双方轨迹跟踪技术在未来几年将会是可实现的。尽管在今天，人们仍然强调高安全组件，但是在未来，敌我双方轨迹跟踪技术的使用在低安全组件下会越来越普遍，如跟踪技术在孩子、车辆、囚犯等方面已经得到了应用，所以有理由相信这种技术趋于成熟是一个自然的进化过程。

6.4 安防技术的成熟度模型

面临着趋于增长的安全威胁，以及关于关键基础设施的保护和有限的预算制度，政府和商业部门的决策者们需要不断寻找技术，来在有限的预算内增强安全性。当新的技术冲击市场（如上述提到的），决策者（或设计者）如何决定一种技术可以投入部署？越来越需要关注的是，如果不成熟的安全技术部署提早实施，安全系统决策者和设计者可能会在不知不觉中面对重大的风险。

解决这个问题的一个方式是为安全技术建立成熟的模型。在任何技术发展之前，提出的模型（如图 6.6 所示）是根据反映技术发展和政策要求而建立的。下面对成熟度模型的级别进行简单描述。

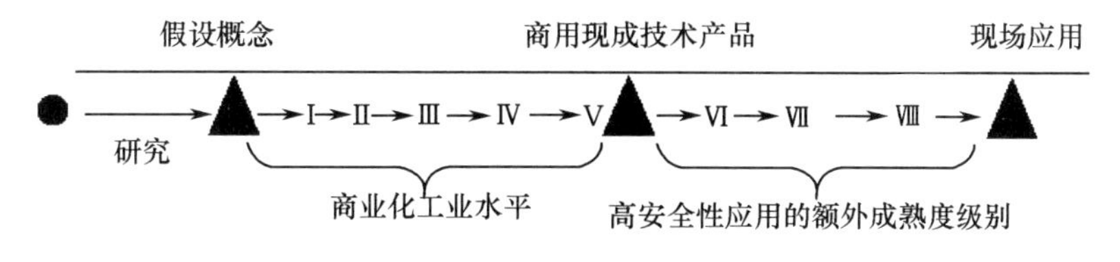

图 6.6 安全技术的成熟度模型

成熟度等级可以用来帮助选择什么时候对候选技术考虑升级。该模型的使用通过让设计者和决策者了解新的探测器技术的可靠性来减少技术风险：

研究　科学基础建立了，但是安全应用不一定能确立，如铌酸锂铁电性能的发现，一种用于红外探测器的识别红外能量的材料。

Ⅰ级　在实验室验证一些概念的可能性。

Ⅱ级　研究原型——建立实验室，突破了很多，但不能承受实际的工作环境。

Ⅲ级　工程原型——约90%的功能，能可靠工作，不经常遭到破坏。

Ⅳ级　现场原型——在完整运行环境下实现全部功能，产生可靠可重复结果，用户驱动并接受，可以投入到全规模生产。

Ⅴ级　商用现成技术（COTS）——带有基础设施的制造，生产单位，为部件更换和技术支持准备就绪。

Ⅵ级　性能测试—为建立如探测概率、误报警率、脆弱性失效性能退化因子、探测器互干扰等性能指标，这类测试需要约进行12个月的户外应用，来观察各种天气条件下的探测器性能。

Ⅶ级　现场测试——将需要的运行环境、植物、天气、地形、集成到现场检测站来确定实际性能。

Ⅷ级　非技术性成熟因素——运行现场概念，响应力量怎样利用提供的信息，它们怎样作出响应，该技术的使用是否受法律或政策条例的限制。

尽管图6.6按照线性序列描述复杂度模型，一个好的安全系统设计者是不会等到第7级的完成才开始研究第8级。在购买探测设备前，必须考虑由非技术因素引起的限制，包括环境、集成度、法律和政策的约束。

6.5 周界入侵报警探测系统设计原理及目标

到目前为止，本章所讨论的材料总结了大量外部入侵探测器技术。下一部分讨论独立探测器集成到周界入侵报警探测器系统，并考虑带有平衡和集成PPS的周界系统或子系统的互相影响。在周界入侵探测系统考虑设计和实现之前，应该理解一些基本的设计规则和概念。

6.5.1 探测无盲区

根据定义，周界是指围绕一些需要防护的区域的闭合曲线。设计目标是在整个周界长度范围内进行均衡的探测，周界被划分为几段来辅助评估和响应，这就需要探测器在周界周围形成无盲区探测。在实践中，这意味着需要配置传感器硬件，来使得周界探测器覆盖两邻近部分的探测区域。另外，在基本的探测器无法部署得当时，如有一扇门，则应使用另一个探测器来覆盖间隙。

6.5.2 纵深防御

谈到周界入侵报警探测器系统的应用，纵深防御的概念意味着多线程探测的使用；因此，至少两个连续的线程探测需要用于高安全系统，许多探测器系统已经安装了三个传感器线，部分已经达到 4 个。例如，一个周界入侵报警探测器系统可能包括一个埋入式传感器、一个围栏相关传感器、一个独立探测器。多重的探测线可以提供更多的探测，增加可靠性，而且万一硬件失效，只会衰退保护（仍提供保护，尽管保护级别下降）。这种机制下，任何单个探测器的失效都不会影响被保护设备的整体安全性。对单点或组件失败的排除对任何安全系统而言都是一个主要优势，因为这会确保不利条件下的平衡保护，而且会阻止一个组件失败或遭到攻击对整个系统所带来的脆弱性。

6.5.3 多种探测器互补

通过为多线探测选择不同的互补类型的探测器，可以实现更好的周界入侵报警探测器系统性能，如微波和主动式红外探测器的互补组合。这种方式下，有着不同探测概率、误报警率以及脆弱性的不同探测器技术，结合起来可以增加外部周界入侵探测系统的有效性。多种探测器互补增加了整体系统性能，因为它们利用了某种特定技术的最佳特征，而且同时为环境改变、组件失效或成功入侵的可能提供了有效备份。这种设计理念的结果是可以在一个更广范围探测入侵者，在可能想象到的环境干扰中，允许至少一个传感器线路运行，而且增加了隐蔽入侵者试图击败系统的难度。

互补探测器是对双传感器技术使用的一种有效代替，因为单个的传感器将发挥它们的最大水平性能，而且不因协同定位和滤波而下降。然而互补式探测器的实现可能会更加昂贵，它们也需要提供更高的安全等级。由于互补式探测器带来的高安全性，在高安全应用场合中它们是被首选的。

外部互补式探测器的例子包括微波/红外，微波/同轴电缆，同轴电缆/红外结合。重要的一点是，探测模型必须是重叠互补的探测器。例如，一个微波/围栏探测器结合不是互补式，因为探测模型在没有严重误报警问题情况下不能交叠；另外，双基站/单基站微波结合也不是互补式的，因为它们对同类型击败方式和误报警源敏感。

6.5.4 优化方案

多探测器线路的一个缺点是不得不需要处理更多的误报警，如果系统操作者无法应对误报警，则系统的有效性不会增加。正如第 5 章所讨论的，“实物保护系统设计”，当复核报警的时间增加，探测概率就会下降。评估子系统应该辅助操作者复核报警信息。许多不同的方式已经运用到组合探测器误报警数据处理中，最近使用的一种值得推荐的方式需要系统操作者在计算机的辅助下，为同时发生的报警建立评估的时间序列，来对所有报警进行评定。计算机基于契合实际入侵的报警事件概率，为每个报警设置优先权，报警优先权按降序序列排列在操作者面前，所有的报警最终都会进行复核。报警优先权通常由一个特定区域的传感器数量、这部分的报警时间间隔、报警顺序、探测器物理配置以及两邻近部分的报警来建立。这个问题将在第9章“报警通信和显示（AC&D）安防集成平台”中详细讨论。

6.5.5 探测器组合

一个探测器或探测器系统在所有可能的入侵类型下有一个高的探测概率（P_D），在所有可能的环境条件下有一个低的误报警率，将会是非常理想的。目前还没有单个外部入侵探测器能够同时满足这两个准则；所有的探测器都受限于其探测能力以及在特定环境条件下的高误报警率。两种基本的结合探测器技术是OR结合或AND结合。

一个系统可以由两个或者更多个探测器组成，将它们的输出通过一个OR门结合，这样当任何一个探测器被触发的时候，都会产生报警。这种结合对于弥补单个探测器的不足是非常有用的，每个探测器只能探测几种特定类型的入侵，因此，用于探测地面、空中以及隧道入侵的探测器可通过OR门来组合。

OR结合的误报警率将通过单个探测器的误报警率求和得到，忽略探测器被同时触发的可能性，结合后的误报警率就等于单个误报警率求和：

$$\mathrm{NAR(OR)} = \sum_{i=1}^{n} \mathrm{NAR}_i$$

其中，NAR_i代表n个探测器构成系统中的第i个探测器的误报警率，由于这种结合会使得误报警率增加，因此它常用于单个探测器误报警率低的情形。

如果探测器的误报警率不相关，则通过AND门结合探测器会使得误报警率大大减小。例如，一个地震探测器和一个电场探测器误报警不相关，因为它们的误报警源不相同。如果探测器被同时触发，则很有可能探测到入侵。这种配置下，单一的入侵不会同时触发两个探测器，因此系统可以设计为当两个探测器在预先设定的时间间隔内被同时触发则产生报警。可取较长的时间间隔来确保探测到缓慢移动的入侵者，但如果时间间隔太长，误报警率可能无法尽可能降低。探测器安装时应使其覆盖相同的区域，由此提供了重复的覆盖，使时间间隔可以保持较小。

AND结合的探测器探测概率会低于单个探测器的探测概率。如果探测性能是独立的，而探测器范围是重叠的，结合探测器的探测概率就等于单个探测器探测概率的乘积。为了确保系统的探测概率适当，单个探测器的探测概率必须很高。

AND结合的探测器的误报警率会低于单个探测器。

如果探测器输出不相关，并且以一个低于输出/选定时间间隔T的随机速率输出，对于两个探测器，则有

$$NAR(AND)=\frac{T}{60}(NAR_1)(NAR_2)$$

T 是分钟，NAR_1 和 NAR_2 是每小时的报警数，AND 结合是可取的，因为其误报警率相比于单个探测器可以下降几个数量级；时间间隔 T 可能是根据位置而不同的，依赖于安装地形和探测器特征，它一般是在 15～120s 范围内。AND 方案探测器的缺点是仍然存在探测概率下降的问题，因为入侵者只要击败一个探测器就可以使探测器系统失效。

6.5.6 隔离区

周界入侵探测器系统在隔离区位置的性能会更好，隔离区的目的是通过提高探测概率来提高周界入侵探测器的性能、减少误报警、阻止入侵。隔离区也可以为探测器报警起因提升良好的视觉复核。隔离区通常由延伸周界整个长度的两个平行的围栏构成。围栏是为了阻止人、动物、车辆进入探测区。围栏之间的区域通常彻底清除了地上的建筑结构，包括架空管线等，该区域的植被也会被移除。围栏区域被除清后，只有探测和复核的硬件以及相关的电源盒数据线被安装在该区域。当使用两个平行围栏构成隔离区后，探测器都安置在围栏里。这将会减少风吹的残片和小动物带来的误报警，而且也会排除入侵者攻破围栏探测器而不被视频监测系统发现的可能性。由于相机无法透过围栏结构记录，所以围栏外任何的视频监测都会非常困难。隔离区以及多功能互补探测器专用于高安全性设备，如核电站、监狱、军事基地或其他政府就职基地。

6.5.7 探测器配置

隔离区的多功能探测器的配置也会影响系统性能，重叠探测区域的两个不同的探测器通过创造一个更大的整体探测体积来增强各部分性能，因此，击败探测器组是不太可能的，因为需要绕过一个更大的探测体积，或者需要同时击败两种技术。增加第三个探测器可以进一步增强性能，不是通过重叠前两个的区域，而是形成一个探测隔离线。物理上分离的探测线可以提供确定多个同时发生的报警的优先级的信息，尤其是某个部分报警的顺序可能与入侵的逻辑序列有关。

6.5.8 定位系统

每个需要实体保护的位置都有一个特定的配置组合和物理环境。因此，为某个位置设计的 PPS 不能转移到其他地方。物理环境将会影响周界入侵探测系统的探测器类型选择。自然的和工业的环境会为特定的位置带来误报警源。周界的地形决定了可用探测空间的形状和尺寸，尤其是隔离区宽度以及平坦的或不规则地形的存在。这些因素通常用来确定探测器的首选安置位置。尽管近几年来对入侵探测器和环境之间的相互影响的了解有了很大的提升，但在对一个完整系统做出部署之前，在一些站点利用可能的探测器建立一个示范领域仍是明智的做法，位于这些站点的测试是为了确认探测器的选择以及有助于改善最终系统设计。

6.5.9 防篡改保护

硬件和系统的设计应该包含阻止因篡改而失效的功能，这意味着系统应该可以防篡改并且有篡改指示。探测器电子器件和接线盒外壳应该有转换开关，地上的电源盒信号电缆应该安装在金属导管内，报警通信线应该使用某种类型的监测线，用于探测线路被剪断、断开、短路或失效。收发分置的探测器的接收器电子器件通常比发射器电子器件更易失效，这种情况下，探测器可以放置到使入侵者必须经过探测空间才靠近接收器的位置。

6.5.10 自检测功能

为了验证周界入侵探测器系统可以正常运作，需要对其探测能力不断地测试。尽管建议使用人工测试，但是人力需求常常会受到限制。报警通信控制系统可以对发出信号进行远程测试，通常这只是一个闭合或断开的开关。在一个自动远程测试过程中，中央计算机控制系统对指定探测器在任意时间产生测试触发信号，然后探测器必须对其响应一个报警。控制系统证明，报警会在一个指定时间发生，并且在另一个指定时间消除。无法通过测试则表明硬件失效或篡改，进而产生一个报警信息。

6.5.11 模式识别

探测器领域正在经历由廉价并强大的计算机的发展所带来的重大改变的时期。这些计算机可以从探测器接收信号并对信号模式进行分析，进而寻找入侵者的信息特征模式。利用神经网络或人工智能软件，计算机可以在实际中学习这些入侵者信号模式然后避免误报警。任何探测器或组合探测器不时地返回远处的信号，并用一个小型计算机对其进行分析来识别是否有入侵者出现，如智能红外和围栏探测器。

6.6 地理和环境因素的影响

物理和环境条件会从以下几个方面影响外部探测器系统：

（1）地貌。

（2）植被。

（3）野生动物。

（4）背景噪声。

（5）气候和天气。

（6）土壤和路面。

这些条件会使得每个位置都很困难。

在设计外部入侵探测器系统时候，必须要考虑诸如出水口、斜坡、湖泊、河流、沼泽等地形特征，可能需要缓和坡度来减少斜坡和斜面，需要通过排水口和沟渠来减少积水，阻止由流动的水带来的震动干扰。周界系统应该避免湖泊、河流、沼泽，因为很少有适用于水中的商业探测器。如果探测周界穿过水和陆地，关于探测器的探测、误报警率、入侵评估以及延时会有很多额外的问题。

探测器性能会被植被从两个方面影响：地表和地下。风带来的树或植物的摇动会传到根部系统进而引起地震探测器产生误报警；在地上，大型植物和树可以被入侵者当作遮蔽物，也可能会产生误报警；此外，植被会吸引小动物，引起更多的误报警。如果植被是个问题，就必须通过割草、移除、土壤消毒或铺成平地来解决。

在一些位置，野生动物会引起一些问题，大型动物可能会通过碰撞来损坏设备，穴居动物可能会啃食电缆绝缘材料；小动物、穴居动物、鸟、昆虫也会引起难以评估的误报警。双链链接栅栏和化学控制可以用来限制野生动物；然而，关于毒药和驱虫剂的使用应遵循地方性法规；另外移除植被可以阻止一些小动物靠近。

公用事业公司和现场工程、现场组织调查获得的信息可以揭示许多背景噪声源，这些噪声源可能包括风、交通、电磁干扰以及振动源。

风带来的干扰是由于树木、电力、照明电杆、围栏和其他物品造成的能量转移到地面而引起的。大风和风吹的碎片也会通过干扰围栏而引起安装在围栏上的探测器产生误报警。

附近道路、铁路、机场的交通也会为地震探测器造成误报警，应当通过保持路面平坦，限制车速减慢来减少误报警。地震探测器不适用于附近为重空气或铁路交通的环境，因为这种交通类型在较长距离范围内都会产生震动影响。

电磁干扰源的例子包括雷电、高压电线、无线电发射机、焊接、电气瞬变等；对于这些干扰源或探测器的防护可以减少误报警。

应该获得这些地方的气候和天气数据，如冰雹、雷暴、暴雨、风的频率、速度、累积量、持续时间等信息；平均最低气温和最高气温以及其他气候和环境条件也应该加以留意。

地下水位、土壤、路面条件会影响地埋式探测器的运作。介质的地震系数是决定因素，它应该足够高来使得地震探测器有效，但是太高又会造成误报警。潮湿的土壤往往具有非常好的地震传导性，然而，潮湿的土壤也会对远处的地震活动源做出响应，因此而引起过多的误报警。磁场探测器和地震探测器等地埋式系统必须被嵌入或安装到铺设了混凝土或沥青的路面下，如果嵌入路面的探测器可以充分耦合到介质，则其敏感性会增加；当探测器不是充分耦合介质时，则其灵敏度会远低于它安装在土壤或埋入路面。土壤导电性也会影响同轴电缆的敏感性，高导电性的土壤，往往会大大降低探测器的探测空间；此外，地埋式探测器周围的土壤恢复原状土壤性质可能需要 3～6 个月的时间，在这期间，耦合度和敏感度可能也会改变。

防雷保护

因为外部探测器是安装在户外，它们大多数都暴露在雷电风暴中。雷电很容易就可以破坏、损害或摧毁探测器设备中的电子敏感器件。减少雷电损坏有三种基本的防护措施：首先，应对所有的信号电缆进行保护，或使用内部电缆构造，或使用金属导管；第二，需要一个良好的接地系统，这意味着可以消除地面回路，并且在一个单独位置使用；第三，可以在电缆的两端安置被动的瞬态抑制装置。光纤传输电缆不受雷电影响，因此已经成为了建筑物外远距离信号传输的常用选择。

6.7 与视频复核系统的集成

许多周界安全系统使用闭路电视系统来进行报警复核。为了保证探测器和视频系统均正常工作，必须确保对这两个系统或子系统的设计是兼容的。复核必须通过闭路电视系统或人力操作来进行，视频复核自动地绑定到探测器上，大大减少了确定报警源所需的时间；因而，最大限度增加了延迟的使用，并且增加了成功中断入侵的概率；视频复核还允许对报警条件进行远程评估，这省去了不断派警卫队来确定报警原因的需要，那种方式可能对于做出准确判断，已经太晚。为了最大化效益，探测器必须安置在当报警发生时、探测器可以在整个区域内都有自由视野来进行监测的位置。

需要考虑权衡一个隔离区的宽度，探测器工程师希望有一个宽的区域来安装探测器，进而减少误报警；但视频工程师希望有一个窄的区域来进行复核，进而可以得到更高分辨率的视频图像；对二者进行折中的一个隔离区宽度约为10～15码。

另一个需要权衡的是明确区域中相机塔的位置，相机必须安置在可以观测到整个评估区域的位置；而探测器必须安装到离相机塔足够远的位置来防止探测失真和引起误报警；通常，相机塔位于隔离区围栏外1～2码的位置来阻止入侵者通过桥接来进行攻击。报警复核将会在第8章“报警复核与评估”进行详细讨论。

6.8 与周界延迟系统的集成

平衡和集成的实体防护系统通常包括一些遮挡类型或拒绝访问系统来为报警源视频复

核提供延时，进而对入侵做出响应。许多情况下，包括安装在周界上的一些遮挡类型，然而，遮挡不应该使得探测器的性能下降。周界屏障通常安装在内部隔离区围栏附近，这样入侵者在一次也没有通过探测区域的情况下，无法篡改或击败屏障。这种安置对于确保在延迟产生前就做出响应行动是非常重要的。屏障不应该使探测器探测体积变形、引起误报警或模糊照相机的部分视野。

6.9 室外探测器子系统的性能指标

已完成的外部入侵探测子系统应该包含迄今为止所描述的许多安全原则和特征，一个典型外部系统如图 6.7 所示。

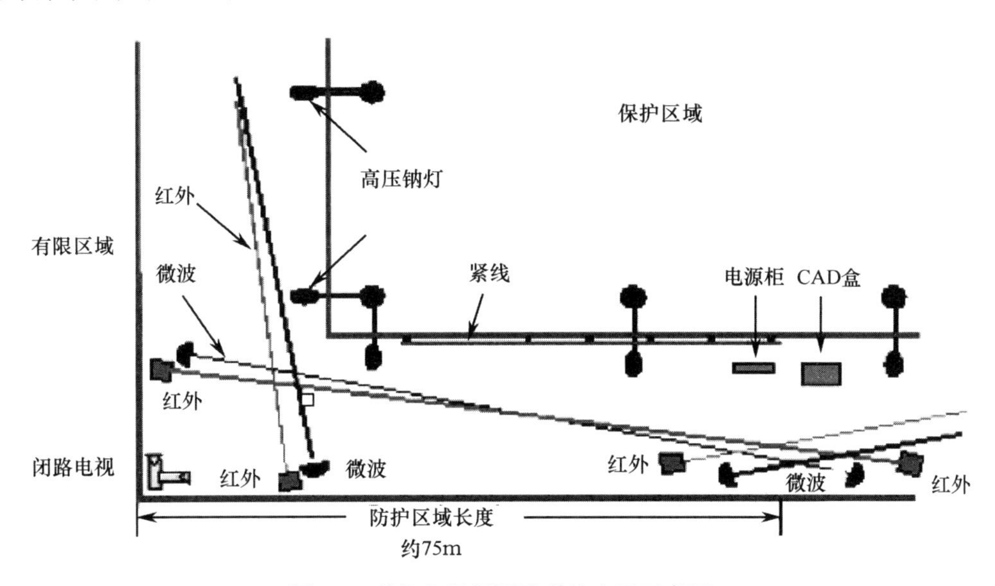

图 6.7 外部入侵探测器系统布局示意图

互补的红外和微波探测器重叠防止系统因爬行者或跳跃者而失效；紧绷的线探测器位于内部围栏附近，进而减小误报警率。连接点和盒放置在探测空间内。

这个子系统设计中使用了连续探测线、纵深防御、互补探测器、隔离区等技术；虽未明显提出但是也包括了报警组合和优先报警检测方案；系统显示使用闭路电视来实现复核功能；这个部分在实际中的实现如图 6.8 所示。要注意考虑保持良好的隔离区，一致的围栏宽度，探测器、照明设备、相机塔的安置，以及探测器从一个区域到下一个区域的重叠部分。这是一个高安全位置周界良好设计的外部入侵探测器子系统的完美例子。

图 6.8　典型的周界外部入侵探测器

隔离区域进行了杂物和植被清除，围栏连贯排列，探测器探测区域交叠。

6.10　设计程序

本书反复强调，一个有效的安全系统意味着人、程序、设备的成功整合。对于外部入侵探测系统，应当建立关于安装、维修测试、操作的程序。新的工作人员必须对所有这些程序进行训练，跟上新技术的脚步。

合适的安装指南可以从制造商那里获得，并且可以得到一个适当的起始安装位置；然而，由于许多制造商同时面向高档和低档安全市场，很容易发现这些操作指南描述对探测器性能进行了优化。例如，一些微波制造商发表文字声明这些装置可以在远达 300 码的距离范围工作，但是，在这个距离下，探测器将无法探测到爬行入侵者。许多围栏探测器制造商也建议在角落使用围栏干扰探测器，但是对这种类型的探测区域进行复核往往是不可能的。

对所有探测器和其相关组件的维护工作也必须定期进行，如校准、灵敏度检查、视觉检查等应该定期进行来保持探测器组件尽可能有效地工作。更重要的是，薄弱的维护会对探测概率和误报警率产生重大影响，可能会使系统更容易失效；某个部分的不合理排水会引起侵蚀问题，而最终导致探测器失效。

除了维修外，组件的操作测试也应该定期进行，来确保探测器元件对于整个系统的有效性如预期那样是有作用的（Hayward, 1993a, b），这些测试应该在白天和晚上连续进行来验证探测器性能。不同探测器类型需要不同的特定测试，需进行走或跑速度（快速或慢速）的测试以及爬行测试来检验探测器工作情况；测试校验物体移动的最慢速度并显示如何避免被探测；应该尽可能地进行标准的测试。对于微波探测器，测试中使用铝球来模拟爬行入侵者，这种测试比起实际爬行测试会更加精确和可重复，另外一个标准的测试是衡量红外探测器的衰减因子。

当一个探测器或其他设备丢失的时候，应该有应急计划和程序来应对。这些计划应该明确定义它们在什么时候生效，如当三个当中的两个周界探测器丢失的时候，如果需要某部分一个或更多探测器的应急计划用于提供补偿措施，则这些措施应该是明确的。在一些情况下，可能会使用便携式探测器；在另外一些情况，程序可能需要派遣一个警卫队到该区域来进行探测；预计前种情况将出现在大量分布式目标的位置，而对于有限目标数量的位置应该会选择派送一个护卫队。具体的程序应该是预先定义的，则系统运营商实现起来简单易行。

一旦所有用于维护、测试、外部探测器操作的程序被建立，现场人员应该收集、存储和保持文件记录；应包括要求、建议、故障排除程序以及每个探测器的维修记录、所有操作员的训练记录、每种特定情况下的输出、误报警的起因等。

6.11 小结

外部入侵探测器已经从探测器分类、应用、探测概率、误报警率、脆弱性等几个方面进行了讨论，设计者在把独立的探测器集成为一个周界探测器系统的过程中，必须考虑特定的设计目标、地理和环境条件，以及带有平衡和集成 PPS 的周界探测器的相互影响。

一个好的外部入侵探测器系统包括纵深探测，互补探测器的使用，排除单点故障，以及人、设备、程序的整合。期望的特征包括隔离区的使用、隔离区参数的合适设置、报警结合和优先机制、篡改防护、自测试能力等；设计应该是因位置而不同的，它必须适用于地理、环境，以及可能遭遇的军事条件；最后，外部入侵探测器子系统应该跟视频和屏障子系统完美结合。

大多数探测器组件和子系统特征包括高探测概率、低误报警率、低脆弱性；其他特征包括发送和复核报警的快速通信系统，良好的照明和评估系统，以及一个可以为通过周界的所有路径来提供足够保护的平衡系统，外部周界入侵探测系统通常只建立在高安全应用的场合使用。

6.12 安防理论

探测器的性能衡量指标有探测概率、误报警率以及被击败的脆弱性。

利用多线、连续探测线提供纵深保护。

利用互补探测器或可以补偿彼此弱点的探测器来增加系统性能。

避免单点或组建失效来保持系统平衡，进而减少在保护层某个薄弱点处被入侵者成功袭击。

周界入侵探测器系统应该集成报警评估和屏障延迟系统。

6.13 参考文献

[1] Barnard, R.L. Intrusion Detection Systems, 2nd ed. Stoneham, MA: Butterworth Publishers, 1988, 71-143.

[2] Cumming, N. Security, 2nd ed. Boston: Butterworth-Heinemann, 1992, 79-114.

[3] Fennelly, L.J. Handbook of Loss Prevention and Crime Prevention, 3rd ed. Boston: Butterworth-Heinemann, 1996, 268-280.

[4] Follis, R.L. Stellar Systems Inc. series 800-5000 E-field sensor evaluation. SAND90-1039 1990; 1–39.

[5] Garcia, M.L. Vulnerability Assessment of Physical Protection Systems. Boston: Butterworth-Heinemann, 2006, 382 pp.

[6] Greer, G. Vindicator VTW-250 test report. SAND90-1824 1990a; 1-41.

[7] Greer, G. Vindicator VTW-300 test report.SAND90-0922 1990b; 1-43.

[8] Hayward, D.R. Automated sensor tester. SAND93-2063C 1993; 1-8.

[9] Hayward, D.R. Intrusion detection sensor testing tools. SAND94-1068C 1993; 1-5.

[10] Matter, J.C. Video motion detection for physical security applications. SAND90-1733C 1990; 1-12.

[11] Ringler, C.E., and Hoover, C. Evaluation of commercially available exterior video motion detectors. SAND94-2875 1994; 1–120.

[12] Williams, J.D. Exterior alarm systems. SAND88-2995C 1988; 1–25.

[13] Wolfenbarger, F.M. A field test and evaluation of exterior fiber-optic intrusion detection sensors. SAND94-1664 1994; 1–39.

6.14 问题

1．讨论下列应用考虑：

a．探测器应该安装使得区域边界适当重叠。

b．如果管道或线路的迁移是不可行的，那么可能需要额外的探测器。

c．探测器不应该安装在难以进行复核的位置。

d．高安全性周界系统需要不止一种类型的探测器。

e．同种误报警敏感的探测器不应该进行结合。

2．为什么被动式和主动式探测器之间的区别是重要的？

3．在 AND 配置下结合探测器的输入有什么优点？

4．在 AND 配置下结合探测器的输出有什么缺点？

5．在 OR 配置下结合探测器的输入有什么优点？

6．在 OR 配置下结合探测器的输出有什么缺点？

7. 在什么情况下需要使用保护组成员来代替外部入侵探测器？在这些条件下的探测效果如何？为什么？

8．为什么需要在可能用到探测器的系统位置进行探测器现场测试？

9．什么时候误报警是过度的？

10．高入侵识别概率是否总是意味着高的探测概率？

11．地表水为何对微波探测器而不是红外探测器造成不可靠的条件？

12．结合模式识别的探测器的优点和缺点是什么？

13．假设一个外部收发双置微波探测器用于测试一个跑动的人，他以 15 英尺/秒的速度直接穿过探测空间，在 28 次测试中可以对其探测到 25 次，则这个探测器应对入侵的探测概率是多少？这个数据对你进行入侵分析有价值吗？

.Chapter 7

第7章 室内入侵报警探测器

设计室内入侵报警探测系统，要求对操作、物理知识、保护设备的环境有透彻的了解。此外，设计者必须熟悉实用探测器的广谱范围，探测器如何与对手和环境相互影响，以及每个探测器所依赖操作的实物准则。本章将讨论室内入侵报警探测器。图 7.1 举例说明了本章用到的室内布局，区域说明了边界、内部区域和物品位置。

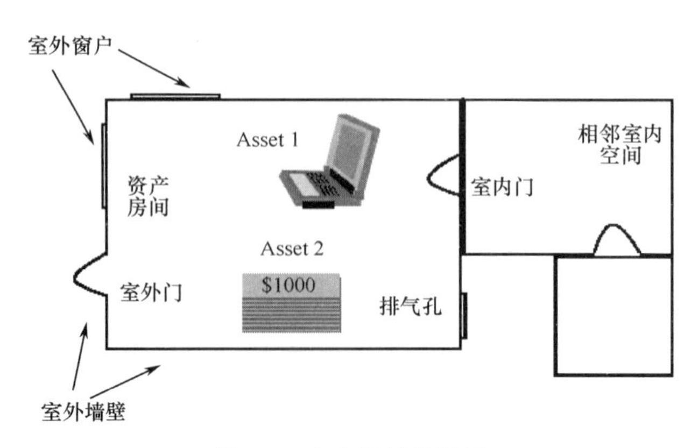

图 7.1　室内区域的例子

室内入侵报警探测器是指当把行政诉讼、门禁控制和材料检测集成为一个系统时，可高效抵御入侵威胁。当使用正确放置、安装、维护和测试的室内入侵报警探测器时，内部或外部人员未经许可的行为或未经许可的出现都将导致警报的产生。

7.1 性能特点

如第 6 章所述“室外入侵警报探测器”，入侵探测器性能有三个基本特点：

（1）报警探测概率（P_D）。

（2）误报率（NAR）。

（3）脆弱性。

了解这些特点对设计和操作有效的入侵探测器系统十分重要。如欲了解有关性能的详细信息，请参阅第 6 章。

正如室外探测器，衡量室内探测器的具体标准也是必要的，如“用于室内入侵报警探测器系统的装置和设备应满足 UL639 要求，并且要对每个记录周期的既定程序进行性能测试”，又如，“空间探测器将会探测以 1 英尺/秒速度移动的人，或在总视场内探测更快速度的移动”描述了一个清晰的、可衡量的规范室内探测器的性能标准。其他室内探测器性能特点的详细信息如下。

像外部探测器一样，误报警是由任何非入侵引起的错误报警。常见室内探测器误报源包括电磁效应、声效应、热效应、气象、地震和光学效应以及野生动物（鸟类、昆虫、动物）。虚假报警是由设备自身（设计糟糕、维护不当、元件故障）造成的误报。不同类型的入侵探测器对这些误报源或虚假报警源有不同的敏感性，在本章后面部分将进行详细讨论。

内部入侵探测系统对外部人员和内部人员都具有脆弱性。这点在第三章的“威胁定义”进行过详细讨论。由于内部人员有权访问一个区域或设备，许多周界外部探测器不在内部人员的探测路径内。从另一方面来讲，内部探测器仍可以用于探测内部盗窃或破坏，以及外部人员的任何攻击。

室内探测器在正常工作时通常处于访问模式，使它们很容易遭到内部人员篡改。在许多报警监控系统中，访问模式意味着探测器报警被暂时隐藏，报警不会在报警监测站显示。相比其他员工，维修人员最有机会也最具备必要技术来损害探测器或系统。一个有一定技术能力的入侵者可以降低探测器的灵敏度，偏移探测器的覆盖范围，或者改变某一特定区域的性能，这都造成探测器的脆弱性。这些行为可能不会完全损坏一个探测器，但可以导致探测出现漏洞。

7.2 探测器分类

对入侵探测器类型的分类有多重方法。在此，我们按照以下属性对入侵报警探测器分类：

（1）被动式/主动式。

（2）隐蔽式/可见式。

（3）空间探测型/线性探测型。

（4）应用举例。

7.2.1 被动式/主动式

用一个有效的方法来看待室内探测器和它们与环境的关系时，我们考虑两个方面：主动式和被动式。主动式探测器通过发射端发射一个信号，通过接收端检测信号的变化和反射。发射端和接收端可以分开，我们称这种安装为双基站，它们也可以合在一起，我们称这种安装为单基站。最主要的一点是，当探测器工作时，它会产生一个能量场，一个有经验的对手可以用这个能量场在进入活跃探测区域之前检测探测器的存在。

被动式探测器和主动式探测器的不同在于，它们在发射端不产生信号，只在探测器附近的接收端接收能量。这种能量可能因为振动（来自行人或车辆），红外（来自人类或热的物体），声（破坏性声音），或者探测器在机械结构上的改变（在简易机电装置情况下）。区分主动式和被动式探测器有重要的实际意义。被动式探测器的存在和位置比主动式探测器更难以确定，这使入侵者处于劣势。在有爆炸性蒸汽或材料的环境里，被动式探测器由于没有发出引发爆炸的能量，因而比主动式探测器更安全。

7.2.2 隐蔽式/可见式

隐蔽式探测器在视线范围内做隐藏，如位于墙内或地下的探测器。可见式探测器完全在入侵者的可见范围内，如安装在门上或另一支撑结构上的探测器。对入侵者而言，隐蔽式探测器更难以检测和定位，所以它们也更为有效，并且不影响环境外观。另一个要考虑的是，可见式探测器可能阻止入侵者行动。可见式探测器比隐蔽式探测器更易安装和维修。

7.2.3 空间探测型/线性探测型

使用空间运动探测器可保护整个或部分房间或建筑物。空间运动探测器的优势在于它可以检测入侵者在监测区域的运动情况，忽略进入区域的点。检测通过房间的门、窗、墙强行进入的人可用线性探测器。这种探测器只检测特定位置或一个很窄区域的活动。与空间探测器不同的是，线性探测器只检测非特定点进入探测区域的入侵者。

7.2.4 应用举例

探测器可通过在物理检测空间的应用分为三组。一些探测器有多种应用方式，室内入侵报警探测器有三个应用类别：

（1）边界穿透探测器检测内部区域的边界穿透情况。

（2）室内运动探测器检测一个入侵者在密闭室内区域的运动情况。

（3）接近探测器可以检测到一个内部区域里邻近某物体或触碰某物体的入侵者。

7.3　探测技术分类

以下关于室内探测器技术的讨论中，将探测器根据其应用进行分类。Barnard（1988）、Gumming（1992）、Rodriguez（1991）等人著书对室内入侵探测器技术做了出色的评述。

7.3.1　边界穿透式探测器

该类探测器包括震动、机电、声波、电容感应和被动式声探测器。室内区域得到边界穿透式探测器的最佳保护，如图 7.2 所示。该区域包括天花板、房间地板以及墙壁和门。

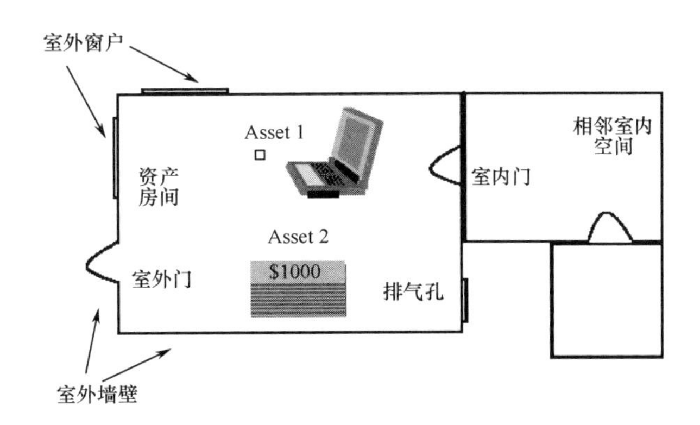

图 7.2　边界穿透式探测器位置

1．震动探测器

边界穿透式震动探测器是被动式线性探测器，它可以是可见或隐蔽的。它们是固定的，可检测表面运动。一个人吹气或其他的突然碰撞都将引起表面产生由其结构决定的特定频率的震动。碰撞工具对震动频率的影响很小。

震动探测器可以是简单的微动开关或复杂的如惯性开关或压电传感器。惯性开关将金属球装在金属触点上作为探测器元件。探测器的主体装在震动表面，金属球相对震动表面趋于静止。当探测器主体移动时，金属球的惯性使球瞬间与和底座失去接触，导致警报的产生。惯性传感器可检测的振动频率为 2～5kHz。压电传感器的传感元件也直接安在震动表面上，相对于探测器主体更易运动。这个运动使压电元件弯曲，导致电压输出，结合幅度、频率和持续时间这些参数检测入侵。压电传感器可检测的振动频率为5～50kHz。

玻璃破碎探测器是将振动传感器直接安在玻璃上的探测器。当出现和玻璃破碎相近的频率时，就会产生经过这种特殊设计的警报。这一频率通常高于20kHz。主动式玻璃破碎探测器在被保护玻璃上引入震动，并监听位于玻璃上其他位置的第二个传感器接收的信号。打破玻璃使检测信号改变，产生警报。主动式玻璃破碎传感器比其他玻璃破碎传感器昂贵，但它的误报率要低很多。

最近出现的光纤入侵探测器模型也可检测震动。它们是被动式线性探测器，可以是可见式或隐蔽式的。这类型的光纤探测器可检测光缆的微弯。微弯是由电缆的移动或弯曲，甚至电缆的微小移动引起的，如电缆附属表面的震动。处理部件是光纤探测器的某个部分，用于沿光纤传输光，并在另一端接收光。微弯使得接收终端的光发生改变，这一变化是可检测的。该处理单元还包括多个用户可调节参数，如低通和高通滤波、振幅滤波、脉冲持续时间和计数。可调节参数旨在减少敏感源，维持足够的敏感度检测入侵活动。然而，当使用光纤探测器探测震动时，必须考虑入侵活动频率和干扰源频率（如附近的机械、车辆、火车和机场附近的空中交通震动）并存的情况。滤除干扰源是可行的，但如果入侵频率没有超出干扰频率，将降低入侵探测的敏感度。

震动探测器的主要优势是它们提供了强行入侵的预警。当使用震动探测器时，设计者必须注意，安装在墙壁或暴露在外的结构上的探测器可能引发误报。如果该结构受到外部源的震动，比如机械旋转，就不应使用震动探测器。然而，如果结构受到偶然冲击的影响，具有脉冲累加器或计数器电路的震动探测器可能更有效。这些电路允许一定数量影响的发生，只要该数量保持低于预定阈值。

2. 门磁开关探测器

门磁开关探测器是被动式、可见式线性探测器。最常见的类型是通常用于门窗的相对简单的开关。大多数此类开关具有磁性，包括两个单元：一个开关装置和一个磁单元。图7.3是一个磁性舌簧开关，以及它在关闭和打开时的组件。当门关闭时，磁铁保持开关闭合；当门打开时，磁场消失，开关打开产生报警。

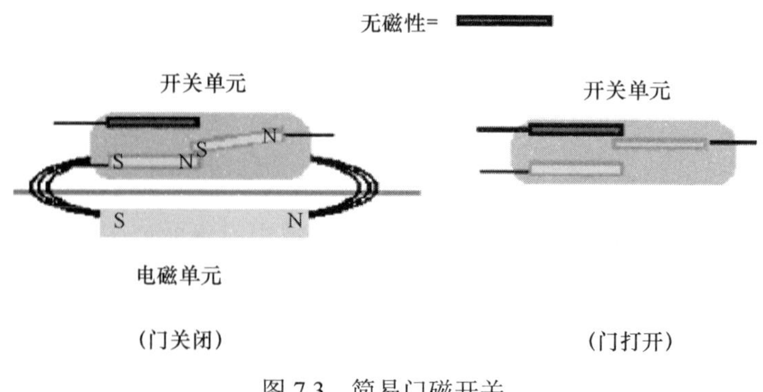

图7.3　简易门磁开关

开关单元包括一个磁性舌簧开关，安在门窗的固定部分。磁性舌簧开关包括一个永久磁铁和安在门窗的可动部分，邻近开关单元。当门窗关闭时，开关单元和磁铁单元的空间有所调整，永久磁铁产生的磁场使弹簧处于关闭（或安全）位置。接着打开门窗（去掉磁铁），开关的磁场减弱，使得开关移动到打开（或报警）位置。在开关单元放置一个强磁铁，迫使开关置于安全位置，会使得入侵者未经检测就能进入，从而轻易击败这些开关。

在开关单元附加一个偏磁进行调整以抵御入侵的方法是可行的。有偏磁的磁性探测器通常被称作平衡磁力开关（BMS）。其他类型包括多弹簧开关和多磁铁开关。融合和击穿电压传感设备，屏蔽壳体结构。有些单元包括内部电磁铁的自行测试，它和开关单元有复杂的相互作用，可以提高单元的复杂性，降低其被击败的脆弱性。

平衡磁力开关（BMS）可以为门窗提供比任何磁性、机械活化接触或倾斜开关更好的保护。然而，这一保护只是和门窗的耐穿透性一样好。这些探测器只对从门窗闯入的行为有效。如果入侵者穿过大门，平衡磁力开关将被绕过。

一种较新型磁开关被称为霍尔效应开关。这种开关完全电子化，无机械磁簧开关。它包含有源电子器件，需要电源。它提供比平衡磁力开关更高的安全性。和其他磁性开关相似，它包含一个开关单元和一个磁性单元。开关操作是基于开关单元的霍尔效应元件，它们对磁性单元的磁场强度进行监测。霍尔效应是当载流线（或金属条）暴露于外部磁场时发生的现象。在这种状态下，电子在磁场的作用下朝一方加速运动，使电荷分布在导线两端。电荷分离数量和极性与磁场强度和磁性成正比。电荷在导线中的分离被称为霍尔效应。电荷量可在金属条的两端进行测量。在霍尔效应开关中，当霍尔效应元件测量出磁场发生明显的改变时，就会达到报警条件。平衡磁力探测器和霍尔效应探测器在针对内部篡改问题上比简单磁力探测器效果好很多。霍尔效应探测器比平衡磁力探测器更具安全性。探测器技术从简单的磁力开关发展到平衡磁力开关，再到霍尔效应开关，需要入侵者有更多的知识来将其击败。

另一种机电探测器是连续性或断线探测器，通常连接或内嵌到墙壁、天花板、地板里，通过多种类型的材料来监测穿透。当导体断开时，通过导线和电子发出警报。导线可根据被保护区域的不同形状做成任何类型。印制电路技术可根据需要制造连续性探测器。断线电网和屏幕可以通过通风孔监测对地板、墙壁、天花板、上锁保险柜、金库、天窗的强行穿透。这类探测器的误报率很低，因为只有电网被破坏才能发出警报。断线电网探测器应该用电监管，以降低被篡改的可能性。由于这种探测器需要被破坏或切断来进行探测，所以可以随着电网的运动通过跳跃来穿透。另一种断线电网探测器用光纤来代替电线。其原理是相同的，光纤必须被折断或损坏至足以显著降低光传输才能发出警报。这就是光纤探测器，它们与之前所述的震动探测器有很大不同，但又相对比较简单。

3. 电容式探测器

电容式探测器是最常用的接近式探测器，它们可被用于进行边界穿透监测。它们被置于谐振电路保护的金属物体和一个控制单元之间，成为一个主动式探测器。被保护金属物体和地平面之间的电容成为调谐电路中振荡器的总电容的一部分。被保护对象从接地平面电隔离。电容电介质通常在空气中或位于被保护物和地平面之间。调谐电路的振荡频率可以是固定的，也可以是可变的。

振荡频率固定的振荡器有一个内部可调电容，它用来补偿容性不同的负载。环形导线，被称为保护环，连接在导电物体和被保护物体之间。一旦建立了连接，电路就将被调整到谐振。在保护环内电容的任何变化（现在包括被保护的金属物）扰乱共振，都将引起报警。人类非常接近或接触金属物都将导致保护环的电容发生变化。一个人十分靠近或接触实际的基于控制单元的灵敏度设置的对象将产生报警。

4．次声波和被动声波探测器

声波探测器是一类通过感知其安装空间内压力变化来监测入侵的探测器。例如，当一扇门在一个封闭的房间打开或关闭时会产生一个轻微的压力。由此产生的声压波频率低于2Hz。它们是被动式探测器，可以集中在一个建筑内，与安全出口有一段距离。空气吹入封闭空间可能导致误报警。这种探测器最好用于环境偶尔变化的地方，如储藏室。

被动式声波探测器是隐蔽的空间探测器。它们是最简单的入侵探测器之一，使用麦克风监听在麦克风周围区域产生的声音。如果振幅、频率、持续时间或重复率都和某种破坏性入侵相符，就会产生报警。它可以只对超声频率范围的频率响应。这种探测器随后被称为被动式超声探测器。被动式声波探测器作用有限，很少再被使用，但还是有一些应用，如银行金库仍使用着它。

5．主动式红外探测器

主动红外探测器（IR）是可见的线性探测器。这种探测器用红外光源或光源（嵌入适当镜头）作为发射器来发出红外光，用光电检测器作为接收器。几个发射器和接收器用来为系统提供多个光束，这些光束常被配置为垂直红外栅栏。同步脉冲技术可以用来降低干扰和由别的光束导致的探测失败。红外光是人眼不可见的。

这类探测器在垂直平面内运行时不提供任何空间隐藏，因此实物设计者必须仔细考虑它的安装以避免监测失败和绕行。这类探测器也可用于短距离范围的空隙填充，如大门、门和门架。它也可以进行长距离应用，大约可至100m。为降低入侵者绕行导致的该类探测器的脆弱性，至少需要安装两个探测器形成屏障。也可安装镜子反射红外光束，在入口处形成一个栅栏模式。

主动红外探测器的误报源很多。空气中烟雾和尘埃可依赖颗粒密度散射光束，接收器接收到的能量低于某一水平时导致探测器发出警报。高空坠物、小动物或任何可能足够长时间中断红外线光束的事件都可以导致警报的产生。

6．光纤探测器

这类探测器是主动线性探测器，既可以是可见的，也可以是隐蔽的。它们既可以应用于检测边界穿透，也可以作为接近探测器来使用。一个典型的光纤探测器由一段长的光纤传感电缆和一个报警处理单元组成。光纤两端通常连接处理单元，其具备光源、光接收器和报警信号处理电子设备。光纤探测器的主要优点是对无线电、电磁频率、温度和湿度的变化有很好的抗干扰能力。光纤探测器主要可以分为两大类：连续型和微弯型探测器。

在光纤回路中，一个连续型光纤探测器主要对破坏和强行闯入敏感，这些行为会导致接收器处的信号幅值大量损失。报警信号处理器检测到信号的损失从而产生警报。实例有飞行时间技术和同步检测，它们主要基于当把光脉冲传入光纤中，可以识别光纤的桥接和拼接。

微弯光纤探测器对压力和光缆运动都敏感。压力和运动导致的光纤微弯可被检测。有两种技术应用于对多种光纤微弯探测器的监测，包括散斑图和干涉测量法。散斑图技术利用多模光纤电缆，通过它光在多种不同路径传输。由于路径很多，电缆末端的光堆叠在一起时就像一些暗斑、散斑。当电缆静止时，光斑静止；当电缆微弯时，散斑随之变化。光电二极管探测器将这种变化转变为电信号。单模光纤和干涉技术同步使用。波分多路技术是用一个分束器生成多个不同波长的光信号，沿相同光纤在相反方向上传输。当对光纤施压时，信号之间的干扰发生改变，这些改变被探测到并转换成电信号进行处理。

无论使用哪种技术，报警处理器执行微弯事件的电信号处理过程就是光纤探测器的工作原理。这一处理过程旨在监测入侵者行动，杜绝误报源。不同模型的处理过程是多样的。例如，这一过程包括灵敏度、阈值级别、事件计数、时间时序和低通高通滤波频率。

光纤探测器的覆盖范围取决于电缆布局和光纤处理支持的最大电缆长度。根据目前的系统，光纤探测器支持 1000～2000 码的覆盖范围。

当正确安装光纤探测器后，它作为一个连续性探测器对入侵者的边界穿透监测有很好的可靠性。这种探测器的探测对电缆的损坏和破坏有较大依赖。它们必须被安装在表面，当入侵者穿透建筑的墙壁、天花板时电缆遭到损坏。光纤微弯探测器是比连续型光纤探测器更新的技术。用于室内时，可铺在墙壁、天花板、门、或地毯下（Vigil，1994；Sandoval and Malone，1996），光纤微弯探测器与连续型光纤探测器相比，其最大的优势在于当入侵者试图侵入时，它能给予更早的警告。例如，保护墙壁时所用的探测器可监测到入侵者企图入侵时造成的震动。

7.3.2 室内运动探测器

使用多种不同类型技术的探测器都可归类为运动探测器。图 7.4 显示了室内区域最适合的探测器。空间保护能够在任何进入点检测到入侵者。

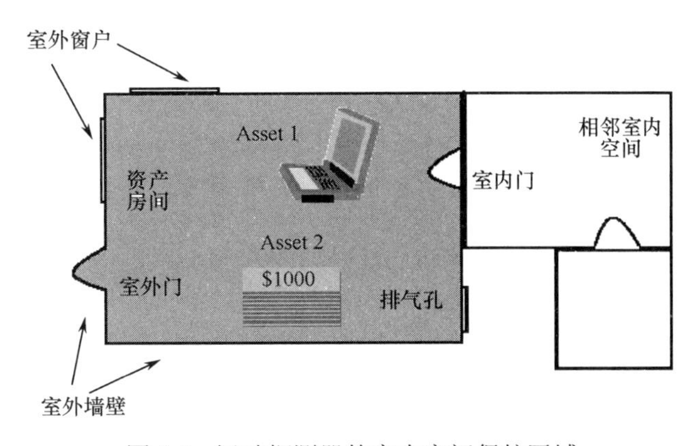

图 7.4　运动探测器的室内空间保护区域

1．微波探测器

微波探测器是主动式、可见、空间探测器。它们用电磁波谱的能量建立能量场，频率通常为10GHz。室内微波探测器几乎总是在发射端和接收端使用单个天线的单基站结构。检测入侵的依据是，带能量场的运动物体使发射端和接收端的多普勒频率发生变化。

多普勒频移需要一个足够大的振幅变化和足够长的持续时间，以产生报警。在实践中，微波发射端发射一个频率已知的信号，接收端接收一个或更高或更低的频率信号，以判断目标是靠近还是远离。根据这个工作原理我们可知，最佳微波探测器是无论目标靠近或远离探测器，都无法穿越探测器。因此，探测器的放置位置应该是入侵者被迫移动的方向。

监测区域的形状受天线设计的约束，大致呈细长的气球状。天线是典型的微波喇叭，也可以是印制电路的平面或相控阵列。图7.5显示了典型天线的关系和形状，探测模式根据天线的设计变化。应当注意的是，这些形状是近似的，实际的微波探测模式如图7.6所示。实际模式是形状并不完全对称的地方。当使用微波探测器时，要考虑典型模式和实际模式的区别。如果目标是受保护的或落在真实形状凹部关键区域的，该探测器就是可以被穿越的。

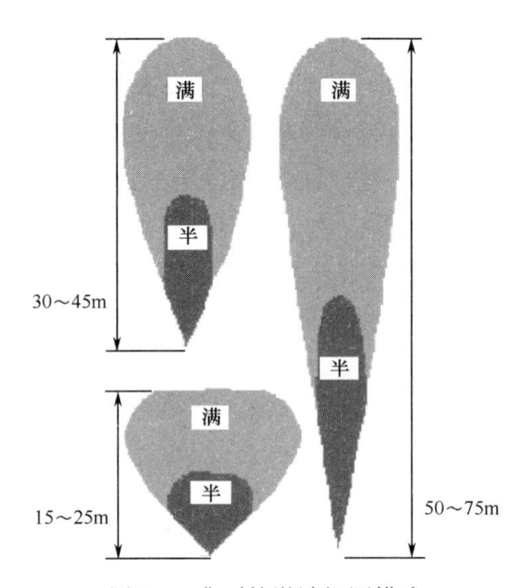

图7.5　典型的微波探测模式

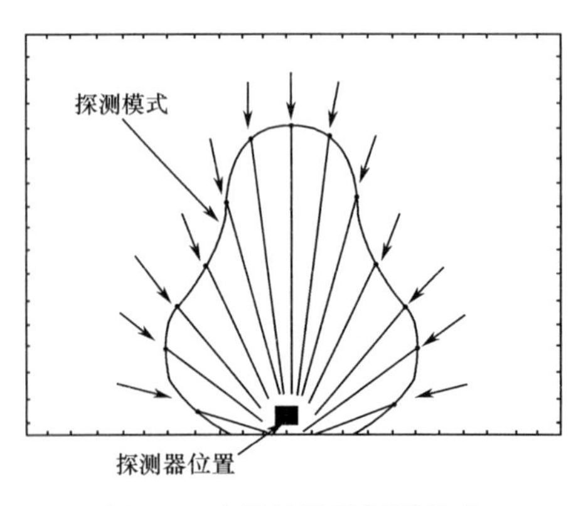

图7.6　实际的微波探测模式

如果某处的微波能量可以穿透被保护房间的墙壁时，该探测器是可取的。微波能量易穿透大多数玻璃以及石膏、夹板和许多在正常墙面施工中使用的其他材料。这样的穿透力可导致不必要的干扰和有效的探测。对于金属物，如保护区域内的大书架、书桌、屏风或栅栏，可导致阴影区和不完整覆盖。另外，金属物反射微波能量，也可提高对阴影区域的检测率。

事实上，微波能量能穿透墙壁优劣并存。其优点在于，微波能量能穿透部分受保护空间，检测到入侵者。但检测保护区外甚至建筑物外的人或运动物体时，易产生误报。由于微波能量难以遏制，在有需求的保护区，要特别小心对能量的定位和定向。

微波能量的其他优势包括：

（1）隐蔽的、无声的检测模式。

（2）可靠的低维护设备。

（3）低成本区域覆盖。

（4）高检测率。

（5）免受高空气湍流，温度、湿度变化的干扰。

（6）多种有效检测模式。

虽然微波探测器有很多优良性能，但是它仍有几个不足，除了以上描述的，还有：

（1）需要一个完全刚性的安装。

（2）易受漂移模式影响。

（3）对金属物反射。

（4）在轻型建筑（玻璃、石膏板、木材）中安装时要进行更细致的考虑。

当其他探测器覆盖不足或受到干扰时，单基站微波器件还可以被当作点探测器使用，来提供点区域的有限覆盖。常见的商用点探测器如用于超市或机场的自动开门装置。

微波探测器应该安装在较高的、靠近天花板的区域。它们的目的应是覆盖所希望的保护范围，并且远离可能反射微波能量导致误报的金属物。多个用于同一区域的微波探测器必须设定不同的频率。探测器设置相同的频率将会相互干扰，导致持续的误警报。许多制造商提供的微波探测器有不同的工作频率。常见的微波探测器误报源包括探测区以外的物体（如非人类）、小动物、小鸟或由于探测器安装不当引起的震动。荧光灯里的电离气体也可反射微波能量。由于电离频率为 60Hz 时可能会导致误警报，所以荧光灯不能包含在微波探测器的探测范围内。一些含有滤波的模型可忽略荧光灯产生的多普勒频移。微波探测器的漏洞包括缓慢移动的目标、微波能量的吸收和反射、视场堵塞（如堆叠箱、房间中四处移动的家具）和沿着探测范围四周运动的物体。

2. 超声波探测器

超声波探测器是主动式、可见的空间探测器。它通常使用声谱范围在 19～40kHz 的超声波建立探测场。超声波探测器可以是单基站的，就像单基站微波探测器，探测是基于光束中物体运动引起的多普勒效应造成的发射器和接收端信号频移。频移的幅度和范围与运动目标的大小、速度和方向有关。探测区域的形状和单基站微波探测器相似，但有效形状会根据偏导器的安装发生改变。

通常大多数固体材料如墙壁、纸板、窗户会阻挡或偏转超声波。受保护空内间的较大物体，如书柜、书桌、部分隔断墙会产生阴影区域。由多个探测器覆盖的空间可克服这一问题。

超声波能量的一个特点是，它不能穿透物理障碍，如墙壁围，它很容易地被包围在室内。由于声能不能穿透物理障碍，被保护房间的墙壁既不会吸收也不会反射能量。大部分墙壁不会吸收能量，除非它们被覆盖了一层十分柔软的材料，如厚窗帘。这部分被反射的能量填充了探测区域，使入侵者更难逃出探测区。

机械生产刺激比如空气扰动或杂声能源都可能引起误报警。由于供暖或空调管道散热、通风等造成的空气扰动，会通过限制超声波探测器的覆盖范围而降低探测器的有效性，同时也会引起误报警。声波能量通过响亮的铃声和嘶嘶的噪声产生，如散热器或压缩空气泄漏产生的噪声，包含超声波探测器工作频率带宽内的频率成分。超声波的这些能量源有时会产生类似入侵者入侵的信号，混淆信号处理，导致误报警。

另一种影响超声波探测器性能的是被保护区域的环境条件。相对湿度变化会明显改变探测器的敏感度，某些安装方式会使探测器过分敏感，这会导致误报。超声波探测器还可以是双基站的，是基于多普勒效应和信号振幅变化相结合的探测。在一个双基站安装中，接收器和发射器用来覆盖想要覆盖的区域，个别接收器将有范围调整，其他特征和单基站超声波探测器相似。

3．主动式声波探测器

声波探测器是主动式的、可见的和空间式的。它们用声波谱能量建立探测场，频率范围在 500～1000Hz。这些单元可以用于单基站、双基站或多基站运行模式。由于一个低得多的频率被改变，所以可得到较好反射，即使是单基站配置，在保护空间里也会建立驻波。适当的操作，可以建立驻波，阻止检测范围的急剧下降。

这类探测器用到的频率在人耳听觉范围以内，不会让听者感到不快。此外，除了远程报警指示，这类探测器的其中一种还提供电子警报器，其频率在 350～1100Hz 之间，每秒 3 次，持续 90s。这种音频报警器的音频电平可调范围最高可达 135dB。由于这个原因，一般情况下它们很少被用于人类活动频繁的地区。

4．被动式红外探测器

被动式红外探测器是一种可见式、空间型探测器。这种探测器通过入侵者的能量释放变化来做出响应，人体释放的能量大约相当于一个 50W 灯泡散发的热量。如果人体与背景能量有很大的不同，则探测器能检测到由人体穿过检测区域和隐藏在背景物体中的能量而引起的热量的变化。这些系统通常采用特殊的光学和电子技术，限制它们检测的主要是运动中的能源，因此通过背景能量的改变来检测是不行的。

红外线辐射有四个主要的特点：

（1）所有的物体都能发射红外线。红外线的强度与物体的温度有关。

（2）红外能量的传输不需要发送和接收之间的表面物理接触。

（3）表面吸收红外线后会变暖，可以检测到任何设备感应温度变化的能力。

（4）红外线是人眼不可见的，被动式红外（PIR）探测器能够响应波长在 8～14nm 之间的红外线能量。

被动式红外（PIR）探测器是通过一个热电偶或热释探测器接收来自入侵者的辐射，并将其转换成电信号。通常当辐射源在探测器范围内移动时，电信号会通过逻辑电路进行放大和处理。如果信号强度足够，有物体移动时就会引发报警。探测器是通过入侵者与背景物体之间的温度差别来检测的，称为最小可分解温度（MRT）。一些制造商规定 MRT 低至 1℃。

热释探测器是基于某些结晶对称很差的电介质材料表现出自发极化的原则。当电偶极矩出现时，它依赖于材料变为热释电材料时的温度。通过使用分段的抛物镜或菲涅尔光学透镜将红外能量聚焦到热释电传感器。这些光学透镜可以提供一个长锥形视场或多分段视场。长形单段探测器可以用来保护走廊，多段探测器则可以用于保护大型开放区域。如图 7.7 所示，其代表了一个多段探测器区域中的检测区域。当有人穿过检测分段时，每一段检测到温度的增加或减少，就会引发报警。与微波探测器相同，应该注意这种检测模式并不是一个完美的形状，因此，当放置这些设备时应该谨慎。另外，根据设备的工作原理，如果目标是强制交叉检测模式，则被动式红外探测器（PIR）是最有效的，这样可以在一定时间内进入和退出多个检测区域。如图 7.8 所示的是一种通过实际测试的被动式红外探测器（PIR）的检测模式。这种模式有一些凹点，可能会在探测范围内产生漏洞。

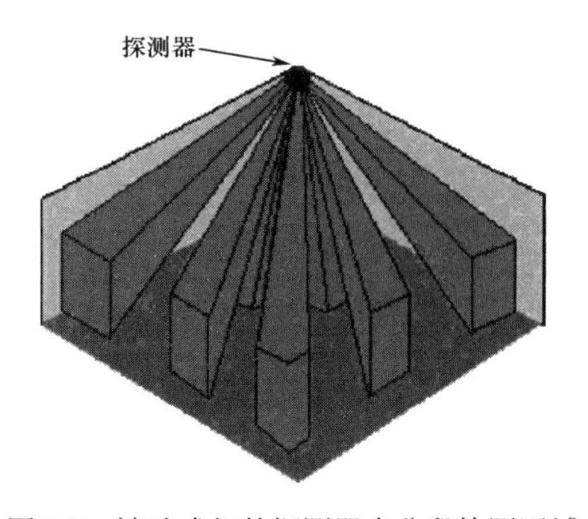

图 7.7　被动式红外探测器多分段检测区域

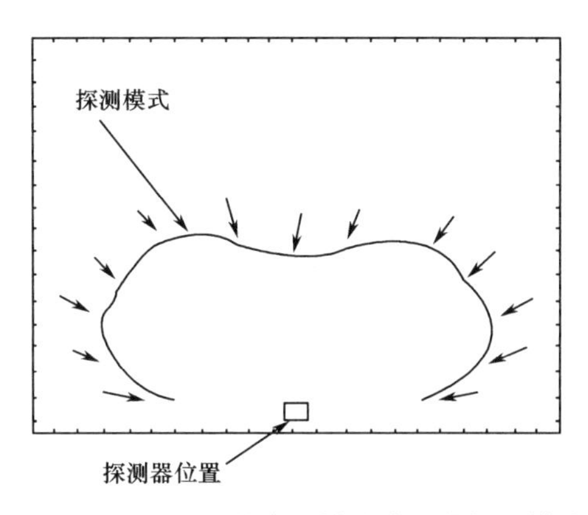

图 7.8　用于测试的实际被动式红外探测模式

鸟类和小飞虫能够引起被动式探测器（PIR）的误报警。当鸟飞行在探测器附近时会阻挡来自热传感器的背景能量，如果鸟的动作满足报警条件，结果就是产生误报警。当有昆虫爬在透镜上时，能够引起很大的温度变化，同样也会产生误报警。

红外线能量不能穿透大多数的建筑材料，包括玻璃，因为红外线的能量源位于建筑物的外面，所以通常不会产生误报警。然而建筑物外的能量源由于局部加热的影响，会间接产生误报警。例如，玻璃和有机玻璃窗口材料对相应波长范围内（8～14nm）的红外线能量进行有效过滤，太阳光穿过窗户可以产生局部加热面，加热面在这个带宽内可以辐射能量。

红外线探测器应该在远离传感器的透镜并且可能产生热梯度的任何热源的地方安装。另外，应该避免在传感器的视场内有热源。例如，红外线探测器不应该安装在散热器、加热器、热管道或者其他加热元件上或附近。从这些热源发射的能量能够在可能改变背景能量模式的探测器的透镜视野内产生热梯度。根据热源的强度，热梯度可能造成误警报。一个没有屏蔽的白炽灯，传感器在3～5码内，如果白炽灯由于功率损失而燃烧或熄灭，就都有可能引起误报警。

被动式红外探测器（PIRs）的几个优势包括：

（1）完全被动的器件。

（2）明确的探测区域。

（3）多个设备之间没有相互作用。

（4）适当的低价格。

（5）相对少的误报警。

被动式红外探测器（PIRs）的劣势包括：

（1）中等的震动灵敏度。

（2）灵敏度随室内温度变化。

（3）是一种视线设备，视场容易受到阻塞。

（4）快速温度变化源是潜在的误报警源。

5. 双鉴技术探测器

这类探测器有主动式和被动式，可见型和空间型。这种探测器类型尝试在保持高探测概率时实现绝对报警确认。绝对报警确认是理想情况下对两种技术的结合，一方面有一个高概率的探测；另一方面没有常见滋扰报警产生的刺激。目前，有效的双通道运动探测器（双鉴技术）把一个主动式超声波或微波探测器与PIR探测器相结合。当两种技术结合使用时，来自主动式超声波或微波探测器的报警与来自PIR探测器的报警逻辑结合，二者通过一个与门逻辑配置。与门逻辑要求主动式和被动式探测器的报警几乎同时发生，一个有效的报警才会产生。

当探测器正确使用并假定每一个都有低的误报率（NAR）时，双鉴技术探测器比单一技术探测器的误报率通常要低。但是，重要的是理解两个探测器的逻辑结合。使用与门时，结合技术探测器的探测概率比单一探测器的要低。例如，如果一个探测概率是0.95的超声波探测器，和一个探测概率也是0.95的红外线探测器结合，双鉴探测器有一个单独的探测概率，它的探测概率只有0.90。另外，超声波和微波探测器都有很高的探测靠近或远离探测器运动的概率，但是红外线探测器则有很高的探测人穿过视场的概率。因此，在一个单一单元结合探测器的探测概率会低于单个探测器被彼此垂直安装在重叠能量模式和视场时的探测概率。为了优化结合探测器的探测概率，推荐单独安装，逻辑结合。对于高度安全的应用，不能使用一个双鉴技术探测器来代替两个分别安装的探测器。如果要使用双鉴技术探测，应该安装多个探测器单元，每个单元为其他单元提供重叠保护。

6. 视频运动侦测

视频运动探测是一种被动型的探测器，需要处理来自闭路电视（CCTV）摄像头的视频信号。我们已经在第 6 章“室外入侵报警探测器”中详细讨论了这些内容。报警复核相机是视频运动探测器的一部分，相机的特性会影响探测的能力和误报率（NAR）。低对比度输出的相机会降低探测能力，高噪声的相机则会引发误报警。闭路电视相机的正确操作需要充足的光线，光线必须均匀以避免过暗或过明的区域。

由于视频运动探测器（VMD）随视频亮度水平变化，任何变化都能引起报警。闪烁的灯光、相机的运动和其他类似的运动都会导致过高的误报警率（NARs）。同时在探测区域中缓慢的移动不能被多数视频运动探测器（VMDs）检测到。

许多视频运动探测器（VMDs）在室内使用的效果好，因为引起误报警的雪、雾、车流量和云层是不存在的。在为设备安装探测器之前要先进行性能测试，测试应使用低矮的目标，如爬行者；高速和只有轮廓的目标，如人行走或跑步。这些测试应该在光线对比很低的条件下完成。比希尔（1993）曾写过一篇很好的评价商用室内视频运动探测器（VMD）的文章。以下列举了一些选用 VMD 前需要考虑的因素：

（1）连贯性，控制光线（没有闪烁）。

（2）摄像机的震动。

（3）可能导致盲区的对象。

（4）移动的物体，如风扇、窗帘和小动物等。

（5）透过窗户、门的阳光或阴影的变化。

7.3.3 距离探测器

这类探测器主要分为电容式和压力式。图 7.9 展示了距离探测器对室内区域的很好保护。

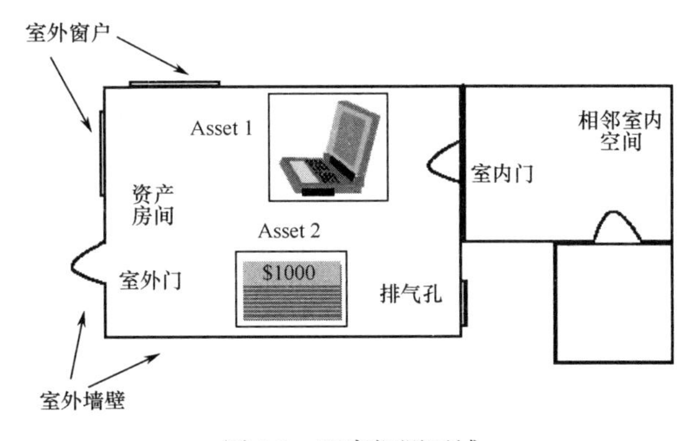

图 7.9 距离探测区域

距离探测器应安装在重要物品内部或附近以便可以检测到。

1. 电容式距离探测器

电容式距离探测器是一种主动式、隐蔽式线性探测器。当有人靠近或触摸正在受探测器保护的金属或容器时，电容式距离探测器都能检测到。这些探测器基于同样的原理，都是通过包含由电介质分离的两个导电板的电子元件来实现，电荷或电介质的改变会引起两极板间电容的变化。至于电容式距离探测器，一个极板是被保护的金属条，另一个极板是作为被保护物品下方和周围地平面的电气参考。探测器中使用的金属材料，通过绝缘介质与地进行隔离，因为在金属物体与地之间只有空气，所以空气是电介质。

可变频率振荡器使用锁相环（PLL）和校正电压来进行感知。这种类型的电容式距离探测器在连接到被保护的导电金属物体时，一般会在很短的时间内（通常少于2min）达到自身平衡。一旦探测器平衡，在保护对象和地面之间的电容的任何改变都会扰乱平衡条件，从而引起警报。电容式距离探测器操作频率低于100kHz，通常可以检测到电容值几皮法的改变。

在进行操作时，带电的金属物体和参考地之间形成一个静电场。当入侵者接近或靠近金属物体时，具有导电特性的身体会改变电介质特性。电介质的变化会引起被保护物体与参考地间电容值的变化。当电容电荷满足报警条件时，警报被激活，图7.10显示了一个典型的电容式距离探测器连接到一个保险箱和文件柜。它们将所有的部件与地进行隔离，一边与探测器进行连接，另一边与地进行连接，形成了一个电介质场。如果这个区域被进入者干扰，就会触发报警器。

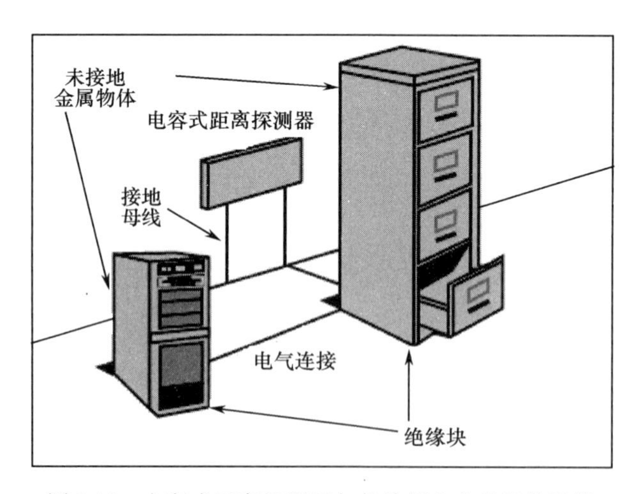

图7.10　电容式距离探测器与保险箱和文件柜的连接

在被保护对象必须接地的应用中，对象可以考虑成地平面。如图7.11所示，这需要制造一个电容毯来覆盖保护对象。如果电容毯可以完全覆盖对象，任何的访问尝试都会引起毯子的运动、电容值的变化以及报警。这也有利于物体放置在不易被发现的地方，就像一些机密组件和专有的设备。

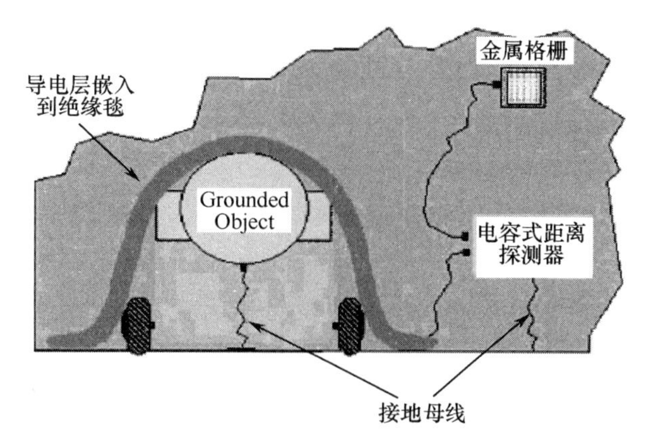

图 7.11　电容毯式距离探测器

电容探测器的灵敏度受相对湿度的变化和其他金属物体接近或远离保护对象并重新定位的影响。相对湿度不同会引起电介质特性的变化，可以增加或减少空气电导率。电容探测器使用一个自平衡电路，根据相对湿度的变化和金属物体接近受保护的对象的重新定位进行自动调节。如果探测器的灵敏度调整到在保护对象几米远处探测到入侵者，这时电导率的变化就会导致误报警。

有时需要保护对象放在接地条件比较恶劣的地区。在这些地方，参考平面或地平面可以通过在对象下方安装一个金属片或隔板来建立。避免使用木片来使被保护金属对象与地平面隔离。木块在一段时间内可能会吸收足够的水分从而改变电介质，导致保护对象不再与地隔离，造成误报警。硬橡胶材料，类似于一个冰球，在这个应用中被发现是一个非常有效的绝缘体。

2. 压力探测器

压力探测器，通常是垫片的形式，可以放置在被测对象的周围或底部。这些探测器都是被动的、隐藏式线性探测器。压力垫片由相互沿着垫片长度放置的平行的带状开关组成。带状开关由两条金属条构成并由绝缘材料分离成带状形式。它们的原理是当足够的压力（根据不同应用）沿条带各个地方作用时，金属条产生电气接触，从而启动报警。

当在安全应用中使用压力垫时，垫片应该隐藏在地毯下面，甚至在瓷片或油毡地板覆盖物的下面。如果入侵者意识到它们的存在，他们就会跨过垫片。压力垫只能用来检测低技能入侵者。然而，压力垫可以随同其他探测器一起在系统设计中使用，这样可以提高保护的等级。表 7.1 提供了室内探测器的一些技术概述。

表 7.1　室内探测器技术的总结

	被动或主动式	隐蔽型或可见型	空间或线性
边界穿透探测器			
电动机械式	P	C/V	L
红外线	*B**	V	L
震动式	P	C	L

（续表）

	被动或主动式	隐蔽型或可见型	空间或线性
电容式	P	C	L
光纤电缆式	P	C/V	L
室内运动探测器			
微波式	A	V	V
超声波式	A	V	V
声波式	A	V	V
被动红外式	P	V	V
距离探测器			
电容式	A	C	L
压力式	P	C	L
包含主动和被动类型			

为了明确应用，根据周围的环境和对性能的要求，一种技术可能优于其他的技术。

7.3.4 无线探测器

目前，最普遍的无线探测器是射频（RF）传输类型。在美国，这些系统通常运行在300MHz或900MHz频段，有一些系统使用扩展频谱（spread-spectrum）技术进行传输。典型的无线射频探测器系统包含感知/发射机单元和一个接收机。感知/发射机单元包含感知器和发射机单元，是将感知器和发射器电子集成并封装，它们都由电池进行供电。根据报警和传输数量，通常电池的寿命是2～5年。每一个感知/发射机单元编入一个唯一的识别码。多个探测器可以传输到一个接收机，传播范围随系统变化。在许多无线系统中，接收机能够通过RS-232输出报警信息，逻辑电平、继电器触点操作。为了降低电池功耗，在没有发送事件请求时，发射机进入睡眠模式。事件包括报警、防拆、运行正常信息。当报警或拆卸事件发生时，会进行传送。运行正常信息验证探测器仍然存在并正常运行，通常包含电池状态、报警状态、防拆状态，并在用户指定的时间间隔内传输给接收机。接收机在指定的时间间隔接收正常运行信息，如果它们没有收到信息，接收机将显示故障状态。

大多数无线系统探测器采用被动式红外（PIR）、微波、双鉴技术以及磁开关技术等。它们通常也都有发射机，发射机允许通过监控独立探测器的报警触头来连接其他探测器或控制器。

射频（RF）探测系统的一些问题包括碰撞、信号衰减和干扰。当有多个信号同时接收时就会发生碰撞，将导致信息没有被接收机接收，如发送运行正常信息。当发送机与接收机之间的路径相距较远或者被大金属物体、金属建筑墙板等能够隐藏射频信号的材料阻挡时，就会引起信号衰减。当在同一频率范围内发送机发送的信号强过其他射频源时，就会引起信号干扰。

扩展频谱传输和检测定时抖动能够减少这些问题。通过测试来验证一个好的传输路径和可能的干扰来源的最终位置之前，仔细阅读发射机和接收机的安装建议，将有助于减少问题。

7.3.5 其他技术探测器

当有外来入侵时，引起探测器空间或区域分量或参数的变化可以用来检测入侵。我们已经讨论了通用的探测器技术，接下来将讨论其他探测器技术，包括光和电场。

光探测器可以监控到可见范围内的光强度。如果光强度随着预定的数量进行变化，入侵退出是有可能的。光探测器的目的是当光强度发生变化时产生报警。电场探测器和电容式距离探测器类似，只是它们覆盖的区域会更大。电场探测器需要安装导线，如沿着墙壁进行走线，当有人接近或者接触导线时就会发生报警。

另一种探测器技术是在一个连续的平面上（如窗帘），使用主动式红外线能量来形成一个看不见的检测模式。探测器使用一个机械旋转镜和用来保护的反光带。实验测试表明，苍蝇、飞蛾停留在保护带内时会造成误警报，但是当它们快速飞过平面时就不会产生警报。还有一些探测器的开发是基于人的存在、心跳、二氧化碳的变化以及人的其他特点而检测的。

7.4 环境因素的影响

在很多环境条件下都能产生与入侵探测器检测的能量光谱相同的噪声。这些外来的噪声源可以降低探测器的性能，甚至可能导致探测器产生入侵者不存在的报警。下面的章节将讨论几个可能降低探测器性能的因素。影响探测器的环境因素包括：

（1）电磁场。

（2）核放射。

（3）声场。

（4）热场。

（5）光学。

（6）震动。

（7）气象。

7.4.1 电磁场环境

电磁能量的来源会影响特定类型的室内检测系统的性能，包括照明、电力线路和配电设备、传输的无线电频率、电话线路和设备、计算机和数据处理设备。其他电磁源有各种电动车辆、如铲车、电梯、电视设备、汽车点火装置、电气机械设备、对讲机以及飞机等。

用于监视而建设的大楼或房间在控制自然界的电磁能量中发挥着重要的作用。如果建筑的材料主要是木材或混凝土，则不提供电磁屏蔽，那么大楼或房间就会受到外部电磁能量源的强烈干扰。

减少杂散电磁能量影响的最好方法是为所有系统组件（包括所有数据传输链接）提供电磁屏蔽，并确保所有组件都有一个共同的、足够的电气接地。

7.4.2 核放射性环境

核放射能够对探测器内部的组件造成不同的损害，最易受到损害的元素是半导体。研究表明，当前的系统在辐射环境中不能完全地不受损害。恰当的设计和组件选择以及屏蔽措施都能够减少系统漏洞。一般来说，中子会降低半导体器件和集成电路的性能，而退化主要取决于总剂量。

7.4.3 声场环境

声能是在污染源的内部区域产生的。同时外部产生的噪声可以传播到被保护的区域。一些形式的声能会影响内部传感器的性能，这些噪声包括气象现象、通风、空调、热力设备、空气压缩机、电视设备、电话电子设备以及外部噪声源，如飞机、汽车、火车等。

7.4.4 热场环境

热环境的变化会引起室内入侵探测器性能的刺激，这些刺激包括建筑物不均匀的温度分布。热环境变化的原因包括天气、供暖和空调设备，机械会产生热量，室内照明、化学和放射性反应会产生热输出以及阳光通过窗户和天窗的波动。

7.4.5 光学影响

影响室内入侵探测器光学现象的来源包括来自太阳的光能量、室内照明、高反光表面以及其他设备的红外线和紫外线能量。

7.4.6 震动影响

震动现象是通过在室内区域产生不利的震动而影响室内设备。震动现象包括地震、机器设备、车辆交通、火车、雷鸣和微风。

7.4.7 气象影响

气象现象，如闪电、雷鸣、降雨、冰雹、气温、大风、地震、高相对湿度以及阳光等，能够严重影响以上我们已经讨论的室内入侵探测器的某一部分。

7.5 探测器选型

探测器的选型包括设备识别和安装方法，这样能够很好地满足给定设备入侵探测系统的目标检测。考虑到设备之间的交互作用、环境以及潜在的入侵者等不可缺少的因素，选择适当技术类型的设备是必要的，这样可以确保实现所需要的入侵检测功能。影响探测器性能的两个重要的物理条件是建筑物或建筑空间和各种设备或占据相同区域或空间的监控对象。

相对容易引起误报警的几种类型的内部探测器适用于表 7.2 所示的固定站点应用。

表 7.2 室内探测器误报警的相对敏感性

物理条件 / 类型	环境				电子干扰			
	大风	温度	湿度	小动物	闪电	能源	射频	地震
边界穿透式探测器								
主动式玻璃破碎探测器	L	VL	VL	VL	L	L	L	L
连续性探测器	VL	VL	VL	VL	VL	VL	VL	VL
简单电磁开关	VL	VL	VL	VL	L	L	L	L
平衡磁力开关（BMS）	VL	VL	VL	VL	L	L	L	L-M
被动式超声波	M	L	L	M-H	L	L	L	L
震动	L-M	L	L	L	L	L	L	L
光纤	L-M	L	VL	VL	VL	VL	VL	L-M
空间探测器								
主动声波式	M	L	L	L	L	L	L	L
微波	L	L	L	M	M	M	M	L
被动红外（PIR）	L	H	L	M	M	M	M	L
超声波	L	L	M	M	M	M	M	L
视频运动侦测（VMD）	L	L	L	M	M	M	M	L

（续表）

类型＼物理条件	环境				电子干扰			
	大风	温度	湿度	小动物	闪电	能源	射频	地震
距离探测器								
电容式	L	L	M	M	M	L	L	L-M
压力式	L	L	L	L	L	L	L	L
光纤	L	L	L	M	VL	VL	VL	M

关键字：H＝ 高，M＝ 中，L= 低，VL＝ 很低。

由于室内相关区域通常是可控的、可预见的、可衡量的，因此通常可以在合适的环境问题中确定合适的探测器来完成探测。然而，选择正确的探测器要求是很容易的特殊的误报警刺激，同时要考虑这些刺激是否包含环境问题。运动探测器（超声波、微波、红外线、声波）尤其如此，所有这些都可以安装以提供可供接受的检测覆盖率以及来自不同刺激而引起的误报警。图 7.12 显示了一种在室内区域布置探测器的可能情况，与本章之前提到的相类似。各种边界、空间和距离探测器实现了深度保护。最佳性能的室内入侵检测系统是合适的探测器和探测器技术的结合。亚当斯（1996）发表了一个关于操作问题的实用总结。

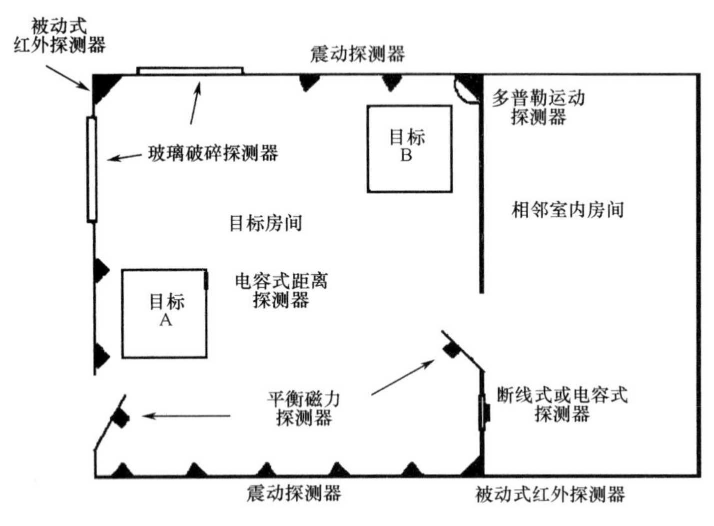

图 7.12　多个室内探测器布局的例子

7.6　设计程序

设计程序中的二人规则，探测器的有效性测试，良好的维护实践和文档说明能够形成一个高效的室内入侵检测系统。当采购探测器时，应当选择那些最能满足性能指标和保护要求的探测器，同时又能够兼容未来系统来达到完美的集成。

二人规则是指需要两个有相当知识的人参与情况或活动，以预防只有单个人时危及设备安全。二人规则适用的一些功能包括授权访问网站和关键资产，信息和设备的处理。在二人规则中，参与任务的每一个人都必须在技术能够检测到其他人的篡改的环境下工作。二人规则是长期有效的，不能够放松要求，因为它是长远的友谊和合作。

出于测试的目的，如果探测器有一个可以在 10～35 英尺范围内就能识别的声音或可见报警指示器，则会非常的有用。这个指示器在安装操作时是无效的。从每天进行步行测试开始，然后基于每天的成功测试结果进行周期性测试。所有的探测器都需要在保养后进行性能测试。灵敏度分析和有效性测试可以确保探测器的性能，验证探测器的覆盖范围，并检查房间布局变化而产生的盲区。自检机制中无论是探测器中的一部分还是分离的单独设备，都要对探测器和报警通信系统进行频繁的操作测试。自检机制应该建立在随机的基础上（Graham Workhoven，1987）。

探测器的安装和维护至少应该遵照制造商的规范，虽然测试中的优化性能方法可能超出制造商的建议。应当定期检查探测器和组件以确保符合所需的配置和规格。每当更换或修改组件都应该再次检验。对每个备件进行验收测试，运行测试以及日志维护将帮助确定有多少备件和有什么样的备件。在安装之前应该彻底检查备件，备用配件在存放时应确保不被篡改。

探测器被维修后也需要进行检验。所有的探测器在控制台上经过维护后，都需要在数据收集控制台上进应当行步行测试检测。设备改造计划应当获得安保人员同意，从而避免因修改而使系统性能下降。这可能会改变探测器的位置，增加产生误报警的对象以及引起禁区的重新部署。因此，重新改建后有必要对探测器的灵敏度进行重新调整。

文档应该包括现有设备的操作说明，功能框图、布线图、原理图和显示制造商和商业零件编号的零件列表。维护日志可以用于核查监控设备的可靠性和组件或区域的问题。

7.7　系统集成

系统集成是将个人技术元素、程序和人员结合在一个系统中，并为设备提供安全保证的过程。这需要平衡硬件、人员和操作程序。与室外探测器相比，室内入侵探测器必须集成显示和控制子系统、输入控制子系统和延迟机制。这种集成应该考虑保护深度，平衡进入设备的所有路径以及使用备份系统和应急计划。

线路监听是指检测探测器和报警控制中心之间的通信链路。使用探测器和主机报警系统之间的监听线路以及不断监测探测器防拆开关也将有助于防止内部人员的入侵。室内入侵子系统设计师应该熟悉线路监听技术的范围，包括可以有效地连接探测器报警继电器来报警的通信线路，无线电C类，恒稳直流电B类，音调和数字A类和AB类，覆盖全部范围的安全等级。线路监听技术将会在第九章“报警通信和显示系统”中做进一步的解释。如果一系列的室内探测器都连接到一个单独的报警处理器上，那么处理器和每一个探测器之间就都需要线路监听。

7.8 小结

本章讨论了室内入侵检测探测器的应用以及检测，误报警率（NRA）和安全隐患排除的可能性。将单个探测器集成到一个室内探测器系统中，必须考虑入侵者的技术水平、设计目的、环境条件的影响以及室内系统交互的平衡和实物保护系统（PPS）的集成。

7.9 安防理论

衡量室内探测器性能的指标有P_D、NAR 和安全隐患的排除。探测器的实物操作需要确定探测器的布局以实现性能的最优化，探测器的探测区域应该重叠。

考虑到设备之间的交互作用、环境以及潜在的入侵者等不可避免的因素，选择适当技术类型的设备是必要的，以确保得到所需的入侵检测系统功能。

7.10 参考文献

[1] Adams, D. Operational tips for improving intrusion detection systems performance. SAD96-0468C 1996; 1-4.

[2] Barnard, R.L. Intrusion Detection Systems, 2nd ed. Stoneham, MA: Butterworth Publishers, 1988, 147, 217.

[3] Cumming, N. Security, 2nd ed. Boston: Butterworth-Heinemann, 1992, 115-171.

[4] Graham, R., and Workhoven, R. Evolution of interior intrusion detection technology at Sandia National Laboratories. SAND87.0947 1987; 1-10.

[5] Rodriguez, J., Dry, B., and Matter, J. Interior intrusion detection systems. SAND91-0948 1991; 1-114.

[6] Sandoval, M. W., and Malone, T. P. Evaluations of fiber-optic sensors for interior applications. SAND96-0514 1996; 1-41.

[7] Vigil, J. T. An evaluation of interior video motion detection systems. SAND92-1987 1993; 1-43.

[8] Vigil, J. T. An evaluation of fiber-optic intrusion detection systems in interior applications. SAND94-00201994; 1-42.

7.11 问题

1．讨论如下室内入侵探测器一般应用的注意事项：
   a．推荐使用多个或多种类型的探测器。
   b．在选择过程中要考虑到探测器的安装方式。
   c．销售人员必须证明或提供探测器所要求的独立查证。
   d．探测器应该放置在稳定的配件上。
   e．应该考虑线路监听。
   f．探测器的探测区域应该保持条理。
   g．运动探测器不能用来检测除了人以外还有其他移动的物体，如小动物、鸟类和昆虫等的区域。
   h．线路监控电路应该持续监控，即使是当一个区域或传感器处在访问模式。
   i．走线不应该开放，应该使用管道。
   j．防拆开关应该安装在接线盒内。
   k．探测器应该在对抗路径的延时机制之前放置。
   l. 运动探测器不应该安装在空缺区域的旁边或上方，如门口和窗口。
   m．为了提高保护力度，传感器的探测区域应重叠。
   n．应该考虑火车、汽车等外部的影响。
   o．电源线电压瞬变会引起误报警。
   p．安装人员可能是没有经验的。
   q．射频源，如便携式无线发射机，可能会对探测器系统造成不利的影响。
2．讨论如下关于超声波运动探测器应用的注意事项：
   a．在相同区域使用超声波运动探测器时，必须选用同一制造商。
   b．超声波运动探测器在安装时应远离超声波噪声源，如气体泄漏、散热器、滴水、叮当的金属声（如手机铃声）等。

c．一个单基探测雷达型超声波运动探测器应该予以考虑，因为入侵者最可能的路径是朝向或远离探测器的。

d．超声波运动探测器应该安装，它们可以检测到运动中的物体，如运动中的机械和广告横幅。

3．讨论如下关于被动式红外（PIR）运动探测器应用的注意事项：

a．PIR 运动探测器能够对不在探测器视野内的快速变化的热源做出响应，如取暖器。

b．PIR 运动探测器不能够检测穿过或进入探测器视野内的热的、动荡的空气流。

c．PIR 运动探测器应该放置在太阳光能够直接照射到的地方。

d．PIR 运动探测器应该安装在一个最不可能的方向，即入侵者会朝着探测器移动或远离探测器。

4．讨论如下关于微波运动探测器应用的注意事项：

a．微波能量可以穿透许多常见类型的墙壁。

b．多个微波运动探测器安装在同一区域时应工作在不同的频率下。

c．当微波运动探测器以雷达速度探测时，应在相同的频段。

d．微波运动探测器不能放置在“可见”的微波炉中。

e．大型金属物体能够反射覆盖区域。

f．微波运动探测器应该远离金属风管等能够引导能量到其他区域的物体。

g．微波运动探测器应该避免放置在不易被察觉的金属（或导电）移动物体，如风机叶片和运动中的机械。

h．人们不应该在非常接近的范围（<30cm）直视工作中的微波运动探测器天线。

i．荧光灯应该在微波探测器的视野以外，特别是要在至少 3m 外的距离。

j．微波运动探测器应该安装在入侵者最可能的路径，而不是穿过它的视野。

5．讨论如下关于其他探测器应用的注意事项：

a．如果探测区域有许多老鼠或其他小动物，则不能使用电容式距离探测器。

b．被动式声波或被动式超声波探测器应避免在非常嘈杂的环境中使用。

c．平衡磁力开关应安装在铁（钢）门上，并且必须使用门框的 1/2，且使用有色金属隔离装置。

d．平衡磁力开关不能够安装在被保护表面的外部。

6．讨论如下关于室内探测器维护应用的注意事项：

a．没有维护的探测器系统不应该安装。

b．步行测试应该定期进行以验证探测器的性能。

c．只有经过授权的人员才能调节灵敏度。

d．修正过的系统只有经过测试后才接受验证合适的操作。

e．误报率（NAR）不会因为降低传感器的灵敏度而减少，因为降低灵敏度会减少系统的覆盖范围。

7．比较红外线、微波以及超声波探测器的检测能力有什么不同？

8．不同的环境条件对室内探测器系统有什么影响？

9．对一个新的 PIR 探测器进行了 28 次测试来评估 P_{D}，但是有一半的测试是使用了两种不同的实验。一种实验是以 1 英尺/s 的速度穿过探测器，（正常的步行速度大约是 2～3 英尺/s）。在这个实验中 14 次测试中的有 13 次被检测到。另一种实验是以 0.5 英尺/s 的速度爬行，实验表明，在 14 次测试中，只有 10 次被检测到。探测器的 P_{D} 值是什么？我们应该使用两个 P_{D} 值还是一个?

.Chapter 8

第8章

报警复核与评估

报警信号的初级评估和次级评估可以确定报警原因，并有效地终止入侵行为。利用视频监控系统（CCTV）前端摄像机的覆盖范围，或由保卫人员进行目视检查，可以执行报警复核与评估。

利用视频监控系统（CCTV）实现报警复核与评估，值机人员可以快速评估传感器的报警远程位置，避免不必要的人员派遣，或针对其他有反应的区域实施响应。本章主要讲通过使用闭路电视摄影机来完成报警复核与评估。我们称之为初级视频报警评估。次级评估是使用其他摄像机或资源在安防集成平台上提供更多的信息。两者在本章均会讲述。

报警复核包括两个步骤：第一次评估是确定每个传感器报警的原因，包括确定报警是由于对手入侵还是误报警信号；第二次评估是提供关于入侵的详细信息，传递给响应力量。这些信息包括许多具体细节，比如是谁？干什么？在哪里？有多少？这两个评估步骤分别称为初级评估和次级评估。

在实体保护系统（PPS）设计和评估中，一个重要原则是未经评估的入侵报警信息是不完整的。这一原则是基于这样一个前提，即安防系统的首要目的是保护资产免受损失或损害。详细内容在第5章“实物保护系统设计”中已经介绍过了。为了能实现这一防护目的，必须能够在入侵行为开始时进行有效检测，并能够在足够长的时间内延迟对手攻击，从而保证做出适当的响应。在报警探测和报警评估之间存在一个明显的区别。检测是针对一个可能的安全事件发出通知，而评估则是确定事件是否是攻击行为或误报警。如前所述，外部传感器善于完成检测，人则更善于评估事件。长期研究表明，人并不是一种好的探测器，尤其是在长时间的检测过程中。使用了16台监视器的项目研究结果表明：尽管保卫人员被事先告知会有入侵事件，但坚持了60分钟后，其检测可疑事件的有效性显著下降（Tickner Poulton, 1973）。会有另一项研究表明坚持时间不超过30分钟，也得出了类似结果（Ware et al., 1964; Mackworth, 1961）。Tickner和Poulton也证明值机员可以有效地监看9台监视器，但是这受到监视器尺寸、发生事件与摄像机的距离、事件的持续时间以及电话等中断监看行为的影响，也减少了保卫人员工作的有效性（Tickner et al., 1972; Tickner and Poulton, 1973）。

这些结果表明了从行为评估中区分出入侵行为的重要性。摄像机不是探测器，它仅仅是成像设备。通过将人和探测器结合起来，摄像机就可以提供即时入侵评估所关注的画面。无论画面中是否出现入侵者，摄像机都在执行相同的操作；而入侵复核操作则是通过使用传感器探测或人工监视的方法完成。仅仅通过在一定区域内采取视频监控，以及采取人工方法监视意外事件或可疑的活动，还不足以有效地保护资产。科学论证表明，该方法在开始30分钟后注意力开始下降，到1小时已经出现无意识下降，因此，有效的防护系统必须利用一些传感器技术来提供辅助检测，并降低人工进行报警复核操作的强度。传感器检测不会出现疲劳或痛苦的情况，而人工判断则善于观察图像，并做出适当的响应。在低安全性的应用中，可以使用人工检测，但检测事件的成功概率非常低。在这些系统中，检测人员必须频繁轮换，以对抗这种效应。

8.1 复核与监控

在本书中，复核评估与监控活动不同。复核评估指传感器检测区域在入侵报警时对现场即时图像采集。该检测区也被称为评估区。现场或录制的画面或视频流可以通过报警复核，以确定报警的原因，并启动适当的响应。在对手攻击的情况下，一次报警人们可能会派遣一名警卫进行现场调查，或者记录为误报警事件，或者仅仅是虚惊一场。最有效的系统将使用视频监控系统（CCTV）捕捉并记录报警的原因，并能采取实时复核评估。另外，对于无须利用入侵探测器的特定事件或区域、可通过直接监控，或使用视频监控系统（CCTV）实时监控。许多监控系统也不用人工操作，但需要使用固定式或云台式摄像机（PTZ）实施现场监控，以备后期查看录像。这又追溯到初级复核和次级复核。

初级复核一般是选用固定式摄像机，大多数监控系统使用云台式摄像机（PTZ）。虽然初级复核摄像机可以提供一些支撑信息，但次级复核或监控PTZ摄像机则具有更加广泛的视野、更多的机会提供监控现场信息。但需要注意，虽然云台式摄像机提供了收集更多信息的灵活性，但也往往在夜间照明情况下，视频采集受到一定的局限性。通过事实进一步说明，云台式摄像机并不能覆盖全部活动区域，在许多安装位置的视野范围内，还存在视野盲区，可以让入侵者隐藏和避免被发现。在本书中，次级评估使用监视摄像机（固定式或云台式）以发现已发生的报警事件。次级评估可能会发现报警事件后使用化学或生物武器攻击，值机员使用监控摄像机注意到有人正在外面躺在地上。这个观察可能会警告保安人员注意响应力，通过使用防毒面具或一些类似的战术来面对这些响应事件。

视频监控或报警复核的使用，与被保护资产的价值和所需响应时间相关。如果被保护的资产的损失后果可以被忽略，那么仅采用视频监控就够了。然而，当资产损失无法令人接受时，则采用复核系统是更好的选择。需要着重强调的是，本书所指的高风险是指那些不能允许的损失，且这些资产需要采取立即而有效的应急响应。高风险损失包括人身伤害损失，通信系统及装置、控制系统、有害资产等关键基础设施遭到破坏。如果后果损失较低的资产发生丢失或损坏，可采用视频监控和录像回放的方式启动响应。

例如，在一起便利店的抢劫案件中，一名店员被杀害，在视频监控系统中使用录像带可以记录犯罪嫌疑人的身份，但无法阻止店员的死亡。在这种情况下，就会意识到高风险（死亡）的后果，安防系统无法使店员得到保护。虽然监控录像可以提供证据来帮助识别、抓捕并起诉罪犯，但安防系统不能阻止店员的死亡，从而导致高风险损失。

无论视频系统用于复核还是监控，本章中的技术指导仍然适用。Gill（2006 年）提出了视频监控系统（CCTV）的效能综述，总结了哪些情况适用视频监控系统，并针对于这个问题提供了扩展分析列表。当在安防工作中需要用到视频监控系统时，建议读者慎重考虑并阅读之前的综述。

8.2 视频报警复核系统

视频报警复核系统的基本组成如图 8.1 所示。视频复核系统使用闭路电视摄影机捕捉入侵探测区域的图像，然后将其传送到记录或即时检查位置。无论系统使用模拟架构还是数字架构，其基本功能是一致的，但是可以通过不同设备名称，或通过软件而不是硬件执行控制。该系统由远程传感器区域摄像头、本地终端显示监视器、各种传输、交换和记录系统组成。其主要部件包括：

（1）摄像机和镜头。

（2）照明系统。

（3）传输系统。

（4）视频切换设备。

（5）录像机。

（6）视频监控器。

（7）视频控制器。

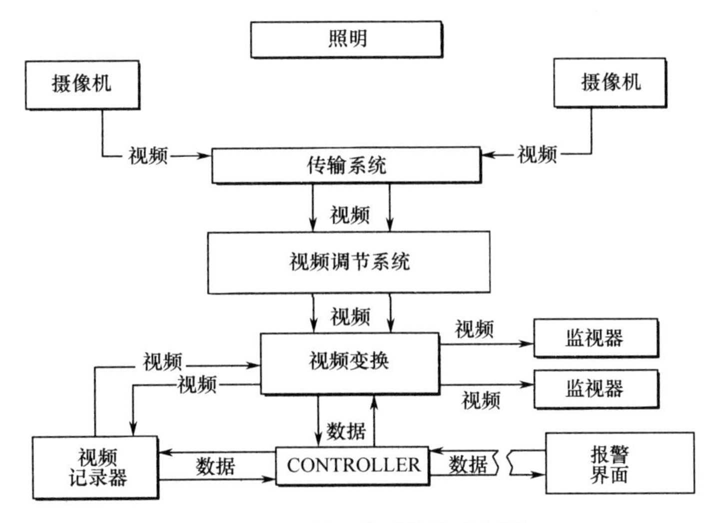

图 8.1　视频评估系统构成框图

Kruegle（2007 年）和 Damjanovski（2000 年）在著作中相当深入地研究了视频监控系统及其组成部分。

8.2.1　摄像机与镜头

摄像机和镜头组件的基本功能是将物理场景的光学图像转换成电信号（视频），使其适合于传输到显示终端。摄像机和镜头组件的大小和位置决定了视频复核与评估所定义的范围。视频复核评估系统中选择模拟还是数字相机和镜头是由分辨率决定的。摄像机的选择需考虑以下指标特性：

（1）对环境照度的光感适应性。

（2）当视野中存在强光源时的画面清晰度。

（3）对于移动物体的现场画面清晰度。

（4）摄像机和镜头的使用寿命。

（5）如果采取数字格式，其输出格式、带宽以及与视频压缩的兼容性。

在描述这些特征之前需要一些背景信息。读者不需要深入理解 CCTV 系统技术指标，这个指标是在对这些概念讨论基础之上跳到“视图分辨率有限场”部分。

1. 基础性视频技术

模拟电视（TV）图像开发的扫描方式是图像由从左到右反复被“画”，而同时移动顺序很像眼睛浏览文字的顺序。每个光点从左至右的扫描称为扫描线。当表面区域完全被扫描，光点返回（回扫）顶端，重复该过程。一些扫描线是不可见的，但当追溯至顶部（垂直消隐）时，是可以被删除的。当光点迅速从右到左、从一个扫描线的尾端到始端，此光束成为空白点。

由于光点的垂直偏转是连续的，这导致线斜率略向下的扫描是从左到右。随着电子业的发展，扫描线逐渐变得清晰可见。它们不能合并但实际上留下相邻行之间的差距。扫描线本身并没有一个统一的亮度，但比边缘中心亮。因此，有一个明显的背景图案、条纹影响、电视画面。这种技术会在足够远的距离显示而不让条纹显示。

隔行扫描技术是为了克服电视转播显示造成令人反感的效果而设计的。用隔行排列的扫描顺序来观察现场，用一半的扫描线开始（字段1），然后折回（区域2），放在所述第一场扫描线与第二场的扫描线之间。因而亮度刷新率效果加倍、足够快并高于人类视觉的临界闪烁频率。产生的图像根据荧光体的慢衰减亮度来显示整体画面。每个扫描字段都包含了一半的可用信息。

一帧包含两个字段（奇数和偶数，是根据行数而定），同时每秒显示30帧画面。两个区域扫描组成了整帧图像（帧），被称为2∶1隔行扫描。但这已不是目前的主流技术了，由于全球安防领域中普遍使用数字显示器（LCD或等离子体），这样的考虑显得较为复杂。数字显示器的不同之处在于图像元素或像素，它们是通过打开或关闭，而不是由扫描光束产生，因此可以获得更高的显示图像分辨率。此外，这两款摄像机和显示器必须使用逐行扫描，便于奇数和偶数场显示每一行，从而提供更好的移动物体。

在本章中，视频复核评估设备讨论了美国标准中的电视扫描。因为美国定义的商业电视扫描频率为60Hz，美国视频技术中定义了60Hz场率与每帧525扫描行（267.5电视行字段）。通过添加颜色信息，这些规范包括美国国家电视系统委员会（NTSC）标准。在国际无线电咨询委员会西欧（CCIR）系统中使用50Hz功率和每帧625行扫描。

许多制造商提供NTSC（60Hz, 525line）和CCIR（50Hz, 625line）系统。PAL方式（三相交流线路）标准是由Telefunken的瓦尔特• 布鲁赫开发的，该系统比美国的NTSC 625线运行每秒25帧有更高的分辨率。法国的电视标准中（顺序传输色彩A'Memorie（SECAM））使用相同的分辨率和帧率作为PAL方式但不兼容。该系统广泛应用于俄罗斯和东欧。在未来，数字电视（DTV）和高清电视（HDTV）将成为新的标准。在此期间，高清晰度平板屏幕的数字显示器或计算机工作站的显示器被用来模拟摄像机，或者直接用于显示数字摄像机的数字视频。

2．分辨率

分辨率表示了图像细节的查看能力，它是指在一个给定的线性距离，用以衡量空间频率或对黑/白色均匀交替扫描线的可视性，通常用线对/毫米来表示。线对主要用于光学领域，但这一术语有时会出现在电视技术的文献中。在标准或实际应用中，并没有通用的术语定义分辨率。由于显示器是单一平面，我们所关心的是是否具有垂直（上和下）和水平方向（左和右）扫描能力。单独考虑也适用于每一个维度。

摄像机分辨率的衡量方法，通常是在矩形图案上，一个由等距排列黑白线组成的分辨率图组。一个典型的分辨率图如图8.2所示。中心图案用于确定普通摄像机的分辨率，四周的图案用于检测在整个显示屏的分辨率。摄像机的位置需要固定，以保证除了分辨率图显示之外，没有其他背景图像进入画面。在不同的间距下，电视线的分辨率值通常是以200～1600线之间的分辨率图表标记的分辨率图。

由于顺序扫描行产生模拟电视图像，电视的分辨率通常与图像扫描线数混淆。虽然电视的垂直分辨率是依赖于光栅扫描行的数量，但二者具有不同的含义。由于分辨率图上的楔形图案难以解释，它们通常不用于评价垂直分辨率。在实践中，人们认为垂直分辨率与非空白扫描行数目是相同的。水平分辨率可使用分辨率图表与垂直的黑色和白色楔形模式来衡量。在电视极限水平分辨率（融合成灰色）之内，其中汇聚垂直线是勉强可以看见的。

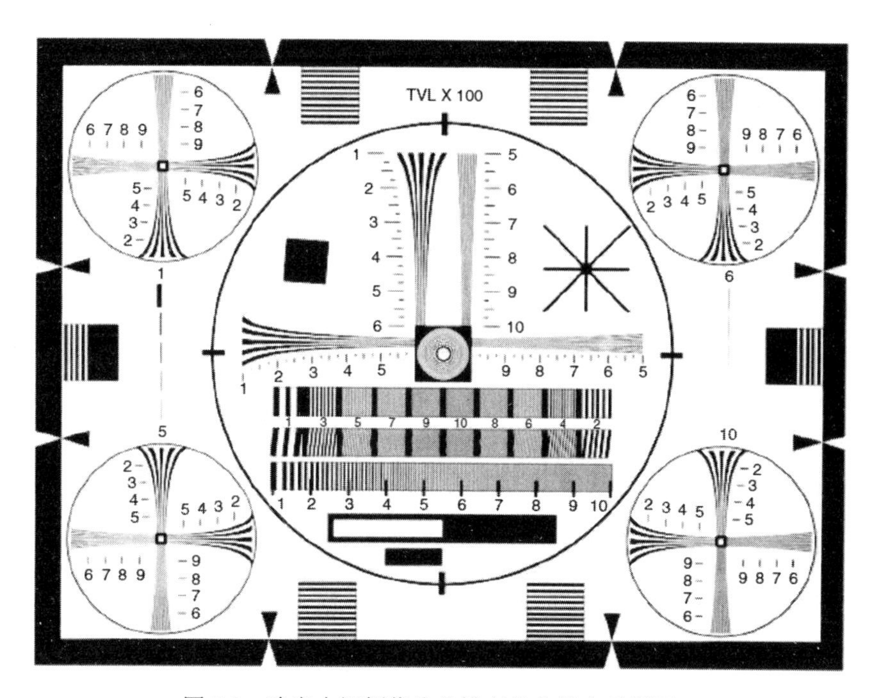

图 8.2 确定电视摄像头分辨率的分辨率采样图

在 NTSC 制式技术规范开发的同时，电视行业也采取了宽度与高度比为 4∶3（宽高比）的视频显示格式和电视扫描行每帧高度指定的分辨率。由于宽高比例的关系，水平方向的场大于垂直方向场 33%。如果垂直和水平分辨率是每次 300 扫描行，水平方向上有 400 像素，但根据其定义水平分辨率仍然是 300 扫描行。从图表中读出的水平分辨率并不是图像的宽度，而是距离等于图像的高度或 3/4 的图像宽度。新的成像设备和显示器可能不支持这样的比例；因此，这些因素必须成为数码成像设备（热成像仪、方形百万像素的摄像头、方形显示计算机工作站）需要考虑的因素。

总之，分辨率并不是一个简单的衡量标准。除了上面所讨论的技术指标，对比度、带宽滚降、彩色与黑白摄像机、数字图像压缩、测试方法等也会影响分辨率。为保证所选择的相机能够提供必要的分辨率，应当根据实际情况进行具体测试和验证。

3. 分辨率可视范围

现在我们提出了关于基准分辨率的定义，在视频复核系统的设计过程中，如何保证视频信息的可用性，其基准分辨率是十分重要的。这一指标对于视频监控系统的集成也具有同样重要的意义。针对报警复核目的而言，通常将分辨率分为三个级别。

（1）感知：检测范围内有物体存在的能力。

（2）辨识：通过提高分辨率，能够提供足够的信息来确定其类型（画面中是动物、吹浮物还是人）。

（3）辨别：进一步提高分辨率，足以确定对象的一般外观细节（画面中是汤姆而不是詹姆斯）。

这三个级别的分辨率取决于摄像机的分辨率、镜头的尺寸、摄像机与对象的距离等因素。例如，在特定情况下识别某一个特定的人，判断一个对象的尺寸是大狗还是小动物。考虑探测对象和复核目标特性，对于确定摄像头的位置和数量至关重要。

对于设施的外周界，值机员可能需要在夜间环境下，在摄像机的视野范围内，清晰地识别出缓慢爬行的人。这一爬行动作可能是在靠近或远离摄像机。通过估算距离，结合摄像机分辨率、环境照明和其他的性能指标，可以容易且快速地使值机员做出报警评估。对于外周界的视频监控系统，值机员完全可以充分利用不同的分辨率来区分敌方入侵（爬行者）或误报警（兔子）之间的不同。而在另一个极端，对于一些室内视频监控，人们希望能辨别目标。例如，在零售业的应用中，可能需要识别疑似入店行窃的人和物体（可能是一个光盘）。在许多赌场，闭路电视系统（CCTV）用于监控玩家在游戏过程中的欺骗行为。这可能要求画面能够识别玩家手中的扑克牌或货币交换过程。由于视频图像的目标不同，与另外两种情况相比，针对不同的应用场景，在外周界所需要的摄像机分辨率要求较低，但视角要求更为宽广。

这就是为什么在设计视频子系统之前，充分考虑闭路电视系统（CCTV ）的目标如此重要的原因。设施是否受到隐蔽对手的攻击，或者是试图收集法律证据用于起诉?明确设施面临的威胁及其入侵策略，将对于摄像机的正确选择和布局方面发挥很大的作用。正确理解需要复核评估的目标，将根据成本效费比，有针对性地选择摄像机分辨率。如果分辨率仅需要辨识入侵者，那么采用低分辨率的摄像机就足够了。另外，如果需要识别某一个特定的人，就应当选用高分辨率摄像机。低分辨率摄像机通常比高分辨率相机便宜，所以这是一个控制系统成本的方法。

桑迪亚国家实验室长期的测试表明：至少 6 家电视扫描行的水平分辨率（8 像素）要求准确识别一个 1 英尺的目标。这个数字并没有改变摄像机分辨率，但它确实对摄像机的位置和数量有显著的影响。确定一个特定的摄像机是否符合预期的目标，需要考虑测试其分辨率和购买之前它的特定性能指标。我们不能单纯依赖制造商规范，因为测试条件可能与特定的应用场景没有直接关系。性能指标测量在“距离和近似宽度”这一章中有详细的介绍。

4．摄像机种类

摄像机有各种各样的类型，包括枪式、固定式、增强型和热成像型。固定式摄像机包括低照度、无光、三合一、数字化、百万像素和互联网协议（IP）寻址。每个不同模型，每种类型都是基于单个的技术和几个技术组合而成。它们为特定的应用场景提供广泛的解决方案，特别是在低光情况下。固态摄像机使用硅传感器像素阵列取代了旧图像管，将像素光能量（光子）转换成电荷。移动电荷传感器将一个电信号转换为视频图像。各种类型的固态摄像机可用于各种各样的应用场景，但是需要谨慎选择摄像机，以确保摄像机能执行预定的任务。以下简要地介绍摄像机和相关注意事项。

低照度摄像机通常具有一个额外放大电路来增加视频信号到一个可接受的水平。此摄像机在放大过程中试图最小化信号与噪声之间的电平，从而在低光照条件下产生一个可用的视频信号。当光由低到高变化时，它可以保持最佳的总体性能（视频信号输出）。无光摄影机只产生黑白图像，这或许用词不当，或是一种营销策略。这种摄像机实际上有一个发光二极管（LED），在镜头前影像传感器检测时其突出近红外光（隐蔽的）。

无光摄像机减慢了传感器成像装置的内部时钟特性，摄像机场景和对象从中获得更多的反射光。此摄像机可工作在极低光的条件下，但是不能每秒 30 帧的标准帧速率接受的图像。如果帧速率太慢（远小于每秒 1 帧），那么图像中就无法产生移动的事物。当我们观察图像时，如果提供不准确的信息，就会导致不正确的评估。

3 合 1 摄像机使用彩色固态图像传感器、电子和机械工艺，使摄像机的画面控制在很宽的照明范围内。这种摄像机使用红色、绿色和蓝色等多种像素输出彩色图像并可以在白天曝光。最终，当外界光线低于彩色摄像照明阈值时，摄像机的内部电路就将图像中的每个像素变换为黑白模式，从而提供了更高的分辨率图像。如果光照水平继续降低，摄像机就会在彩色模式中去掉使用的红外截止滤光器，从而使近红外光进入摄像机，切换操作到 IR 照相机。在 IR 模式中，摄像机从场景和对象中仅接收近红外反射光，它不是热成像摄像机。

数码相机除了成像信息中的数模转换，还提供了比普通摄像机更好的信号电平来完成数模转换。百万像素的数码摄像机就是这种类型的摄像机——摄像机包含大量像素并产生一个高分辨率的图像。许多百万像素摄像机通过使用减少传输数据压缩的方法来传输数字图像并重建图像。这种百万像素的摄像机通常需要匹配百万像素镜头来优化图像质量。

通常情况下，IP 摄像机是数字的，同时拥有数码摄像机和百万像素摄像机相同的功能，但是必须通过网络（TCP/IP、以太网等）通信系统进行数字通信。由于通信直接发生在网络上，所以这就导致我们必须考虑物理延伸保护范围以外的安全网络基础设施的安全问题。

在某些情况下，照明环境中使用固态摄像机是不够的。举例说明：包括光线昏暗的停车场、秘密监察活动、大型设施外边远地区或街道。在这些情况下就要使用加强摄像机。这些微光摄像机有一个特殊的电子部分来放大反射场景光照、加强图像，然后将这些图片传输给标准的 CCTV 传感器并进行正常处理后送到显示器。它们放大剩余光子能量，如星星、月光、人工照明和标准摄像机传感器处理中荧光屏内部产生的照明图像。然而在光线不足的条件下，加强摄像机要比固态摄像机要求更高，需要更频繁的更换和维修，并在旧版本的移动场景中，光线明亮的光源很容易受到损失。

热红外摄像机是通过使用场景中的物体的温度差来产生视频图像的夜视设备。它们不需要光照，并能产生场景中完全基于目标热特性的无源器件，但低分辨率和设备成本较高限制了它们的使用；因此，这需要我们继续改善这些摄像机。这些设备的生命周期成本将挑战摄像机的标准和其所需的基础设施的生命周期成本。

除了对摄像机技术的选择外，彩色与黑白摄像机的选择更简单。很多系统设计人员选择彩色摄像机，因为他们觉得单色（即黑与白）图像比较逊色。然而单色相机具有更高的分辨率、更好的信噪比，能更好地增加光的灵敏度，并且比彩色摄像机有更大的反差。虽然彩色成像可提供一些优势，但是人眼能够更加清晰地感知空间差异的黑白色的渐变。此外，一些应用程序使用的是计算机接口，这导致彩色图像需要更多的处理时间，并且不能提供更多显著的信息目标。特里（1992 年，1993 年 a，b）曾发表关于彩色摄像机在受控条件下性能比较的两条评论。

5. 其他特性

摄像机的错误布设、预期和实际的分辨率不匹配、或明或暗的干涉、环境条件和整个系统的响应时间都会导致摄像机存在缺陷。摄像机的期望和实际分辨率之间的关系如上所述。应当清楚认识到，如果摄像机仅有分辨率检测和识别要求的能力，则视频系统就不会有效。

利用插入视频传输线缆、插入录像画面记录或者通过切换视频线缆显示错误画面等方式，可以进行监控画面的遮蔽和篡改。公开篡改模式包括采用炫目强光对摄像机致盲，遮蔽摄像机、切断线缆或者利用工具破坏摄像机。如果 CCTV 系统需要考虑这些因素，那么应当采取视频质量侦测、视频信号认证、摄像机和线缆物理保护等手段，防止视频监控画面遭到破坏。关于视频监控系统防篡改的其他方法将在第 9 章“报警通信和显示（AC&D）安防集成平台”中描述。

对于变化的气象条件，如雨、雾、雪或者阴影等，也会对视频监控子系统造成有效画面失真，从而产生漏洞。如果考虑到这些气象条件，则应当提前做好应急预案，在复杂气象条件下进行复核评估。如果采用现有 PTZ 摄像机，可以进行次级评估或检测，也可为警卫人员提供视觉评估。将摄像机安装在未受保护的区域时，可能会导致摄像机漏检。为了检测摄像机是否被破坏，视频线缆可以采用电子监管。通常情况下可考虑安装视频信号检测器，它可以用于检测视频信号，并在视频质量超出或低于预设值时产生报警。视频信号检测器还可以检测视频同步信号幅度降低的情况。应当注意的是，某些廉价的视频检测器只能检测视频信号情况。这一方法可能有助于检测摄像机的灾难性事故或视频线失效，但如果摄像机画面的场景模糊的话，它仍然是没什么用的，因为即使被遮蔽了摄像机视图，同步脉冲仍然存在。

视频信号探测器通常放置在一个设备的中央位置，如安全监控中心。在这个位置，视频信号检测器还可以监测摄像机通过任何线缆的传输线路，同时将失效的设备信息进行上报。

6. 成像单元

如前所述，垂直分辨率主要取决于水平扫描的线数。单片光敏成像摄像机的水平分辨率主要取决于摄像机的带宽。摄像机固定画面成像的水平分辨率是由水平的离散成像单元的间距和数量来确定的。与之前的例子相似，确定分辨率的实用方法是从 IEEE 分辨率图中读取分辨率。这为各类摄像机提供统一的性能比较指标。

通常只有一种规格的分辨率标注在摄像机上。因为扫描行数决定了垂直分辨率，其标注规格应是水平分辨率。在今天的大多数情况下，固态摄像机是优选成像装置。枪式摄像机只用于高分辨率的特殊应用场合或早期的系统中。虽然枪式摄像机的分辨率和光敏度较高，但是性能指标寿命较低，同时固定画面中的亮斑图像可能烧坏摄像机。固态摄像机随着使用的增长，性能下降不大、无老化，需要相对较少的维护。固态和枪式相机的成本基本相同。

固态摄像机使用光传感器像素的硅阵列，并将输入光图像转换成电信号。大多数固态传感器是电荷转移设备，并根据生产技术的不同，发展成为三种类型，即：电荷耦合器件（CCD），电荷吸入装置（CPD）和电荷注入器件（CID）。另一种传感器的类型是金属氧化物或 MOS。以上四种类型的传感器目前都在使用，CID 主要应用于特定的军事和工业应用中。

成像设备格式与光学传感器表面的尺寸有关，并且由矩形区域对角扫描来测量。最常见的固态摄像机形式为 1/2 和 1/3 英寸。由于硅片靶面的密度提高，已经可以做到 1/4 和 1/8 英寸。摄像机已经成为标准化产品。

由于越来越多地使用硅片靶面作为摄像机的传感器装置，它是常见的指定摄像机的水平和垂直像素数。这些数字可以乘以总像素区域的估计值。525 扫描行 CCTV 系统中最好的典型值为 20 万像素。对于黑白摄像机的水平分辨率通过乘以 0.75 的水平像素数来实现。彩色摄像机使用不同的算法来生产彩色内容；因此，彩色摄像机确定 HTV 线并不是一个简单的计算。

7．镜头

在报警复核评估区域的几何形状建立后，为相关摄像机选择使用适当的透镜系统是很重要的，有几点因素必须同时加以考虑。这些因素相互依存，并随着设计者的目标调整发生变化，包括视频复核系统与入侵报警系统和响应力量的集成方式。通常情况下，选择镜头的主要目的是覆盖尽可能多的区域，并采取尽可能少的摄像机，同时整体分辨率保持在可接受的范围内。合适的镜头选择必须考虑如下参数：

（1）镜头和摄像机格式。

（2）焦距和视场。

（3）f 值。

（4）预计距离和宽度，其中包括最大视角和最大探测区域。

8．镜头类型

镜头类型决定了最大可视画面，为了获得最佳性能，镜头和摄像机必须相互匹配，即摄像机是否为标准格式或百万像素。固定焦距（FFL）镜头选用小规格传感器，无须使用大尺寸传感器。高规格摄像机传感器选用的镜头将可能造成图像失真和视场边缘变暗（晕影）。标准镜头格式有 2/3、1/2、1/3 和 1/4 英寸。除了镜头类型以外，还应明确选用的光圈镜头类型。手动或自动光圈镜头可以对进入摄像机成像传感器的光线强度进行优化。当预计光强稳定时或摄像机采用电子快门时，可选用手动光圈镜头；当预计光强会发生较大变化时，如白天到低照度的夜间照明时，应当使用自动光圈镜头。

9．焦距与可视范围

在合理选用镜头时，焦距是最重要的因素，它决定了可视对象的放大情况。由于镜头类型是已知的，焦距将决定在镜头所涵盖视野范围内任何距离的物体其水平和垂直角度。这些覆盖区域被称为水平和垂直视场角。

为满足最小分辨率，短焦镜头的范围（覆盖的长度）会小于长焦镜头，如图 8.4 所示。但一旦视场宽度伸展到一定的距离，其分辨率降低，将会导致摄像机和镜头成像效果不具备报警复核作用。这就是所谓的分辨率限制视场，如图 8.3 所示。镜头的焦距，三个不同的视场重叠显示随着焦距增大视场越长和越窄。

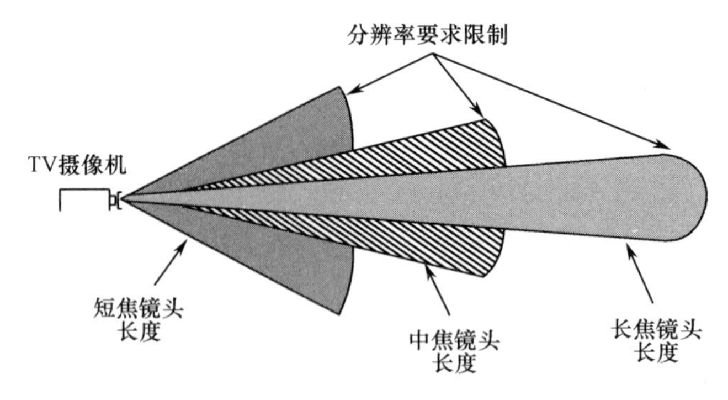

图 8.3　实际视场对比

视场角可通过绘制透明（轨迹）纸和传统量角器来表示。这些覆盖可以位于任意各点周围明确区，这是为了获得最佳焦距、格式选择和覆盖最少的摄像机的清晰区域。以下公式可以用来计算视场水平和垂直角度：

$$视场水平角度=2\times \mathrm{Tan}^{-1}\ (W_{\mathrm{I}}/2F)$$

$$视场垂直角度=0.75\times 视场水平角度$$

式中　F——焦距长度（mm）；

W_{I}——成像设备扫描范围的宽度（mm）。

摄像机尺寸（英寸）	2/3	1/2	1/3	1/4	1/8
W_{I}（mm）	8.8	6.4	4.8	3.2	1.6

*注：不同制造商成像宽度的差异，请教规范特定相机验证的宽度。

另一种技术是通过确定区域的几何形状进行评估和分析，从而选择合适的镜头。这提供了一种极好的选用镜头的方法。这种技术可能导致所计算镜头的要求不符合商用标准镜头 f 系数。镜头参数、照明需求、相机类型、相机位置和几何形状的设计迭代过程，都会影响系统设计结果。

10．光圈值（f-number）

相对孔径大小（或透镜速率）是镜头参数的一项重要指标，它用于衡量镜头的聚光能力。相对孔径用光圈值（f-number）表示。光圈值越小，聚光效果越强，因此，一个小范围的 f 参数（1～1.8）可以用于室外环境报警复核。对于室内场景来说，可以使用比较大的 f 参数。景深（焦点中的图像大小）也影响 f 参数。在低照度环境下，f 参数越低，场景的景深也就越小。

11．距离和宽度计算

如果使用标准镜头（3.5mm、6.0mm、12mm、25mm、50mm、75mm等），在摄像机距离一定或者摄像机成像视野的宽度一定的条件下，视场宽度的计算有一种快速而简单的方法。水平视场可以通过如下公式计算：

$$H_{\mathrm{FOV}}=\frac{W_{\mathrm{I}}D}{\mathrm{FL}}$$

式中　H_{FOV}——水平视场，（英尺或m）；

D——到摄像头距离（英尺或m）；

FL——焦距（mm）；

W_{I}——成像宽度（mm）（如图8.3所示）。

如上所述，垂直视场的计算公式为：

$$V_{\mathrm{FOV}}=0.75（H_{\mathrm{FOV}}）$$

尽管这种形式是有用的，但水平视场的一般计算公式如下：

$$D=\frac{H_{\mathrm{FOV}}\mathrm{FL}}{W_{\mathrm{I}}}$$

当监控区域的宽度、图像宽度或镜头焦距确定的条件下，就可以计算出摄像机的安装距离。通常情况下，摄像机图像监控区域开始位置距离是必须确定的未知变量，用以确定摄像机的安装位置，并估计线缆长度和功率。

举一个估算距离和宽度的例子：宽度为65英尺的监控区域，安装8mm摄像机（1/2英寸），使用25mm焦距，8mm镜头，为保证视野覆盖65英尺宽度，应当将摄像机放置在距离大约254英尺处，公式如下：

$$D=\frac{65\cdot 25}{6.4}=254(\mathrm{ft})$$

受到分辨率限制的视场宽度的摄像机距离也是可以确定的。分辨率限制条件下视场宽度是基于以1英尺为基准单位的实验数据进行评估计算。对于600-HTV线分辨率相机（800像素B/W），水平视场宽为100英尺（6HTV线每英尺或8像素每英尺）。使用前面的例子，分辨率限制条件下视场宽度的距离为391英尺，摄像机放置位置计算如下：

$$D=\frac{100\cdot 25}{6.4}=391(\mathrm{ft})$$

12．最大成像区域长度

在特定情况下，报警复核评估系统是为周界防护而设计的，距离和宽度估算可以用来确定最大监控范围，从而用于设计其监控系统的摄像机和镜头的组合方式。图8.4显示了一个典型的室外报警复核评估区。需要注意的是，底部视场（监视器底部的画面）并不是通常的监控范围宽度。同样，视图的上限区域也通常不是分辨率限制条件的视场宽度。此外还要注意的是，摄像机的位置和底部视场之间存在一个盲区，这是摄像机无法观测到的区域。通过使用距离估算确定监控区域长度，这样设计师可以根据分辨率优化系统性能，同时保证摄像机安装的数量的最小化。需要特别注意的一点是，室外报警复核评估区内安装每一台固定式摄像头都应当保证所需的分辨率，从而降低成本，使得传感器和视频信号的集成更为容易。

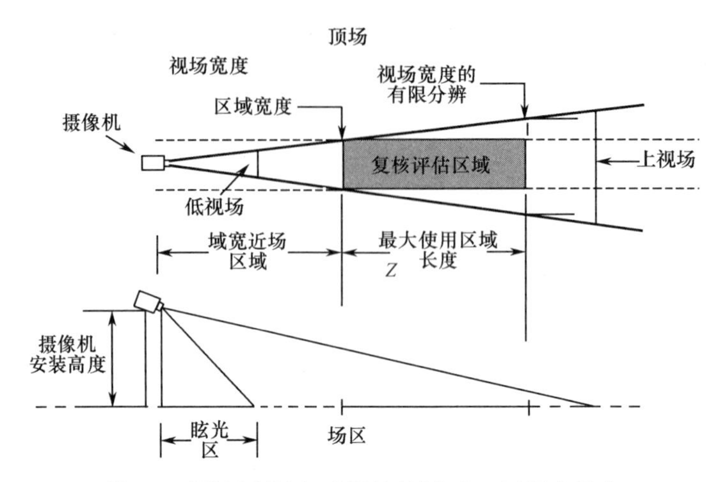

图 8.4　周边评估区、近场区域宽度、远场分辨率

基于监控范围的宽度和边界的分辨率要求，可以计算出监控最大可用区域的长度。分辨率限制视场（远场）距离和区域宽度（近场）距离是不同的。在前一示例中（65 英尺带宽，25mm 镜头和 1/2 格式相机/镜头），可用的最大区域长度是 137 英尺（391−254 = 137）。利用这种技术，针对某一特定监控区域，可以很容易地确定应配置何种焦距的镜头。如果监控区域的范围为 65 英尺宽/165 英尺长，选用 25mm 的镜头将无法满足监控要求，而需要配备更长焦距的镜头。在选择镜头时，通过在足够的监控范围下保证摄像机安装位置最接近，是明智的选择。关于近场、远场、最大可用区长度、适当的镜头大小和相机位置距离都可以使用上述公式计算，另外利用 Cohu 等摄像机厂商提供的辅助工具，配合使用计算机软件或在线计算方式，也可进行测量和计算。

13. 室内报警复核范围

室内和室外摄像机的布局评估遵循同样的准则与方法。由于室内场景通常距离较短，所以目标探测与辨识相对容易实现。室内摄像机与室外相似，仍然使用相同的分辨率限制视场，但距离将会更靠近一些。室内摄像机通常选用 16mm，型号在 1/2 或 1/3 英寸之间的镜头。在适合人活动的光照亮度（30～100 尺烛光照度）条件下，能够满足大多数摄像机的成像条件。现在许多室内摄像机配备了手动光圈镜头，成像装置采用电子百叶窗进行光照控制。

将摄像机安装在房间天花板下方角落处，能提供最好的监控效果。为防止摄像机下方和视野外的人员实施破坏，远离出入口的角落是最优安装位置。由于摄像机存在视野盲区，选用广角镜头可以用来提供 90°的视野角度。摄像机向下倾斜安装，可以避免照明设备产生光晕，影响成像效果，同时也可保证监控范围和设备安全。在典型室内应用场景中，监控范围通常包括了其他需要保护的资产，这将影响监控范围的设计。当房间内存在一个高大的设备时，需要安装第二个摄像机进行补盲。当需要添加一台摄像机时，两台摄像机呈对角线布置是最好的方法。

室内摄像机位置的两个例子将说明这些问题。图 8.5 显示了简单的房间中的一个摄像机和一个报警探测器。这是一间典型的小办公室，如学校校长或经理办公室，房间角落里存放有个人隐私信息需要保护。办公室中有各种各样的家具，包括一张桌子、椅子、书柜和文件柜，均不高于 5 英尺。设计图纸显示室内布设了微波探测器和摄像机，房间的安全（资产保护）是由探测器检测模式和放置位置决定的。此外，当使用微波探测器时，重要的是要考虑门和墙的建筑材料，以便消除误报警。在这种情况下，一个简短报警探测模式会产生最好的结果。桌子对面的窗口位置应加装钢丝网或覆盖其他材料，用避免荧光灯之类产生的探测器干扰。为了给房间提供最大的视野覆盖，可以使用广角摄像机，以减小摄像机尺寸和盲区。

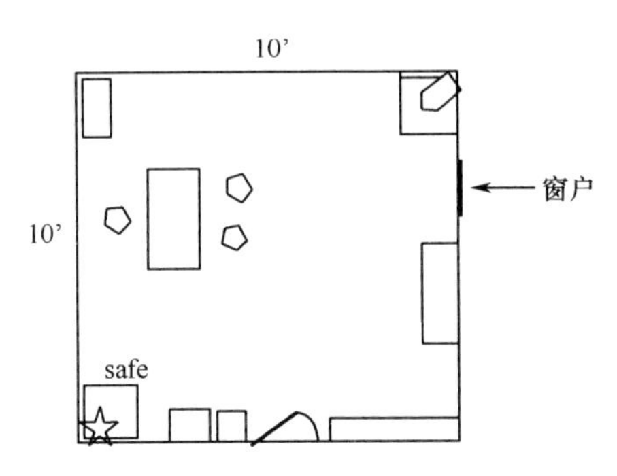

图 8.5 在一个小办公室内，利用摄像机和微波探测器保障资产安全

如图 8.6 所示，以较大的房间为例，如图书馆、博物馆、银行或存储区域，下面举例是在一个计算机教室。房间尺寸为 20 英尺×30 英尺，建筑物外面有一组双扇门，一个室内入口门，房间里有 18 台计算机和相关设备。摄像机视图大约是房间的一半，包括室外和室内 PIR 传感器。由于门会保护进入者，所以无法实现监控范围的无盲区覆盖。

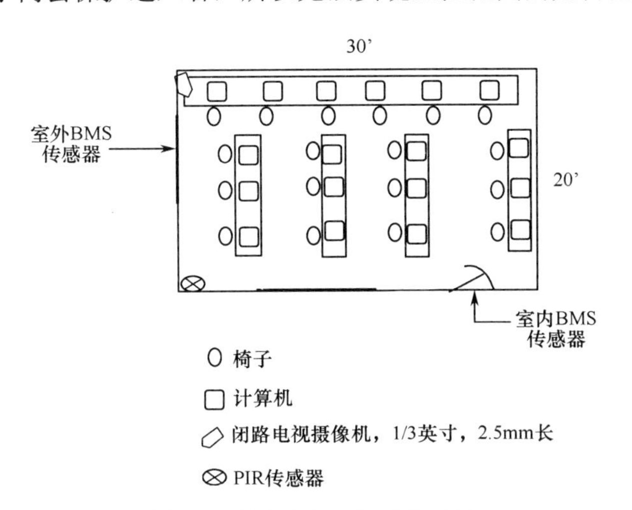

图 8.6 计算机教室放置摄像机

14. 摄像机安装辅助装置

安装室外摄像机时，应当采用固定塔架方式，从而避免强风下的摆动和摇晃。钢

制塔架不会受到气候条件的影响，也不会像木制立杆一样，随着时间推移而干燥或变形。为了修正木制立杆的扭曲变形影响，必须重新调整摄像机的位置，以保持适当的监控范围。

如果将摄像机朝向东方或西方安装，且与地平线相平行，那么在每天太阳升起或落下的时段，由于强光照射导致摄像机无法成像，敌方也有可能利用这段时间进入周界。同样室内摄影机直对光源将产生强光或亮斑，从而导致画面质量下降而无法实施监控。此外，在不同的光照条件下，将摄像机固定设置在某一特定镜头焦距或光圈值时，将导致难以聚焦。建议在黎明和黄昏时，要把所有的固定式摄像机焦距调为全开模式，以获得良好的聚焦，形成足够的景深。不正确的摄像机安装位置将会导致近场视野太窄，或无法在视野边缘看清人（或其他对象）。

摄像机的安装必须保证在视野内没有光源。直射光将引起图像光晕或者使自动光圈镜头提高镜头光圈值，所以必须避免太阳光直射。可能的光源来自周界照明、天空、外部照明、物体反射光线和室内照明，无论哪个方向，当进入摄像机的光照比地面光照亮度高时，均会导致摄像机致盲，摄像机无法呈直角观察地面。对于摄像机视野存在光源而引起眩光效应的问题应当引起足够的重视，这种情况往往在安装之前难以预测，通常是在事后才能发现，但这也是十分常见的问题之一。在南侧或北侧的周界选择摄像机安装方向时，应当面向北侧安装，以防止夕阳造成的光线反射。在摄像机视野范围内的照明光源可能需要重新定位，或者采取遮蔽措施，防止造成摄像机眩光致盲。对于临街的周界，需要考虑汽车前灯和尾灯的光照问题，必要时应当对摄像机视野范围与道路距离的影响进行评估。

室外摄像机应当安装在高处，以向下倾斜的角度俯瞰整个复核评估区域。当倾斜安装时，地平线不在视野范围内，从而减少日出日落带来的眩光效应。此外，下雪或结冰的天气会降低摄像机的外罩面板透光度。典型的摄像机安装方式为在评估范围上方20～30英尺（6～9m）高度，向下倾斜角度安装，并低于照明光源。

考虑到时间可靠性和操作等问题，应当尽可能不使用云台摄像机（PTZ）。使用PTZ摄像机可能引入的漏洞是由于它们可能会指向错误的方向，云台激活的时间延迟可能导致摄像机无法旋转得足够快，无法保证摄像机跟踪一个快速移动目标的适当位置，特别是在很短的距离内。如果采用一套慢速的视频录像系统，这种效应将被进一步放大。如果PTZ的记录系统不能快速捕获一个视频帧和几分之一秒之后另一个帧的报警时间的话，那么系统就不可能及时捕获对手来提供一个可用的报警复核画面。PTZ能及时旋转到一个适当的位置，从而拍摄到入侵者的位置吗？如果可以，那么警报系统可以在一秒内处理多少起报警事件?这些因素取决于应用程序、快速报警报告和报警评估同步设备，这些都是判断操作员是否会做出准确评估的一个临界差。一个不准确的评估可能会导致调度响应力干扰报警或受到攻击时不会发送响应。

高速球机可有效用于监视或辅助评估应用，在应用中远程控制摄像机位置和指向角度是可取的。在有限的情况下，这一功能可以提供一个有用的补充以评估摄像机是否正确定位。这种云台不适用于固定式的定焦监控摄像机，因为这类摄像机的位置是特意安装的，以保证提供最大的监控效果。高速球机需要在报警评估的有效性和及时性两方面进行折中。

老式的球机可以设置预置位和定速巡航，新式球机通过安装电滑环提供不限速转动。转动速度愈快，价格自然更高。在高速条件下的可控性取决于值机员在后台的控制。球机的主要缺点在于值机员操作时的专注力，当球机在一直转动时，无法监控到必要的活动。

室外摄像机需要安装保护罩，使其免遭极端温度和降雨引起的损坏，保护罩一般有两种类型。第一种是构成摄像机外壳的整体保护罩，采用刚性结构，非常坚固，而且可以加压充入干燥氮气，并配有内部恒温加热器。遮阳帘可以连接在镜头上方或玻璃面板处。在强风条件下，面板也不可能完全没有水滴，但对视频监控效果的影响是可以接受的。

另一种方式是在一个金属或玻璃纤维的壳体内安装摄像机，通过铰链或盖板固定连接。这种保护罩可以配备加热器、保温箱、风扇、除霜器和雨刷。除了挡风玻璃清洗器和雨刷，所有这些功能都可以实现自动控制。除霜器和雨刷必须从监控中心进行远程控制。

这些保护罩必须大到足以包含摄像机、镜头和电缆连接器。其主要优势在于可以手动调整摄像机，如镜头焦距等。由于这种保护罩无法加压处理，所以内部会存在灰尘和污垢。保护罩的雨刷和清洗器已被证明存在相当大的维护问题，除非在极其恶劣的环境条件下，一般不推荐使用防护罩清洗器。清洗器的水箱必须安装在摄像机旁边，这就导致需要经常接触摄像机。在使用雨刷的情况下，如果可以采取适当调整和防止结冰，在强降雨条件下也可保证监控画面质量。考虑每台摄像机安装地点的环境条件，并为之配备必要的辅助装置和维护要求是十分必要的。

一个独立的保护罩需要提供额外的布线装置，以提供电气设备所需的能耗。如果配置雨刷器和清洗器，就需要监控中心远程控制，这些远程控制方式可以由建筑方或其他制造商预设，如提供云台和变焦远程遥控功能。

8.2.2 辅助照明系统

对于摄像机监控画面的给定场景，必须允许一定数量的自然光或人造光进入摄像机镜头成像。照明系统的功能是对所选择的摄像机和镜头在监控范围内提供均匀的照明环境。照明灯具的安装高度应当高于摄像机，防止光源造成监控画面的干扰。

1. 摄像机的光敏度

闭路电视（CCTV）摄像机的光敏度可以被定义为照明规定输出信号的最小量。下列因素均可影响监控画面的质量：

（1）照明现场水平。

（2）照明光源光谱分布。

（3）目标反射。

（4）全场景反射。

（5）镜头光圈。

（6）镜头透光率。

（7）相机成像光谱响应。

（8）视频放大器的增益、带宽和信噪比。

（9）电子处理电路。

摄像机光敏度通常称为最小照度水平，将产生一个完整的 1V 峰峰值的视频信号。产品说明书应说明显示照度、水平照度和照度场景面板。照明光源一般采用白炽灯在 2854K 的色温下操作。在某些情况下，对光敏度参数进行了不切实际的假设，以表示更好的性能。与标准自动光圈镜头相比，两个最受青睐的参数是更高的场景反射率和更大的透光率比。

2. 场景照明

从摄像机中产生可用视频信号所需光量是一个函数：

（1）光源类型与亮度。

（2）监控区域的光照亮度。

（3）周边部分场景的反射光亮度。

（4）进入透镜并到达成像单元的光量。

（5）成像装置的光敏度。

通过对自然光、现场物体反射以及通过各种摄像机采光所需的光源发射现场光照度水平的认知，可以对各种摄像机的选型和部署方式进行设计，这一要素即使对于最简单的视频监控系统也是至关重要的。

监控现场的光线反射率依赖于光的入射角度、物体纹理和反射面。对于自然光，各种材质具有相对独立的入射和反射角度。表 8.1 列出了一些常见的表面和它们近似的反射率。

表 8.1 相对于红光的典型场景下常见的物体表面的近似反射率

表　面	参数（%）	表　面	参数（%）
沥青地面	7～10	砂土、干土	30～35
砂土、湿土	15～20	未上漆的混凝土	35～40
有树木的草坪	20～25	光滑铝表面	60～65
红砖屋	30～35	白雪覆盖的区域	70～75

3. 系统指标参数

闭路电视中照明系统的两个最重要的参数是其最低照度和照明均匀度。照度必须足够大，以确保视频监控系统能发挥足够性能。最低 1.5 尺烛光照度需要摄像系统使用 F1.8 光圈或更快的镜头和固态成像仪（Greenwoll，1991）（假定为 25%的地表反射率）。同样重要的是照明均匀度，它的特点是亮—黑的比率（从最大强度到最小强度）。亮—黑成像光谱仪的比率将会产生一些无法接受的图像，图像中明亮的区域出现褪色，而黑暗区域由于缺乏光则显示黑色。4∶1 的比例是首选，这让环境和其他因素最大达到 6∶1。环境设计照度比为 4∶1 时，应当考虑在随时间变化的环境条件恶化等因素影响下，其照度比最大降至 6∶1。

摄像机是一种光均化装置，应当保证不仅在报警复核区域的光线水平，而且监控范围视野内的光线也应当照射均匀。如图 8.7 所示，光的轮廓分布在整个视场中，并且整个视场产生不同的明暗比，而不仅仅是周界之间的区域。最亮点和最暗点不一定位于两个栅栏之间。区域之间的外部光也会在相机视野范围内。这些值将确定明暗比，而不是评估区域的值。利用计算机技术进行光源建模是可行的，可以用于室外和室内照明的初始辅助布局设计。这些结果通过在类似评估程序中测量光的实际水平。在灯光设计之后，通过进行灯光调查建立基线明暗比，从而建立正确的维护和更换计划。

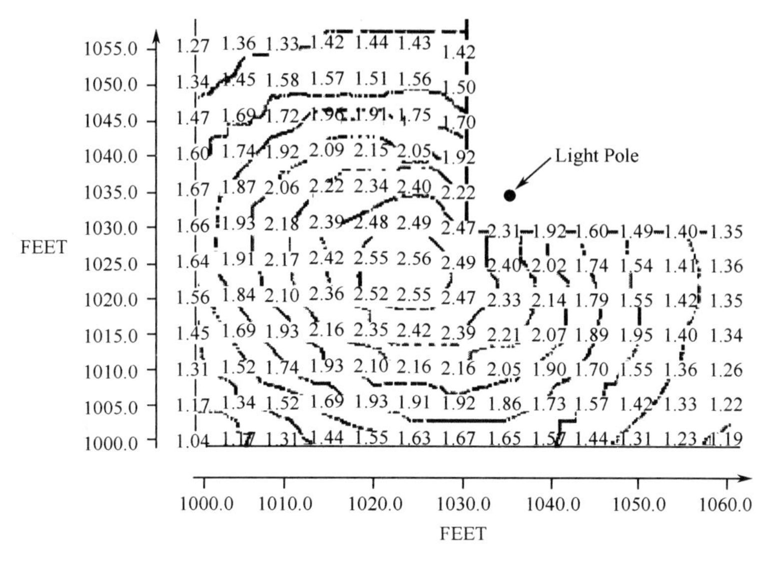

图 8.7　计算输出光的外部周边轮廓

4．照明类型

光源可分为两大类：自然光和人工光。自然采光包括阳光、月光、星星。阳光和月光同时包含可见光和红外辐射。此外，它们是宽带光源，即它们包含了所有的颜色和可见光的波长。当设计视频子系统时，光的光谱内容是很重要的，因为系统使用彩色摄像机和监视器都需要宽带光，而黑—白组成的系统就不需要。室外照明系统一般白天依靠太阳光，而夜间采取补充照明。但在黑暗阴天环境下，有时需要用人工光补充日光。室内系统可以通过透过窗户或天窗进来的光线来补充，但一般使用某种形式的人工照明。

照明来源包括白炽灯、汞蒸气、金属卤化物灯、荧光和钠蒸气。汞蒸气、金属卤化物灯和钠蒸气光源通常用于室外环境，而室内通常使用荧光灯和白炽灯。白炽灯能提供良好的色彩呈现，但效率低，使用寿命相对较短。白炽灯照明的一个有趣特性是只有一小部分的辐射是在可见区域。由于钨丝的特性，大部分的能量释放在红外区域（照明工程协会，1981 年）。

汞蒸气灯比白炽灯更高效，更好地提供良好的色彩还原。大部分路灯是汞蒸气。金属卤化物灯与汞蒸气灯特性非常相似，但金属卤化物灯更有效并具有更好的色彩呈现。与汞蒸气灯有 24000 小时的额定寿命相比，金属卤化物灯拥有 6000 小时。荧光灯能提供良好的彩色呈现，效率高、寿命长（可达 1700 小时），但不能投射长距离光。

室外照明最有效的形式包括高—低压钠。顾名思义，这两种类型之间的区别是在其钠蒸气的形式和产生光（照明工程协会，1981）的压力。由于压力不同，低压钠灯泡更有效，但几乎是发射约589nm单色黄光，这导致它们不能使用彩色摄像头。高压钠灯效率较低，但包含所有可见的频率（照明工程协会，1981 年），使其能更有效地使用彩色闭路电视摄像机。

需要特别注意的事项——关于照明灯，如果照明丢失，则需要重新开启（重新激励）光源。白炽灯是瞬时的，荧光照明是接近瞬时的，这取决于制造管（照明学会，1981）的电弧所需要的时间。汞蒸气灯通常需要3～7分钟，而金属卤化物灯需要长达15分钟（照明学会，1981）。高压钠灯通需要不到1分钟即可重打开光源，低压钠灯需要7～15分钟（照明工程协会，1981）。选择前需要综合评价照明类型和规格（照明工程协会，1981；Kreugle，1981；Fennelly，1996）。

在一般情况下，低压钠蒸气灯由于其能量效率的原因一直是室外照明的一个很好的选择。随着时间的推移，这些灯可能难以获得，这样就必须对光的类型做出妥协。灯具安装要远高于摄像机的高度，这将防止这些明亮的光源干扰摄像机视场，除了光源，灯光类型包括：

（1）连续性——一组固定灯具在黑夜时段提供连续照明。这是工厂照明的最常见形式。

（2）待机性——与连续性相似，灯具都不会持续点亮。相反，当怀疑有可疑活动时将由警卫部队检测激活。这种方法的缺点是，它可以提醒对手检测和允许策略的调整。

（3）活动性——这种类型的照明灯具可以是固定的，或是手提的，用于补充其他照明，如手动操作的探照灯。

（4）应急照明——可以作为其他类型灯光、电源故障或其他可能阻止主系统运作的紧急事件的备份。这将依赖于发电机或电池的存在，作为正常电源的备用电源。

8.2.3 视频传输系统

视频传输系统的整体功能是将远程摄像机连接到本地监控显示器上，通过这样的方式引入的视频信号没有不良影响。传输系统应具有一定的带宽，至少保证其摄像机用于报警复核评估系统。

视频传输以多种方式完成，使用最广泛的技术之一就是使用多个摄像头报警评估，这样做的目的是满足同轴电缆传输，这可能是基带视频或视频调制频率。光纤视频传输也是一个好的方式，越来越被广泛使用。微波和光学链接（红外）系统也用于某些设施。基于IP的摄像机使用一个标准网络发送信息，但除了视频传输负载，网络必须有足够的带宽来处理其他网络流量。

1. 带宽

传输系统带宽与摄像机和监视器的分辨率有关。使用80线的水平分辨率等同于带宽的1MHz（525行，60Hz系统），如一个600线规范的水平分辨率的摄像机需要7.5MHz

带宽。为了获得最大的经济效益和最佳的系统性能，所有系统组件的带宽能力应该匹配。监视器分辨率和带宽能力通常表示水平分辨率线，但两种摄像机通常是优化系统带宽的限制因素。

2. 线路损耗

全铜/同轴传输线，包括视频线，分为有功和无功损失。视频线损失主要是分布式内导体电容和核心电阻的一个函数。这种损失通常用分贝（dB）/单位长度（在各种操作频率）或电容/单位长度表示。衰减随频率和节长度而不同，广泛使用于特定电缆类型中。对于一个给定的距离和频率，电缆衰减的分贝值可以被确定，如果电缆损失大于 3dB 以上，系统操作频率就需要以某种形式的信号调节来获得满意的性能。

8.2.4 视频信号调制解调

信号调制解调设备的选择主要基于电缆传输视频信号和噪声在传播过程中的衰减数量。该设备包括视频均衡器和拾音器。

1. 视频均衡器

均衡器用于补偿电缆在更高频率下的衰减。常用一个均衡器接收端安装电缆，因为很多电缆损失是通过均衡器在接收端矫正问题。此外，该位置使得必要的均衡器校准要简单得多，因为通过均衡器的输出信号，可以同时调整和监控视频测试信号。

大多数商用均衡器的频率增益约为 30dB。这对应的损失 RG-11 约 1500m 的电缆有 10MHz。使用均衡器两端的电缆（前均衡和后均衡）将延长约 60dB 的增益限制。

2. 拾音器

拾音器是二极管电路用于改变波形的直流电平免受波形干扰的一种装置。拾音器的选择最为重要的是它能够从视频输入信号消除嗡嗡声。电力感应或接地回路电流，这两者都可能引起嗡嗡声。广泛的商用拾音器能够去除电源频率的嗡嗡声，隔离变压器可以用来消除接地回路电流。

3. 光纤传输

光纤传输不需要信号调节均衡器和拾音器。光纤使用光学路径而不是电子路径传播。导体是玻璃或塑料纤维而不是铜。信号传输在镜头结束前将电信号转换为光信号。在显示区域，接收器需要将光信号转换成电信号。地面回路，包括噪声、闪电这些因素会损害其他视频传输设备而不会损害光纤（马龙，1991）。

8.2.5 视频传输设备

大多数报警复核评估系统使用摄像机比监视器多。出于这个原因，视频切换器用于连接多个视频信号（摄像机）和一个或多个监控设备（显示器和录像机）。一般报警传感器系统与交换系统相连，在这种方法情况下，任何引起相关摄像机的报警将会自动地显示本地监控。

最简单的切换器将一个输入连接到另一个输出。一个时间只连接一个输入。多个输出切换器可以切换一个或多个输入，为了可以任意组合输出。一个完全切换器，可以将任何输入连接到任何输出，一个输入可以连接到所有输出，或不同的输入可以连接到一个输出。

开关可以是被动或主动的，一个被动的切换控制可以通过手动输入实现。实际的切换是由按钮接触和视频信号通过交换机无电子调节或实时进行。有源切换器包括输入和输出切换器，为放大器提供信号隔离、阻抗匹配和振幅控制。电子处理视频信号可以包含视频信号切换之间的时间控制。视频信号路径通过继电器或半导体接触。基于数字网络系统的视频切换器已成为数据网络服务器和网络服务器的硬盘驱动器，网络录像机中视频切换进行了简化的传输数字数据存储。广泛使用的交换系统包括：

（1）手动切换（被动系统）。

（2）顺序切换（所有的相机输出顺序扫描）。

（3）切换，报警激活（选择输入报警激活之前，报警相机自动提交信息输出）。

（4）远程切换（一些转换完成之前的信号进入安全指挥中心）。

数字视频矩阵很复杂也很昂贵。它代表了最先进的视频评估复核系统控制。计算机控制优于报警显示器、自动记录控制、顺序控制切换模式和其他功能。额外的计算机控制和报警优先系统将在下一章中讨论。

8.2.6 视频记录

视频记录系统的目的是产生一个事件的记录。除了提供历史信息用于随后的研究，它还提供了实时报警评估操作。在旧系统中闭路电视记录使用的是螺旋扫描系统（录像带或录像机）。这种 VCR 系统几乎已经被现代的数字视频录像机（DVR）或网络视频录像机（NVR）等产品取代。

盒式磁带录像机（VCR）可长期存储大量视频，但比较机械，诸如记录或重放磁头、齿轮和马达以及录像磁带本身需要频繁的维护，以保持与新 DVR 或 NVR 的一样的录像功能。

DVR 通常是类似 VCR 的独立单元。它们记录模拟或数码摄像机的信息并存储在一个硬盘驱动器中。DVR 通常有一种方法能将记录显示到计算机显示器并直接存入到 DVR 中。有些 DVR 可能在不影响其他记录的情况下允许转存事件记录到其他设备中。因此，DVR 可能被执法部门没收作为证据。摄像机记录的质量和数量直接影响 DVR 保留录音时间的长度。其结果是增加了时间量和记录量，这可以从各个摄像机到一个 DVR 进行，大部分 DVR

记录可以被软件或硬件算法压缩。根据压缩量，压缩后的图像可能与原始图像具有不同的质量，并可能已经在某些条件约束下面临挑战。数字录像机比计算机系统拥有更高硬驱动和冷却风扇的可靠性，无须对移动部件维护增加。由于许多 DVR 具有冗余磁盘驱动器，所以对记录有非常高的可用性。

NVR 或网络视频记录器的工作类似于录像机，只是它们不接受模拟视频信号的输入。该 NVR 作为一个大型的数据库服务器用于数据流，并允许被发送到任何地方，它们被命令或按照程序发送信息时，报警事件发生。NVR 拥有所有网络的优势，包括冗余、系统级诊断和系统级的数据自动备份。因为 NVR 网络上操作是非常重要的，所以它可以计算网络上期望的记录和显示数据负载，也可以确保网络处理这些高数据速率流，而不会导致因网络带宽问题而延迟视频或报警数据，从而及时发送到它们的目的地。

磁带或数字录像机（DVR 或极）的使用取决于使用视频的要求。这些要求包括直接评估、法律诉讼、监测或执法活动。这些活动可能会受法律管辖或机构收集、使用和存储记录视频信息的约束。

8.2.7　视频监视器

模拟和数字视频监视将一个电信号转换为视觉现场的输出显示。为获得最大图片细节，监视器（分辨率）至少应该有一个带宽的摄像机用于评估系统。它与家用电视接收器功能相似，但是通常有更宽的带宽和无射频调优，通常提供低阻抗（75 Ω）或高阻抗（循环）输入。高阻抗循环允许单个视频信号驱动多个输入（加载）。

黑/白或彩色监视器的使用不再是严格基于成本，因为这两种类型现在价格相近。有些应用场景更适于使用彩色监视器，尤其是在室内。对于室外场景，彩色图像所需的照明系统的安装和维护成本会过高。例如，低压钠与黑—白摄像机灯光的使用效果就很好，但由于它们缺乏某些频谱内容，所以不会产生有用的彩色图像，使用彩色显示器可以提供一个优势，不仅仅因为它们是可用的。在一个室外周界保护系统中，区分一个人和一个小动物，只需要分辨率能够对目标分类即可。彩色摄像机和监视器明显不会提供任何有用的信息。如果一个未经授权的人报警，那么可以认为是攻击和暴力响应。在这一点上，额外的室内摄像头可以是彩色的，这样可以帮助跟踪对手。彩色和黑/白监视器也可以在一个视频子系统中混合使用。

相应的维护问题可能抵消使用彩色监视器带来的优势。例如，由于观察者的视角不同，问题会出现在彩色重现（黑色或深蓝色夹克）、监控安装和白平衡水平。一些观察者可能更喜欢红色或绿色，或不同的亮度和对比度。这些个体差异会改变视频评估系统的有效性。

当摄像机调焦时，应该确认每个具有相同方式监控的区域。一般来说，评估区占据 75% 的监控范围应集中在屏幕上，如图 8.8 所示。这在报警评估中容易给操作员提供一个统一的视图。

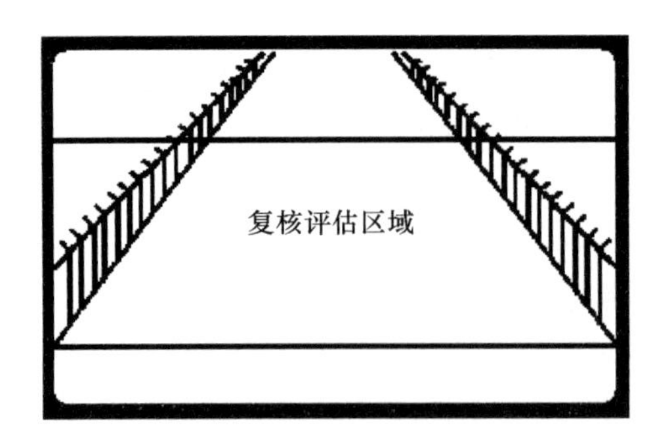

图 8.8　评估区域的监控图

相对于系统中的其他部件，监视器的性能匹配是非常重要，视频图像监视器是大多数评估系统的最终输出。监视器使用相同的水平和垂直分辨率作为视频摄像机——电视线的尺寸。有效扫描行数限制两个监视器和摄像头的垂直分辨率。有常用 525 扫描线系统的 340 电视线；因此，可以指定单独的水平分辨率。监视器的分辨率经常使用与屏幕亮度或照度一样的表示方法。分辨率分离度被指定为屏幕的中心（这里的分辨率通常是最高的）和角落。具有水平分辨率为 700～800 电视线，监视器通常用 525 扫描线速率系统在高 10MHz 达的水平系统带宽下操作。虽然越来越多的高清数字显示器被安装，但是配套监视器仍将考虑成本和性能标准。

理想的监测能够显示白色、黑色和无限的阴影，而双稳态监测器无论输入什么视频都只能显示白色或黑色。在现有的评估系统中监控能力 10 明显深浅的灰色或更好的可以产生可接受的结果。Terry（1992）发表了一个彩色监视器的评论。

8.2.8　视频控制设备

视频控制器是报警传感器系统和报警评估系统之间的主要分界。在数字网络系统中该控制器是由报警传感器控制软件和提供相同功能的网络录像的数据库组成。控制器将自动控制切换器的输入和输出、记录仪的记录和显示监视器上的场景。

视频控制器由微处理器、微型计算机或其他自动控制切换器、录音机或任何其他需要将信息传递到评估系统的设备组成。这种系统通过一套通信线路或数字网络控制所有报警数据、切换、记录命令和状态信息，这个系统可以通过一套通信线路或数字网络在视频系统或 NVR 和主系统之间传输。在视频控制器处理视频评估数据过程中，这种安排使主机处理其他数据。在复杂的评估系统中，视频控制器需要连接时间/日期生成器、字符插入设备、视频检测，环保住房控制和任何其他评估系统的当前信息。几款大型矩阵切换控制器包括一些功能，基于许多这些功能的数字网络视频系统都安装在每个摄像机中。摄像机将与网络视频服务器实现同步；报警传感器软件包含日期和时间信息的数据库；字符插入信息；确定离线摄像机的网络节点故障；支持远程编程的可寻址的网络摄像机的能力。

8.2.9 其他设计要素

视频评估系统应设计成整个入侵检测系统的一个组成部分，包括许多视频系统之间的交互、入侵传感器和显示系统。

示例包括：

（1）布防点位——传感器布局评估有合理的成本。

（2）视频/传感器干扰——评估系统抗干扰设计，以免造成传感器误报警。

（3）监视器位置——显示系统中视频监视器的位置。

（4）系统构建——共同构建和安装要求，技术和位置。

1．布防点位

周界报警评估系统应尽可能显示更多明确区域，包括内部和外部围栏。摄像机/镜头选择和定位必须确保在任何时间对任何可见的栅栏和传感器报警的检测和分类。针对上述原因，提出以下重要的标准：

（1）内部/外部围栏的间隔距离。

（2）考虑隔离区的最小宽度。

（3）平整隔离区或移除植被。

（4）提供足够的照明范围。

偏离这些标准通常会降低系统效率和提高整体系统成本，可通过增加摄像机和设备来实现系统接受的有效性。如前所述，每个室外评估区使用固定式相机区来提供视频监控和报警评估能力。

多个摄像机的评估比单个的报警复核效果要好很多。在较小或低威胁设施中，采用几个摄像机或与特定的视频、多个摄像机/警报组合，可能提供更佳的评估，避免过度重复显示和配置记录设备。庞大的系统往往会产生比较简单的评估，当每个报警评估只有一个摄像机时，因为摄像机的切换更简单，管理者能够专注于现场实时画面和记录视频。

2．摄像机和探测器的干扰

典型的室外系统需要在靠近入侵报警探测器附近的位置安装摄像机塔杆。必须合理计算塔杆的高度和位置，防止由风引起的塔体震动导致传感器产生报警。此外，摄像机塔杆的放置也因考虑防止敌人穿越周界或隔离区。电源、视频、同步器和控制线缆必须合理布置，防止其噪声影响视频电缆和传感器电缆。

3．监视器布局

安装在监控操作台的视频监视器应该保证其有效性，避免其他系统控制和输出引起的干扰。关于这方面的更多细节将在下一章介绍。

4．设备安装

在入侵报警探测系统施工中，由于安装信号和电源传输线缆而导致建筑物改造是非常普遍的。将报警探测器子系统和视频复核子系统的需求相结合，如管道和接线盒的安装，将有助于降低改造成本，实现更有效的系统设计。系统扩展空间应包括这些建筑元素。

8.3 响应力量对报警信息的复核

视频报警复核可以通过保卫力量辅以视觉检查。在某些情况下，报警复核应当由保卫力量执行。如果视频监控系统无法工作（由于维修或天气），或者在特定情况下视频监控无法使用（在一些涉密设施内），就必须由保卫力量进行报警复核。

不管报警是使用视频系统或者保卫力量进行复核，在接到报警信号后，都必须迅速做出最有效的评估。对于使用警戒塔的设施，塔上的守卫可以提供有效的报警复核，如果警戒塔的数量、设计和部署位置足够覆盖，则可以提供完整的周界监控。如果巡逻或巡查人员能够在报警触发时（如在入侵者或破坏者消失之前）及时响应，同时安防系统提供足够的延迟效果，则现场发回的报警情况报告可以提供有效的报警复核信息。关于有效报警复核的系统设计将在下一章详细讨论。

8.4 安防系统的集成

如今，出于确定安全事件的目的，在设施中安装大量视频监控摄像机已经非常普遍。虽然这些措施可以降低劳动成本，但安全系统的有效性可能会降低。在大型或复杂的设施中，应当更好地分离这些功能，以避免保卫力量在面对掩盖下的恶意攻击时分心。在面对低级别威胁的简单设施中，这些功能的协同是可以接受的，但在面对入侵时，可能仍然需要对安防系统的有效性做出让步。

8.5 法律条款的要求

在使用视频监控系统时，适当关注隐私权是一个需要考虑的因素。在更衣室、浴室或其他员工或访客停留的地方安装摄像机是不恰当的。在许多情况下，使用隐蔽摄像机是合法的，但需要注意的是，应当与律师协商以确保在法律允许情况下使用。在设施内大量使用摄像机也成为一种趋向。如果一个人受到攻击，监控系统可以确保辨认出攻击者，并起到帮助作用，由此建立一种预期保护的效果。通过张贴告示，告知人们在某一个区域内实施了视频监控，是一种公认的法律实践措施。摄像头通常放置在设施的出入口，以便减少摄像机数量，警告访客和内部人员。使用视频监控存储记录作为法律证据，必须符合某些标准。依据标准，需要具备以下条件：最低图像质量、日期/时间戳、场景中所占的百分比和目击者。此外，应当包括许多唯一现场标识符，这些标识符表示监控画面的实际地点。例如，区分某一个办公室或另一条走廊。现在通过使用电子图像数字水印，可以确保图像的完整性和防篡改，在某些情况下，取得了不同程度的法律认可，确定图像记录应当符合法律要求，或咨询律师建议，此外也应当符合执法机构的管理要求。

8.6 摄像机选型程序

摄像机选型主要是基于在需要监控范围内的照明环境下，形成完整视频信号输出所需的灵敏度。灵敏度必须与光照条件的设计目标相匹配，而与成像无关。而摄像机的成像分辨率是次要因素，因为对于给定直线边界，它将决定所需的摄像头数量。分辨率越大，摄像机间距越大。所需的成像分辨率应当要在摄像机选型之前确定，但在实践中，当摄像机选型较为有限时，所需的成像分辨率可能会稍做修改。

摄像机格式选择是一个重要考虑因素。摄像机格式大小决定了成像灵敏度，较低的格式意味着降低了灵敏度和分辨率。在这种情况下需要权衡价格因素，但摄像机的成本只是系统总成本的一部分。格式大小也影响到成像视野，这也决定了不同焦距镜头的数量。如果选用非标准焦距镜头，应在选择之前进行深入评估。

摄像机选型时，应根据现场实际照明环境进行评估。在许多情况下，其他设施的经验可以帮助减少备选型号。制造商提供的型号指标不能作为选型的唯一参考依据，因为这些型号指标，或者按照型号指标的开发过程，在实际环境的设计工作中都可能是不真实的。

在选型时还应当考虑的因素包括维护成本、现场环境安装情况、厂商的维护与设备使用手册等。使用手册应当包括操作、调节及维修步骤、工作原理、模块图、电路图、维护厂商和可更换零部件列表。如果厂商不提供使用收册，则其产品必须首先被排除出考虑范围。

8.7 验收检测

视频复核评估系统需要详细地考察摄像机的安装和维修，以确保其达到最优性能。质量检测应当包括所有被购置用于报警复核功能或系统实际安装的摄像机。显而易见，上述两种情况需要考虑不同的参数。用于报警复核的摄像机将被单独检测。在摄像机安装在实际系统之前，应当评估摄像机性能，以保证摄像机的规格参数与厂商提供的数据一致，其产品标准具有兼容性、摄像机指标之间的一致性。在工程实践中，产品厂商的最终测试并总不是完美无瑕的，实际性能可能与规格参数相差甚远。在长途运输中，设备也会受到损毁，局部零件可能会松动。我们建议在最后安装前，持续操作设备上百小时，从而降低前端设备安装阶段的维护难度。在保质期内，一旦发现任何有关设备的问题，都应该向厂商寻求帮助。

室外摄像机应当按照厂商规格进行安装，并且在具有同类型照度的夜间灯光照明条件下能够正常使用。摄像机选型应尽可能地优先考虑分辨率而不是价格。检验摄像机分辨率的一种方法是将一定尺寸的目标对象放在观测位置，然后判断目标对象是否能够被观测到。例如，将直径1英尺的圆形、边长1英尺的正方形和边长1英尺的三角形作为3个测试对象；并且将测试对象的一面涂抹成白色，另一面涂抹成黑色。将测试对象放置在可观测的外部环境较远位置中，通过值机员观察监视器画面，并识别其形状和颜色，可以迅速判断系统的分辨率的有效性。将测试对象放置在明亮或是夜晚照明位置，并且在明亮环境下观测对象的白色面，夜晚照明环境下观测对象的黑色面，从而验证图像是可辨别的。对象的尺寸按照设备预期受到的威胁大小而定。分辨率表可以被用来确定在室内或室外观测区使用的分辨率。1英尺测试对象模拟了一个人在爬行时的横切面大小。对于不同设施和不同威胁等级，测试对象大小可以做相应调整。确定分辨率大小的额外方法还包括使用面向观测区的大型分辨率表、其他用于测试的观测对象，如Rotakin。英国便采用了Rotakin测试对象用于评估闭路电视监控系统的性能。Rotakin，的使用始于1989年，并且被纳入欧洲电工标准化协会的闭路电视监控系统使用指南标准50132-7。该测试对象能够被用来描述系统性能（图像品质/分辨率）、适当的视野、基于时间压缩系统的性能、相机快门和记录速率。Rotakin常被使用在总高度1.8m的站台，但可能也会被斜放在篱笆、建筑物或是平放在地上从而模拟人为攻击策略。由于缺乏通用的分辨率标准或应用于私有安全系统整体的需求信息，系统设计或安全管理者只能依据签约合同或购买设备来确定分辨率。

摄像机性能可以在实验室测试平台实施检测。其测试内容包括分辨率、聚焦度和灵敏度测量，并在一些性能测试中具有高性价比的优势。在初始验证阶段，使用测试平台并不能有效检验摄像机性能是否符合安防系统的合格标准。虽然一些闭路电视监控系统的摄像机在发货前预先固定焦距，但摄像机的性能可能与在测试环境中不一样。初始测试和验证必须与适当的室内或室外测试结合，从而共同确保摄像机能够运行正常。最后还需要对摄像机进行最终调试，包括对焦、灵敏度、景深以及反映真实光亮和其他环境的视野效果。

室外照明调查可以使用高质量测光表与网格模式相配合，如将地面划分成3英尺见方的网格，在离地高度1英尺进行室外照明调查。首先进行照明设备的初步调查，然后逐步进行调查。还应当准备一个预防性维修计划表。根据设备大小和预算，所有照明器具应当可以同时替换或取代。在许多情况下，室外环境更换灯具需要一个升降机或类似的设备。如果采购了专用的更换设备，则比租用设备提供了更为便利的维修时间，这一设备也可以用于更换或维修其他室外摄像机。在一段时间内，应当收集到足够的数据，从而建立一个常规灯具的更换周期。此外，启动照明方式也很重要，这可以采取不同的方法，比如使用光电传感器激活所有照明灯具；光电传感器需要覆盖每个光源、侧面、部件或人工激活。

室内照明也应该持续评估，但评估难度低于室外环境。室内光照度应满足阅读、检查或一般性室内活动的任务要求（照明工程协会，1981 年）。在大多数室内场景中，提供室内活动的照明条件也适合视频监控系统的摄像头，但这仍应予以验证。应当特别注意的是，报警复核视野内的家具或其他物体布置位置，应保证消除阴影或盲点。

如前所述，还应当测试视频子系统的响应速度，以确保探测报警器迅速联动视频复核，能够捕捉到实际的入侵事件。通过测试 1s 内获取和报告的报警信号数量、摄像机联动反应次数和记录次数等指标，可以帮助确定系统是否能够实现预期效果。除了对视频子系统及其组件进行性能测试之外，强烈建议对系统供应商或集成商开展视频子系统的验收测试。验收测试的内容包括：在实际操作环境下的分辨率效果、录像存储速度、1s 内接收和联动的报警信号数量，以及其他相关细节，如光暗比。验收测试所需的技术指标和测试项目应写入供应商合同条款中。

与收货验收和安装前检测相似，应当尽可能缩短维护保养时间。摄像机的调校通常会占用大部分的维修时间。在初始安装阶段的镜头对焦调整一直是主要耗时因素，其原因是由于夜间照明效果和光谱变化情况。如果根据摄像机安装位置在视野内选择合适的夜间照明场景，则光学对焦效果更为理想。对于一体化摄像机而言，镜头对焦调校方法将受到严格的限制，为了规避或替代这一矛盾，人们提出了许多其他方法。对于这些问题应当正确认识并尽量避免。

检修工作最好由内部人员承担，他了解安防系统的设计情况，系统组成的复杂性和关联性，以及电子设备故障排除的背景情况。具体的定期检修要求应当来自集成商的系统维护手册。此外，规定出系统的误报警率指标是必要的，它将允许出现一些误报警信号而不影响系统验收。偶尔出现的误报警信号也具有价值，它表明了系统仍然在继续工作。误报警率指标可以是每天每一防区出现一次误报警。系统的误报警率应当足够小，既要保证系统在不同环境条件下持续运行，又不至于造成一个安全漏洞。如果误报警率设置过高，或产生大量的误报警信号，则会导致安保人员值机过程中忽略真实的报警信号。对反复出现的误报警和假报警信号，应当进行调查，不断提高系统功能。对于委托外来人员进行安防系统维保的情况，在维保活动完成后必须进行自检查，以确保安防系统正常工作且未被更改。

设备日志应该详细记录系统各组件的更换和维修信息，并保持必要的备件。根据预算和设施的规模，推荐保持 10%～20%的组件（摄像机、显示器、灯具、VCR 等），特别是摄像机的备件。如果采用了不同型号的摄像机，则应当测试其兼容性和性能，并在系统维护日志中详细记录测试情况。如果在不同时间段，一个或多个监控前端设备失灵后，应当制定必要的应急处理预案，包括安排保卫人员临时布防，直到设备修复为止，或者临时部署便携式设备实施监控。

系统集成上提供的设备文件应当保存在设施现场和档案室。现场任何的设备配置调整都应当记录，并保存在上述两个地点。摄像机的维修和调校形成的维护日志应当保留每一台设备的历史纪录。通过识别反复出现的问题和设备故障，可以建立维保态势，这一做法将大大减少维保时间，帮助发现不合格产品。

8.8 小结

本章通过视频子系统阐述了报警复核功能。报警和监控的主要区别在于报警复核系统将现场画面的获取和传感报警器信号实施联动，从而决定是否采取响应措施。而视频监控系统则主要负责收集视频信息，并没有与探测器实现联动。

另外，本章详细解释了入侵探测与报警复核的关系。安防的一条基本原则是：没有报警复核的探测系统是不完整的，要实现完整的入侵探测必须实现传感器报警复核。报警复核是通过在防区部署保卫人员或者利用视频监控系统来承担，而利用视频监控是较为适合的方法，特别是在需要及时响应的情况下。摄像机可以提供快速的报警复核，从而更为迅速地应对恶意攻击。

报警复核系统包括在报警复核区域内安装的摄像机、监控中心显示设备和各种传输、交换以及记录系统。其主要设备包括：摄像机和镜头（将物理场景的光学图像转换成电信号）、照明系统（在报警复核区域内满足摄像机和镜头分辨率的照明装置）、传输系统（在前端摄像机和监视器间传输信号）、视频转换设备（将不同摄像机的视频信号与监控器以及视频记录器相连接）、录像存储系统（用于记录事件监控录像）；监视器（将电信号转换成可视画面）；联动控制接口（实现报警系统和监控系统之间的联动控制）。

本章详细介绍了分辨率的定义和应用，以及分辨率和摄像机安装的关系，在三个不同层面解释了分辨率的应用效果：探测（发现物体）、分类（人和兔子）以及辨识（是甲而不是乙）。基于桑迪亚国家实验室开展的实验，识别一个匍匐前进的人类目标，需要的分辨率为每英尺 6 线。分辨率指标取决于潜在威胁、入侵战术、需要保护的目标资产以及所采用的视频信息方式。报警复核系统功能必须支持防护系统的目标。当高防护级别的目标保护需要快速响应时，系统分辨率和延迟时间必须满足实时响应速度。而对于低防护级别的目标，可以允许一定程度的响应延迟。高防护等级的目标必须采取实时响应，而低防护等级目标允许一定的延迟响应。

报警复核系统应当作为入侵探测系统的组成进行设计，还应当同步考虑视频监控、入侵报警探测器和显示系统的接口。

8.9 安防理论

没有复核，入侵探测无法实现。人的探测能力弱但复核能力强。对于防护目标的有效性而言，接到报警信号到复核之间的时间一定要短。视频监控系统的摄像机分辨率可分为三类，即：发现、归类、辨识。根据报警复核所需的分辨率可以建立适当的分类。视频报警复核子系统的反应速度必须能够及时获取图像，以便发现报警原因，做出准确的报警复核。

8.10 参考文献

[1] Damjanovski, V. CCTV, 3rd ed. Boston: Butterworth-Heinemann, 2000, 7–153.

[2] Fennelly, L.J. Handbook of Loss Preventionand Crime Prevention, 3rd ed.Boston: Butterworth-Heinemann, 1996, 253–267.

[3] Greenwoll, D.A. An evaluation of intensified solid-state video cameras. SAND90-2566 1991;1–60.

[4] Gill, M. "CCTV: Is it effective?," in Gill, M., ed., The Handbook of Security. New York: Palgrave Macmillan, 2006, 438–461.

[5] Illuminating Engineering Society of North America (IES). IES Lighting Handbook, Reference Volume. New York: IES of North America, 1981, 8.2–8.55.

[6] Kruegle, H. CCTV Surveillance: Analog and Digital Video Practices and Technology. Burlington: Elsevier Butterworth-Heinemann, 2007, 47–69.

[7] Malone, T.P. An evaluation of fiber optic closed circuit television transmission systems for security applications. SAND90-2556 UC-515 1991; 1–24.

[8] Mackworth, N.H. "Researches on the measurement of human performance, " in Sinaiko, H.W., ed., Selected Papers on Human Factors in the Design and Use of Control Systems. New York: Dover, 1961, 174–331.

[9] Terry, P.L. A laboratory evaluation of color video monitors. SAND93-0051 1993a; 1–24.

[10] Terry, P.L. Initial laboratory evaluation of color video cameras. SAND91-2579 1992; 1–30.

[11] Terry, P.L. Initial laboratory evaluation of color video cameras (phase two). SAND91-2579/2 1993b; 1–51.

[12] Tickner, A.H., Simmonds, D.C.V., et al."Monitoring 16 television screensshowing little movement." Ergonomics1972; 15(3):279–291.

[13] Tickner, A.H., and Poulton, E.C. "Monitoring up to 16 synthetic television pictures showing a great deal of movement." Ergonomics 1973; 16(4): 381–401.

[14] Ware, J.R., Baker, R.A., and Sheldon, R.W. "Effect of increasing signal load on detection performance in a vigilance task." Perceptual and Motor Skills 1964; 18: 105–106.

8.11 问题

1．讨论以下几个应用中需注意的问题。

- 100%的探测区都需要复核；
- 同轴电缆视频和电源电缆需要单独放置；
- 当需要实时复核时，不能使用摄像机的转动/俯仰/缩放系统；
- 复核外周界时，摄像机视图不能被遮挡，如栅栏线等；
- 即使没有报警，摄像机和灯也必须处于工作状态；
- 每个区域都需要用一个单独的摄像机。

2. 比较视频报警系统和视频监控系统，并说出各自的优缺点。

3. 为什么放置视频仪器（poles, cables, camera housings）会影响入侵传感器？

4. 为什么说没有复核系统的入侵报警探测系统是不完整的？

5. 什么情况下一个侵入可以免于被复核？如何避免这种情况，这样一来会增加多少开支？

6. 如何减少报警复核时间？

7. 用书中提供的公式计算1/2 格式中最大的可用复核评估区域，600线的视频格式的水平分别率和使用20英尺特定的镜头复核评估区域：

镜头	6mm	12mm	25mm	50mm
近场距离				
远场距离				
混合使用				

如果一个传感探测器300英尺长，那么哪一个是最好的镜头？哪个标准大小的镜头最好用？为什么？

8．如图8.6所示，计算机希望设计使用两个摄像机和两个不同的传感器。

.Chapter 9

第9章

报警通信和显示（AC&D）安防集成平台

报警通信和显示（AC&D）是实体防护系统（PPS）的组成部分之一，它将报警信号与复核信息传输到监控中心，并为值机人员集中显示相关信息。随着电子技术、计算机技术和网络技术的不断发展，AC&D的功能也在不断发生变化。它使快速收集和处理各种信息成为可能，但当前所面临的挑战是如何有效地展现信息，并决定需要采取什么行动。本章将会介绍用于提供报警信息给值机人员的设备和技术。由于许多集成平台还集成了入侵探测系统和出入口控制系统，在考虑集成功能时，集成平台还需要提供其他相关信息。

由于集成平台的网络化，其设计、开发、运行和维护的复杂度不断提高。因此，本章仅简要探讨了集成平台的构成要素，技术发展的速度远远超过了本书的改版周期，这也是为何本章只能高度概括集成平台的一个原因。而另一个原因是，如果需要详细说明集成平台，则需要单独一本书的内容，但那不是本书编写的目的为了帮助了解基于网络的集成平台功能特性，在附录B中提供了关于企业网络安全性的分析工具。

集成平台所具有的两个关键元素是：

（1）数据的传输或通信。

（2）通过有效的方式将信息表现或显示给操作人员。

9.1 报警系统的演变

一般来说，安保报警系统会使用简单的闭合接触，如安装在门上的用于入侵检测的磁性开关。早期的系统信息传输用的是报警器面板，它是由一组彩灯在安全区域内为每个传感器指示报警状态。通常，红灯用于单个传感器探测，黄灯表示该区域是门禁（警报禁用），绿灯显示安保操作状态。报警时，操作员可以手动将报警器关联到一个特定的区域，然后再切换适当的摄像机（如果存在的话）连接到显示器上，并做出适当的响应。如果没有闭路电视摄像机可用，也可以派一名警卫到该地区调查报警的原因。该系统虽然很耗时，但也有一些优势：简单的电子元件很容易理解；灯光和特定的传感器可以直接联系；系统易于维护。

报警器面板也有一些局限性。由于用于每个区域的电路都是单独的，所以成本将会很高；再者由于需要监视大量区域，因此面板会需要大量的物理空间；最后指示灯仅仅能显示有限数量的信息。

随着越来越多的复杂技术变得经济实惠，报警通信系统的开发，集成了以同时传输多路报警信号、结合计算机控制，并通过闭路电视添加视频的功能。虽然每个子系统都提供了改进，但是当子系统安装为独立的单元再创建成一个系统时，还是很难操作和学会使用的、它们还会在危机时刻给操作人员很大的负荷。现代系统集成技术是将组件集成为一个协调的、有效的系统。当与适当的程序和训练有素的人员结合时，对于在一个设施里收集、响应和应对安保事件，它们是最好的方法。

9.2 AC&D 系统属性

最有效的报警通信和显示系统都有特定的功能。系统必须放置在它们所能承受的环境中。如果在外部环境中，一个组件需要面临较大温差变化，则必须设计成能承受住这些变化而不发生故障。稳健性和可用性是在所有可能的环境中的系统性能指标。

报警通信、显示组件和系统的设计会持续很长时间。单个组件应该是可靠的，并有较长平均无故障时间（MTBF）。一个可靠的系统需要较少的维护并且易于操作。其他方面的可靠性包括可靠的通信和报警数据显示且不发生信息丢失。没有通信系统可以保证信息的传递是100%的；然而，现代通信设备可以通过实施技术检查和核实数据和报告禁用通信链路来实现或接近这一目标。

电子元件最终将会失效。良好的报警通信和显示系统会利用这个失效的机会，考虑对关键部件提供备份和备份功能。通过最大化报警通信和显示系统的稳健性、可靠性和备份性，使得系统的不可操作或停机修理的时间最小化，从而最大限度地发挥其有效性。

报警信息必须及时地提供给安保人员。报警通信和显示系统的运行速度必须足够快，仅占用整体报警复核和响应时间的一小部分。虽然从站点到站点的时间会有所不同，但对于报警通信和显示系统的速度，在计算响应或报警复核时间是忽略不计的因素。

报警通信和显示系统是整个实体防护系统的一个重要组成部分。由于PPS须保护设施的重要资产，因此报警通信和显示系统在针对敌方的攻击方面也必须是安全的。例如，程序应该限制谁有权访问报警通信和显示系统的显示器以及系统的配置，只有授权的人员才能获得报警通信和显示系统的信息、组件和布线。作为被保护的部分，报警通信的基础设施也应该保证在遭受攻击时是安全的。

AC&D系统对于操作人员必须易于使用。虽然大量的传感器提供了相当多的数据，但这些数据应当呈现必要的信息给操作者。此外，为了保证用户不被数据所淹没，与该系统的交互必须是高效的，并且用户必须能够快速且容易地执行必要的操作。一个易于操作的系统，也应该减少训练量和再培训的需要。

以上这些特性构成了AC&D的整体效能的组成部分，但AC&D效果的一个最重要特性是它能快速而清晰地将报警数据从传感器传达给值机人员。当发生报警事件时，AC&D系统必须传达给值机人员以下信息：

（1）报警发生在哪儿。

（2）什么或谁引起了报警（报警复核数据）。

（3）什么时候发生的报警。

值机人员还需知道怎样应对。这可以通过培训和AC&D系统提示功能来完成。此外，因为所有的AC&D活动都必须及时发生，所以其有效性的措施是AC&D系统的运行速度。

衡量这种有效性的困难在于这是人-机交互反应时间的关系。计算值机人员的反应是一个非常艰难的过程。在另一方面，电子通信系统是可量化的。报警通信和显示系统的两面性使测量系统的有效性更为复杂。通信系统可以理解为网络的拓扑结构建模和系统时间测量。然而当人涉及软科学时，就需要如人体工程学、生理学的研究。

AC&D系统分为几个子系统：通信、通信线路与加密、信息处理，控制和显示，报警复核和离线子系统。这些将在下面详细讨论。

9.3 报警通信子系统

通信子系统是将数据从一个物理位置传递到另一个位置。具体来说，AC&D系统的通信子系统是从集合点（传感器）到中央存储库（显示器）传输数据。如果中央存储库包括多个计算机或显示器，则通信子系统也可能会通过中央存储库传输数据。

AC&D通信集成的基本概念是一个设计模型，包括详细的系统功能以及它们如何与其他的AC&D设备的要求联系起来，系统的规模和拓扑结构，与简单的系统配置相结合（在层次结构）。在实际设计中，报警通信系统具有几个特点。这些特点包括报警数据的数量，需要有高可靠性和数据交付的速度必须足够快。下面的讨论中将详细说明每个系统的特点并描述这些特点在系统设计中的作用。

如果一个探测器被激发，报警通信系统必须保证准确地由AC&D的计算机接收关于这个被激发的数据。保证消息传送意味着通信系统必须是可靠的。此外，报警数据必须及时进行传输。人为因素和AC&D系统与报警复核系统之间的交互都影响报警报告的速度。

人为因素触发的报警没有明显延迟。对于人工操作而言，“没有明显延迟”是指一秒的十分之几。在AC&D与报警复核系统之间交互的报警时间，是总报警复核时间的一小部分。虽然总的报警复核时间可能有很大的不同，但AC&D与报警复核系统的交互却只需要毫秒级。由于通信时间是总报警报告时间的一部分，所以这种报警速度的要求快于报警通信。

对于设计一个有效的警报通信系统，其他因素也很重要。传输介质必须保证足够的带宽，来处理全速运行时的系统通信。通信协议是专门设置的通信规则，也是在系统设计时需要重点考虑的因素。系统速度决定了在系统上使用的协议的类型、协议开销必须适合于正在传输的数据的类型。另外，信道带宽和协议开销必须是平衡的，以提供所要求的系统速度。

通信系统最好的情况下，会提供100%的首次数据传输的可靠性与即时通信。事实上，满足该标准是不可能的。此外，高速和高可靠性（备份）的系统是昂贵的。良好的通信子系统的设计应平衡系统的造价与它的性能。根据不同的设计，可以使用多种协议来平衡速度可靠性和成本。

为确保在最高的安保性或最复杂的系统下信息传输到值机人员，在硬件故障的情况下备份的硬件需要被处理，该系统必须能够自动地通过所要求的备份硬件来传递消息。此外，所使用的协议应该能检测和纠正信息错误和重复的消息。开源互连（OSI）参考模型是描述通信系统将系统功能分为七层的一种方式。从最低到最高，这些层是物理层，数据链路层，网络层，传输层， 会话层，表示层和应用层。对于AC&D系统，兴趣集中在那些OSI层提供稳健性，备份度和速度上。所以所感兴趣的层是指那些在最底层的，如物理层、数据链路层和网络层。这些层在表9.1中有描述。

表9.1 适用于AC&D系统的OSI模型层

物理层	物理层提供用于从一个地方到另一个地方传输信息的机械，电气，功能和程序方法。它处理介质（电线、光纤等）和功能
数据链路层	在数据链路层提供协议分隔符和框架信息。此层也执行基本的错误检查
网络层	网络层提供寻址，排序，流量控制，接收/确认和错误处理服务。网络层采用更高级别的数据并将其打包传输

9.3.1 物理层

物理层描述电气和机械方面的通信信道。它还介绍了使用一个信道的功能和程序方法。

它包括的类型有通信介质，如电线还是光纤电缆；网络体系结构，如环路、星形，还是总线型和底层协议如EIA-422（电子工业协会）或直流线路监控。

通信介质类型与用来建立一个链路的材料的物理特性有关，用于从一个物理点到另一个物理点的传输数据的公共媒体类型是双绞线、宽带线、光纤电缆、射频通信链路。

双绞线电缆是目前使用最广泛的媒体类型。此电缆支持多种不同类型的电气协议，也易于安装及维护。因其长期的电话线路使用的历史，使双绞线几乎无处不在。双绞线电缆提供了两条线（一对）给通信链路。双绞线的缺点是它容易受电磁干扰。闪电、动力高峰和共模信号都容易耦合到双绞线连接。双绞线还具有距离和带宽的限制。高带宽信号只有相对短的距离才可被可靠地传输。因此，双绞线电缆最好用于小于0.6英里长的路径。

宽带电缆与双绞线相似。两个电缆类型均使用铜线和光缆提供两个导体来实现通信链路。所不同的是在电缆的物理布局上，宽带电缆采取的各种导线配置的专用电特性的优点来提高电缆的参数，从而增加适用距离。一些双绞线电缆如果在电缆的整个长度上的电线捻数是恒定的就可以是宽带。

最常见的宽带电缆是同轴电缆。同轴电缆通常用于传输视频或高速的网络数据。与双绞线电缆一样，同轴电缆也易受电磁干扰，如动力高峰和雷电和可以支持许多不同类型的电气协议。由于同轴电缆的特殊的物理构造，它比双绞线更昂贵。宽带电缆最好用于少于1.2英里长的路径。

光纤电缆使用的是玻璃或塑料纤维材料，利用光来传输数据。光纤电缆是一个非常高带宽的媒体。只要安装正确，光纤就是稳健和可靠的。光纤的其他优点包括可抗所有类型的电磁干扰和传输距离长。多模光纤可工作在1.2英里或更远的距离。特殊的单模光纤可以延伸到多达12英里。

光纤比铜线电缆价格更高，且难以连接。正确地连接光纤系统需要特殊的工具和专业培训。因为光纤电缆不使用电力，所以它不适合慢的或低带宽信号。此外，纤维对于快速的传输数字信号是理想的，但它不适合于模拟信号。

RF（射频）链路使用无线电发射器和接收器来发送数据。介质实际上是发射器和接收器之间传递的电磁信号。由于RF链路安保性差，所以其在AC&D的通信上不经常使用。

1. 网络架构

网络架构描述了一个系统的组件是如何相互关联的。对于一个给定的安装连接的最具成本效益的方法，往往取决于探测器的布局。这些连接或布线配置，可以是点至点、星型、环型、总线、指环或这些结构的组合。

最简单的布线结构是点至点设备直接连接到彼此。这种连接类型的一个例子示于图9.1中。点至点连接用于可以作为其他架构的基础进行。点至点连接的简单性使得它易于使用。

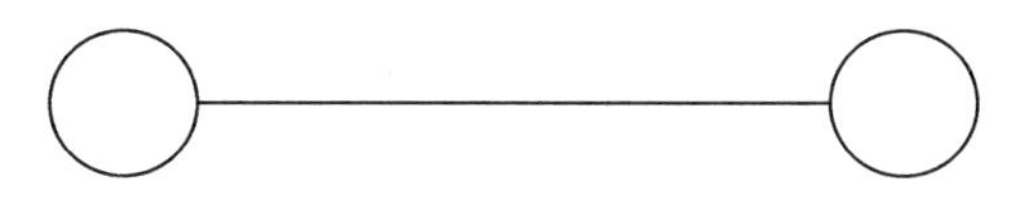

图9.1 点至点线路连接

星形的架构，如图 9.2 所示，是用点至点连接的集合来连接多个设备回单中心点。星形网络通常用于把探测器数据返回到场板。星形网络很容易理解和使用，但它们不是多余的。报警显示系统位于一组探测器的中心，这种方法具有成本效益的布局。

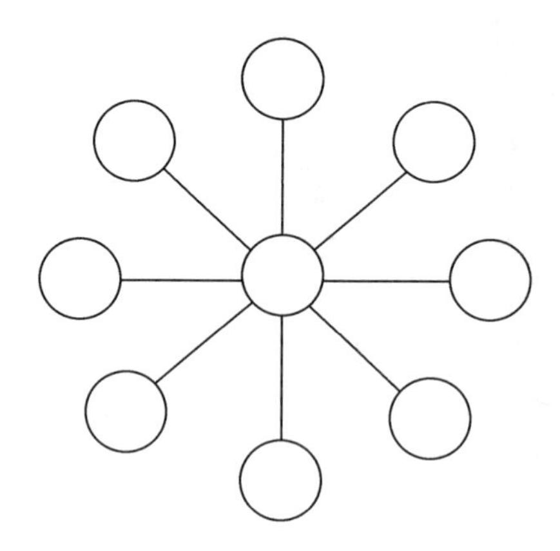

图 9.2　星形线路结构

星形结构传输的特征在于通过使用一个单独的导线对每个探测器和报警显示系统之间进行传输。每对线是独立的，并且有许多物理路由到报警显示系统。这是一个优点，因为这样出现单点故障时仅会禁用系统的一部分。其缺点是，可能有过度的布线和膨胀，所以因为没有余地增加更多的电缆，有时需要将多个探测器连到一个输入线上。

环路使用的是点至点一起连接到链设备。图 9.3 显示了典型的环路结构。环路的开始和结束是在相同的物理位置。环路结构是媒体比星形网络更高效的用户。如果每个点对点的连接是双向的，环路也可能有备份。特殊的物理层功能必须处理围绕循环转发的信息流。

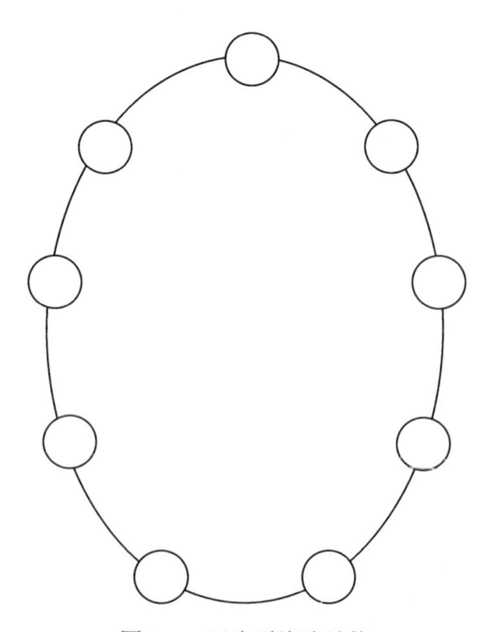

图 9.3　环路型线路结构

在总线网络中设备共享相同的公共媒体。与环路结构相似，总线体系结构的介质是有效用户媒体。由于设备共享媒体，该协议必须仲裁哪个设备在给定的时间里正在积极地通信。但是，总线网络与其他网络一样是不可靠的。一个单一的设备故障会导致所有通信停止。此外，总线网络是不隐含的备份。一个总线网络连接显示如图 9.4 所示。

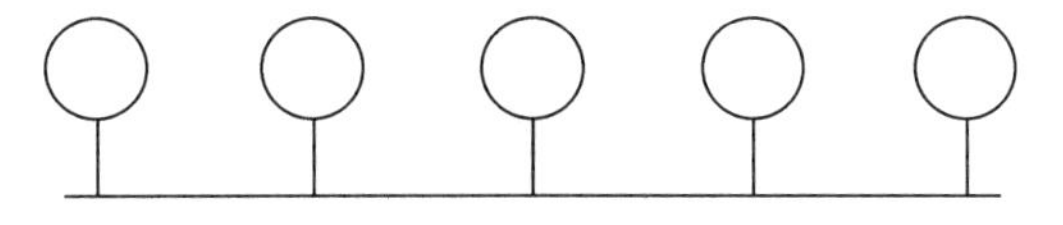

图 9.4　总线线路结构

指环型是总线网络拓扑结构的一种特殊情况，如图 9.5 所示。指环型和总线网络一样，共享相同的物理介质。不过，指环型将设备连接在一起成一个圈，而不是一条线。指环型是一个特殊的总线备份功能。指环型也共享总线网络的可靠性功能。指环型网络与环路型或星形配置一样是不可靠的，因为一台设备出现故障可能会导致通信停止。

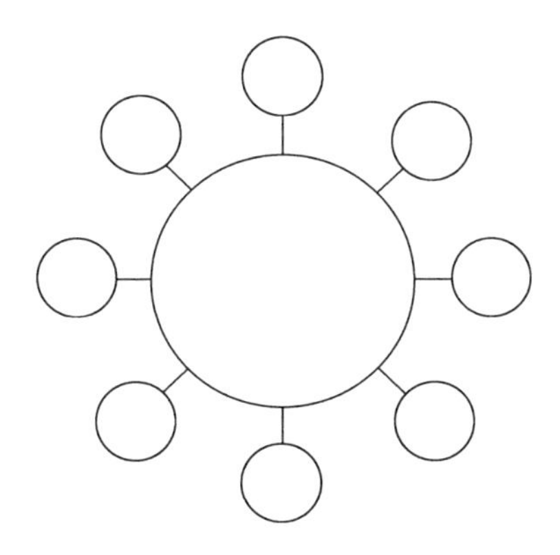

图 9.5　指环型线路结构

基本的网络构建块可以被组合，以形成更复杂的网络。分层网络是通过一个或多个基础网络嵌套的方式相结合的。一个共同的 AC&D 的层次结构是星形网络与总线或环路网络相结合，使传感器连接到 AC&D 系统的计算机。层次结构可用于提供备份给不隐含有备份的网络。

分层网络为 AC&D 通信系统增加了复杂性。虽然分层网络是有效的，但它们有时很难使用，并且在某些情况下，可能会降低系统的性能。当通信系统使用太多层次的嵌套网络时，性能的下降是最明显的。

2. 安全因素

如果从探测器到控制中心的通信链路因意外或故意损坏而发生故障时发出警告，报警报告系统是没有什么价值的。物理保护技术，如金属套管，可用于预防或延迟对线缆的物理访问。如果接头被牢固地焊接，通过金属导管保护的通信线路是就最安全的。对于长距离的通信线路的埋藏是昂贵的，但它会延缓一个攻击。当埋入时它允许任何未来的扩展或个别线路故障，额外的导线或纤维应被包在电缆中。所以无论是包裹在混凝土中还是在电缆路径上覆盖混凝土或沥青，都要在管道中提供有检修孔保护的电缆。如果周围的整个区域的电缆路径都已被铺平，那么再开挖一般是不鼓励的，并且这样电缆的确切位置将更加难以被敌手检测到。通信线路所建议位置，是在一个安全的区域内可以运行的。这限制了那些授权进入该区域的访问权限。

3．底层协议

直流（DC）协议使用一个稳定的直流电流来检测线路电阻的变化。直流协议有低速和距离的限制。可用带宽的直流信号是低电平，所以只有非常有限的数据量可以被传递。这个协议常用来传递探测器的开关状态。

在许多交流（AC）协议中使用随时间变化的信号来传递信息。AC 协议最常用于双绞电话线。在这样的应用中，数据是使用音调或其他的调制方法被发送的（调制由调制解调器提供）。数据可以用交流协议通过铜缆发送到较长距离。

数字信号可以认为是一种交流信号类型，因为它们使用随时间变化的信号来传输数据。然而，数字信号都要转换成二进制方式来发送。数字数据不是接通就是断开。调制方法可用于发送此二进制数据。数字信号协议通常是成对的网络层功能，以提高数据传输的可靠性。

电子工业协会（EIA）制定了发送异步数字数据的若干标准的电气协议，包括 EIA-232、EIA-422 和 EIA-485。这三个标准普遍用于传输计算机之间的中速数据。使用 EIA 电气标准的串行协议必须与具有良好的数据链路层和网络层的功能一起使用。EIA 标准详细地指定了电气和机械的问题，但没有指定数据链路层和网络层的功能，如果没有良好的数据链路层和网络层，串行协议是不可靠的。

在 AC&D 通信中也有几个常用的高速网络协议，包括以太网、令牌环和光纤分布式数据接口（FDDI）协议。这些协议被认为是高层次的协议，并提供了一组丰富的通信服务。网络协议是可靠的，可备份的。不幸的是，由于它们比较昂贵，因此网络协议并不总是最佳选择。此外，因为提供一组丰富的服务，所以增加了开销。

9.3.2 链路层

数据链路层是打包处理数据的传输，且为了允许数据的发送，可能会添加分隔符和帧信息。输出的数据传输时要进行格式化，并且输入的数据是已解压缩或未格式化的。拆包允许链路层来执行错误检查。

错误检查是数据链路层的一个重要特征。通信系统不可能完美地发送信息，因为错误随时会发生。当信息出错时，错误检测可以让数据链路层通知高层。数据链路层执行错误检测的能力取决于所使用的协议。简单的协议，如直流模拟信号，可提供一个简单的好/坏的状态，而网络协议对每个数据包上传送的信息都会执行错误检查。网络协议允许更高层的错误检查。

9.3.3 网络层

网络层提供了整体的备份和一个通信系统的可靠性。网络层处理流量控制，接收/确认和路径选择。而在OSI模型的较低层不能保证消息的传送（即可靠性），网络层提供这种能力。

更可靠的网络层可以利用好流量控制。流量控制可以决定哪一个设备进行通信和什么时候通信。此外，流量控制可以跟踪信息，并确定是否为重复的发送消息。在更高级别的协议中提供了详细的流量控制特性。在接收装置上缺乏流量控制可引起消息丢失或接收重复的消息。

这些功能为发送设备提供消息确认服务。在可靠的通信系统中，接收/确认服务保证消息已由发送者成功发送了一次。结合接收/确认和流控制为系统提供了重新发送丢失的信息的功能，从而提高了系统的可靠性。

备份系统必须提供多个通信路径，并且要选择一个特定路径的网络层。当发生故障时，路径选择允许通信系统来接通备用路径。路径选择功能是在更高级别的协议中最常见的。

1. 链路检测与安全性

良好的通信系统使用的协议，允许进行错误检测。在AC&D系统，发现敌人诱发的错误或尝试欺骗或干扰通信是很重要的。用于检测这些诱发错误或中断的技术被称为线路监听，这为通信系统提供了安保。线路监听是指监测通信链路，以确保其正常工作和数据在传输过程中未改变其进程。通信链路可以分为两类：被动式和短路检测。只有当报警发生时，一个信号会被发送到一个被动的链接。在链接处的断裂将防止警报被报告，并且断裂不会被发现，除非进行系统的测试。与此相反，连续的信号传送过的短路检测链接，允许在链路断裂处直接检测。

脆弱性对所有物理介质都存在。硬连接通信线路很容易受到环境的干扰和攻击；无线电链路容易在发射器和接收器上受到干扰或攻击。无线传输通常比掩埋或封闭在接地的金属导管里的硬连接通信线路更容易受到电子和天气现象的干扰。另外，无线传输可以被任何人在很远的距离截获，但为了确定什么样的信息被发送，硬连接通信线路需要一个潜在的攻击者获得线路上的物理连接。除了实物保护措施，这些弱点需要使用线路监听，以提供安全的通信。

1）检测类型

监听系统监测通信链路，以确保其正常运行，并且保证数据没有在被发送时发生改变。监听系统可以是静态的，也可以是动态的。静态系统始终符合由同一信号发出的安全条件。这个信号很容易被对手发现，并被替换成伪造的信号，敌人因此可以轻松击败静态系统。另一方面，动态系统用一个连续变化的信号来表示安全条件，这样的系统很难被击败。现代大多数动力系统采用加密技术来提供监听。

一个光纤光学通信系统比同等铜导线系统有更多的自我保护。LED或激光器通过玻璃纤维来发射信号。对玻璃纤维的篡改是很难完成的但很容易检测。另外，纤维操作的原理使得伪造数据是很困难的。由于这些原因，光纤是更安全的。

静态监测系统的目标不是检测受保护访问线路就是防止伪造信号的成功替代。系统可以使用直流或交流监测。每个系统都可以通过它的灵敏度来描述，而灵敏度是在一个报警产生之前当前值与额定值之间改变的量。典型的系统有2%～30%的灵敏度范围。

直流监测在线路的末尾采用电阻器，以保持在该行有恒定的电流。超出正常范围的特定电流将会指示为报警条件，如探测器报警或防撬报警。一个高度敏感的系统击败不太敏感的系统的能力只是略强，而且高度敏感的系统还相当容易发生误报警。因此因高灵敏度而带来的额外的费用是不必要的。直流监测是相对便宜的，且提供了足够的保护，可以防止偶然的威胁，如恶意破坏和电缆意外切断。

交流监测监视的是振幅和报警时所施加的交流信号。要实施该方案，需要更多的电子专业知识，但稍多的努力是必要的，被知识渊博的对手攻击可以做的抵抗很少。由于与直流系统一样，在交流监测中高灵敏度也不会显著提高交流监测的安全性。更大的费用和仅轻微增加的安保性使得在AC&D系统里做出直流监测比交流监测更具吸引力。

动态监测会随时间的推移改变安全信号。敌方想在第一时间确定安全信号，并代以伪造信号的难度很大。动态监测提供了理想的动态监控技术，它使用随机数序列或加密每个进行编码的数据消息。与这样的编码方案相关的主要问题是存储该密钥信息。当密钥的数量减少时安保性也会降低。

从理论上讲，动态监测技术很容易受到精密攻击。攻击者可能能够记录来自发送器的输出，并在稍微较慢的速度中央站点里回放到。减小数据速率可能不会被检测到。最后，足够的安全信号数据可能会累积到完全覆盖了入侵时间。为了解决这个问题，一个动态系统必须采用独特的消息和双向传输来检测攻击。

2）加密方式

现代程序加密系统可以用来减少所需的线路监听的随机加密密钥的数量。在这种系统中，必须维持对密钥信息的保护，密钥信息不得通过通信信道传输。这样做可以防止敌方使用数据记录策略和蛮力技术，最终击退敌方的攻击。因此，加密系统的安保性，依赖于密钥的管理。

加密系统的工作在程序段构成连续数据是最好的。然而，由传感器提供的简单的二进制数据不是程序段形式。此外，许多加密方案要求每个传输的程序段数据是唯一的。使用消息计数技术可以很容易地提供独特性，但由于每个传感器的信息都加入了独特的编号，因此增加了信息的大小，并且需要更大带宽的通信链路。

加密密钥不能自动分配。大多数加密系统都会提供机制给手动输入的设备。这就要求在AC&D系统中由认可人士加密每个加密站。此外，一些系统要求要在一个特定的顺序插入新密钥。另一个问题是，密钥是在网的，而系统的某些部分却是离线的。

虽然加密提供了良好的线路监听和安保，手动密钥管理和需要更大的链路带宽的代价使得将其用于传感器的线路监督已经被禁止。加密最适合用于数据采集设备和中央计算机之间或在AC&D系统中的各个计算机之间的联系。然而，在安全区域之外的通信线路上加密是必要的。

如果发送器和接收器在传输时使用不完全相同的随机数密钥，就会使解码的数据是不正确的，这时该系统必须要复位。通常，在每一个复位发生时随机密钥会产生相同的序列。因此，攻击有可能通过一个复位后设有产生报警的数据来掩盖入侵。

数据传输的错误可能会导致数据被拒绝。一个错误可能会导致拒绝一个数据块，也可能会在某些系统中，使所有的后续数据产生错误。一种解决方案是使用在验证或解码之前进行错误检测或校正的技术。另一种解决方法是忽略单个错误数据块，然后在警报被报告之前需要几个连续的数据传输是错误的。然而，对于重传请求和指示接收或拒绝数据的做法都是不安全的。攻击者经常可以取得足以被系统忽略的数据，然而系统没有得到即时反馈是否是虚假数据已被接收。

这些例子表明，使用单独的加密不足以保护AC&D系统的通信。通过击败用来发送数据的协议，就会有打败加密系统的许多可能的方式。AC&D系统用户和设计人员在评估或使用加密系统时要谨慎，以确保这些协议是不可能被攻击的。物理保护和线路监听主要是用来保护链接的端点之间的通信链路。该链路在探测器接口处、路径的不同接线盒、中央控制台入口处都是易受攻击的。在这些点上，附加的安保性可以通过采用配备指示侵入或篡改的外壳来实现。这种篡改指示应被视为一个探测器，是一个单独的报告电路，而不是作为一系列或其他探测器电路并联组成的部分。如果不这样做，该系统无法区分篡改报警、线路断开或线间短路。

2. 信息控制

AC&D通信系统可以从探测器到中央位置传输报警数据。该中央位置，通常是指一台计算机或计算机的集合。中央计算机将报警数据处理成有用的信息，这些处理功能构成了信息处理子系统。

信息处理子系统提供了模拟探测器实时状态的功能。报警处理功能也执行报警复核或访问状态功能。报警数据是由地理位置、优先级或其他共同的特点进行分类和组织的。信息处理子系统可使用专家系统或报警分析技术来优先显示信息。该子系统可以触发控制操作，如视频切换。

在系统组件运行状态下系统状态的信息存储，会跟踪那些组件或主机在控制和操作的层面上存储的信息。换句话说，它存储了所有相关的系统信息。关于传感器的状态存储的信息，一般包括：

（1）传感器的名称（用于传感器的描述性名称）。

（2）传感器的位置（传感器的地理位置）。

（3）传感器类型（传感器类型的描述）。

（4）传感器的历史（传感器被激活历史记录的摘要）。

（5）维护数据（关于传感器的检修历史信息）。

（6）其他数据（如需要的报警分析）。

（7）传感器的报警状态。

然而，最重要的数据是指在系统软件模型中的传感器状态存储，即当前的传感器处于报警状态的数据。此数据包括了传感器被激活和门禁（即禁用）的状态。传感器模型反映了每个附着在AC&D系统上的传感器的实时状态。所有传感器的信息处理系统模型能完全准确地反映各地的现场实际情况，所以是至关重要的。

1）探测器数据问题

用于驱动信息处理系统的原始数据是传感器报警数据。每个传感器提供了有关其状态（安全、报警、访问、篡改或故障）的信息，以便单个报警点在传感器模型上进行建模。然后信息处理系统汇总和归类这些信息。

大多数传感器被成组组合。因此单独的传感器的信息，当它与来自其他传感器的信息结合时是效果最好的。在许多方面，一组传感器可以被认为是所有组件传感器的集合体。传感器通常由地域来分组。通常将空间密切相关的传感器作为一个单独的实体来处理。例如，在同一区域或由保护单一周界防御区的互补传感器组成的传感器组是很有意义的。地理传感器分组也更容易显示给操作员。即使传感器已经被分组，但是该系统还是要提供呈现各个传感器的状态的能力。

优先顺序是一种用于分配相对重要的值给各种传感器或组的方法。通常，最接近有用信息的传感器比那些远离的将会给予较高的优先级，这是一个简单的静态优先化方案的例子。

除了有邻近资产的优先级，优先级也可以动态地设置。传感器组通常设定为动态优先级。例如，如果构成组中的一个以上的传感器被激活时，该组会比其他传感器或组分配到更高的优先级。传感器或组的优先级用于指示系统和操作员优先关注那些最重要的事件。这儿有许多不同的可以被采用的优先级方案。我们的目标是用系统为操作者提供最佳信息的方案来响应这一情况。

一般报警信息是基于优先级和到达的时间来显示。具有最高优先级且发生在最近的事件会第一个显示。它可能来源于被激活序列的优先级传感器的信息。

在给定传感器的位置和对手可能采取的路径后，构筑攻击及路径时序序列是有可能的。如果放置在这些路径上的传感器被激活且不时地由定时序列预测到，那么入侵的概率就较大。信息处理系统可对报警数据进行分析。那些匹配序列分析的传感器可能具有较高优先级被激活并优先显示。

报警处理就是操作那些信息处理系统进行处理传感器报警数据的顺序。这个过程会包括几个操作，其中有应答、报警复核和访问。

应答是用户操作。用户可以通过一些操作明确地应答报警或应答与其他一些操作员操作结合使用时发生的报警。应答告知操作者已经看到了报警的报警处理系统。未应答的报警点通常闪烁并且引起可听到的信号给用户。已应答的警报会引起信息处理系统来打开实时视频或其他报警复核操作。然后，信息处理系统会跟踪传感器的报警接收显示状态。

报警复核，是确定报警的原因的过程，是另一位操作员的功能。当操作员请求报警复核视频时，信息处理系统，控制视频切换设备和视频存储设备，然后提示相应的视频给指定传感器或组。然后，信息处理系统可以进入到系统中查看日志文件内容进行报警复核。

访问是一个可选操作者的功能。访问的传感器是一个忽略入侵报警的系统。然而防撬警报会报告并显示给操作员。传感器会经常在白天处于工作状态，系统要求在户外对装置进行维护活动时，还能访问传感器。访问的传感器的报警状态，是不显示给操作员的，除非它是一个防撬报警。而在信息处理系统中可以继续跟踪传感器状态，但不报告该状态。请求访问是由该信息处理系统控制的。一些系统需要两个或更多个操作来同意访问的请求，信息处理系统强制这两个或更多个的操作并发。

2）智能报警分析

智能报警分析是主要集中在应用报警处理和传感器融合技术的研究，以提供更有用的信息给中央警报站操作员的一个新领域。我们的目标是关联和集成各种输入来提高对此事的信心。输入包括多个传感器的传感器信息和特征，环境数据，在一定条件下（如天气和能见度条件下）传感器性能信息，传感器优先级以及最近的操作反馈。智能报警分析也结合了采用误报警数据的历史的趋势分析来识别安装，设置或维护的问题。未来的研究包括集成现场数据，如传感器的配置和目标的位置，预测入侵者的动作和意图，然后协助调度器产生回应力。智能报警分析是一个高阶的需要，从全球来看，入侵检测系统能提高传递给操作员的信息的速度。

9.4 报警控制和显示

将 AC&D 系统的控制和显示子系统的信息呈现给安保操作者，使操作者能够进入影响 AC&D 系统的操作的命令。子系统的最终目标是促进警报的快速评估。报警显示设备（操作员控制台）接收来自传感器的信息。有几个必须在操作者的控制台内加以处理，设计系统时需注意以下内容：

（1）什么样的信息呈现给操作者。

（2）信息是如何呈现的。

（3）操作员与系统如何进行通信。

（4）在操作者的工作站该如何布置设备。

一个有效的控制和显示子系统可以迅速直接地将信息呈现给操作者。该子系统还能快速地响应操作员的命令。然而，显示子系统不应该覆盖操作者的细节，但是显示系统只显示了必要的信息和控制功能，也仅限于当前显示那些有意义内容的。

可以呈现在安保区域里的帮助信息包括以下内容：

（1）该区域的访问/安全/报警/篡改状态。

（2）该区域的地理位置。

（3）报警的时间。

（4）关于任何特殊的危害或与该区域相关的重要信息。

（5）对特殊行动的说明。

（6）工作人员打电话时的电话号码。

（7）安全区域的地图。

有关的因素包括，提醒操作者操作控制系统的方法。系统设计的一个主要的任务是指定操作界面的各种细节。例如，显示设备的类型、格式和其他视觉特征的信息，以及确定输入设备的设计。在下面的章节中将讨论各种硬件组件和软件技术中需要考虑到的与人相关的因素。

9.4.1 人机工程学——人的因素

控制和显示子系统要以人工操作员的思维来设计。满足操作人员相对温度、湿度、噪声和通用舒适因素的入住条件，增强操作员的效率，并减少挫折和疲劳。例如，当需要提升对阴极射线管（CRT）显示器的可视对比度时，可调节允许选择照明水平的照明设备。另外，控制台的设计应促进系统和操作员之间的信息交换，如报警报告、状态指示和命令。

一个良好的人机界面可以提高发送命令和解密指定信息的效率。因此，显示的数据量，应限制为仅由操作者所需要的数据。此外，数据的呈现方式应该使他们的相互关系更明显。另一方面，该技术用于从人体到机器的信息传送应该限制影响系统效率的误差的机会。

由于以上因素，工作区的设计必须考虑以下方面：

（1）操作员必须能够看到——人、设备、显示器和控制。

（2）操作员必须能够听到——其他运营商、通信设备和预警指示。

（3）操作员必须能够达到与操控——通过手或脚控制通信设备。

周围操作者的空间由不同的可访问性和可见性区域组成。所有的显示应该是近似垂直于操作者的视线并且从正常工作位置上很容易看到。指征和操作员输入应优先，并放置在主界面区域中的最重要的地方，如图 9.6 所示。主要区域包括计算机显示器和键盘。二级区域包括报警复核监控。在这个主要界面区域操作者不需要极端的眼睛或头部运动。把主要项目放置在 30° 视角内看会避免这种极端的运动。

经常使用的操作显示应位于次级区域。从正常的视线内看可能需要眼球运动，但不需要头部运动。不经常使用的支助显示器，如备份系统和功率指标，可以被放置到更次级区域。

由于操作者的注意力并不总是在显示面板上，因此可听信号可以有效地提醒操作者系统状态的显著变化。声音报警器的特点，如音调和音量，可以作为单独的一类报警使用（如安保性、安全性或维护）。计算机化的声音输出也可以使操作者能够保持他或她的眼睛在区域内观察。注意可听信号保持的类型和信号编号是一个非常小的数时应小心。信号必须是唯一的，在 AC&D 控制室常见的丰富发声的环境中是可以区分的。

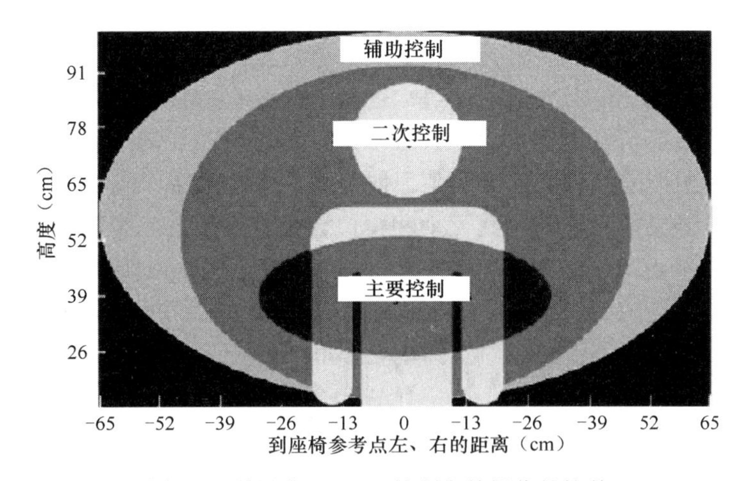

图 9.6　放置在 AC&D 控制台的操作的控件

显示器一般放置在控制台的中央。控制装置必须位于显示器的下方或周围，必须易于识别。明确的标签、彩色编码、分布合理的分组和外形编码共同完成这一设定。标签应足够大以便于清晰可辨。在附近的适当的显示定位控制最大限度地减少搜索和眼球运动。触摸面板定位控制显示上省去了许多其他的控制装置。

系统控制台提供了一个与任何音频信号可以相结合的可视化的信号。一个可视化信号，如闪烁的光或闪烁的消息，应以识别显著信息来使用。彩色灯或指示器更清晰地显示报警的状态。例如，交通灯的红色、黄色和绿色是很容易辨认的，可以把它分别当作报警/操作、慎用/异常和继续/正常的指标。

支助设备应以它的重要性和使用频率来确定位置。根据它们的功能，控制台的速度及其功能的必要条件会指示给通信设备，如麦克风、电话机、闭路电视监视和控制。那些对显示和控制功能不重要的设备不应该设在操作者的眼前的工作区。定位计算机和自动控制电路（即闭路电视开关设备和其他通信电子而不是麦克风和控制器等）在一个单独的房间有几个优点。这样更多的空间可以供维修人员和操作员活动而不被打断维护。分散噪声，如风扇，会降低安全性。该设备可以获得未经授权的篡改，而且设备的环境条件可以因这些操作者的不同而不同（如设备可能有额外的冷却和湿度的要求）。

当多个人同时操作控制台时，考虑操作者和设备之间的相互关系是很重要的。对于每个操作员应重复不可缺少的设备，但操作员也应该有共同享有次要或不经常使用的设备。

9.4.2　人机工程学——显示画面

精心设计的图形用户界面（GUI）提供了增强在基于计算机的系统的安保警报信息的一种显示能力。相反，一个设计不当的界面可以快速压垮操作员。本节介绍的图形信息是可以显示在计算机显示器屏幕上，并提供关于如何最好地显示的信息向导，同时提出了对用户界面的复杂性的限制，并对地图和传感器的显示的提议进行了指引。

最重要的是，一个好的图形报警器具有有限的功能。当前的图形用户界面为显示信息提供了丰富的功能。一个好的显示会限制显示信息的方式，并约束允许的操作的位置。

在显示屏幕上的一个矩形区域的窗口，是显示今天的GUI信息的主要途径。窗口可为任何大小直至并包括整个显示屏幕上，并且多个窗口可以在任何同一个时间显示。一个窗口可以包含文本、图形或控件。在显示信息时，不同大小的多个窗口允许最大的灵活性。但是，一个好的报警显示应该限制其大小和窗口数量。不超过三个窗口在任何同一个时间显示。这些窗口中的一个应该占满屏幕的整个大小而且应包含系统状态的概述。根据需要，可以显示包含下级信息的小窗口。下级窗口绝不应比二分之一的屏幕大。包含菜单或其他操作控制的第三个窗口也可显示。对窗口的数量和大小限制使操作者能够迅速找到重要的信息。窗口不应该被调整或移动。

菜单是有效命令的列表。当选择一个命令时，一个功能就被执行。菜单通常是沿着窗口顶部显示，并且可以嵌套。也就是说，在选择一个项目时会引起下级菜单的额外的项目被显示。菜单提供了一个清晰、简明的组织系统命令的方法。一个菜单结构不宜过大或过嵌套。一个好的菜单应该有不超过九个项目，且不应被嵌套多于三个等级。否则用户会深深地迷失在嵌套菜单里。限制在一个菜单项的数目减少了找到特定产品所需的时间，限制嵌套级的数量使一个菜单结构更易于使用。复杂的菜单结构会吓到新用户，而有经验的操作者会发现它们很讨厌。

虽然菜单显示系统命令是一个易于使用的结构，但是常用命令不应该被放置在菜单中，而应该作为按键来命令。用一个按键模拟按键开关的作用。操作员可以按下一个按键来启动系统操作。按下鼠标的按键或键盘上的按键激活按键。最重要的命令应该放在按键上，只有那些在当前上下文中有效的命令是可用的。按键可以非常灵活。传感器或地图图标可充当按键。按键可以被分组到按键栏。按键栏组织按键为了易于访问到屏幕的单个区域。虽然在变化背景下按键应以一致的方式来完成，但是按键与上下文有关联。通常，如果一个按键在不同屏幕上执行相同的功能，则它的位置应保持不动，但一些系统会改变基于上下文的按键功能。一个很好的例子是访问和安全功能的传感器。如果处于安全状态的传感器，我们可能会显示一个访问按键。但是，如果按键处于访问状态时，显示访问按键是没有意义的。在这种情况下，比较合适显示一个安全按键，允许操作员自动地改变传感器的状态。一些系统在屏幕上显示了在相同的位置访问或安全按键，但基于上下文仅相应的按键是可见的。如果正确使用，上下文相关的按键可以帮助用户界面，但也许上下文相关的控制的最佳用途是直接用户的操作。良好的用户界面只允许操作员去控制基于系统状态有意义的功能。如果没有传感器在报警，它再允许用户响应报警是没有意义的。这种类型的上下文相关用户界面对于在做 AC&D 系统易于使用时有很大的帮助。按键弹性绝不能过头。可见的按键应限制在最多为9。按键应具有良好的描述性文本标签来表明它们的功能。

GUI的主要优点是显示地图或安保区域的图形的能力。地图使用户能快速关联安全报警到它的位置。所有地图的来源可以分为两大类，几个地图的来源就是其中之一：不是纸质扫描件的图形就是电子方式创建的图形。

任何一组都为报警通知提供了一个有用的图形。所有可能的图形源中最好是根据地形图或其他硬拷贝地图程式化的草图。在安保应用中，标准的地图通常为了有效使用有太多的细节。有效的显示器需要约 1∶5000 的小比例地图。操作员可以创建基于大比例尺地图的草图，并且可以消除不必要的细节，同时提供必要的规模。提供通告的任何地图应该是交互式的。换句话说，该系统应代表地图上的传感器，并提供机制来显示和通过在图形上执行操作控制这些传感器给操作者。

为了支持交互式地图，传感器或传感器组应展示在图形上。所有传感器的图形或图标应该使用相同的图形，是相同大小的，并使用一致的色彩。如果可行的话，传感器应在一起作为一个单独的图标来显示。这样的显示器可以减少屏幕杂乱。虽然传感器的总数显示可以基于地图的图形的复杂性而变化。但是所有地图不应包含超过 50 个传感器或一组图标，传感器的图标应该代表相关传感器，各状态的传感器利用独特的颜色和形状来显示。

组合传感器的图标应说明与组相关联的最坏情况下的传感器的状态。例如，如果该组中的任何传感器处于报警状态，组图标应指示报警。在报警的传感器可以是最坏情况下的传感器的状态，但其他的传感器的状态也是可能的，所以也应该显示。

在地图上图形化地显示的信息不应该消除必要的文字信息。在显示的专门的区域应该提供对传感器的描述。一个好的系统也应提供某些在线或快速帮助的类型。此外，文本应当仅限于重要信息；细节可以放置在从属窗口。

虽然在突出重要信息上颜色是有效的辅助手段，但还是应谨慎使用。用户不应该依赖于颜色来操作系统，因为大约 10%的人群拥有某种形式的色盲。颜色的数量应保持在 7 种或更少。在屏幕上看到的每一个额外的颜色都增加了感知显示器的复杂性。菜单、按键和背景应该是颜色深浅一致，采用灰色是一种很常见的颜色选择。地图应该是黑白色，或使用低彩度的颜色。原色应保留来指示传感器状态，红色为警报，黄色为访问，绿色为安全状态。

任何安保体系中最重要的设计因素，都是操作人员。操作人员必须总是在执行系统的命令。为了实现这一目标，必须遵循以下设计规则：

（1）最大限度地减少执行任何指令所需的操作数。对于任何重大行动操作者只需要点击鼠标一次，或按下一个键。

（2）根据上下文应该提供唯一有效的操作。例如，如果传感器已经在被访问，操作者应不能够再次访问它。

（3）对于复杂的操作，该系统应使用提示来指导操作者。基于上下文的命令的选择（见第（2）项）可以用来指示操作者的操作而不是除去他们的控制。

（4）报警器系统，不应该覆盖正在进行的操作。如果用户正在复核警报，那么系统必须永远不能取代目前进行的报警复核，而去通知新的报警信息。报警复核应该继续，新的事件的非侵入式的通知应该发生。这一原则适用于所有情况。

（5）系统不应该骚扰用户。避免使用响亮、持续的报警器或明亮、闪烁的显示器。对于系统操作的成功，用户是最重要因素。

（6）选项可用于执行任何一个命令。对于用户这可以是一个简单的操作也可以是复杂的。可作为菜单项，按键和击键的命令都会是一个更友好的系统，也是用户可以选择的首选方法。

（7）任何 AC&D 系统的目标都是为了提高网站的安保性。如果系统在其安全任务上失败，那么它就是一个失败的系统。花哨的图形也不能挽救系统的无效。一个简单易用的系统和一个不必要的复杂的系统相比更加容易取得成功。对于一个简单的用户界面，需限制地图，拥有地图的每个传感器、按键、菜单、对话框和颜色的总数。

9.4.3 报警复核

图 9.7 给出了一个有效的控制和显示子系统的一个典型的操作员控制台。设备机架为马蹄铁形状，允许操作者查看和便利地到达所有机架。该控制台提供了所有必要的功能：

（1）响应报警。

（2）闭路电视子系统。

（3）请求系统的状态。

（4）改变传感器的状态。

（5）重新配置控制台显示器。

（6）登录到系统中。

（7）重新调整阴极射线管，启动传感器自检的任何触摸面板。

（8）选择操作的主要模式或待机模式。

（9）发出胁迫报警。

（10）沉默听觉报警。

图 9.7　最具有艺术状态的元件放置使操作者最有效的 AC&D 系统

1. 电子地图显示器

在以计算机为基础的 AC&D 系统中，一个彩色图形监视器位于直接在控制台就座的操作者的前面。在正常工作条件下，监视器会显示站点地图。站点地图表示的是作为一个定位器的设施和功能，用于详细描述地图范围内的整体安保性状态。

站点地图是整个设备的符号表示。在地图上显示有关该设施的安保状态消息和呈现通过该命令所提供给系统的按键。在它们的相对位置上会转录周边防御区和车闸。代表该设施内的相对尺寸，形状和位置会吸引带传感器的建筑物，并通过构建号来标识。选择一座建筑或周边防御区会导致其详细的地图出现在图形显示器上。请注意，地图是网站的程式化草图，而不是该网站的实际比例图。站点地图应只显示该设施的那些必要元件所示的安全功能的放大表示。

详细地图是建筑物、建筑物内的区域和周边防御域的表示。在每个图的底部按钮是允许命令到系统的输入端。这种地图显示传感器和摄像机的位置，并且可用于容纳包括传感器和摄像机的所有建筑物，以及所有外围区。对于摄像机和传感器的符号可以触摸感应，从而允许将其用作系统的输入命令。在显示器的底部的按钮，也可以是触摸感应，并提供用于输入命令的另一种方法。

2. 视频监控系统

在一个自动化AC&D系统设计中包含四个黑白的闭路电视显示器，可以允许操作员查看现场摄像机生成的场景。三台显示器自动显示评估报警的场景或由操作者根据状态确定手动选择场景。最后一个显示器可用于由操作员分配和普通监视而不是报警的评估。图9.8显示了这四个显示器的安排。监视器1显示具有最高优先级的报警区域的当前实时图像；监视器2显示同一区域的录像，监控器3显示的下一个最高优先级的报警录制的视频；监视器4是供操作者使用的。

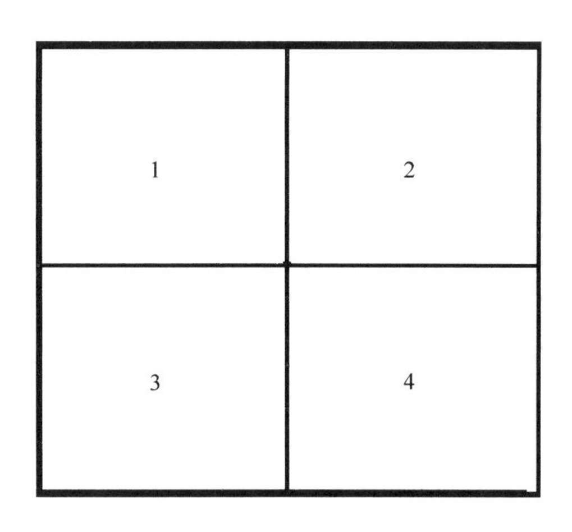

图9.8 在显示控制台安排闭路电视显示器

一个主要的闭路电视监视器显示实时的最高优先级的报警区域，而它旁边的监视器当发生报警时会重放自动记录的影像。如果有额外的报警等待评估，那么监视器3显示已分配下一个最高优先级的系统报警的报警现场进行报道。监视器4是随时可以由操作人员手工操作的。系统设计人员必须决定那三个自动闭路电视监视器是只会在报警时显示图像还是总是显示一些视频信息。最有效的系统将只显示那些需要在报警时评估区的场景。该系统应允许操作者的视频切换到任何显示器，但这种选择应该出现在发生报警事件时。

3．输入设备

操作者可以通过使用一个或多个输入设备的控制和显示系统来进行通信。这样的输入设备包括一台打字机键盘、功能键盘、触摸屏、鼠标或滚球。为达到预期的用途应选择适当的输入设备。输入命令结构的设计应是自然的，易于使用的，且还应该防止输入错误。

CRT显示器通常采用打字机键盘进行输入。键盘最适合于冗长的需要字母数字的输入，如输入密码，考核注释，或组合的字母、数字和其他提供命令和查询的键。使用这种键盘可能有几个因素会令人不满意。

未自然选择的操作者的命令使得系统难以学习和产生混乱操作（如键入字母的ACK确认）。在指定的区域或命令需要几个键操作会增加出错的概率，并降低运行速度。小的、密集的按键也会造成错误。混淆I和1、O和0，以及大小写也可能产生错误。无法容忍输入错误的一个系统可能会产生从麻烦和时间的损失到操作者控制的完全丧失的结果。

一个特殊用途的键盘，其上的每个键都被清楚地标记来确定其功能，这种键盘可能成为优选的输入装置。功能键盘可以有效地迅速进入安保应答，如报警信号显示或常态。计算机的输入被控制在一个有限的范围，提高了系统的安全性。设计上应为操作者仅提供足以来执行任务的键。如果一个标准键盘对于计算机程序的修改是必要的，那么就没有必要的日常的操作键都应该被覆盖或由系统忽略。可取的键盘功能是操作者可以接收到该键已被按下到足以被激活的触觉反馈，听觉反馈，以及瞬时响应。

触摸屏叠加CRT显示器是最通用和易于使用的输入设备。输入只需要触摸屏幕上显示的适当的文字或符号。触控面板是用于命令输入的，因为它很自然地指向地图上的位置。通过指向输入的命令与键盘输入命令相比是不容易出错的。但是，触摸屏技术是相当昂贵的。计算机的使用已变得更加普遍，使用鼠标或滚球的方式成为了一种更具性价比的方法。

人员在部分设施上会更喜欢使用计算机鼠标或滚球进入在CRT显示器上的命令。随着个人计算机的发展普及，近年来这种倾向在增加。鼠标或滚球用于将指针移动到屏幕上的相应的符号。按下鼠标上的开关输入所需的命令。通常，一个系统将具有一种以上类型的装置让操作员输入。

4．值机员界面

用来进行通信和控制AC&D系统的是操作界面。发光的按钮只能用于小的系统。商业界面，可支持键盘，鼠标或触摸屏作为计算机驱动显示器的互动装置。

许多机构不仅需要记录接收来自报警系统的信息，而且还必须对这些信息采取行动，做出判断，并且双方负有法律责任。在小型的AC&D系统上保持这些信息的手动录像是可行的，但应该规定在计算机驱动的系统进行自动记录保存。在这样的记录保存下全键盘提供了灵活性，但需要快速交互的环境会很耗时。较好的方法是利用鼠标或触摸屏的预定义信息进行选择。

9.4.4 离线系统

本节介绍的是在AC&D系统中执行非关键功能的一些简单的子系统。这些子系统是不重要的，因为它们在AC&D系统中负责执行显示和控制那些功能不是必需的。但离线系统在AC&D体系中的结构和维护是至关重要的。

1. 报警事件日志

事件日志记录系统的目的是为了记录发生在AC&D系统上的所有事件。事件可以是任何传感器的变化，操作者的命令，或者操作者的报警复核。系统故障也会生成事件。所有事件都保存在系统中以备日后审查。每个事件都要标记当前的日期和时间。

一个日志系统对于记录的归档和执行系统维护是非常有用的。根据上文所述，许多设备都有一个法律需求来存档事件信息。维护人员可以查看传感器激活的历史记录。日志数据的分析可以揭示一些失准的传感器或发现有长期问题的传感器。

该记录系统还可以用来反应操作者的表现。当所有的操作命令和操作都记录在系统中，事件日志的分析，可以揭示特定的操作者是如何更好地处理AC&D操作的。这样的操作报警复核可以用来定制进修培训课程。

如果有足够多的细节被记录在事件日志中，该日志可以被用来生成训练方案。当实际的报警数据被接收时，它被记录在事件日志中。

通过灵活地使用日志系统，操作者可以从日志发出报警的事件中回放，就好像是真正的报警事件一样。事件记录系统中的重放系统也可以用作操作人员训练的工具。事件日志也可以在事后用来重建导致敌方入侵的事件。

2. 数据库的使用

许多系统都将事件数据储存在关系数据库中。数据库的使用使得多个控制台都能查看日志信息。由于在系统运行维护、培训或监督的职能时，操作人员也可以查看事件日志，因此这种能力可能为最有用的。

3. 报警事件打印机

许多AC&D系统对每个系统事件都使用打印机。事件打印机提供给事件日志一个硬拷贝备份。此外，操作员可以利用硬拷贝事件来产生移位报告或回顾先前的报警复核报警。随着现代计算机硬件和重复存储系统的发展，事件打印可能不再是必要的。然而，许多操作者都衷爱事件打印机，并使用它进行日常运作。如果AC&D系统提供了一个主管的控制台来查看事件日志，设计师可以考虑消除事件打印机。

4. 管理控制台

主管的控制台可以通过一个AC&D系统对先前存储的数据进行检索。该数据库控制台提供检索系统事件日志和生成报告的方式。监管控制台允许授权给用户配置AC&D体系，审查和分析事件数据，并作备份显示在控制台。增加额外的控制台可以让管理人员和维修人员在不中断主AC&D操作的情况下履行其职能。

9.5 报警通信和显示系统设计

AC&D 系统是保持 PPS 在一起的凝聚力。AC&D 系统必须以无缝的方式与各种其他系统整合在一起。本节介绍如何使 AC&D 系统与 PPS 的其他组件集成在一起。AC&D 系统通常会连接出入口控制系统，报警复核系统和操作者。此外，因 AC&D 系统具有备份设计，以至于系统很稳定。AC&D 系统还必须与运作程序集成，以使用户知道如何有效地使用该系统。

9.5.1 出入控制系统界面

在一个高度安保的系统中，入侵检测功能和数据处理必须总是优先于任何其他系统或事件，包括出入口控制，但它的功能不是那么重要，因为给予用户正常访问到一个区域的决定可能会在没有显著运行的情况下延迟几秒钟。入侵企图必须被立即通知到安全人员以确保其有时间去拦截入侵者。入侵检测事件比出入口控制事件具有更高的优先级，因而一个集成的 AC&D 系统必须在任何其他事件之前处理安全事件。

9.5.2 与报警复核系统的集成

AC&D 系统应采用闭路电视摄影机，以提供视频监控的设备，快速地远程报警复核入侵报警的原因。闭路电视系统经常使用视频录像机或数字帧采集卡来提供入侵发出警报时的即时重播。视频报道的录像也可以保存起来供以后报警复核。计算机控制视频路由交换机来驱动子系统。来自任意摄像机、录音机或帧接收器的信号可以显示在任何显示器上。

当生成一个入侵报警时，闭路电视子系统会迅速记录报警复核区内的场景。当显示为报警复核报警时，从报警复核区现场到闭路电视录制的场景都会显示。当超过 4 个报警发生时，AC&D 系统会选择并自动地显示 4～8 个优先级最高的报警复核场景进行视频录制。

录放机、硬盘录像机或网络硬盘录像机会记录供事件后分析的关键场景。当收到高优先级的报警时，在报警复核监控区的所有四个图像都会记录或同时抓拍。

9.5.3 系统安全性

保护 AC&D 系统的数据免受外界的拦截和业内人士妥协泄露是一般的需求。可以通过在 PPS 的边界之内的定位关键设备和在边界内安装大量障碍来初步建立外围保护。外围是必须要过关的，并在获得对显著系统部件访问之前战胜障碍。这种方式保护了至少每个备份部件的一个和在AC&D系统中的所有关键单一零件。门禁控制也可以限制进入关键领域。

内部防护员工的技术和管理措施是为了加强在所有情况下，即使是单独内部人员也可以显著地解决危及系统的控制。当程序或技术显示灵敏系统组件可能发生妥协时内部保护还能利用技术来检测和为这样的条件适当地做出响应。这种反应可能会涉及系统的技术鉴定或派遣警卫到案发地点。

行政措施可以对这种常见的活动如系统维护和控制台操作提供内线的保护。门禁控制限制了内部访问关键设备。某些设施实行两人规则进行系统维护，而其他设施需要大量的系统检查来发现在系统可能已被泄露时的任何活动。配置AC&D系统与账户能力行动的结合提供了一个限制恶意的由人做出决定的活动。

内部保护的技术措施，包括传感器的通信线路监听及数字编码上的数据库。防撬指示器限制访问处理器和显示器。加密技术是可用的，可以对通过保护区之外，或需要更高级别的安保性关键的通信线路使用。由于用于分发的加密密钥的高维护，所以加密技术的使用在迫切需要的区域是被限制的。

9.5.4 操作便携性

AC&D系统必须易于使用。如前所述，AC&D一个有效的重要措施是如何更好地使系统从传感器到系统操作员进行通信报警数据。如果操作者的精力被占用，那么AC&D的成效就会大打折扣。操作者必须有时间来处理AC&D系统的报警。操作员不得加载有禁止适当注意显示器的辅助任务。处理电话、收音机、写报告、处理人员访问、制徽章等行为都有可能导致操作AC&D系统控制台的操作员因过载而错过重要的事件。

许多网站通过在控制中心设有几个操作者来减少操作者加载。每个操作者都有一个AC&D控制台，电话和收音机。操作者之间按照一个预先安排的方式来分工这项工作。在几个人之间分工减少了个人的工作量，但可能花费会更多。另一项减少工作量的计划依赖于二级报警中心来处理日常事务（如非紧急呼叫和制作徽章），而主报警中心处理所有非正常活动。这个规划保持主中心专注于高优先级的事件，同时允许处理所有事件。

AC&D控制台必须精心设计，以防止操作员的信息过载。AC&D系统可以是非常大的。在一个显示器上呈现操作者与整个系统的状态是非常困难的。显示技术的适当使用，显示技术，优先级，控制台，人体工程学设计，以及系统层级，都是操作者如何处理好信息的一部分。

9.5.5 事件条件

一个AC&D系统必须能够在不同的环境和条件下进行操作，操作者在三种情况下都必须是有效的。表9.2总结并比较了这些条件。

有三种可能的运行状态：正常、异常及恶意状态。

表 9.2　事件情况及设施

正常状态	该网站运行正常。正在正确地执行普通的日常的现场操作。没有特殊情况或条件存在
异常状态	一些异常情况存在。操作者处理此类异常情况，如单一传感器故障，安全相关的事件，恶劣天气等
恶意状态	对手攻击或多个异常情况同时存在。总的异常状况是极端的

大多数系统处理正常和非正常情况是没有问题的，而且操作者也不会被数据压倒。良好的系统处理恶意情况也同样出色。该系统提出了数据的优先级方式，并限制了显示到需要操作者来进行处理的数据。高安保性的 AC&D 体系的最终考验是如何使操作者在不超负荷的状态下处理好恶意情况。较低的安保系统可能能够耐受更高的业务负荷，但仍应该由使操作者来最有效地驱动。

AC&D 系统必须是可靠的。一个 AC&D 系统的每个组件都须经受住某些故障。确定哪些组件可能会失败，并且这样的故障会对系统产生怎样的效果是最重要的。备份设备和程序必须提供以保持所需的安保级别。备份设备可以是平行于主系统的，或者它可以通过自动或手动切换被激活。备份保护和覆盖范围完全可以通过增加使用人力来提供。当优先事项和程序已经建立备份操作，安保人员就必须执行定期的程序。

9.5.6　操作台

AC&D 系统往往被设计成有两个操作员的控制台。这种设备的备份提供了硬件的可靠性，因为该系统可以从任一控制台操作而达到相同的效果。在一些情况下，控制台通过实施两人规则改善了人工可靠性，这个规则要求每个动作由两个操作员同时进行。在这种情况下，在任一台设备故障时都会进入禁用系统。一个中间方法允许从主站与再次站的监督监视操作系统。次级站可以承担首要功能以防止在主站上设备或人员失效。

9.5.7　计算机

为了有效，AC&D 系统必须是计算机驱动的而不是面向计算机。未提供备份操作功能造成系统成为面向计算机的。备份在今天是很容易获得的，因为计算机的处理能力是相对便宜的。

在一个典型的自动 AC&D 系统中，有两个主计算机的使用会提供系统的备份。一个主控制台连接到主计算机和一个次级控制台连接到正常工作条件下的备用计算机。如果主计算机发生故障，则总线会自动切换主控制台来连接备份计算机。安保操作者通知切换，因而使行动仍在继续正常进行。只有当两个主机都故障时，两个控制台才都无法使用。

9.5.8 不间断电源

为了运转正常，基于计算机的系统需要高度可靠的电源。电池驱动，不间断后备电源（UPS）系统避免了计算机瞬时停电。长期的电力来源，如柴油发电机可以处理超过几分钟或一小时的中断。除了 AC&D 计算机，其他子系统可以由不间断后备电源来驱动，以确保整个 AC&D 系统的可靠性。通信子系统、各个传感器，甚至照明都可设置有这样的备用电源。

9.5.9 共享组件

虽然许多 AC&D 的组件是有备份的，以防止组件故障的可能，但是还是有一些组件没有备份。例如，闭路电视子系统的复制是非常昂贵的，因此很少提供。这样的组件被放置在正常地连接到主计算机上的共享总线上。如果主计算机出现故障，该总线开关会自动地连接共享总线到备用计算机。只要主计算机中的一个功能在执行，共享的组件就是可用的。仲裁机制定义了指挥中心将在特定情况下对共享资源行使控制权。如果其他与安保相关的以计算机为基础功能的设备（如制卡系统）是必需的，那么它们应该在不同的系统中运行。来自这些系统中的数据可能会与 AC&D 系统共享。

9.5.10 与操作程序的兼容性

硬件系统必须符合程序和规定，写入以确保满足最低要求的条例。由现场管理人员制定的程序要遵循报表的规则，包括人员的职责，来产生高效率和有效的保护系统。确定哪些设备执行程序和建议的设备如何影响现有的程序是很重要的。

篡改/线路故障检测功能的选择是设备和程序之间的重要相互作用的一个例子。如果经常忽略篡改或线路故障的相关迹象，那么购买以提供这些功能为主要卖点的设备基本上是浪费了。但是，如果由于篡改/线路故障指示准备报告给维修人员，那么真正的硬件问题就将得到纠正，并使恶意篡改在某些情况下会在事后被发现。篡改/线路故障检测功能的全部意义在于收到指示时需要通过系统检查来实现。此外，逮捕入侵者的可能性将显著增加。

9.6 小结

报警通信和显示系统是成功以及及时应对威胁的关键因素。该系统控制信息从传感器流给操作者并且能快速、清晰地显示该信息。报警通信和显示系统收集报警数据，呈现信息到安保操作者，并能使操作者通过输入命令来控制系统。该显示系统的最终目的是促进警报的快速审核。本章讨论了通信、信息处理、控制和显示装置、设备布局、报警复核系统界面、操作员负载和离线设备。

警报通信和显示系统应提供下列资料：

（1）快速报告的时间——如果有事情发生，操作员能迅速通知。

（2）所有电缆的线路监听。

（3）容易和快速地发现单点故障——一旦发现，修复它，或至少分离，而不会影响整个系统。

（4）传感器的隔离和控制——提供一个路径使单独的传感器可被检测和隔离。

（5）扩展灵活——在计算机系统中应该很容易适应新的传感器；通信网络应该有相同的传感器的扩展能力。

最后，报警通信和显示系统是集成了人、程序和设备的系统。该设备收集报警数据并给出了信息，使人们能够迅速地响应报警。该系统的设计必须明确呈现给操作者什么样的信息，该信息的显示方式，如何使操作员与系统进行通信，并且该设备的操作者的工作站的布置。然后，操作员再根据核准的程序响应数据。该系统可以是一个简单的报警面板显示器，也可以是复杂的多机控制和通信系统。无论哪种情况，系统都必须被设计成拥有在网站中心的具体需要和资源。

9.7 安防理论

AC&D 系统的使用，减少了对操作人员的负荷，并协助其在一个恶意事件中积极表现。报警通信子系统收集并发送信息给操作者。报警控制和显示子系统处理信息，并将其快速、清晰地呈现给操作者。

9.8 问题

1．讨论下列应用程序的注意事项：

a．一种检测系统故障的手段（如线路监听）必须始终提供。

b．备用电源是必要的。

c．在网站上必须存储备用设备。

d．经过培训的维修人员是必不可少的。

e．控制台的布局必须容易让操作人员学习和使用。

f．键入到计算机的需要长时间的命令格式的控制台不应该在AC&D系统中使用。

g．应避免使用因操作员不小心操作而很容易破坏或禁用的精密设备或软件。

2．在什么样的情况下使用星通信网络是最合理的？环路通信网络呢？

3．使用有监督的报警通信链路有什么原因？

4．可用于报警的通信线路的物理保护是什么技术？

5．当发生报警时，什么样的信息是控制台操作员需要的？

6．显示和控制需要什么设备？

7．谁应该成为您机构的项目的设计团队？

8．独立的子系统对于报警通信和显示系统有哪些优势和劣势？

.Chapter 10

第 10 章

出入口控制

出入口控制系统允许授权人员及物体在设施间进出，同时检测未授权人员和违禁品，延迟他们的运动。出入口控制部件一般安装在设施边沿，如汽车的门上、大楼出入口处、房门上或者大楼里其他特殊的地方。

出入口控制系统通过以下方式实现实体保护：

（1）只允许授权人员出入。

（2）检测并禁止违禁品出入（武器、炸药、未授权的工具或者重要资产）。

（3）向安保人员提供信息来促进评估和响应。

本章中，出入口控制是指控制人或物进出某地的物理设施。访问控制是指管理数据库或其他记录，并确定“入口授权”的参数，比如谁或什么东西有访问权，什么时候进来，以及访问在哪发生。这两个术语在工业上可互用，但区分这两者还是有必要的。许多工业访问控制系统用软件来管理用于记录访问权限的数据库，以及用来限制出入的物理手段。由于关于安装及使用出入口控制设备的技术问题与用于管埋授权访问的管埋控制不同，它们需要被分开考虑，从而得到一个有效的集成子系统。

出入口控制子系统的性能指标包括吞吐量和出错率。吞吐量用来衡量已授权人员或物成功通过进出口点所需的时间。有些情况下需要较多吞吐时间的部件并不适用，比如在换班时间进入工业设施。错误率将在标题为“个人身份识别（生物特征）”部分详细讨论。

10.1 人员出入控制

人员出入控制是出入口控制的子部分，用来授权出入并确认企图进入控制区域的人员是否有授权。确认过程通常以以下三点为基础：

（1）是否携带有效凭证。

（2）是否有有效的个人识别码。

（3）是否有与注册时录入的个人特征（生物上的，如指纹、掌印等）相匹配的人体特征。

这三个概念可概括为你有什么，你知道什么，以及你是什么。除生物特征检测设施以外，出入口控制设施也可以独立于被授权人员使用。人体特征匹配能够确认这个人的身份，而凭证或 ID 号只能说明请求进入的人有有效凭证或 ID 号。组合使用出入口控制技术能有效保护对设施的访问。技术组合会减小吞吐量，但也增加了敌人攻破系统的难度。接下来要讨论的人员出入授权方法包括个人识别码、凭证和主动个人身份识别或生物特征识别。

10.1.1 个人识别码（PIN）

可以使用个人识别码（PIN）通过系统。要想获得入口权限，用户需通过键盘输入 PIN 码。一些系统使用编码证书来查找访问控制数据库中与工号相关的文件。在这种情况下，访问请求发出者首先插入编码证书，然后通过键盘输入号码。系统对比输入的号码与参考文件中记录的号码，如果两者一致，就授予他访问权限。号码可以由用户注册，也可以由系统分配。号码通常是 4～6 位。这种简单的方法有明显的缺点：

（1）有 PIN 码和 PIN 凭证的人可以把它们借给未授权的人。

（2）PIN 码能被敌人偷看到（肩窥）。

（3）PIN 码也可能被强行取走。另外，人们经常把 PIN 码写下来，这会使敌人很容易得到 PIN 码。

设置 PIN 码时需要注意以下两点：首先 PIN 码应该足够长；其次，PIN 码不应该是一个对个人有特殊含义的数字。PIN 码必须要有足够多的位数以防被轻易猜出，这一点当 PIN 码是进出唯一凭证时尤其重要。对于只有几百人的群体，4 位 PIN 码就足够了。4 位 PIN 码总共有 10000 种不同的组合，这个数字远大于群体中的人数，因此正确猜出 PIN 码的概率很低。

PIN 码可由个人设置，所以强烈不建议设置成对本人有特殊含义的号码。生日、部分社会安全码、手机号以及其他容易记住但容易猜出的号码都是不可取的。也不建议采用简单的数字串，如 1-1-1-1，1-2-3-4。

一些系统有最大 PIN 码输入错误次数，若达到了最大输入错误次数，系统会禁用 PIN 凭证或向中控系统发出警报。联合使用 PIN 码、物理凭证以及生物特征检测有助于提高安全等级。

10.1.2 PIN凭证

人员出入口控制使用的PIN凭证多种多样。本章将会讨论以下几种：

（1）照片证件。

（2）证件交换。

（3）存储图像的证件。

（4）编码证书。

对前三种PIN证书的检查由警卫人员手工完成，这要求警卫人员有高度警惕性。对编码证书的检查可以自动完成。

1. 照片证件

照片证件是一种用在人员出入口控制的通用证件，但却并不总是有效。照片证件可以伪造，也可以化妆成被偷证件照片中的样子获取入口授权。而且这种证件采用手工检查，若警卫反应迟钝那么将会降低这种证件的有效性，尤其在有大量人员通过设施时。

2. 证件交换

证件交换系统要求在每个出入口控制点都有相匹配的证件。当持有工作证的员工想进入时，警卫拿出入口控制点保存的交换证件上的照片与这个人对比。如果两者匹配，警卫交换两个证件并允许员工进入。交换证件比工作证包含的信息更多，但证件颜色或许不一样。工作证由出入口控制点保管，直到员工离开证件才被再次交换。通过这种方法，在安全区域佩戴的交换证件不允许带出。这种措施能减少证件被伪造、丢失或被偷的可能。证件交换系统无法防止有人化妆成被偷证件照片上的样子来获取出入口授权。

3. 存储图像的证件

使用存储图像（视频比较仪）系统需要警卫根据可视化特征识别个人的身份。存储了的图像被用来与入口访问请求发送者的实时图像对比。这种系统最重要的两个特点是注册容量和访问时间。注册容量是指系统能够存储图像的最大数目。访问时间是指从输入身份识别码到显示出存储的图像所用的时间。这种系统使用编码证书或者键盘来搜索存储的图像并交由警卫对比。存储图像系统并不是基于独一无二的、可测量的特性，如指纹，所以存储图像系统不能用于个人身份识别。但是存储图像系统优于手工图像识别系统的一点是，存储图像系统中所存储的图像不容易被篡改。正是因为这个特点，图像存储系统的性能堪比证件交换系统。尽管如此，图像存储系统依然会受化妆的影响。

4. 编码证书

编码证书系统又叫识别卡系统，是一种商用产品，具有以下功能：

（1）为每个编码证书维护入口授权记录。

（2）提供可被机器读取的唯一身份识别码。

（3）如果没必要恢复一个人的证件或凭证，系统会终止他的入口授权。

（4）提供多级别的入口授权，如只能在选定的入口或只能在一天中的特定时间段进入。

入口授权记录在每次使用编码证书发送入口请求时被更新。每个入口行为、发生时间、入口位置以及编码证书的身份识别码都会被记录，且能申请查看这些记录。有时编码证书是以证件的形式出现，以便于在设施内佩戴或携带。关于编码证书的使用和应用的技术说明请参见 Wright 的著作。

有许多用于证件编码的技术。其中最常用的有磁条、wiegand 线、条形码、近距离及智能卡。

磁条编码被广泛应用于商业信用卡系统中。由磁性材料制成条带位于证件的一侧，条带中有编码数据。当磁条靠近磁条读写器时，磁条中的数据就会被读取。当磁性材料暴露在磁场中时改变存储信息的阻抗叫做磁性材料的矫顽性。矫顽性定义为改变其存储信息所需的磁场强度。其中，磁场强度的单位是奥斯特（oersted）。

有两种材料被用作磁条媒质。最常用的一种是 300Oe（低矫顽性）的磁性材料。这种材料相对较容易擦除。另一种材料的矫顽性在 2500～4000Oe 之间（高矫顽性）。这种材料是安全证书最常用的材料之一，几乎不可能被意外擦除。家用常用磁体的强度不能擦除高矫顽性磁条。一些不常用的稀土磁体确实能产生足够改变高矫顽性磁条内容的磁场。

字母数字编码能够同时编码证件持有者的姓名和证件编号。整数伪造比较容易，这是因为磁条中的数据能被解码，证件副本也能通过商业设施重新编码。但使用私有的、非标准的编码及读取技术能大大弥补这一缺陷。然而，私有系统会限制与其他设施或子系统的交互能力，同时限制了系统升级或扩展的选择范围。

wiegand 线技术的出现已经有一段时间，wiegand 信号的输出格式已经成为事实上的工业标准。编码由一系列并行的、有特定磁属性的嵌入式线产生。线通常被组织成两行（见图 10.1）。金属线产生独一无二的码，码在制造时就是确定的。卡利用卡槽读卡器读取卡内信息，这一点与磁条卡类似。尽管这项技术还没大面积使用，但 wiegand 数据协议却取得了广泛应用。

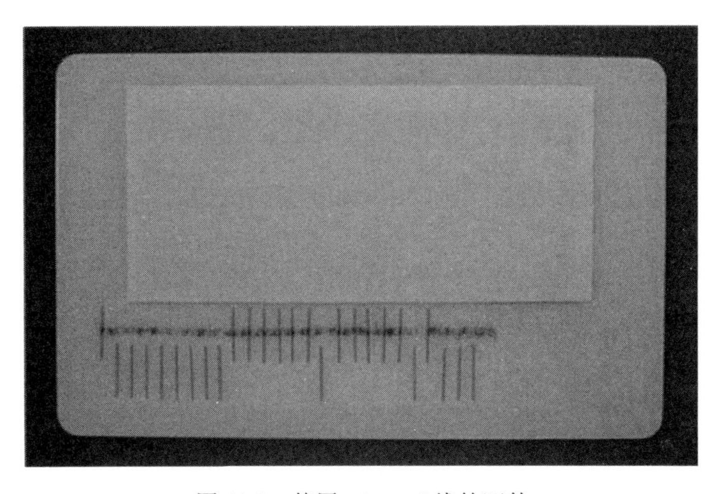

图 10.1　使用 wiegand 线的证件

条形码广泛应用于零售行业，被用来自动识别零售点的商品。然而，条形码有时也用在编码证书上。不同宽度的条带和条带间的空间共同组成了编码。为了读卡，光学传感器扫描条形码并把扫描的信息传给解码单元。通常，条形码印在证书上，其用法和磁条大体一样。除非条形码被不透明物体遮盖住，否则很容易被复制。随着条形码证件进入安全证书市场，对它进行不透明遮盖也变得很常见。二维象征学（二维条形码）也被应用于安全证书，它能比一维条形码存储更多信息。

近距离证件是指不需要把证件放在读取设施上就可以把个人信息读取出来。近距离证件根据供电方式、证件操作频率的范围和读写能力的不同分为不同种类。

电子近距离识别证件是一种小型无线应答机/发射器，它需要通过某种方式供电。一种方式是使用包裹起来的耐用电池为激活的证件供电。有些证件只在进入“审问区”时才使用电池供电。与之相反，有些证件持续广播，且当进入读卡区域时广播的射频数据会被读卡天线捕获。还有一种证件（被动证件）能在进入“审问区”时通过射频信号从读卡单元获取能量。

根据工作频率的不同可以把近距离证件分成两类。低频证件工作在 125kHz 范围内，而高频证件工作在 2.5MHz～1GHz 之间。只读证件包含一个特殊码，这种码在制造时就被固定了且不可修改。另外，读/写证件的数据区通常比只读证件的大，且必要时能被系统管理员编程。图 10.2 是近距离证件的一个例子，它的背面是透明的，可以看到卡内的嵌入式单元。

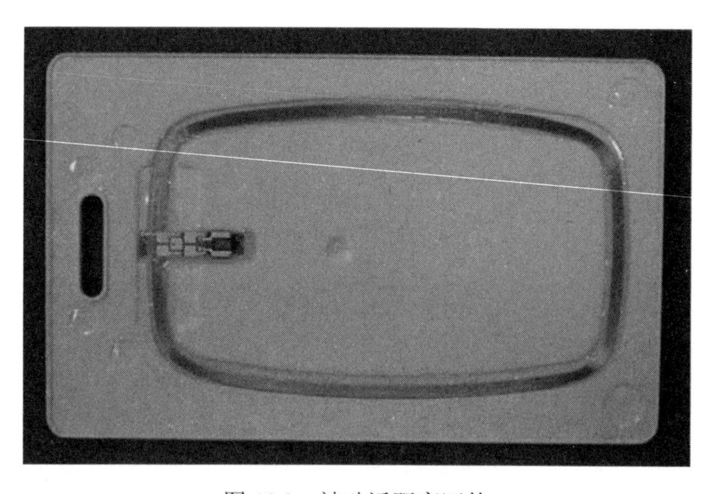

图 10.2　被动近距离证件

尽管在美国还比较新鲜，智能卡技术却已在法国使用了十几年。智能卡与银行信用卡大小一样，卡内嵌有集成电路。卡表面的金色触点（见图 10.3）用来与读卡设备通信。无触点智能卡利用射频与读卡器通信，卡上没有金色触点。卡上仅有的存储电路功能与磁条卡类似，用于存储证件号、用户名，以及其他信息。真正的智能卡包含微处理器，微处理器使得卡智能化并区别于记忆卡。智能卡上的存储器大小为 8～64KB，未来有可能达到1MB。

图 10.3 内嵌微处理器的智能卡

处理器包含特定的用户信息，这使得智能卡有高度安全性。

智能卡的主要优势是它的大内存和高度的抗伪造性。这些优势必须和智能卡较高的价格一起考虑。许多智能卡能够加密通信，因此提升了保密级别。当设施中人数很大而保密级别不是非常高时，使用智能卡的代价是难以承受的。但是如果只针对使用高安全设施的小众人群或者限制对大型设施特殊区域的访问，那么使用智能卡还是很合理的。其中，特殊区域可以是含有贵重金属的地方、行政套房等。设施可能会涉及广泛的管理问题，如训练、医疗记录、财产控制等，这时使用有安全记录保持功能的智能卡将很划算。

第 12 号国土安全总统令（HSPD12）是总统乔治·布什在 2004 年 8 月签署的，该总统令指导整个联邦政府以及合同机构使用单一高安全性证书。证书基于联邦信息处理标准 201（FIPS201），使用了有触点和无触点两种智能卡技术。这种新证书计划在 2009 至 2010 年间完成。HSPD12 主要对联邦和联邦承包商设施有影响，但对私有工业也会有些影响。例如，个人按常规方式驾驶车辆进入联邦或承包商设施会被告知需要有联邦 ID。对开发的监管、对证书和相关设备（读卡器及出入口控制系统）的测试和发行规程均由 GSA 与 NIST 提供。可登录 http://www.smart.gov/, http://csrc.nist.gov/piv-program/或 http://www.smart. gov/iab/获取更多关于 HSPD12 的信息。网上搜索 HSPD12 或 FIPS201 也能获得很多相关信息。应当谨慎浏览网页搜索的信息，因为搜索结果中有许多供应商的网站。有些供应商宣称他们的产品兼容 HSPD12，却不提及证书。兼容性仅仅意味着这些供应商相信他们的产品能满足所有需求，但若想证明兼容性就必须把产品提交给 GSA 和 NIST 进行测试。若测试通过，该产品会出现在政府官方认可的产品名单上，其查询网址为 http://fips201ep.cio.gov/apl.php。

10.1.3 个人身份识别（生物特征）

个人身份识别系统利用人体的生物特征来证实个人所声称的身份。市场上已出现利用手掌或手指的几何特征、手写特征、虹膜特征、指纹、语音、脸部特征以及其他人体特征识别个人身份的设备。所有的个人身份识别系统都会考虑用来作为识别的特征的独特性、可变性及实现能处理该特征的系统的难度。

对生物特征检测设备来说确认和识别是不同的。在确认模式下，首先某人声明自己的某种身份，并给出用来获取授权的生物特征，最后设备确认身份。在识别模式下，无须声明个人身份，生物特征检测设备会主动识别个人的身份，如果个人的生物特征信息与数据库中一致就允许进入。

一些生物特征检测技术用差错率衡量系统性能。第一类错误——也称为错误拒绝，指错误地拒绝了有效用户。第二种错误——也称为错误接受，指错误地接受了未授权的用户。通常把这两种错误曲线放在一起来表示等误率，即第一类错误与第二种错误曲线的交点，此时两种错误率相等。这个交叉点不一定是设备运作时需要达到的。当第一类错误与第二类错误的发生率都最小时不会出现等误率。当比较不同生物监测设备时，等误率可作为品质因数。图 10.4 给出了错误曲线和等误率的图形表示的一个例子。

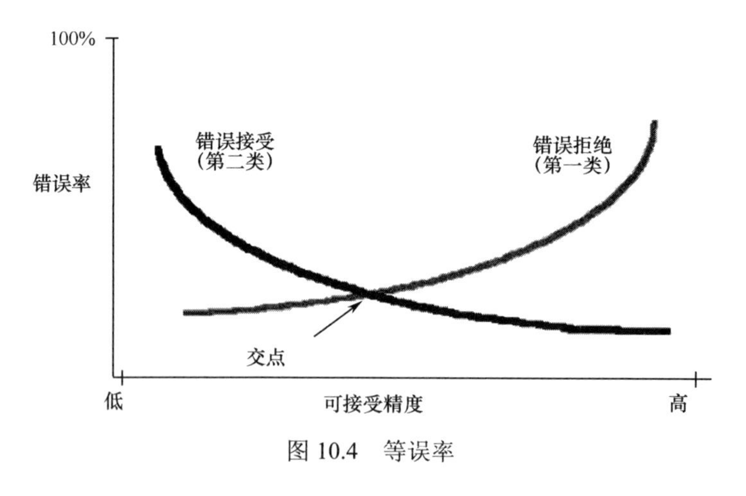

图 10.4　等误率

在生物监测设备的特定灵敏度下，能够画出错误接受与错误拒绝曲线，进而确定曲线交点。这个交点不一定是设备运作时需要达到的，但是能够作为比较设备时的品质因数。

当选择或配置生物监测设备时，需要考虑安全目标从而确保所选设备能达到要求。一些系统会被设置为以最小错误拒绝方式运行，也可能被设置为以最小错误接受方式运行。设备无法以两种错误同时最小的方式运行，所以必须均衡错误接受率和错误拒绝率，这对系统运行影响很大。低错误接受率以降低系统安全性为代价，但可以让所有的授权用户通过。另外，为了维持系统的高安全性，错误拒绝会使得授权用户无法通过。安全管理人员肯定听说过错误拒绝的场景，特别是高层管理者或高级雇员无法通过时的情形。另外，敌人不会报告他因为错误接受而获得了进入权。

1. 手掌/手指几何特征

利用手掌几何特征的个人身份确认系统是以手掌形状特征为基础的。先进的技术能够测量手掌的 3D 特征，如手指的宽度和长度、手掌的厚度被测出并用来创建用户模板（见图 10.5）。

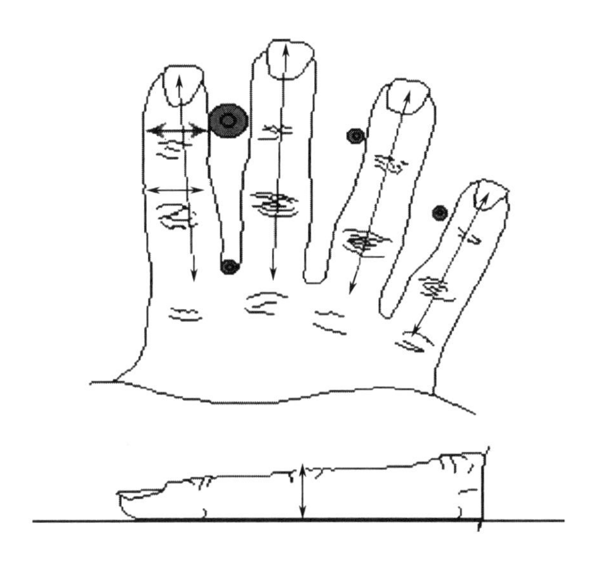

图 10.5　手掌几何特征测量

手掌读取过程通过编码证书或者输入 PIN 码初始化，然后用户把手放在带反光的压印盘上。设备上安装有引导引脚来帮助用户正确地放置手指。尽管引导引脚的位置安排最适合扫描右手，但也可以手心朝上来扫描左手。固态相机对手掌拍照，照片中包含手掌厚度的一个侧景。红外光照明和反光压印盘的使用使得手掌的影像在相机下呈现出黑色轮廓。系统测量必要的长度和宽度，并创建手掌的表示，即特征向量。手掌几何单元如图 10.6 所示。

图 10.6　手掌几何单元

确认期间，对比特征向量与注册时测量的数据（模板）。如果在容许的误差内特征向量与模板匹配，那么确认成功。圣地亚国家实验室对手掌几何系统进行了测试，测试结果表明，第一类错误与第二类错误在小于 1%的情况下是切实可行的（Holmes 等，1991）。他们同时提供了关于在可操作环境下使用手掌几何单元的报告（Ruehle 和 Ahrens，1997）。

类似的系统使用两个手指来确认身份。这种两指几何系统测量食指和中指的长度与宽度。因为只使用一个引导引脚（两指之间），所以左手和右手是等效的。该设备的功能性概念与手掌几何系统的类似。

2. 手写特征

尽管签名很容易伪造，但签名确认已经在银行行业使用了许多年。现在已经有自动书写特征确认系统，这种系统利用了手写动力学，如位移、速率和加速。对这些数据的统计评估表明，一个人的签名是独一无二的，且同一人的两次签名是相当一致的。测量这些特征的传感器可安装在书写工具或写字板上。这些设备的安全性很低，最好作为签名授权应用在正在进行中的交易。

3. 指纹特征

指纹识别被用做人员鉴别器已经一百多年了，但依然被认为是分辨不同的人的最可靠的方法之一。近年来，随着自动系统的发展，指纹识别技术得到了极大提升。这种依靠图像处理和模式识别的系统适用于人员控制。现在有各种各样的用于指纹确认的商用系统。图 10.7 是指纹确认系统的一个例子。通过键盘输入 PIN 码，并把食指放在中央读取设备上。然后系统将采集的信息与存储在文件中的指纹对比来确定此人是否有访问权限。

图 10.7　指纹识别单元

尽管一些系统使用整个图像做比较，但大多数指纹确认系统只使用特征点，即指纹脊尾和指纹脊分支作为指纹的识别特征。所有的指纹识别系统都需要关注手指的位置和用于可靠识别的精确纹理分析及纹理对比。

光学方法用到了棱镜和固态相机，它经常用于捕获指纹图像。干的或磨损的指纹使用光学方法很难成像，因此光学压台上使用了特殊的涂料来增强图像质量。使用涂料的目的是确保压台和指纹能较好地耦合。

超声波是另外一种指纹成像方法。由于超声波能使皮肤底层未损坏的指纹成像，所以不易受干指纹或磨损指纹的影响。由于超声波传感器使用射线作为扫描工具，所以超声波成像不如光学成像快。

直接成像传感器采用了固态设备，它也能用于获取指纹图像。基于电容、电场和热敏的传感器发展很迅速。普遍认为，如果指纹识别设备的成本很低（成本与芯片的良品率有关），那么指纹确认设备将广泛应用于桌面电脑的安全登录。由于硅片硬化技术很难突破，因而指纹识别并未广泛应用于日常生活。静电放电，手指上的油以及汗水都会对未硬化的硅片造成损伤。

4．虹膜特征

视网膜是眼内后侧的黏膜，它含有光敏视锥细胞、视杆细胞及神经细胞。视网膜扫描身份验证机如图 10.8 所示。人体的血管特征是独一无二的，光学仪器能透过晶体获取视网膜特征。红外发光二极管发出的低强度非定向光线能扫描出视觉中心的环形路径。反射光的强度与扫描时光束的位置反映了视网膜血管的位置。注册时，用户必须看着验证机并盯着用于对准的目标。这种扫描通常会做几组，利用特定算法将这些扫描结果组合在一起就能产生参考轮廓。如果设备运行在确认模式下，系统会给注册人员分配 PIN 码。

图 10.8 视网膜扫描设备

确认过程与注册过程类似，但只需扫描一次。视网膜扫描仪也可以在识别模式下工作，此时无须输入 PIN 码。确认时系统会检查所有用户的注册文件，因而确认过程所用的时间与用户数成正比。实验环境下的评估数据表明，这种设备能把第一种错误与第二种错误的错误率限制在 1.5%以下（Holmes 等，1991）。但是它的用户接受率极低，原因是用户担心 LED 会对人眼造成伤害，尽管这种担心是毫无根据的。造成的结果是这种技术不再被使用。

另一种技术利用虹膜做身份确认。虹膜是人眼的有色部分，它能限制光进入眼睛的量。这种系统使用摄像机成像虹膜的结构（见图 10.9）。扫描时，眼睛与设备中间位置对齐。不同的人虹膜结构不同，因此虹膜结构可用于身份识别。虹膜识别系统工作在识别模式下，所以不需要输入 PIN 码。这种系统的一个显著优势是摄像机拍照时距离虹膜 10.12 英寸，所以脸部与扫描仪间不会有物理接触。另外，系统使用可见光且照射的是眼睛外部，所以不会有 LED 光通过晶状体。因此这种系统的用户接受率高于视网膜扫描系统。

图 10.9　虹膜扫描设备

实验数据表明，眩光眼镜会使虹膜识别系统产生第一种错误（错误拒绝）。实验中未发现第二类错误（错误接受）（Bouchier 等，1996）。后来的设备融入了眩光检测与补偿功能来解决眩光眼镜带来的问题。系统识别所用的时间从 4s、5s（对于熟练的用户）至 15s（对于新接触系统的用户）不等。有大约 2%的人由于失明或其他虹膜损伤（没有虹膜或虹膜太暗）而无法使用虹膜设备，他们需要别的方式来获取安全访问。视网膜扫描和虹膜扫描都能提供高安全等级的出入口控制。

5. 声音特征

声音是身份验证的有效属性，且易于实现自动数据处理。用来分辨发声者的语音测量包括波形包络、语音基调周期、相关的幅度频谱和声道的共振频率。为了确认是否有访问权限，系统会要求用户说一些事先定义好的单词，或重复一系列单词，或一些系统选定的数字。

尽管当前这种技术的安全性较低，但由于易于部署及易于被大众接受的优势，它仍然很有吸引力。只需将声音识别系统安装在电话系统的一端或中心位置就能达到减少识别单元的目的。另外许多人都用过电话，因而几乎不用培训就能使用这种设备而且用户对这种设备的不信任度很低。这些优点促进了这类设备在安全领域的应用，而且未来的发展将更加活跃。

声音识别系统也面临着一些问题。比如人的声音会因为生病或压力而改变，所以必须提供相应的程序或备份方法来适应这些情况。

6. 面部特征

面部确认系统利用面部可区分的特征来确认身份。这类系统大多使用摄像机捕捉面部图像，但也有一些系统使用红外成像仪捕捉热影像。从图像中提取出可区分的特征并与之前存储的特征对比。如果在容许的范围内两者匹配，那么就会产生积极的确认结果。

尽管面部识别已被提出且研究了许多年，但最近才出现商用系统。开发者不得不面对两个难题：

（1）面部表示的巨大差异（头部倾斜和旋转、戴不戴眼镜、面部毛发的改变、面部表情的改变等）。

（2）光线的变化（白天与晚上，位置A与位置B等）。

现有的面部识别系统还不够成熟，未能达到生物特征检测的要求。但面部识别技术还是很有潜力的，它的优势包括识别时人体与设备不接触，能在人群中确认某人的身份并识别已知或将要发生的犯罪行为。后者对人群集中的地方，如赌场、商场等很有帮助。

7. 其他技术手段

击键技术（键入模式）被发展定位于计算机安全登录。基于耳型、步态（走路方式）、指甲床、体味等的身份确认技术已经在研究，但只做了很少的发展尝试。

由于生物检测设备在特定人群面前是无效的，因此必须设计能解决这种状况的规程。例如，视网膜扫描仪会受白内障的干扰，特别干燥或严重受损的皮肤（疤痕等）会使指纹识别设备失灵签名和语音不可重复的人也无法使用相应的系统。另外，授权用户受伤会导致他们暂时无法使用生物检测设备，比如手指或手掌受伤，眼部受伤或做了眼科手术，及其他医疗状况。解决这种状况需要额外的技术手段或警卫的介入。要想获得关于此类问题的更多信息，可参阅 Jain 等人（1999）的《深入理解生物检测技术及其应用》。另外，Rejman-Greene 等人的著作也涉及了生物检测设备和安全注意事项。

10.1.4 人员出入控制旁路

当使用编码证书或生物检测技术来控制人员出入时，应考虑键锁旁路。系统元件损坏或停电时，旁路将非常有用。由于旁路而引起的系统缺陷可用 BMs 或其他门传感器弥补。当门打开时，警报会被记录、调查。无论是否使用键锁，甚至键锁被取走或已损坏，上述记录过程都会执行。如果一个区域或房间有多个入口，那么只需在一个入口安装键锁。

10.2 违禁品检测

禁止从某地通过的物品就是违禁品。在进入安全区域时通常有违禁品筛查。未授权的武器、爆炸物和其他工具都是违禁品，因为这些东西可被用来盗窃、暴力获取访问权限、损坏重要设施。毒品、手机、收音机、计算机或计算机媒体是额外需要纳入考虑的违禁品。所有的个人、物品和车辆在进入之前都要经过违禁品检测，因为这些东西有可能具有威胁性。武器、工具和爆炸物的筛查技术将在后面讨论，包括能检测所有威胁物的人员检测，武器、工具和爆炸物的金属探测器检测，武器、工具和爆炸物的包裹检测（X射线系统）及爆炸物的微粒与痕迹检测。另外，本书也会简要谈论化学和生物制剂检测及它们在设施保护中的作用。

10.2.1 人员检测

人员检测是一种不可忽视的违禁品检测手段。如果安检员受过识别有威胁物品的培训且有很高的警觉性，那么人员检测的效率会很高。人员检测的优势在于低硬件成本和高灵活性。与接下来要讨论的技术相比，人员检测的两个缺点是吞吐量小和人员消耗大。

10.2.2 金属探测器

磁力计使用金属探测器作为检测工具，它是一种用于检测地表磁场以及磁性材料引起的磁场变化的被动器件。磁力计只能检测磁性材料（能被磁铁吸引）而无法检测铜、铝、锌。尽管大多数枪炮都是由钢铁作成，但也不排除有些是由无法利用磁力计检测的非磁性材料作成。磁力计早已不再用来筛选违禁品，但近年来出现了一种现代磁力计，它的功能已不仅仅是金属检测。

用于违禁品检测的金属探测器大多由人携带，检测时探测器会在短时间内产生变化的磁场。这种设备既能检测由于在地面放入金属而引起的磁场变化，又能检测脉冲场引起的金属物体中的涡旋电流。金属探测器对金属材料的反应程度与多种因素有关，包括金属的导电性、金属的磁性（相对磁导率）、物体的型号和大小，以及物体在地磁中的方向。

有两种主动检测金属的方法：连续波和脉冲场。连续波探测器产生频率在 100Hz～25kHz 的稳态磁场。脉冲场探测器产生频率在 400～500Hz 的固定频率脉冲。根据波形复合形状的不同，脉冲场中可能含有 0 至数十千赫兹不等的频率成分。不幸的是，唯一的连续波金属探测器制造商不再运营，因而这种设备已从市场上消失。

连续波金属探测器的典型线圈结构如图 10.10（a）所示。位于探测器拱门一侧的发射线圈使用稳定的正弦信号。线圈产生低强度的磁场。接收线圈位于拱形门的另一侧，当人员通过发射器与接收器时会受到检测。信号由接收线圈捕获，然后路由到平衡差分放大器，放大器只放大信号的差。若没有金属通过拱形门，差分放大器的输入就是 0，因而输出也是 0。当有金属通过拱形门时，金属会改变原有的磁场并打破接收线圈的平衡。不平衡的磁场使得差分放大器的输入不再相同，于是放大器有信号输出。输出的信号会进一步放大并进行相位检测。如果信号超过了选定的门限就会发出警报。相位检测能对铁磁体（高相对磁导率）和非铁磁性金属（低相对磁导率）做探测优化。

脉冲场金属探测器的典型线圈结构如图 10.10（b）所示。线圈的布局与连续波金属探测器类似。与连续波结构的最大区别在于脉冲场中接收器的线圈不必是均衡的。多个发射器线圈产生磁场通量模式能减小物体方位对探测器响应的影响。低电感发射器线圈在一系列脉冲驱动下每秒产生 200～400 次短脉冲磁场（短至 50μs）。当磁场存在时，接收放大器被关掉。随着发射脉冲的结束，接收放大器会打开一段时间，通常是几十毫秒。当拱形门内没有金属物时，接收放大器输出的是低背景电磁噪声。当拱形门中有金属物时，磁场脉冲的衰竭会使金属产生涡流效应。涡流迅速衰减，衰减速度是金属电阻率的函数。关闭接收放大器能使涡流保持很长时间。接下来信号会被进一步放大并检相。如果信号超出了选择的门限，就会发生警报。相位检测能对铁磁体（高相对磁导率）和非铁磁性金属（低相对磁导率）做探测优化。现代数字技术能对信号做更多分析，并能更好地在众多金属中区分出真实目标，且能检测出被检测者携带的对人体有害的金属。

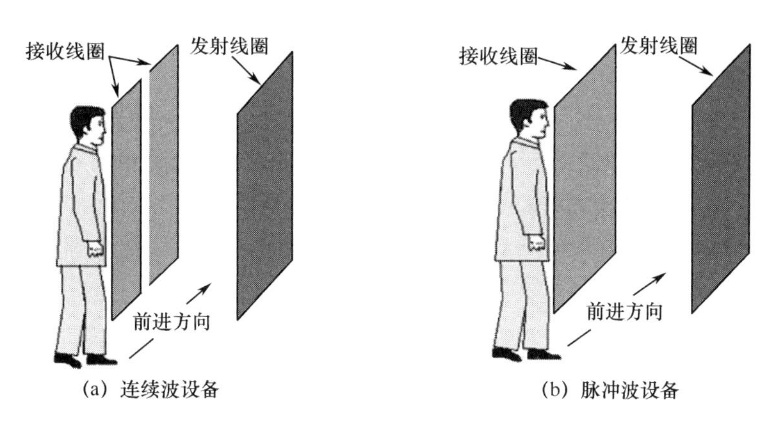

(a) 连续波设备　　(b) 脉冲波设备

图 10.10　金属探测器技术

如果金属是微量的，如金，金属探测器将很难检测出。使用连续波探测器时，增加工作频率能提升检测效果。在任何情况下高灵敏度操作都是必需的，但高灵敏度操作会显著增加误报率（NAR），这时需要为用户提供脱掉钢头鞋及取出身上其他金属物品的区域。手持金属探测器能检测出非常小的金属物，非常适合检测小物件。手持金属探测器的缺点是需要警卫参与筛查，且筛查时间长。由于会靠近被筛查者的身体，手持金属探测器被认为有侵入性，尤其当筛查者和被筛查者性别不同时。为了减小筛查时的不舒适感，许多站点提供同性筛查员筛查服务。

由于磁场并不局限于两个线圈之间而且金属探测器对探测器物理边界处的金属移动很敏感，因而必需谨慎选择探测器的安装位置。探测器前面或侧面的可移动物体（如门、升降机、购物车）会引发错误警报。无线电广播发射器的电磁瞬变、电网的波动和荧光灯的闪烁都会引起错误警报。

金属探测器在一定程度上不受附近区域静止金属物体的影响。混凝土地板和墙体内的固定用钢材和其他建筑用金属也能在一定程度上被容许。但是不建议正对着钢支撑梁安装金属探测器。金属过量会引起磁场的严重失真。有时金属探测器会停止运行且产生错误警报，也有时虽然继续运行但在一些区域灵敏度极高而在别的区域敏感度极低。这些失真会使得目标被错过或因为一些小问题频繁产生错误警报。金属物品比如安全设备、金属垃圾箱、椅子等，即使被放在靠近探测器的位置也不会完全干扰探测器，但会引起磁场失真。因此安装调试探测器时，一些设施为这类金属制定了不动原则。

10.2.3 包裹检查

可通过手工检查或主动探寻的方法检查包裹内的违禁品。主动探寻方法由X射线家族构成：单能量传输X射线、多能量X射线、计算机断层扫描（CT）及背反射X射线。通常，这些方法用在人体上是不安全的，但后面将讨论用于人员筛查的背反射X射线。单能量传输X射线成像机被用于查找金属物（如武器、工具和金属爆炸物），其余几种技术用于对原子数较小的材料成像。原子数（Z）是原子核中的质子数。低Z违禁品有可能是爆炸物、药品或食物。低Z元素是指氢、氧、碳和其他原子数不大于铝（铝的原子数是26）的所有元素。

传统的单能量传输X射线包检查系统产生的图像由操作员做检查。当操作员经过适当训练且警觉性较高而图像也不是很混乱时，这种检测方法的效果很好。金属会使X射线的强度大大削弱，而低密度和低Z材料却不会。传统的X射线无法穿透重金属（有时用在集装箱或车辆上）。高能量X射线或多能量X射线能用来检测大型密集集装箱或车辆内的物品。由于低Z筛查设备大都是针对爆炸物的，所以我们把这项技术的细节放在了后面。尽管如此，大多数低Z检测技术做下调整就能用于药品检测。

1．爆炸物检测

爆炸物检测技术分为粉末检测和痕迹检测。这种划分与技术目标有关——宏观的、会发生爆炸的粉末，或处理爆炸物时残留的微粒和烟雾（痕迹）。粉末检测技术以能引发爆炸的爆炸物粉末为目标。痕迹检测技术以能用追踪器做二次检测的残留为目标。通常粉末检测技术用到了电离辐射，出于安全考虑这种技术一般不用在人身上。爆炸物粉末检测和爆炸物痕迹检测的方法在后面给出。关于爆炸物检测的参考文章有：对各种技术的精彩描述（Yinon等，1999），对商业设备的调查（Theisen等，2004），和对有潜力的技术的调查（美国国家科学院，2004）。

1）爆炸物粉末检测

爆炸物粉末检测技术测量粉末状物质的性质，从而判断是否含有爆炸物。能够测量的粉末性质有X射线吸收系数、X射线反射系数、电介常数、伽马或中子交互、微波或红外辐射。对这些参数进一步分析能估算出物质的质量、密度和氮、碳或氧含量，以及有效原子数（有效Z）。尽管这些特性并不是爆炸物独有的，但足以表征爆炸物存在的可能性。幸运的是，许多与爆炸物特性相似的粉末材料在日常生活中并不常见。一些粉末检测设备有足够的灵敏度（最小可检测量小于威胁物的质量）和足够的特异性（低NAR），能提供高效的自动爆炸物检测。自动检测能降低劳动力成本且能减小解释用于检测的图像时对人的依赖。

X射线技术变得越来越复杂，并被广泛应用于各种场景——小到口袋成像仪，大致能成像整个卡车和货物的系统。尽管X射线技术通常应用于包裹检测，但是人员也能通过背反射技术安全成像。这种设备在检测包裹中是否有枪支或其他禁运品时也能分析是否存在爆炸物。

简单的单能量传输X射线扫描仪无法提供足够的用于爆炸物检测的信息，所以需要其他方法获取额外的信息。双能量技术测量质量吸收系数并能估算出有效 Z 值。图像使用不同的颜色突出显示图像中与爆炸物相符的低 Z 值区域来引起操作人员的注意。背反射技术利用低 Z 物质能反射相对较多 X 射线来成像低 Z 物质。低 Z 区域在反射图像中看起来很亮，并因此吸引操作人员的注意力。

计算机断层扫描（CT）是一种能自动检测爆炸物的技术，它能检测出质量较小的威胁物。X 射线源和检测器安装在能围绕包裹旋转的架子上，并能从多个角度成像包裹内的物品。计算机利用成像的数据构建出物体的三维表示。CT 扫描仪是唯一能提取足够的用于计算物质质量、密度和质量吸收系数信息的 X 射线方法。这些信息可用于自动检测可能含有威胁物的物质。与简单传输 X 设备相比，CT 设备因为用到了重型旋转架，所以购买及维护费用都很高。与痕迹检测技术相比，CT 的 NARs 也比较高（高达 20%，主要因为食物和一些聚合物）。

高能 X 射线设备能够检测车辆和货物集装箱。这种用于筛查商业物品的设备通常很大，并被安装在固定位置甚至安装在专用的建筑里。高能照度有很强的穿透性，能透过发动机室或满载的商用卡车并生成合理的图像。怎样产生高能照度并不重要。伽马射线设备使用放射性源而非 X 射线管，与 X 射线一样也能用于商业物品检测。背反射 X 射线技术可以与高能技术相结合来检测低 Z 物。

小剂量背反射 X 射线设备能对衣服下面的人体成像并检测藏在人身上的东西，但不会对人体造成伤害。为确保没有携带爆炸物，进入扫描仪的人必须被扫描两次：前面和背部。筛查时用在人身上的辐射剂量大约是 10microrem。NRC 规定人一年受到的辐射不能超过 100 millirem（10CFR Part20, Section 20.1301(a)(1), 1991），因而所用的小剂量辐射能够满足各种要求。应尽可能避免射线照射人体（10CRF Part20, Section 20.1301(d)(3), 1991）。图 10.11 给出了人体上不同物质的典型计算机增强图形。这种设备目前正由运输安全局（TSA）检测是否能用在航空和铁路系统上。

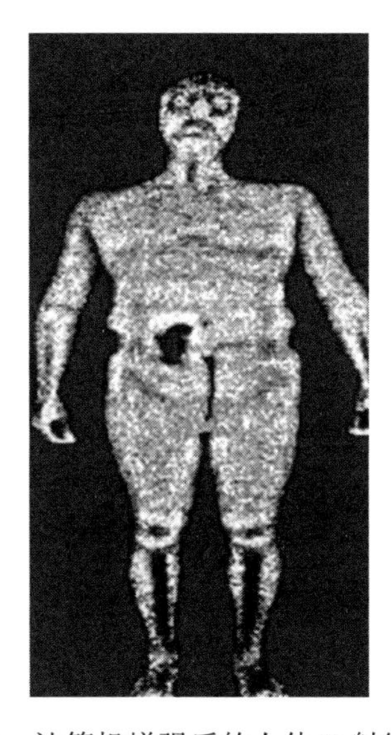

图 10.11　计算机增强后的人体 X 射线扫描图

此人腰间的东西似乎是武器。这种设备由TSA在美国选定的机场测试。

核技术利用伽马射线或中子检测车辆。伽马射线设备与前文中的高能X射线设备类似。热中子活化设备（TNA）能检测出物质中的氮含量。热中子（低能或慢速）被氮-14的原子核吸收变成氮-15，且辐射出特定波宽的伽马射线。这种特定伽马射线的量反映了物质的氮含量。中子和伽马射线都有很强的穿透性，因此很适合检测大体积高密度的物品。脉冲快速中子吸收（PFNA）能检测碳和氧含量。这里的快速是指高能量（数兆电子伏）。国际法规定，对物体的照射强度不能超过 10MeV（兆电子伏），因为太强的照射会使物体带有放射性。因此用超过 10MeV 的照射筛查食品运输是很冒险的。若与 TNA 结合，PFNA 设备也可测量氮含量。理论上测量碳、氮和氧含量能检测更具体的爆炸物，且能更好地排除多余的物质（比如富氮物）。这种设备的主要缺陷是高成本（应用于车辆的设备价格在500000美元以上，TNA 设备会便宜一些）、大体积、小吞吐量且在产生中子源时用到了放射源或中子生成电子管。一些小型（<100lb）包裹检测系统已能在市场上买到。

四级共振（Quadrupole Resonance，QR）是一种很有商业前景的技术，它使用脉冲低能无线波来检测是否含有富氮物质。对于一些种类的爆炸物，QR 的灵敏度很高（能检测小质量威胁物）。违禁品覆盖薄层金属后能屏蔽无线波检测，但 QR 能检测出是否有屏蔽并提醒操作员。QR 扫描仪很简单，成本相对较低（大约 100000 美元），且包裹不必遭受电离辐射。手持 QR 系统正处在开发阶段，它将会是手工筛查是否携带爆炸物的有力工具。

拉曼分析先用激光照射物体，然后分析散射光的频谱并识别物质。使用这种技术用于有害物检测（包括爆炸物）的便携轻量级系统已被开发出来。激光能穿透一些容器（如玻璃）或直接照射在可疑物表面。很小但肉眼可见的物质需要被检测。目前来看，该技术对于透过瓶子或塑料袋的筛查很有效，但不适用于包裹检测。

目前急需远程爆炸物检测技术，这是因为爆炸物需要在安全距离内检测。但是目前远程检测技术还不成熟，产品很少，尤其是能检测人肉炸弹和大型车辆炸弹的设备。红外照相机能使人身上隐藏的有可能是爆炸物的东西成像。市场上已出现无源和有源毫米波（接近 100GHz，有时也叫作 terahertz 或 THz）成像系统，它与红外系统操作类似，但使用的频率范围不一样。利用激光寻找物质的荧光特性或原子发射特性是目前正在发展的另一种技术。远程检测爆炸物挑战性很大（美国国家科学院，2004）。供货商称应当研究远程检测设备的性能来验证设备在预期环境和预定义威胁下的性能。

所有的爆炸物粉末检测技术都各有优劣。基于粉末检测技术的系统应组合使用两种以上的技术才能取得成功。通过组合，如果能搜集足够的关于可疑物品的信息，就能实时检测爆炸物。

2）爆炸物痕迹检测

近年来，爆炸物痕迹检测器已广泛应用于检测点筛查。蒸汽痕迹和微观粒子与爆炸物和对爆炸物的处理有关。爆炸物痕迹检测技术有：离子迁移谱、比色法、化学发光法、质谱分析法、荧光反应及犬类嗅觉。痕迹检测器的关键性能指标包括检测极限（最小可检测量）和分离性（把一种物质与另一种物质分开的能力）。许多痕迹检测器的灵敏度令人吃惊，能检测毫微克级的微粒。供应商仍然称应在购买前确认相关检测器的性能。实际使用时爆炸物痕迹检测使得筛查器能在威胁物的定义范围内做进一步搜索。

采样是痕迹检测有效性的关键部分，这是因为必须收集残留的痕迹以供检测器分析。擦拭采样是从硬表面收集颗粒残留的最有效方法，它使用擦拭布擦拭物体（如人、包裹或车辆）来尽可能地收集样本。样本通过加热气化并直接输入到检测器。对物体表面的气体采样（通常伴随着搅动）是从容器内或软表面获取样本的最有效方法。由于不需要接触物体，气体采样的入侵性小于擦拭采样。

由于几种常见的烈性炸药的气相浓度很低，爆炸物气体痕迹检测的难度很大。炸药的气相浓度通常在十亿分之一至万亿分之一范围内，若爆炸物的成分被装在油性胶或溶剂内（如 C-4 塑性爆炸物覆盖有 RDX）浓度会进一步减小。爆炸物微粒在室温下能吸附在大多数物体表面，且经温和加热或受高能量照射后会分解。因此，收集和传输气相爆炸物微粒是以损失大量的样本为代价的。

离子迁移频谱仪（IMS）中，空气样本中用于分析的微粒在放射性 Ni-63 和氯掺杂剂作用下发生负电离，离子经过周期性开启的快门（大约每 20ms）被传输给漂移单元。在漂移区域内，电离物逆着惰性气体流向电场梯度减小的方向移动。离子因迁移率不同而分开，轻量级的或截面较小的离子相对于大微粒以更快的速度逆流而上。在漂移区的尽头离子穿透法拉利环，法拉利环记录的输出电压是漂移时间的函数。典型的 IMS 漂移单元宽度大约 5cm，电场梯度 200V/cm，这种条件下爆炸物微粒的漂移时间为 5～15ms。尽管通常微粒会变成负离子，但一些新兴的爆炸威胁物，如三聚过氧丙酮（TATP）会形成正离子。市场上已能买到能同时对正离子和负离子分析的 IMS 仪器。

基于 IMS 的检测器对炸药、军用 TNT 和塑料炸药化合物具有高灵敏度（毫微克量）。台式检测器的成本为 40000 美元，而手持型为 25000 美元。选择性离子化和漂移区域中的渡越时间分离为筛查提供了足够的特异性。漂移区域中的干扰和 NAR 很低，但化妆品和香水中的化合物芳香剂等物质除外。高灵敏度、易操作性、仪器的高容错性和低维护成本是 IMS 的优势。尽管售价较低，但手持检测器维护费用很高且设备使用交流电。

一些供应商提供的技术能使得爆炸物位置颜色发生明显变化。通常这样的套件包含喷雾、测试纸和测试用精华素。颜色改变是因为发生了化学反应。通常会使用一系列方案来确定是哪种爆炸物（如果存在）。这种方法的好处是成本低和便携性好。缺点是 NAR 较高和需要处理化学药品，且一些药品气味很浓。

化学发光检测器利用光化学检测。首先收集气体样本，然后使用快速气相色谱仪把样本分离到对应的部件中。然后加热样本使所有的氮化合物分解生成一氧化氮（NO）。NO 与臭氧反应生成 NO_2 并发射光子，光子能被光电管检测到。联合使用光电效应和色谱仪能够检测基于氮的爆炸性化合物。如果不使用气相色谱仪，只能确定该物质含有氮元素。而通过气相色谱仪，可在一分钟内检测一份样本中的多种爆炸物。

化学发光检测器对常见爆炸物有很高灵敏度（象形图数量），包括 RDX 和 PETN 等低蒸气压化合物。但是化学发光检测器依然是最贵的商用检测器，它所用的分析时间最长且比其他痕迹检测器维护成本都高。

在色谱分析之后可加入别的检测器，如电子捕获检测器（electron capture detector，

ECD）。ECD 利用氮化合物的高电子亲和能来识别气体样本中的爆炸物痕迹。电子捕获技术本身并不能确定所检测的爆炸物，但把ECD与其他技术组合在一起，比如气相色谱仪（gas chromatograph，GC），就能识别爆炸物的种类。GC/ECD 更多使用在实验室分析而不是日常监测点筛查。GC/ECD 的优势是成本低，很好的特异性和检测的低限制，缺点是较长的分析时间（通常数分钟）和较频繁的 GC 栏维护。

在质谱分析法中，离子被放在电磁场中处理来确定它的质荷比。四极质谱仪和四极离子阱渡越时间是这种方法的两个例子。各种各样的质谱仪配置都是可用的。

四极质谱仪中，样本微粒在放电作用下被负电离化，离子在电场中加速然后在四极管作用下集聚到离子检测器。所选的爆炸物的质量数特性能被单独检测或者连续的按范围扫描。父离子的质量和特性片段以及子离子都能被检测。当给定的质量数或质量数的组合超出了电流门限，就会发出警报。

四极离子阱渡越时间质谱仪收集离子阱中的离子，离子阱是离子的轨道。离子阱周期性地变空，离子到检测器的时间会被测量。渡越时间取决于离子质量（动能）的平方根。IMS 与渡越时间质谱仪类似，只是 IMS 作用在大气压下而质谱仪作用在真空管。质谱仪发出警告的方式与前文中类似。

质谱仪是分析化学实验的黄金标准。质谱仪的优点是特异性和低检测限制。这种设备很容易通过重编程检测额外的分析物，这对于增加威胁物来说是一个理想功能。但是，高成本、高维护费和需要专家操作使得常规检测放慢了对质谱仪的部署。新开发的工具不断地改进为适合用在检测点检测爆炸物。

放大荧光聚合物当出现爆炸物时能改变荧光性。含有荧光性的系统已经被开发出来，当出现 TNT 等爆炸微粒时系统的荧光就会熄灭。TNT 微粒熄灭所有单体的荧光（每个微粒数千单体），因此效果被放大了数倍。对微微克甚至毫微微克物质的高灵敏度检测是可以实现的。聚合物被涂在毛细管上并放在与光电倍增管相邻的位置。气化物通过电子管获得，当荧光性的改变超出了门限就会发出警报。这种系统的优点是体积小、成本低、灵敏度高。不是所有的爆炸物都会对聚合物产生反应，目前正在研究能用在更多爆炸物上的涂料。

犬类嗅觉广泛应用于执法和军事定位隐藏爆炸物。当流动性是必须时，如建筑物搜查或快速迁移检测，犬类能发挥重要作用。检测实际上是由训练者观察狗的行为完成的。犬类和它们的训练者需要不断地再培训来识别合成化合物，如爆炸物。而且犬类检查的可靠性与训练者的警觉性和技能及狗的健康状态和性情有关。犬队经常需要休息，因此有必要组织多个犬队。尽管获取成本很低，但花费在训练者身上的成本却是循环往复的，从而固定检测点很少使用犬类做检测，反而更多采用商用爆炸物检测器做筛查。

爆炸物痕迹检测入口早在几十年前就开始发展，而如今一些机场也开始采用。痕迹检测入口使用短脉冲气流扇动人的衣服，然后收集微粒或气态样本。当过滤人周围的空气时，脉冲气流有助于驱逐爆炸物残留。过滤器用几秒钟的时间收集爆炸物微粒和气体，然后加热过滤器使得收集的爆炸物被释放到痕迹检测器中（离子迁移率谱仪或质谱仪）。筛查时间在 10～25s 之间。它的优点包括自动检测、高灵敏度（毫微克级），以及不需侵入人体。缺点是体积大、采购成本高（大约 150000 美元）、维护成本高。为了做对比，也可以从人身上用刷的方式采集样本，但这通常被认为带有侵入性，而且检测一个人需超过一分钟的时间。

能找到一些关于商用爆炸物探测器的总结（Theisen 等，2001）。必须谨慎选择商用检测器以满足每种设施的要求。供应商要求检测器在适当的环境下进行确认测试。灵敏度、误报警率、反应时间、操作和维护成本及能检测的爆炸物种类都是选择检测器时需要考虑的因素。

2. 化学和生物制剂检测

通常使用角度传感器来实现对化学和生物制剂的检测，其中传感器用于寻找现场周边发生袭击的证据。如果发生化学制剂袭击，敌人很可能用高浓度试剂发生突然袭击（能迅速致命）。安全系统的目的在于能提前发出警告以帮助相关人员成功解除袭击。为达到这个目的，军事和环境化学检测器（痕迹）的发展贯穿了整个 20 世纪。如果延长检测器工作时间也就是在本不工作的时间工作，那么就需修正检测器。应当充分考虑 NAR。这是因为对化学袭击的反应必须迅速、完整，误报警或演习对需要对袭击做出反应的人来说是很难忍受的。化学检测器需要在周边不同位置收集样本，因此不适用于检测点筛查。一些化学传感器使用光学方法实现远程检测。

与化学检测相比生物制剂检测有两点不同。首先大多数生物制剂都不是立即致命的，所以反应时间不如化学袭击苛刻。其次，检测时通常过滤数小时空气然后分析过滤器（数小时）。这种延迟带来的结果是检测生物制剂并及时阻止爆炸将变得很困难，但是一旦识别出了制剂，任何已暴露人员都可以赶去处理。由于这个限制，生物检测是当今的热点研究领域。其他通过现场周边的物质，如水（通过雨水、水流、管道饮用水）和空气（花粉、污染物），也会被监测，但这通常被认为是环境监测的一部分，而不属于违禁品检测。

10.3 锁具

锁具是出入口控制系统的重要元素，它给屏障的可移动部分提供了安全保障。但是不应把锁具作为设施重要区域实体防护的唯一手段。这是因为对于有较高开锁技能的人，只要给他充分的时间他就能将锁打开。锁具需要相应的补充防护措施，如周期性警卫巡视或使用传感器。

所有的应用中，都要使锁的延迟时间及性能与屏障其余部分的穿透阻力严格匹配（均衡防护）。选择没有明显比安全屏障（门和墙）强壮或比它脆弱的锁是一种很不明智的做法。本小节给出的信息将有助于在不同应用环境下选择合适的锁具。

锁具和锁具系统更详细的内容已超出本章范围，但文中会给出一些高级信息来帮助初学者理解选择和使用锁具时的主要问题和基本注意事项。

最常见的锁具有扣锁、门锁、开关锁、厨门锁和凸轮锁。以下的描述适用于扣锁、门锁和厨门锁。

10.3.1 锁具的主要组件

大部分锁具的两个主要组件是紧固装置和编码机制。紧固装置通常指门闩或螺栓。编码机制是指钥匙锁的锁芯或机械密码锁的轮包。

1. 紧固装置

紧固装置由锁壳里的门闩或螺栓和门锁的锁扣盒或挂锁的钩环组成。当投射到锁定位置时，门闩或螺栓延伸到锁扣盒或钩环以确保锁具的安全。

门闩和螺栓的区别是随着门被关上门闩也会自动缩回，而螺栓不会自动移动除非有人故意移动它。机械螺栓是一种厚度一致、可移动的设备，它将垂直运动锁定到移动方向上。通过与固体障碍物的交互，螺栓被限制在扩展出的位置。门闩带有斜面且能被弹簧加压，所以它能自动缩回。门闩用起来比螺栓方便但更易损。门闩或螺栓组件的种类有弹簧栓、弹簧锁或固定锁（间歇的或主动的）。每种类型的描述如下。

（1）弹簧栓：一种利用弹簧弹射，通过端压力，把手（杠杆）或编码机制回缩的斜面门闩。

（2）弹簧锁：一种利用弹簧弹射，通过把手（杠杆）或编码机制回缩的门闩或销。弹簧锁上的销在门关上时会被按下，这是因为安装在弹簧门闩路径上的障碍物约束了它的活动。

（3）间歇性固定锁：一种不总是与编码机制耦合的螺栓，它能通过把手或编码机制弹射或缩回。不通过钥匙机制，只进行螺栓操作就能破坏掉间歇性耦合键锁（见图 10.12）。当钥匙在锁内转动时，凸轮滑动螺栓使锁打开或关闭。在编码机制作用下，钥匙只旋转一次。

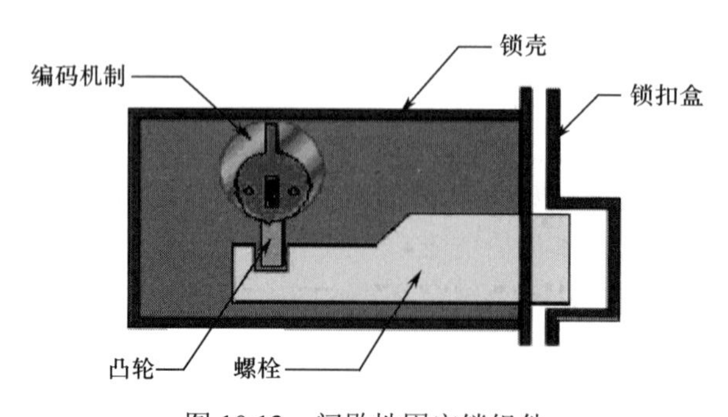

图 10.12　间歇性固定锁组件

（4）主动固定锁：一种永远与编码机制耦合的、只通过编码机制就能发射和回缩的螺栓。当主动耦合固定锁充分伸展时，它不能被单纯的端压力打开。图 10.13 解释了这种设备的操作。钥匙必须旋转数次以使凸轮完全打开或关闭螺栓。

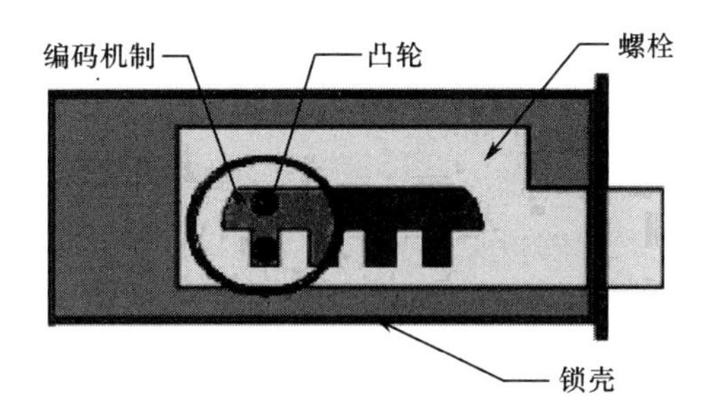

图 10.13 主动固定锁组件

2. 锁扣盒

螺栓或门闩通常安装在门上。当门被关上且螺栓或门闩弹射到门侧柱锁扣盒的凹槽时，即可将门锁上。锁扣盒用来强化凹槽。锁扣盒分为主动和被动两种，被动锁扣盒的唯一用处就是强化凹槽。一些锁具有机械功能或者电子功能，如机械锁与主动锁扣盒被同时安装在门侧柱上，或在门侧柱上安装被动锁扣盒而在门上安装电子螺栓锁。

主动锁扣盒允许在门上施加压力使门打开。对螺线管或电动马达加电就能操作电子螺栓和门闩。通电后螺线管变成电磁体。然后螺线管按特定机制发出磁场，磁场能移走障碍物以使用户缩回螺栓或门闩。电动马达能达到与螺线管相同的效果。这种方法很安全，但成本也很高。主动锁扣盒分断电安全和断电关门两种。区别在于断电时断电安全设备会开锁，而断电关门设备会锁定。

3. 锁口和锁舌

锁口是一种金属扣件，其至少由两部分组成。两个部分分别连着可移动屏障和固定屏障，或者两部分分别与两个可移动屏障相连。当屏障关闭时，挂锁的锁舌穿过锁口的两部分来固定锁口。市场上能买到的锁口的种类很少，且大部分在质量上（在抗拒强行攻击方面）都不如与之相连的高安全性挂锁。由于安全性是由锁和锁口共同提供的，选择合适的锁口及恰当的安装对安全性来说至关重要。根据不同的要求，锁口的设计有很大区别。锁口被安装在不可拆卸的螺栓上或被直接焊接到门或框架上。锁舌通常是 U 形铁条，与锁口搭配用来耦合门和门侧柱。扣锁锁体和锁舌一般很硬。锁舌分暴露型和隐藏型两种。

4. 编码机制

编码机制位于锁体内，当解码时，编码机制移动或允许门闩和螺栓移动到收缩的位置（开锁）。编码机制主要有两种：无钥匙机制和有钥匙机制。

1）无钥匙开启编码机制

无钥匙锁是一种使用密码获取访问的设备。这种锁包括：

（1）机械组合锁。

（2）机电组合锁。

（3）机械入口控制锁。

（4）电磁无钥匙控制锁。

机械组合锁上有数字或字母转盘，转盘在规定的方向以给定数字的转数旋转到特定位置，转完转盘后就可以去除螺栓。组合锁被纳入到挂锁和门锁的范畴，从简单的储藏室挂锁到高安全性能的地下室门锁都属于组合锁。但所有组合锁的基本操作原理都是一样的。

转盘通常分为几部分，每部分都有数字。指示器位于门锁的盘环上，如果是挂锁的话位于锁体上。对于门锁来说，锁的可见部分只有转盘和盘环。转盘旋转时，转盘的运动会被传输给锁壳里的码轮。

机电组合锁的操作方法与机械锁类似。但是它依靠电子部分而不是机械部分来接受组合。这种锁带有液晶显示器，可用来显示通过旋转转轮而选择的数字。

通过按压相应数字的按钮输入一系列数字，就能获得机械出入口控制锁的进入许可。这种锁对进入房间和建筑物的控制不经过中央计算机控制系统。

电磁锁依靠电磁铁的强大力量来确保门的安全。钢制锁扣盒通常安装在门上而磁铁安装在门侧柱上。这种锁的夹持强度在600～1200lb之间。简单电磁锁内置了断电安全装置，这是因为断电后磁铁不能工作。断电关门电磁锁使用的螺线管能激活与锁的磁部分一起工作的螺栓。

滑移电磁锁是一种可选择的设计。这种锁安装在门的门侧柱的凹槽内，从而达到隐藏的目的。安装在门凹槽的部分通常包含钢制螺栓或锁扣盒，当关上门且通电时螺栓或锁扣盒被吸附到门侧柱上。商业电磁滑动锁的强度在2000～2700lb之间。

2）有钥匙开启编码机制

有锁孔锁通过机械钥匙来操作。如果用的钥匙是正确的，钥匙和钥匙机制收回螺栓或门闩然后锁被打开。大多数有钥匙开启锁都可归到以下五类中：有锁孔锁、晶圆锁、转盘锁、引脚弹子锁和杠杆锁。除了常见的五类锁外，有钥匙锁也包括其他特殊类型。

有锁孔锁结构上包含锁孔或障碍物（外部或内部锁孔），钥匙必须清晰，从而能转动及操作螺栓或门闩机制。有锁孔锁的钥匙在设计的位置处有锁孔切口，从而使得钥匙能够旋转。有锁孔锁作为门锁曾一度很流行，即使现在也能在一些老房子上找到。有锁孔锁很容易被摘下来。另外，有锁孔锁的钥匙（总钥匙）很容易伪造且现在已能通过商业途径获得。由于有锁孔锁不能通过主钥匙键控，所以它的可用性和功能性有限。尽量不要使用有锁孔锁，因为它不能对不同的钥匙重编码。

大型杠杆锁通常用在监狱的安全防护上。这种大型锁具有抗摘性，主要是因为杠杆上有沉重的高强度弹簧。一些杠杆锁还有另外一个优点那就是钥匙必须旋转好几次螺栓才能完全缩回。这种情况下每个需要钥匙旋转的锁都需要摘下来一次。

转盘锁上有平面旋转盘，钥匙必须和它对齐才能开锁。转盘锁是一种高度防摘锁，它使用一种特殊的切面柱状钥匙来操作，钥匙把柱面上得每个转盘都旋转到不同的角度。当插入钥匙并旋转时，转盘的缺口对齐并使得锁条进入相应位置。这种行为释放了原本受限的带有转盘的插头，并使得插头能够旋转。

Linus Yale在19世纪获得引脚弹子锁的发明专利，与有锁孔锁和晶圆锁相比，这种锁的安全性更高。但是，标准引脚弹子锁容易被摘下及压印。标准引脚弹子锁由包含柱状插头或核心的柱状体组成。锁体内包含几个小型的、弹簧承载的引脚，引脚排成一行并扩展到键槽。最上面的引脚（或称驱动引脚）被弹簧强行拉低到插头上以防止插头转动。底部引脚（或称关键引脚）处圆锥形状的末端紧靠在插入的钥匙上。如果钥匙切割得较好，它会增加顶部和底部引脚间的间隙，从而每个间隙与柱状插头的外表面接触（剪切锥线）。当引脚因此而排成一排时，柱状插头就可以转动了。

引脚弹子锁通常有高承受规格且提供多个不同的钥匙。它们很容易被主锁定且锁定方式有上千种。引脚弹子锁能发展为很复杂的主锁定系统。引脚弹子锁广泛应用于挂锁、门锁和一些特殊应用，如锁定电子开关。

10.3.2 安装注意事项

通常锁离门表面越远就越容易被保护。这种保护也能由保护盘提供。保护盘应尽可能地覆盖柱状体，但钥匙依然可以转动。

硬化防护环应放在隐蔽位置，它有足够的锥形物和转动来承受暴力破坏。

应使用特殊的安全螺丝安装位于安全区域外的安全硬件。根据应用环境的不同这些硬件也可能安装在安全区。安全螺丝主要分为一旦安装无法移动和安装后只能用特殊工具移动两类。敌人有可能得到这种特殊工具。

当使用的螺丝敌人也有时，就应该在安装时把螺丝的头焊接到设备上，这会增加设备的安全性。安全螺丝应该是坚硬的。如果硬件被安装在木头上，使用足够长的螺丝嵌入到架构底层将会提高硬件的安全等级。

键锁的缺点可由 BMS 或其他门传感器弥补。如果门是通过钥匙或取下锁打开的，系统就会记录警报并检测非授权的出入。这种简单的方法能抵制内部或外部威胁且性价比很高，尤其当传感器已经监控到室内门的关键区域时。

总的来说，使用锁具时应遵从和本书中已讨论的其他元素一样的规则，也就是平衡子系统元素和选择适当的技术来应对所考虑的特定威胁。另外，对键锁系统钥匙的控制应严格遵循步骤。对于非键锁，应该考虑将键锁旁路系统作为备份系统以防止设备失灵或断电。再次强调，钥匙应严格控制。

10.4 系统集成与安装规范

安装防护系统的出入口控制部件时有许多问题要考虑。在最高设计层次上需要考虑出入口控制功能和显示（AC&D）功能安装在一个主机上还是不同的主机上，也就是说是将系统集成化还是并行化。必须要考虑的问题有：从安全区域出入需要闭路电视（CCTV）的监控吗？需要对传感器进行本地遮盖吗？AC&D/出入口控制子系统和违禁品检测系统间有电路连接吗？这些问题还有一些其他的问题必须在防护系统的设计阶段提出。

许多 AC&D 系统也包含出入口控制功能。全集成的 AC&D 系统和出入口控制系统更具有吸引力。对用户来说不论在软件上还是硬件上集成系统都比两个分立系统的成本低。例如，警报收集场板上也有读卡器接口，而门锁扣盒也依赖相同的板子。集成性同样简化了系统的安装过程。当出入口系统授予某人开门权限时有必要告知给 AC&D 系统，这是因为门传感器警报信号必须推迟一段时间从而人员出入时不会引发警报。安装独立系统时，集成系统中的门传感器能自动隐藏，这个功能必须依靠其他的方法才能完成，通常是利用用户提供的硬件。

另外，完全集成的系统会因为集成损失部分性能。警报系统的报告必须在处理出入口请求前完成。这个要求看似很平常，但实验测试表明一些系统中 AC&D 系统几秒后才能收到警报，这是因为系统正忙于处理出入口请求。选择集成系统时必须额外谨慎以确保系统的 AC&D 性能不会因为出入口控制而减弱。这也是为何系统需要在普通、反常和恶劣的环境下测试来验证系统性能。只在普通环境下测试系统是不充分的，这种级别的性能也许不是系统的临界操作状态。这个限制能通过使用高速微处理器和通信协议得到缓解。

从门、十字门和闸门区域的进出通常不会被 CCTV 系统记录。但是当安全级别足够高且吞吐级别较低时，有可能会采用 CCTV 和延时视频记录。发生安全事故时，视觉信息记录和出入登记对确定事件的经过很有帮助。除事件登记照相机外，门和闸门传感器警报也应和区域中其他受保护的传感器一样受相同的视频评估要求的约束。

通常入口处的违禁品检测设备工作在本地报警模式下。由于金属探测器会因为口袋里的杂物产生较多误警报，金属探测器工作时通常都有工作人员协同。使用金属探测器时安检员应确保检测按流程进行：检测口袋里的杂物，然后解除警报。通常情况下可以用手拍打和手持金属探测器这种人工搜查的方法提高金属探测器的分辨率。包裹检测中用 X 射线产生的图像由操作员解释，自动图像分析还需要数年才能实现。尽管安检员通常出现在违禁品筛查点，但有时在中央警报监控站监控这些设备效果会更好。金属探测器发出的警报能被监测到，X 射线设备生成的图像会备份到警报监控站并由安检员做二次筛查。

设计出入口控制系统时需要考虑的另一个重要问题是消防规范。维护出入口区域的安全控制是有必要的，但在不违反消防规范的情况下达到这个目的很困难。防火门一般都有单手/单方向移动出口设备。可以安装出口控制硬件如读卡器和电控锁扣，但它们很容易被防火出口硬件旁路。有迹象表明防火出口硬件只在紧急情况下才使用，但是如果不告知用户擅自使用防火门的后果，他们很可能会绕过出口控制系统直接使用防火门。若防火门确实有受控入口和自由出口，那么必须用额外的方法实现门警报的本地掩藏。隐藏出口的警报通常通过对出口传感器发送请求实现。这些红外传感器检测从内部安全区域靠近门的人员，并向系统发送警报提醒系统门可能会被打开。这种方法在设施的日常操作中很有用。解决消防规范的要求同时维护安全控制的另外一种方法是使用延迟出口硬件，有了这种硬件门只有在一段时间后才能打开。这也使得能够使用 CCTV 来监控出口处发生的行为，也可在确认紧急状况时延长延迟时间。这种系统在学校等其他假火警警报会影响日常行为的场所很有用。使用的方法要在详细检查联邦和本地的消防规范和安全系统的影响后才能确定。任何情况下都不可以把生命置于危险境地。但是一些设施的关键资产即使在紧急情形下也应该得到保护，如半导体制造厂、商业核反应堆和某些药品生产设备。在这种情况下，需要在出口处增加额外的安全区域或出口使用说明。生物监测设备与出入口控制系统的交互是系统设计时需要考虑的另外一个问题。大多数生物识别设备被作为完整的出入口控制系统来使用而不是作为大系统的子部分。因此尽管有时生物检测设备留有对更大系统的数据接口但却没有这种接口的工业标准。这会迫使设计者在生物检测设备上安装读卡器和键板以使诱导组件操作一致。一种简单的方法是用继电器开启生物检测设备和出入口控制系统。如果生物检测设备有读卡器缓存或者数据共享存储区就可以使集成变得更加精巧。这种情况下，生物检测设备会捕获读卡器的数据流。当生物特征检测成功完成时，设备会把缓存的数据发送给出入口控制系统。通过这种方法，出入口控制系统无法意识到生物检测设备是连接着的。少数情况下，出入口控制系统带有允许生物检测模板存储到输入口控制系统主机上的特定接口，这种系统一般是高度集成的。

10.5 操作规程

与其他防护技术一样，出入口控制系统也需要操作规程。操作规程主要针对在入口展示徽章（在设施内徽章应佩戴在清晰的视野内），不在站点时怎样保护徽章或其他证书等问题。另外，规程中应包含防止 PIN 码泄露的规则。应防止后面没有完成出入口控制流程的人进入，且最好强制每个人都完成整个流程。所有的员工都应接受关于恰当使用公司出入口证书的培训且理解这个问题的重要性。应考虑鼓励员工检举那些试图追尾或在入口点接电话的人。尽管对高级雇员或其他人免除出入口检查显得很礼貌，但这会降低设施内的安全性，且如果其中有近期被解雇的员工或未获得进入授权的来访者将使问题变得更严重。不应让忘记或丢失徽章的员工进入。

安装出入口控制设备时还需要考虑的其他问题包括确定在访问请求有效前最多允许的尝试次数，若达到最多请求次数访问还是被拒绝该怎么处理，以及对设备创建预防性维持制度。应该执行金属探测器的例行矫正。使用金属探测器时，建议取下携带的金属并重新检测。一旦发现金属物就应该取出金属物并接受再次扫描。这个过程应持续到没有更多的金属被检测出。发现金属物后重复扫描是很重要的，因为检测到一片金属并不意味着这是唯一的一片金属。发现金属后而不进行重复检测就允许进入会带来安全隐患。如果站点用到了爆炸物检测器，就需要认真考虑如果检测器检测到了爆炸物该怎么处理。检测器对被测物的反应也许是有问题的，因为能引发误警报的原因有很多，但也有可能检测到的确实是爆炸物。如果要在一个人进入前使用照相机确定他的身份，那么应该引导他摘掉墨镜、帽子或其他影响成像的部件，并告知他站在哪里、面朝哪个方向。另外，在使用技术手段检测时也可以随机检查包裹、公文包和手提包。这时公司关于违禁品，如枪支、武器、爆炸物、药品、酒精、读取设备和移动电话的政策应包含在员工训练的内容里，且应作为访问控制的一部分。

10.6 管理规程

为了完善出入口控制技术，除了建立操作规程外还需要建立访问控制系统。这种系统定义了谁能进入设施、什么时间进入、需要几种不同的访问级别、用户可使用的入口有哪些。规程应规定处理忘记或丢失凭证的方法、控制访客的方法和一些其他的处理功能，如停车证。规程里有明确的用于描述残疾人（像断腿、断胳膊）或病人出入的部分。若使用的是生物检测设备，就需要针对暂时无法使用系统的员工和无法登记的访客创建备用规程。处理这种例外情形的方法有：使用大型后门或引导他们去人工区寻求帮助。

必须建立用于处理访客的规程。显然，除最小的和最简单的设施外都需要规程用于向访客提供访问授权。特定的员工会发送访问请求，请求中应包含相关数据，如访问的日期和时间、访问的入口点和访问的目的。规程中也可能规定必须有经理的亲笔签字才能获得访问授权。如果使用了生物检测设备，所有的访客都要在数据库中临时登记或者由陪护人员在入口处提供授权。处理访客时在入口处放置内部电话也许会有用。同时应提供工作人员的电话列表或者求助台。

许多大型设施设立了专门的经理办公室来管理访问控制过程。控制过程中的重要一点是数据库管理。访问控制系统的数据库应实时更新以反映员工的离职、休假或停职。另外，应追踪访客的凭证并分配持续的使用时间。应限制对数据库的访问且只有两个员工都同意时才能访问，这可以防止内部数据被篡改。

应设立专门的部门或人员来解决员工和访客的证书问题，包括前文描述的状况以及替换员工过期的或丢失的证书、从数据库中移除过期的或闲置的证书、增加新证书和在访客访问结束时收回他们的证书。由于这是一个很耗时的过程，建议把访问控制计算机从AC&D主控计算机中分离出，尤其当那台计算机还用于生成证书时。个人计算机相对较便宜，两个功能分别放在不同的计算机上能降低成本但不会降低安全性。

10.7 小结

本章描述了出入口控制系统及用于人员出入控制及违禁品检测的设备。这些系统允许授权人员和物体通过标准访问路径，同时检测并延迟非授权人员出入保护区。

人员进出的授权方法包括整数、个人识别码和自动人员识别认证。这种系统经常发生两种错误：错误拒绝和错误接受。大多数证书都能被伪造，而且入口授权过程中用证书而不是人本身来核实身份。尽管个人识别认证系统通过人体特征来核实人员的身份，如手掌纹理或眼睛视网膜模式，但使用的仪器很复杂且仪器需要专门的人员来操作和维护。应当用备用方法为那些无法登记或暂时无法使用生物检测设备的人授权。

违禁品包括非授权的武器、爆炸物、药品和其他工具。检测违禁品的方法有：金属探测器、包裹搜查和爆炸物检测器。金属探测器应放在出入口处，爆炸物检测器应放在入口处。爆炸物检测分为粉末检测和痕迹检测。如今，WMD（大规模杀伤性武器，包括大型炸药、化学和生物制剂）发展很活跃。如果能定义出设施的威胁物就能用现有的技术检测这些威胁物，但是还需要做大量的研究来提高检测性能。

有效的出入口控制系统只允许授权人员出入，检测并防止违禁品进入，检测并防止非授权的重要物品和贵重物品被移走，以及向防护人员提供信息以促进评估和响应。出入口控制系统是集成 PPS 的检测功能的重要组成部分。当与出入口控制规程和访问控制过程组合使用时，出入口控制能为设备提供均衡的深度防护。

10.8 安防理论

出入口控制指的是设施内用于限制进出的技术。访问控制包括数据库、操作规程和访问规则。出入口控制系统是一种用于维持设施平衡并为设备提供深度防护的工具。出入口控制技术分为三类：你知道什么，你有什么和你是什么。违禁品检测需要操作员参与来最终确认检测到的东西是否是违禁品。

10.9 参考文献

[1] Bouchier, F., Ahrens, J.S., and Wells, G. Laboratory evaluation of the IriScan prototype biometric identifier.SAND96-1033 1996; 1-12.

[2] Holmes, J.P., Wright, L.J., and Maxwell, R.L. A performance evaluation of biometric identification devices. SAND 910276 1991;1-29.

[3] Jain, A., Bolle, R., and Pankati, S., eds. Biometrics: Personal Identification in Networked Society. Boston: Kluwer Academic Publishers, 1999, 1-411.

[4] National Academy of Sciences. Existing and Potential Standoff Explosives Detection Techniques, the National Academies Press, 2004. http://www.nap.edu/catalog/10998.html, last accessed November 2006.
[5] Rejman-Greene, M. Security considerations in the use of biometric devices: Elsevier Science. Information Security Technical Report 1998, 3(1):77-80. http://sciserver.lanl.gov/cgi-bin/ search.pl.
[6] Ruehle, M., and Ahrens, J.S. Hand geometry field application data analysis. SAND97-0614 1997;1-51.
[7] Theisen, L., Hannum, D.W., Murray, D.W., and Parmeter, J.E. Survey of Commercially Available Explosives Detection Technologies and Equipment. Washington, DC National Institute of Justice Office of Science and Technology 2004. http://www.ncjrs.gov/ pdffiles1 /nij/grants/ 208861.pdf, November 30, 2006.
[8] USNuclearRegulatoryCommission,10CFR Section 20.1301 (a) (1) and (d) (3), 1991. http://www.nrc.gov/reading-rm/doccollections/cfr/part020/part020-1301.html, last accessed November 2006.
[9] Wright, L.J. Proximity credentials—asurvey. SAND87-0080 1987;1-27.
[10] Wright, L.J. Coded credentials—a primer. SAND88-0180 1988;1-20.
[11] Yinon, J. Forensic and Environmental Detection of Explosives. Chichester: Wiley, 1999, 1-285.

10.10 问题

1. 讨论下列应用的注意事项：
   a. 为入口处用户提供受控自由区。
   b. 员工不应该为了好玩而使用真实设备和系统实践。
   c. 应给未成功进入的人提供退出线路。
   d. 摆动金属门可能会干扰输入控制设备（如 X 射线包裹检查设备、SNM 或金属探测器）。
   e. 应保持对注册信息的安全控制。
   f. 安检人员应留意出入口控制设备（如通过个人或 CCTV）。
   g. 设计出入口控制系统时应考虑特殊需求（如消防专用车道、逃生专用门）。
   h. 应向不满足系统要求的人提供备用出入口控制规程（如残疾人）。
   i. 应该有系统失效（如停电或设备故障）时的替代方案。
2. 什么情况下出入控制需要用到保护力（警卫）？这会对实体保护设备、成本等带来什么影响？

3．为什么门、墙和屋顶的延迟时间需要与周边或建筑墙体的延迟一样？

4．为什么门需要被连锁以至于同一时间只能有一扇门被打开？

5．讨论由车辆入口所带来的出入口控制问题。

6．完全自动的出入口控制系统会带来什么问题？

7．当使用爆炸物检测系统时你希望遇到什么问题？

8．为什么我们需要在设备出口处设置金属检测设备？

Chapter 11

第11章

访问延迟

一个有效的 PPS 要求必须检测到来自内外部的入侵者制造的恶意行为，响应部队可以在入侵者完成任务之前中断其攻击，它包括内部保安、地方警察及其他反应机制。由于通常不能维持一个足够大的能在所有有利地点布置防守力量的装置，各种类型的延迟入侵者的装置应运而生。检测到一个入侵者后，延迟组件会在响应部队出现之前，或其他远距离延迟和反应系统被激活之前阻止恶意行为的实施。还有其他一些能提高阻击几率的方法也被认可。与房屋或地下室的内部探测相反，在场地周界的探测需要在探测之后提高响应部队的有效时间以应对外在威胁。最小化报警复核判定的时间量将会改善总体的响应时间。

图 11.1 是一个关于实体防护系统的功能及其系统内障碍的简易图解。T_0 点时，首次检测到入侵者。延迟组件有助于减缓入侵者速度，为响应部队中断入侵者的入侵准备时间。虽然在这个例子中入侵者被假定为外部人员，但其逻辑也同样可应用于内部人员。入侵者完成最终目标所需的时间被称为敌方任务时间。必须在场景内的某一时间点探测到入侵者。图 11.1 中的 T_0 表示这一时间点，虚线到 T_0 表示敌方任务时间，探测从这点开始。如果入侵者的目标是进入一个房间或建筑物，任务时间也许会非常短暂。但如果目标是实施阴谋破坏或重要资产的盗窃，那么敌方任务时间很可能会更长。T_0 之后，需要一些时间报警复核警报机制和威胁水平。如果报警复核显示是合法入境，响应部队就会接到通知。如果遇到威胁，响应部队需要在有限时间内到达指定地点。

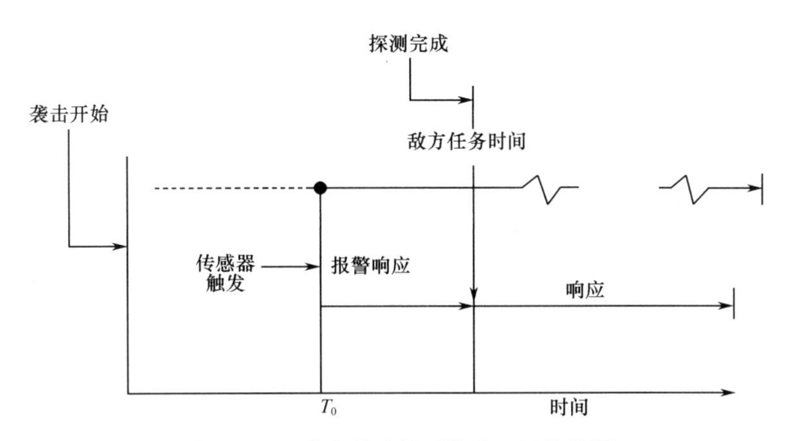

图 11.1 一个实体防护系统中延迟的作用

对于一个即时内部响应系统，一个 PPS 的目标是确保响应部队能及时出现，阻止盗窃或破坏重要资产的入侵者。障碍的作用是增加敌方任务时间，沿着敌方可能选择的行进路径设置障碍，从而为响应部队的到达和做出反应准备所需的时间。如果敌方不能完成入侵，某些障碍可以阻止甚至消灭这些威胁。因为这些障碍满足这两个功能的程度是不确定的，所以只考虑那些装备好的入侵者和确认的入侵者。由实体障碍提供的延迟很大程度上取决于入侵者所使用的工具和技术。通常延迟时间是未知的，所以需要通过探测确定延迟时间的范围，尤其是对于定制结构使用的特殊障碍。

11.1 障碍类型与原理

访问延迟障碍包括被动式障碍、警卫以及不必要障碍，被动式障碍包括像门、墙、地板、锁、阀门、管道、栅栏这些结构性组件。保安的存在同样可以延迟妄图使用秘密行动或隐蔽策略侵入的入侵者。警卫只能在固定的和受保护的地方对动用武力的入侵者实施最低限度的延迟。不必要障碍是指在遭受攻击的关键时刻加派的障碍。每种障碍都有其优点，一个设计完善的 PPS 能够整合所有类型的障碍并使其效用最大化。

保安提供了一个灵活而持久的延迟组件。保安可以在网点各处任意巡逻，且保安的巡逻可覆盖整个工作时间表。然而，保安的使用是一项重要的运营支出，数量上占优势的入侵者会制服保安。加之，他们也会像人一样有妥协的倾向。被动式障碍总是设置在固定位置，不能确保整体的安全性，但也可以说，即使它们不能成功延迟但依然有存在的价值。许多被动式障碍可以在市场上购买到，因而方便易得同时也节约成本。但是，许多被动式障碍无法应对爆炸式袭击，它们通常只是局限设施的操作和审美。不必要障碍具有简洁、可快速部署的优点，它们包括化学烟雾、泡沫、刺激剂等。在重要资产附近恰当安置不必要障碍可以实现延迟最大化。正是由于它们的非必要特性，它们对入侵者的攻击不具针对性。例如，不论战术策略或入侵者能力如何，烟雾所提供的延迟时间大致相同。需要考虑不必要障碍的安全和操作方面的问题，如误激活行为或误伤害。

传统型障碍是指像铁栅栏、带锁门、格式窗、砌筑墙，以及各类地窖仓库等，它们不可能延迟一批准备充分的专业入侵者很长时间。虽然 PPS 中延迟的作用很明确，但安装启用障碍并不是一项简单的任务。要特别注意，必须要保证必要障碍在设备的整个运行状态中始终生效。补偿性措施常被用来弥补延迟时间少和在某些操作中增加的风险，像消防演习、临时变动、关键资产的存储、合同员工的维护管理等。而且，障碍不能妨碍设施的正常运转，如将车辆停放在建筑物与员工进出的食堂之间。

障碍设置必须与入侵者的目的相关联。如果入侵者的目的是盗窃资产，那么障碍在进入设施的途中被穿过或销毁，就无法在其离开时提供延迟。有一些障碍能够延迟外来入侵者的侵入，如紧急出口，但是根据安全规范的要求，这些障碍可使内部人员快速撤出。除了少数由自然因素提供的障碍，如崎岖的海岸线、高崖、山巅、辽阔的距离，实体防护必须是精心策划的、放置在敌方必经之路的障碍。延迟的程度由所运用的实体障碍的性质和破坏它们的工具决定。

检测系统和障碍安装应彼此相邻，以便障碍能在第一时间感应到传感器传来的信息，从而辅助警报做出报警复核，在预报位置拦截入侵者。在监测点，这一设置可延迟入侵者，提高报警复核的准确性。

平衡设计原则保证一个障碍配置的各个方面都能提供相同的延迟，即不存在薄弱环节。例如，如果门锁或铰链能够被轻易破坏掉，入侵者不可能把门烧一个洞然后爬过去。深度延迟的原则与检测系统的深度保护相似。设置障碍在所有入侵者可能出现的路径上，并且使这些障碍增加入侵者行进的复杂化，需要各种各样不同类型的工具和技术。

11.2 系统组成要素

在工业设施中的大多数安保障碍围栏设计用于阻击入侵者盗窃和故意毁坏这类偶发事件。在现今威胁不断升级的环境下，那些传统的围栏、墙、门、锁只能提供很小的威慑或延迟。在系统有效地检测之后，延迟的作用就显得至关重要。入侵者多一分钟的入侵就会为系统报警复核和响应部队中断入侵者的行动提供多一分钟的时间。短短几分钟的延迟时间可能对敌方入侵的最终结果产生重大影响。

假定入侵者拥有一定的技能水平和适当的设备。如果障碍依据平衡设计理念而升级，尽管入侵者的入侵路径可能不会改变，但是这会迫使他们运用不同的工具。在某些情况下，虽然入侵者入侵的时间可能不会有显著变化，但升级一个障碍会迫使敌方运用更复杂的工具，并且使入侵者的准备和技能训练更加复杂化。

11.3 侵入方式

当一个入侵者能够穿越防护或到达防护结构的四周时，就开始实施入侵。在本书中，假设入侵从障碍前两英尺处开始，在其两英尺后结束。入侵时间包括穿过障碍的时间。必须要考虑通过障碍的路径类型。例如，穿过加固钢筋混凝土障碍可能会出现工具损坏，使用热切割工具穿过障碍可能需要冷却。上述情况都会延长障碍的延迟时间。相比薄壁墙板，厚壁墙板需要一个更大的洞才可穿过，这也增加了入侵者的延迟时间。

挡车器在以下情况会被穿过：其一，当撞击车辆穿越障碍时，仍然可以正常运作；其二，第二辆车可以驾驶通过破坏障碍；其三，移除车辆屏障或桥接使得车辆通过障碍。车辆的类型对障碍的性能具有重大影响。一个铁丝网围栏也许能够阻止摩托车或小型车辆，但是不能完全有效地阻止大型卡车。

当入侵者遇到一系列难度逐渐加大的障碍时，会使运送变得更加困难，同时需要准备更加复杂的工具，尤其当要通过一连串小的入口时。目标区域附近的来往车辆也应考虑在内。当入侵者被迫长途携带重型设备时，延迟时间会显著增加。为此，一些障碍应放置在周界检测之外。在这种情况下，这些障碍会迫使入侵者改变策略并放弃它们的交通工具。这将减缓敌方入侵的进程，使其徒步携带它们的工具，但这仅仅是当它们发现这个延迟不属于系统有效性措施之前。本书并不推荐在检测报警复核区域之外使用车辆栏障。

障碍渗透时间随着攻击模式的变化而变化，它取决于采用的装备。攻击工具的类型如下：

（1）手动工具——大锤、斧头、刀具、撬棍、金属切割器。

（2）电动式手动工具——液压螺栓切割刀、砂轮锯、电钻、转筒式锤子、磨料射流。

（3）热切割工具——氧炔焊炬、氧气喷枪。

（4）爆炸物。

（5）交通工具——卡车、汽车、火车、船、飞机、直升机、摩托车、全地形车。

在过去的十年，采用电池供电的工具的可用性和功能性得到了极大的扩展。现有的电池供电工具可以为小的液压系统和所有类型的切割刀提供动力。这些工具重量轻、动力强，用完即可丢弃。当报警复核一个实体防护系统的延迟组件时，应当记得考虑这些工具。

图 11.2 呈现了一个入侵者穿越常规障碍盗窃的简单场景的图例。入侵者需要完成这条路径上的 8 个任务方可成功盗窃资产。这一场景从入侵者刚刚到防护区的外面开始，到入侵者离开防护区并盗走资产结束。在这个例子中，如果响应部队不能中断入侵者行动，他会在 3min 内完成盗窃。毫无疑问，除非在场景内的某些地方检测到入侵者，且有一个准确的报警复核和有时间做出响应，否则响应器无法阻止入侵者实施盗窃。

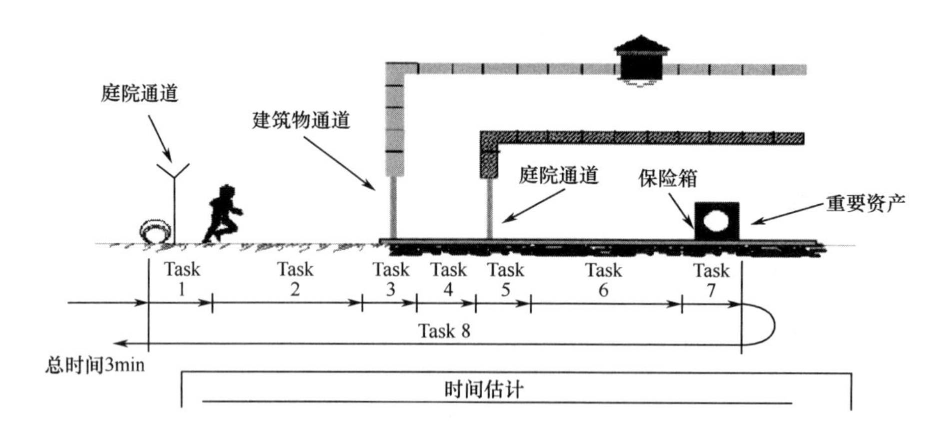

时间估计

任　　务	平均时间（min）	累计时间（min）	任 务 描 述
1	0.1		攀越围栏
2	0.3	0.4	跑 80m
3	0.8	1.2	撬门
4	0.4	1.6	走 50m
5	0.2	1.8	撬锁
6	0.1	1.9	走到保险箱
7	0.2	2.1	打开保险箱和搜集资料
8	0.9	3.0	逃跑
	3.0		总时间（3min）

图 11.2　入侵者盗窃路径

为了说明各种防护系统完成任务所需的响应时间，假设示范设施的护栏之内存在一个具有即时报警复核功能的周界探测系统。如果目标是在入侵者入侵建筑物之前将其拦截，响应部队必须在收到报警后大约 1min 内到达。如果目标是阻止对手破坏资产，响应部队必须在接到报警后大约 2min 到达该位置。如果目标是牵制已到达防护区域内妄图实施盗窃的入侵者，响应部队必须在接到警报的 3min 内截击敌人。因为许多传统障碍的入侵时间较短，导致总体的入侵情况时间不足，增加或建立一个新的障碍，可能会增加延迟，为响应部队获取更多的时间。

11.4　园区周界障碍物

园区周界障碍物形成一个 PPS 的最外保护层，其功能是阻止未经授权的人员进入该区域。标准的钢丝网围栏通常充当一个工业设施外围的园区周界障碍物，对于任何专业入侵者来说，它不是一个大的威慑。然而，这些围栏有助于在设备周围建立一个有形的法定边界，提供警示，警告外来者不得违规擅自闯入领地或在某些情况下使用致命武器。车辆能在短短几分钟内越过或穿破围栏。用一些带刺带的卷滚或蛇腹形铁丝网改进围栏，只能是在名义上增加延迟时间。像梯子或绳子这样的便携的桥式助力装置可以在一分钟或更短时间内越过几乎任何类型的园区周界障碍物，这些障碍可以是几米高、30m 宽的障碍。

然而，虽然很难明确什么是一个经济高效的园区周界障碍物，但升级园区周界障碍物仍具有重要意义。首先，将一个周界内的车辆和人员结合在一起，放置在周界检测系统内侧边界上，这会在有限的时间内延迟在监测点的入侵者，从而提高报警复核功能。其次，如果对一个周界内入侵者进行有效的延迟，响应部队就会迅速对报警复核警报做出反应，阻断靠近警报点的入侵者。如果没有这样的延迟，当响应部队到达时，入侵者不可能一直停留在警报点位置上。再次，当资产存放在一个易被攻破的建筑物中，且该资产是入侵者的盗窃目标时，一个积极性防护区会合并检测、报警复核和延迟，在周界内最正确合理的位置做出响应。最后，必要时应考虑在场地周围使用挡车器，与其内部传感器相连，从而迫使入侵者徒步行进并携带所需工具和武器。

11.4.1 围栏

安全围栏顶部有一排排的铁丝网，通用的刺带障碍或六角形的刺带（BTC）不能阻止入侵。然而，在标准障碍上或旁边铺设刺带卷轴能在一定程度上提高它们抵御入侵者的能力（柯立克，1978）。这种刺带卷轴只适用于升级陆地和提高资产的安全性。

在现有的安全围栏的外伸支架上加一个卷式刺带可能是最具成本效益的方法，因为入侵者现在必须带上额外的工具或重型装备爬过围栏。当想要减少入侵者翻越围栏可用的手柄时要把刺带从外伸支架移至内部，但研究表明，在入侵者攀爬障碍时外伸支架无论放在哪个位置都一样（柯立克，1978）。

一个额外的加强装置包括水平放置刺带卷轴，将其平铺在地上或织入围栏。通常的刺带是放在一个外部周界的内侧和内部（双重）障碍的外围。这可以防止伤害到站点或设施内外部的无辜行人。当水平铺设刺带卷轴时，要把它们固定在地上。必须注意避免植物的过度滋长，这会在刺带上积累杂物。此外，刺带卷轴会使高亮区的闭路电视图像变得模糊，增加报警复核时间。

图 11.3 展示了一些设备使用三重防护系统的例子。刺带护堤包括六卷刺带。虽然渗透时能短时间使用简单的手动工具，但刺带卷轴会限制有效的闭路电视报警复核。BTC 护堤对中层障碍不利。BTC 护堤由六卷刺带组成，大约 6.5 英尺高、9 英尺宽。这个系统的入侵时间取决于使用的方法。该系统的优点是入侵者在穿越障碍时需要携带额外重型设备。缺点包括两方面：其一，障碍间碎片积累会带来维修问题；其二，大量不透明障碍造成闭路电视性能的退化，这将表现在闭路电视的监控器上。这将会隐匿入侵者通过 BTC 护堤的行进过程，有可能还会使报警复核变得困难。三重防护系统还有其他一些弊端，包括必须要有陆地面积，安全问题，安装启用的成本问题。BTC 护堤增加的短时间延迟可能需要很高的成本，尤其是对于大型场地（凯恩和柯立克，1983）。

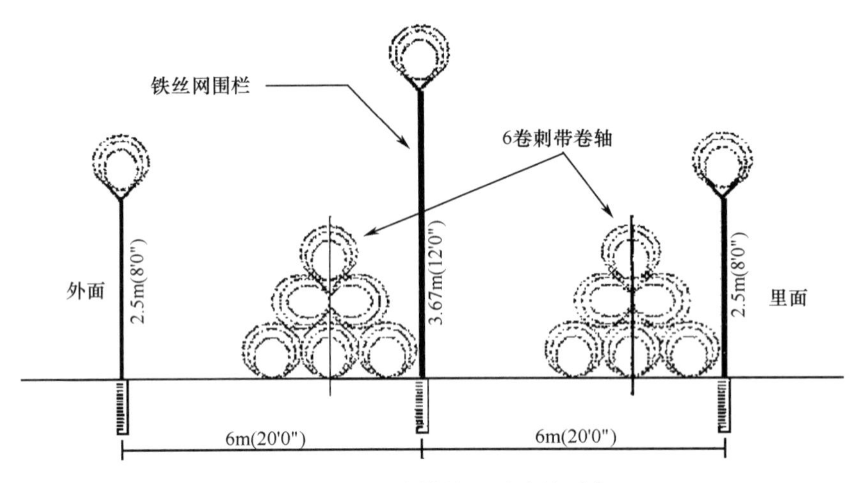

图 11.3　刺带卷轴的三重防护系统

11.4.2　大门

大门是通往一个区域的特定的出入口，这个区域由围栏和墙界定。它们的作用是限制或阻止人员和车辆的流动，从而建立一个可控的交通模式。大门障碍和周界围栏具有同等的延迟效果。大门常常需要额外加固，因为它们不牢固的铰链、锁、插销易于被破坏。加之，车辆车道往往直接通向大门，这使得大门易于遭受车辆的撞击。

设计良好的车辆大门开设方位以及它们的车道可以降低其被车辆破坏的几率。在每一个通道边都设置多个弯道，这样可以降低车辆出入的速度。

在车辆入口设置多重硬化门是升级车辆入口的方法之一。这些大门是连锁的，前一个大门解禁后，后一个则会闭合。两个大门之间形成一个待验的等候区，为决定是否放行那些可能存在禁运物品或非法出入境的人员准备充足的时间。

11.4.3　挡车器

当驾驶员驾驶私人机动车辆进入安全区域时，会尽可能秘密地使用所携带的工具和爆炸物。入侵者会运用地面车辆侵入园区周界障碍物。卡车能够撞毁大多数围栏。为了使安全区域被破坏的可能性最小化，挡车器应被安装在测评区域内部以确保有效的延迟。当要选择挡车器系统的类型和放置位置时，需要检查和调整下列设计要素：

（1）明确障碍系统的威胁旨在阻止车辆（包括车辆的机器重量、冲击速度以及其他物理特征）。

（2）在选择挡车器放置的位置之前，明确资产和要被保护的区域。

（3）检查特定场地的细节，如安全区域内部和周边的地形地势、道路布局，建筑物、停车场布局，气候条件，区域周边的交通模式。

（4）设计一个挡车器系统，全盘考虑整个 PPS。

一旦明确障碍系统的布局，下一步就是选择最适合防御威胁车辆的障碍的类型（见图 11.4）。为了提供完整的入侵阻力，必须选择符合特定情况并能正确安装的障碍。那些难以被击破的障碍应被安装在无法被持续监控但流动保安能定期核查的位置。例如，将其深埋入地下，安装在钢筋混凝土结构的管道中，更难以被敌方攻破，从而最大限度地延迟入侵者，使对手更易于被巡逻中的保安发现。电缆障碍能轻易被手拿的切割工具破坏。这种障碍只能被安装在具有良好的巡逻或探测装置的区域内，并接受闭路电视监控系统的报警复核。挡车器选择和布局的另一要素是其影响车辆的高度。障碍的最佳高度取决于它的结构和预料的威胁车辆。测试已确定高度为 30 英寸的障碍最适合车辆（塞纳，1984）。

图 11.4 大体积混凝土障碍

这些障碍被用于防止大型车辆攻破设施，但需要仔细整合响应策略，以确保障碍不会干扰响应行动。此外，要注意墙体的投影，这会使一天内同一位置不同时间的视频报警复核有所不同。(照片由乌茨先生/康泰实业公司提供)

如果入侵者准备充分并有足够多的逃跑时间，所有障碍最后都会被攻破。因此，要禁止车辆快速通过，这样可以使入侵者遇到其他障碍时随身携带工具或助手，从而消耗车辆通过挡车器的时间。如果入侵者被禁止驾车通过一个安全区域，这将迫使其徒步进入，从而减缓其行进速度，防止其快速逃跑。图 11.5 和图 11.6 就是很好的挡车器的实例。

两个三角洲科学公司的 DSC501 型号的入口挡车器被安装在两个大体积混凝土障碍之间。需要注意的是，混凝土防护栏被安装成一个 L 形迫使进入的车辆减速。后面有两部车在设施之外。(照片由大卫迪金森/三角洲科学公司提供)。

需要注意的是，液压挡车器由两侧固定的隔离柱和槽钢组成，设置在车辆拦阻系统的所有可能存在的入口处。液压障碍与入境岗哨相隔大约 25 英尺，这样可以使入境岗哨与爆炸装置保持一定距离，方便对峙，从而保障出入境车道的安全。液压障碍要一直放置在制高点，直到车辆授权后允许入境。(照片由大卫迪金森/三角洲科学公司提供)

图 11.5　一个挡车器的例子

图 11.6　高度安全性挡车器的合理安装

不论攻击始于何处，一个栏障系统必须能在特定的距离阻止已被确定的威胁车辆，使其远离安全区域。固定障碍和可移动障碍的阻止功能必须彼此平衡，这样才会使系统不存在薄弱环节。在某些情况下，可能需要障碍的双向保护，就如防止威胁车辆进入、离开一个安全区域。

为了阻止车辆，与其速度和质量成比例的动能武器必须被禁止。大多数现行车辆栏障都被设计成能够阻止用下列一个或更多方法通过的车辆：

（1）车辆吸能器——吸收车辆几乎所有的势能，并使用低到中等的阻力在一个相对较长的距离内逐渐使车辆停止。例如，运用重物拖住一部车并增加路段间隔，或成堆的随意放置的沙石。入侵者穿过一个围栏、大门或其他障碍后，重量就会通过撞击的势能传递到车上。

（2）防撞垫——在车辆撞击时吸收一辆车大部分势能。这种装置能在合理范围内运用固定的阻力使一辆车停止。例如，装满液体的塑料容器，整齐排列的支撑牢固的空心钢管。

（3）惯性原理的装置——在车辆撞击时与车辆交换动力和势能。这个装置能在合理范围内阻止车辆前进。例如，相对较小的混凝土块，不被固定的装满沙的压辊。

（4）固定装置——在短距离能很好地阻止车辆前进。车辆会在撞击时变形，并消耗其几乎所有势能。例如，大块的混凝土块，固定牢固的钢结构装置。

美国国务院（简称 DOS）为周界车辆栏障和入境车辆栏障建立了绩效标准。制造商希望他们的产品能在国务院议员或代表的鉴定下完成一个全面的碰撞测试，然后能为他们生产的挡车器提供一个国家认证资格表。检测指标包括车速、车的数量、撞击后车辆的穿越距离。

11.5 结构性障碍

结构性障碍包括墙、门、窗、实际使用的港口、屋顶、地板。许多工业建筑的墙体和锁上的门都能被快速侵入。此外，许多建筑都有一些可以非法侵入的入口，如窗或实用的管道，这些都能使入侵者出入毫不费力。一个带有爆破工具和切割工具的入侵者可以在不到 5min 的时间破出一个能穿过 18 英寸厚的混凝土墙的洞。在桑迪亚国家实验室的测试显示，混凝土容易被炸药包破坏（怀特，1981）。内有直径为 19mm 的钢筋的混凝土能提供最有效的延迟。被锁好的人行门可以在几分钟至几十分钟内被打开或穿过。在门或建筑墙面的外窗上安装金属防护网可以为入侵者提供短暂的延迟。

在传统的建筑物表面进行硬化处理，在大部分情况下是一项既实用又高效的支出。而且，在工作时间由于操作需求或为了在紧急情况下方便人员逃生，门通常是开着或虚掩着的，这会使入侵者更容易穿过墙体。类似这些会减少延迟的因素可以通过建筑物的硬化处理得到解决。

11.5.1 墙体

建筑物、仓库以及其他构筑物的墙体通常被认为能很好地抵御入侵，相比门、窗、管道及其他常见的墙上孔洞，墙不易成为入侵者非法侵入的目标。然而，如果有足够的使用工具，墙体也能够被破坏。墙也许是入侵者非法侵入的最佳路径。大型车辆可以成功地破坏煤渣砖筑成的、木质结构的、常见的通过打夯砌成的墙体。车辆在撞击后还能否使用取决于墙体的强度和使用车辆的类型。爆炸物对于要破开足够大的能爬过去的洞十分有效。

升级现有的墙或设计新墙能够显著地延长对手工工具、电动工具、热切割工具的延迟。墙体升级或增加墙体的厚度能适当地提高对爆炸物的延迟作用。

然而，入侵者事实上所使用爆炸物的数量会依据墙体的厚度有所增加。升级墙体也只能促使入侵者有选择性地增加所需工具，改变攻击策略。

以下为设施中最常见的墙体类型：

（1）钢筋混凝土。

（2）金属护网/混凝土。

（3）水泥砖。

（4）泥瓦。

（5）T 形浇制混凝土构件。

（6）波状石棉水泥板。

（7）金属板。

（8）木质结构。

钢筋混凝土墙通常用于建造存储和保护易损物品的建筑物。由于混凝土墙众所周知的良好结构和坚固外形，大多数人认为它们可作为十分坚固的障碍。然而，测试表明，合乎标准的钢筋混凝土墙也可被快速穿过（怀特，1981）。混凝土墙可用于承重，但不包括房屋的拱顶或地下室。混凝土墙不经常用于阻止和延迟侵入。在传统建筑中，建筑物的建构要求决定了混凝土的强度和厚度以及其中钢筋的尺寸与间隔。

两个或两个以上叠加在一起的钢筋混凝土墙比一个厚度等于它们总厚度的墙能提供更长的入侵延迟时间。要穿过多重的墙，需要更多的人力，将更多的工具运送到要穿过的墙之前。如果要使用爆炸物，爆炸物内部压力的改变可能会使房屋倒塌，从而进一步制造出碎石障碍。

混凝土在许多设计中被用于增加入侵延迟时间。虽然爆炸物可以破坏混凝土，但实际上被爆破的钢筋会形成大块完整的残骸，想要进入必须要先将其清除。移除钢筋通常要比移除混凝土需要更多的时间。因此，在墙体中使用额外的钢筋，增加钢筋的尺寸，或减少钢筋间的间距是十分有益的。进一步升级现有的障碍壁垒，或考虑设计并建造一个被土或其他覆盖层覆盖的新结构墙体以延迟对墙的破坏，或使用更多更厚的混凝土墙来增加延迟时间并控制爆炸物爆破的范围。覆盖层的使用能够经济而有效地应对所有类型的入侵。

11.5.2 门

在所有结构中，最薄弱的环节是计算障碍值的大小。平衡设计的原则中主要是关于门的设计。门的分类如下：

（1）标准工业门。

（2）人事门。

（3）攻击-防弹门。

（4）车辆检修门。

（5）金库门。

（6）抗爆门。

（7）旋转门。

使用更厚的材料或者复合材料可以增加墙壁入侵的延迟时间。但是门往往是结构中最薄弱的环节之一，因为门的功能和相关的硬件使得其在设计上受到限制。例如，许多重混凝土墙的建筑物采用镂空铁门提供行人通道。墙体的障碍值是相对高的，但是能够被快速穿过的普通门、边框、铰链的使用会削弱障碍值。

因此，平衡设计原则要求加强门及相关的边框、铰链、螺钉、锁的强度，以实现和地板、墙壁与天花板一样的入侵延迟。相反，如果门组件不能增强，而要提升建筑结构的安全性，可能会花费更多的成本。近些年，一些主要的门生产厂家已经做出防弹门。当正确安装时，这些门可以大幅度增加耐穿透性，其入侵阻力可超过标准工业门。下面的例子讨论标准人行门。

人行门有不同的类型和风格，但最常见的外门是 13/4 英寸厚，16 或 18 号（1.5mm 或 1.2mm）钢材面板。建筑物通常是带有或不带有玻璃、百叶窗的空心或复合结构。复合门的核心由不燃的、消声的材料组成，通常为聚氨酯泡沫或板坯。轻量竖向钢筋有时用于内部空心门以增加强度和刚度。

钢结构行人门是单一或双重的结构，且使用各种各样的锁定装置。无论它们是什么样的功能性设计，外门通常向外摆动，并具有内部连接的关闭装置。铰链是与移动或不可移动的针榫接在一起。用于紧急出口的其他门，则按照火灾和生命安全规范要求。所有紧急逃生阀门的紧急出口要求门只能连接单向的障碍。当建筑物已经被破坏，生命安全规范提供了多种针对外来攻击的逃生方法，使知情人用简单的方法来减少延迟和阻碍。允许使用某些例外的生命安全规范和防撞杠。正如第 10 章“出入口控制”中讨论的，常用系统的紧急出口延时时间是 30～45s 的。一般情况下，延迟机制将在规定的时间阻止门的打开。然而，如果火灾报警器被拉动或自动灭火系统被激活，延迟机制将被覆盖，门会立即打开。轻量级钢板门的渗透延迟时间取决于使用的攻击工具。以下各节描述的是标准门难以抵抗的攻击模式。

1. 标准门型

使用炸药是一个非常容易被发现的入侵方法，会产生明显的证据，容易被监测到。炸药的使用范围从一个自制的小炸弹到烈性炸药。热切割工具提供了另一种入侵方法。电动工具大约花费 3mm 就可以挖出一个足够人爬行的大洞。

如果发生入侵，标准的键锁能够被打开。打开时间随锁的类型和物理条件而不同，但是对于一个熟练的锁匠只需要 1min 左右。而使用管扳手打开留匙锁的时间仅需要 6s。不过这些方法都有一些局限性。只有在键槽可用时，开锁工具才是有效的；只有在锁定器件暴露出来时，管扳手才是有效的。许多门不再需要入口模式（只有出口模式），因此在没有外部硬件的情况下可以充分齐平安装。如果需要键槽，市场上有几种高安全性能的锁，它们需要相当长的开锁时间才能被撬开。此外，使用感应门会减少锁的漏洞。

外门上的铰链销通常是暴露的，是自然的攻击目标。即使是不可拆卸的铰链销也容易被工具撬开。热切割工具或爆炸物也可用于快速清除铰链。大约 1min 的时间可以撬开一个外门的铰链。手工工具是突破进入百叶窗、窗户或者门上的网格的有效手段。在 15s 内借助金属板、夹丝玻璃能够挖出足够人爬行的洞。百叶窗可以被强制分开，网格和玻璃能够在大约 30s 内被切开。

改进工业门的设计是必要的，以提高它的耐穿透性，实现和其他建筑物一样的延迟时间。工业门的穿过时间不同，情况差别很大，最短的穿过时间大约在 10s。取消紧急逃生阀门是可取的，但是消防和建筑安全规范不允许这样。外门也容易受到车辆冲压、市场销售的用于搜索和救援的工具的破坏。例如，警方使用的特殊猎枪可以快速破门，以及消防部门使用的液压吊具也可以用于破门。

下面讨论的是当不更换门的情况下，那些旧标准门如何更新升级。必须安装新的设备或者更换门的情况下，应该采用高安全性能的防盗门。

在现有结构上经常发现行人门安装在冲压钢框架上。这些门在强行攻击下阻力很小，但是这些门可以通过各种办法更新以增加它们的耐穿透性和延迟时间。下面的段落描述的升级和设计理念旨在平衡整体门结构，包括门脸、框、铰链、出口设备、百叶窗、玻璃和锁，并保护它不受手工工具、电动工具或热切割工具的强行入侵。

淘汰一切不必要的门是升级现有设施的第一步。淘汰所有的窗户、百叶窗，以及外部旋钮和扁形钥孔是升级的第二步。有一种增强结构的方法是在门表面增加钢板；对于手工工具和电动工具，这种方法增加了门的耐穿透性。重型铰链用于支持任何重量的增加，并且框架应以混凝土灌浆的方式加强支撑结构。木芯，特别是红木，放在门板之间以增加热切割工具入侵的延迟时间。

手工工具用来攻击门锁或者门框区，以强制分离门框与锁栓。通常强行分离 1/2～3/4 英寸足以撬开门。已经设计出一种方法来阻止手工工具接触到门锁和门框区。用一种薄的钢板长条焊接或拴在门上。这种长条应该和门一样高，且至少 2 英寸宽，叠加在相邻的门框上有 1 英寸。此外，这种框架应该在门框遭受攻击的位置，用混凝土灌浆至少 18 英寸。在门框上切割洞口实现门框两侧的注浆。这些洞可以用盖板覆盖，盖板可以焊接，可以拧入。外部行人门上可以安装一个高安全性能的锁，因为撬锁是入室最快和最安静的方式。多段式门锁代替单一的传统高安全性的锁，可以从根本上消除撬锁攻击。

通过除去铰链销，或切割铰链的关节，铰链大概在 1min 内被破坏。如果只使用手工工具，焊接针顶端的铰链将延长入侵时间；然而，如果使用电工工具或热切割工具切断铰链关节，则入侵时间约为 1min。采用螺栓的升级铰链是有商业价值的。这种类型的铰链延长了入侵时间。另一种防止铰链侧门被拆卸的方法是采用 Z 形长条钢板，它是用螺栓固定或焊接到门的后表面上。这种长条形成后，如果门铰链被拆卸掉，并尝试从边框撬开门，那么 Z 形长条的一条腿将会接触框架表面或者背面门框表面。一旦 Z 形长条连接门框，对手必须使用极大的力量和大型的工具才能将门卸下。各种完整长度的铰链设计也可以显著地延长入侵的时间。

最外面的门安装有逃生的硬件，允许在紧急情况时快速逃出。但是，这种安全性设备也使门更容易被冲破。紧急逃生阀门可以使用小的手工工具在 1min 内打开。这种冲破门的方法比使用热切割工具产生更少的噪声。在噪声不是影响因素的地方，可以使用手工工具或者电工工具。升级紧急逃生阀门的方法是采用弯曲的金属板和耐钻钢板固定它。该板防止紧急逃生阀门的凿和电线挂钩。如果受到攻击的位置在紧急逃生阀门和板的水平腿之间，该耐钻部分很大程度上延长了渗透时间。如果在门的任何其他位置选择入侵，操作会变得相当困难。电子控制装置也可以用于紧急出口的硬件设备中。

在电子插销释放之前，这些设备要求推杆降低预定的时间。这使得安全管理人员有时间通过闭路电视报警复核状况，或者在必要的情况时响应门报警。如图 11.7 所示的升级外门结合了许多上文描述的功能。该门有一个预防撬门的 Z 形条，一个预防紧急逃生失败的板，以及硬化玻璃、边框和百叶窗。建议去除外部门把手或者紧急出口门的其他硬件，这将降低来自外部的任何撬门攻击的可能性，但不能破坏快速应急出口。

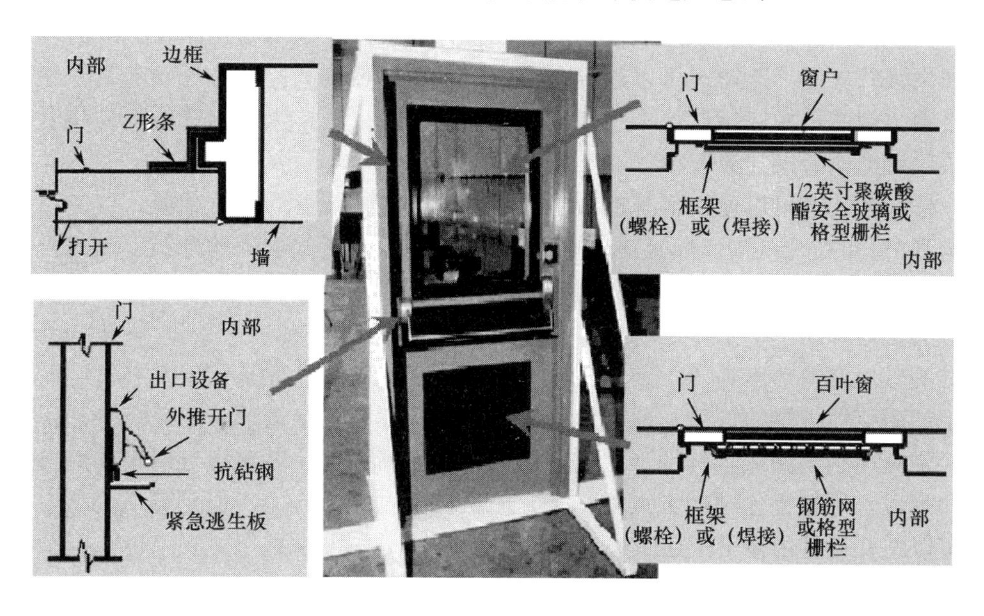

图 11.7 升级后的门

外门使用的百叶窗或者玻璃材料应该尽量减少，因为这些组件很容易用手工工具冲破。要么拆除所有门上的百叶窗和玻璃组件，要么缩小它们的尺寸。可能的升级方法是增加一个屏幕或者网格到百叶窗、玻璃的内部。

11.5.3 窗户和其他出口

窗户为入室者提供最短的进入时间，需要重点加强窗户的耐穿透性。窗户的位置会影响所需要的升级。窗户应该遵循平衡的设计原则，使它们不会成为障碍系统中的薄弱环节。以下部分描述了框架、玻璃材料和保护性覆盖物，以及其他改善窗户入侵延迟时间的建议。

除了门窗，工业设施有很多无人值守的结构开口，如通风管道、共同沟，以及开放式服务，它们都可以被用来作为入侵的路径。几个现有的结构开口会耽误很长时间来确认敌方的入侵，特别是设计的开口容易进行维修保养的话。作为隐蔽通道的这些开口，应该安装障碍和探测装置。在这个讨论中，这种公用端口用于所有类型的无人值守的框架开口而不是门窗。通常，考虑安全和装饰的原因，这些开口会安装铁丝网，这些设置也起到阻挡昆虫、啮齿动物和鸟类的作用。这些开口提供非常有限的安全性。标准的窗户和公用端口构成障碍系统中潜在的薄弱环节，需要增强和提高它的渗透延迟时间。没有加强升级的窗户有着有限的渗透延迟时间，因为大多数窗户使用手工工具在 30s 内就可以渗透。这些公用端口可以有拼装舱盖，但拼装舱盖没有配备在锁和内部障碍上。

一个窗户的框架材料的强度和重量随不同类型的窗户和制造商而有很大不同。有些厂家制作了防盗网；但是由于没有硬化而被误解。对于安装在门上的窗户位置，金属长条已经被证明是脆弱的。例如，手工工具可以在几秒钟完成入侵。但是，一些特殊的窗户框架包含阻挡切割工具的材料。如果一个窗户可以打开和关闭，那么窗户的锁会成为一个薄弱环节，如果强行入侵，该窗户可以被打开。窗户上锁的位置和操作方法随着类型和制作的不同而不同。锁的结构应该设计成使得它不容易从外部接近。大部分锁的安装或者窗户的固定应该尽可能地考虑升级选项。

窗户框架的改进可以使用额外的或者更重的紧固件，或者焊接框架鳍，但是这些技术不会影响到窗户的入侵延迟时间，除非对玻璃材料和保护层做额外的升级。玻璃材料包括标准玻璃、钢化玻璃、夹丝玻璃、夹层玻璃。这些类型的玻璃提供了一个障碍，但是不能提供显著的延迟时间。

标准的玻璃材料非常易碎，使用手工工具即可渗透它，一般只需要几秒钟。对于需要更高水平的耐穿透性能的玻璃材料的地方，可以使用厚的安全玻璃。除此之外，标准的玻璃材料经常使用钢丝网或者其他形式的金属网升级更新。钢化玻璃通过对玻璃的再加热和突然冷却形成。尽管钢化玻璃大大增加了它的机械强度和热应力，但是玻璃仍然容易被打碎。它可以在几秒钟内被手工工具打碎成石子大小。

夹丝玻璃的使用主要是在防火门及防火窗。材料的 1/4 厚度是制作成钻石的、方形的或者六角形的钢丝图案。使用手工工具穿透夹丝玻璃大约在 20s。夹层玻璃制作成安全可靠的玻璃；但是并不是所有类型的夹层玻璃都是厂商在安全领域推荐使用的。夹层玻璃是由两个或者多个窗格的退火浮法，片材，或者平板玻璃贴合一层或者多层塑料组成，塑料的厚度从 0.050～0.090 英寸。0.25 英寸厚度的安全玻璃被渗透的时间在 30s，而 9/16 英寸厚度的安全玻璃，用手工工具切割出一个人可以通过的洞需要 1.5min。安全性玻璃是不透明的护甲，它比标准玻璃更耐渗透。

透明塑料可被用作大多数玻璃的替代品，然而，有一些是可燃的，其受到消防规范的限制。丙烯酸类塑料，如高达 1 英寸厚的璐彩特和有机玻璃很容易被手工工具在不到 10s 的时间内折断。聚碳酸酯的耐冲击性接近防弹玻璃的耐冲击性水平。测试表明 0.5 英寸厚度的聚碳酸酯抵抗手工工具的穿透时间达到 2min（核安全系统局，1989）。热切割工具的攻击需要大约 1min，但是它们也导致燃烧和有毒气体的释放。高达 1 英寸厚的丙烯酸和聚碳酸酯塑料面板，可以很容易地用电动工具切断。

玻璃/聚碳酸酯复合玻璃含有聚碳酸酯的核心层，夹在两个玻璃外层之间。这种玻璃最初被开发用于监狱，以取代脆弱的防盗玻璃。在测试中，使用了普通的手工工具及其他各种各样的管、棒、钢材。当使用手工工具和消防斧时，玻璃/聚碳酸酯复合材料被渗透，但是当使用钢制工具时，最厚的面板抵制强行进入也要约 10min 的时间（核安全系统局，1989）。

窗户和公用端口的耐穿透性可以通过安装防护罩来增强，如钢丝网、逃生阀门、金属网、屏幕。同样，由钢丝网构成的网和栅板、多孔金属网、钢筋、管材用于减少公用端口的开口，以防止有人通过开口爬行进入。经过适当的检测后，使这些覆盖物用在有效的地方，从而起到保护的作用。窗户的改善程度是由平衡的设计原则决定的。在选择合适的强化方法下（防护罩、格栅、网格），不同的玻璃材料或框架，窗户的入侵延迟时间可以接近门的入侵延迟时间，甚至是墙壁的。

除了门窗，用于连接建筑物的大部分隧道没有保护得非常好，只能通过剥离盖或检修孔控制门禁，它们并没有装在锁上或内部障碍中。用在建筑内的管道通常是相对拥挤的，但是一直留有空间用于维修。连接供暖、通风和空调系统的管道为敌方提供了一个通道。隧道、检修孔、屋顶、墙面开口，以及管道系统可通过安装内部挡板或一系列障碍加强防护。

未来的建筑设计考虑使用比人的尺寸更小的窗户和多个小开口的公用管道。这种狭小的窗户设计（4 英寸或者更小）将增加入侵的延迟时间，甚至是在没有玻璃的情况下。窗口可以从现有结构中移除，以达到原窗户和相邻墙体一样的入侵延迟时间。

11.5.4 屋顶和地板

屋顶和地板起到气候障碍的作用，一定程度上有保护功能；然而，在敌方从屋顶和地板入侵进入时，它们在人身保护方面的作用通常没有考虑到。入侵的方式包括手工工具、电动工具和热切割工具，以及爆炸物的单独或者组合使用。

屋顶和地板的施工方法和材料都是类似的。在整体厚度、钢筋的类型和数量、支撑负载所需的混凝土强度上，基本材料的变化很小。通常情况下，地板比屋顶更耐穿过，因为它们被主体结构保护，且设计用于支撑更重的负载。

当代使用的屋顶类型包括：

（1）钢筋混凝土 T 形梁。

（2）金属替代性屋顶和钢筋混凝土。

（3）轻巧混凝土的金属屋顶。

（4）绝缘金属屋顶。

（5）金属屋顶。

（6）钢筋混凝土梁和板。

（7）带膜的木头覆盖物。

下面的改进建议并没有直接应用到任何一个屋顶类型，而是应用在屋顶元件中。最经济有效的改进是在屋顶线的下面，它们适用于新的或者现有的设施中。可用的屋顶加强方法包括：

（1）嵌入式屏增强膜。

（2）几英寸的硬质绝缘物。

（3）采用螺纹钢的钢筋混凝土和扩大钢网。

（4）更大的螺纹钢筋制成多行或多层的钢筋混凝土。

（5）在波纹屋顶上，增加紧固件的数量，安装额外的结构件。

（6）金属系统上的接头应有机械紧固件或连续焊缝，以及更重的合格材料。

（7）采用更大的螺纹钢筋加固预制混凝土 T 形梁的凸缘区域。

入侵测试表明，安装在屋顶下面的障碍，有时候比屋顶自身更能有效地抵抗入侵。在不做大的改装的情况下，这种障碍可以用在一些现有的结构中。在屋顶线的下面安装这些强化屋顶的设备可以提供一些保护，防止敌方的直接攻击，做到二次防御的效果。这种二次的入侵攻击可以被限制在一个封闭的区域，强迫敌方使用其他类型的工具完成入侵。在屋顶线下面，障碍的位置是障碍起到作用的一个因素。最佳距离是 10～12 英寸。这种距离可以形成空穴效应，限制使用工具所需要的操作空间和有效的爬行空间。障碍使用的强化材料的种类从沙石屏到可扩展的钢制护栏网和底板格栅。

对于新设施，大量使用覆土能够显著地延迟通过屋顶和墙壁的时间。无论是掩埋还是随填随埋的结构都能有效地延迟进入的时间和缓解爆破的破坏。

11.6 不必要的障碍

不必要的障碍就是那些仅在必要时候部署的障碍，也就是在敌方攻击的时候。已经开发出来两类不必要的障碍：主动式和被动式。在执行命令时，主动式不必要障碍能够阻止或者延缓敌方完成任务。有几种类型的障碍正在开发当中。这一部分确定了主动式不必要障碍系统的主要组成部分，且描述了一些不必要障碍的材料属性。

一种典型的主动式不必要障碍系统包括：

（1）一个决定不必要障碍何时被激活的决策过程。

（2）执行这一决定的管理和控制硬件。

（3）部署物理性地延迟访问或者使敌方瘫痪的材料。

（4）分配机制。

（5）现场的保安部队。

决策机制涉及保安部队的成员，安防监测的形式，或者保安部队和传感器的联合作用。决策机制主要在敌方袭击时能够被激活（可靠性）和意外激活的可能性低（过早激活）之间做平衡。硬件设计和有效的运行程序能够降低意外激活的可能性到一个要求的值。

管理和控制硬件接到激活命令后，执行分配硬件的操作。管理和控制硬件位于决策机制和分配硬件之间。因为激活决策机制和分配硬件可以被远距离、电磁辐射、闪电、地震、电压浪涌和其他可能的恶劣环境所分离，所以必须在设计中考虑到。如果意外发生，管理和控制硬件能够提高人身安全，确保在该区域的授权人员有充分时间避免人身受到伤害。

不必要障碍的材料通常存储在一个紧凑的模型中，通过化学或物理反应，扩展成为一个有效的延迟结构。紧凑储存和快速扩张的属性使主动式延迟系统在实体防护系统应用中更有吸引力。分配硬件由储存罐、激活阀、压力调节器、安全阀、过滤器、电源和水暖五金组成。具体的硬件设计对于每种材料和应用都是非常特殊的，但是这些部件有许多是类似的。设计的唯一性和有限的应用是增加分配硬件成本的因素。此外，分配硬件本身必须能够防止敌方的破坏。

不必要障碍只能在有限的时间内拖延敌方。它们最适用于结合被动式障碍一起使用，如螺丝扣、手拉器或电缆。在某个时间点，敌方会穿透任何延迟机制。因此，响应部队必须在比不必要障碍延迟时间更短的时间内做出回应和完成控制。

不必要障碍需要对手做的准备不仅仅是躲避反应力量。它们还必须能够成功地战胜不必要的障碍。在特定的位置，或者有时在组合中，不必要障碍通常有在视觉上、听觉上隔离对手的作用。增加对手入侵的难度可以显著地增加整体 PPS 执行的可能性。

被动式不必要障碍显示出许多和主动式不必要障碍相同的好处，但是它们在一个重要的方面上有所不同。被动式不必要障碍并不需要任何的管理和控制系统。分配机制是因敌方的入侵而激活的。与主动的不必要障碍相比，消除管理和控制硬件显著地减少了被动式不必要障碍的成本。

而这些障碍是有吸引力的，由于其简单性，在一些应用中，不必要障碍提供了一种替代品。这种替代品更可接受和经济实用。特定的不必要材料和相关的分配硬件正在开发和测试，包括：

（1）硬质聚氨酯泡沫塑料。

（2）稳定的水基泡沫（见图 11.8）。泡沫快速扩张，填充保险箱周围的面积。泡沫从视觉和听觉上使敌方与环境相隔离。

（3）烟或雾。

（4）黏性热泡沫塑料（见图 11.9）。敌方已经拿到了财产，但是因为泡沫的黏性作用而无法移动。财产被安置在一个被动式障碍上，受到沉重的电线和固定在板子上的锁丝扣的保护。

（5）各种复杂的设备。

硬质泡沫箱已被用于长期储存资产或保护在站点之间传输的材料。稳定的水基泡沫已在海外用在政府设施中。这种材料具有阻燃的额外益处，所以它可以根据需要增加安全效益。辣椒喷雾剂或其他刺激物也可以加入到含水泡沫进一步延迟对手。烟和雾是易于分配的，且在干冰或其他雾化机的形式下是可以商购的，如在戏剧应用中的使用。黏性泡沫作为一个被动式障碍，已被用在一些专门的应用程序中，并已考虑使用在不致命的应用中，如牢房提取犯人或人群控制。缠绕设备包括线圈，悬挂在天花板上的网和掉落的碎纸，以及其他类似的从上面到敌方的设备。这些设备结合烟或雾是最有效的，因为敌方进入烟雾区域时，不能立即明显地察觉到这些设备。显然，安全问题将在很大程度上决定一些不必要障碍的使用。

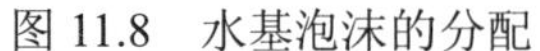

图 11.8 水基泡沫的分配

图 11.9 黏性泡沫测试

由于其成本较高，不必要障碍通常部署在被保护的资产附近。大体上，这也是延迟元件最有效的地方。尽管用烟或雾填充整个建筑是可行的，但成本非常高昂。一个更可取的方法是仅在储存资产的房间部署。通过在目标附近部署这些不必要材料，清理的问题和二次污染的问题也随之减少。

在桑迪亚国家实验室的报警复核实验期间，不同材料在单一系统属性中表现得相对较好，但是没有任何一个材料是优于其他所有材料，或者优于大部分已经讨论过的特性。对于给定的应用程序，挑选一种最佳的不必要障碍材料通常是在主要特性与不必要障碍之间做妥协：

（1）对操作的影响降到最低。

（2）保护量。

（3）为人员提供足够的安全。

（4）可独立运作的障碍。

（5）可提供多种激活选项。

（6）有很长的储存寿命。

（7）提供纵深保护。

（8）符合成本效益。

为了保护高价值资产，结合了延迟和响应的尖端技术目前正在开发和部署。列举两个例子，遥控操作式武器系统（ROWS）（见图 11.10）和毫米波系统（见图 11.11）。ROWS 系统有两个瞄准摄像头（一个红外的），包括一个涉及范围的瞄准摄像头。系统设计发射 0.50 口径的子弹。操作人员可在远离任何交火的地方安全操作。ROWS 可以使用常规的铅弹为非致命性武器做准备，或者装有橡皮子弹，也可以不是那么致命。该系统可以使安全人员在远距离且安全的地方操作。就其本身而言，安全人员远离危险地方，有助于更好地报警复核情况和做出恰当回应。毫米波系统利用高频电磁波，刺激敌方皮肤的神经末梢。即使没有发生身体伤害，敌方也能感觉到严重的烧灼感。这种疼痛和灼热感足以驱走几乎所有的入侵者。

图 11.10　ROWS

图 11.11　非致命系统

上面显示的毫米波系统，在不造成任何实际的身体伤害的情况下，使敌方的皮肤产生灼热感。这些系统仍然在原型阶段。

11.7　管理规程

大多数被动式障碍，除了正常清洁、定期检查或者保养之外，一般不要求任何其他的维护。栅栏、门、窗等起到延迟保护的部分，如果出现松动或者折断应该修理或更换。不必要延迟系统的维修过程差异很大，这取决于系统的设计。一般情况下，除了检查是否有明显的损伤和在密封设计中加压之外，不必要被动式系统不需要任何形式的维护。主动式的不必要系统需要常规行使人工的指挥和控制。不必要延迟系统的设计寿命在10～25年。

某些访问点出现干扰时，如公用端口、管道、排水管，可以用传感器提供警报。如果传感器一开始就安装在访问点，那么这些访问点能够有效地起到监测和延迟时间的作用。即使在即时监控报警复核系统不存在的情况下，这些探测器中的某一个也可以响应任何警报。选择一个合适的探测器，高PD和低NAR面积的探测器将确保保安在需要的时候才会出动。这将实现有效保护和成本上的平衡。

11.8 小结

敌方会仔细检查各种各样的路径或场景，选择合适的设施进行入侵，现有的障碍不能保证永远为反应部队做出足够充分的反应时间。此外，如果敌方在遇到某一个特殊的障碍或者在入侵的过程中没有被监测到，那么障碍的有效性是可以忽略不计的。最传统的障碍，如围栏、锁、门和窗户，提供短暂的入侵延迟时间以抵抗强行攻击，这其中不包括使用爆炸物的方法。对于厚的钢筋混凝土墙体，以及其他类似的障碍，敌方更有可能使用炸药。在没有不利因素影响正常设备操作的情况下，确保障碍在所有昼夜时间里起到作用，可能是难以实现的。通常情况下，使用补偿措施是必需的，如附加的防护装置，可以抵消掉某些操作遇到的延迟时间减少和风险增加的情况，如消防演习或者合约工的维护。

从积极的一面来看，配置或升级障碍系统能够有效地延迟时间。例如，沿着所有敌方可能入侵的路径，设置不同类型的多重障碍，使敌方需要配备不同的攻击工具和技能，入侵的过程变得更加复杂化。紧挨着障碍的检测报警系统有助于准确报警复核和应对敌方。

如果要保护的设施尚未被建造，障碍可以被纳入其设计。例如，将被保护的设施放在地上还是地下是一个认真考虑的问题。通过采用平衡设计原则、合适的检测系统以及保安部队，被保护的设施会对内外界的威胁和敌方采用的交通方式（徒步、汽车、飞机）有着更高的抵抗性。

资产整合到一个房间或者保险箱中往往是最有效的方法之一，可减少响应的时间和增加延迟时间。而资产散落在整个网络中，保安部队需要准确报警复核威胁的位置和应对敌方的迂回战术。

最后，利用不必要的障碍，如缠绕设备、化学物品（如遮蔽物、刺激物、泡沫），可以增加敌方入侵的延迟时间。这些不必要威胁物应该结合被动式结构型障碍协同增加延迟时间。此外，敌方使用的传统突破技术和设备可能是无效的，以至于他们选择不再继续攻击该障碍。任何不必要障碍都需要系统保护，以避免或充分地延迟敌方的去功能化。

11.9 安防理论

访问延迟遵循在一个有效的实物保护系统中的监测。

时间是访问延迟的性能度量指标。障碍被入侵的时间取决于敌方入侵的方法和使用的工具。

延迟的因素包括被动式障碍、保安、不必要的障碍。

作为深度保护的一部分，深度延迟应该被执行。

延迟障碍应该沿着敌方的路径提供平衡。

不必要障碍必须在使用上和被动式障碍结合以提供最有效的延迟。

11.10 参考文献

[1] Kane, J.W., and Kodlick, M.R. Accessdenial systems: Interaction of delayelements. SAND83-0362 1983.

[2] Kodlick,M.R.Barrier technology: Perimeter barrier penetration tests. SAND78-0241 1978; 1-33.

[3] Nuclear Security Systems Directorate.Access delay technology transfer manual. SAND87-1926/ 1 1989.4-3-4-6.

[4] Sena, P.A. Security vehicle barriers.SAND84-2593 1985.12-54.

[5] White, I.B. Explosive penetration of concrete walls.SAND80-1942 1981.1-84.

11.11 问题

1. 敌方总是会选择最快的入侵方法吗？什么情况会导致敌方采用一个较慢的入侵方法？

2. 为什么各种各样的手工工具仅考虑用于某一些障碍，而非常有限的渗透工具会用于更实质性的障碍中？

3．哪些方法可以升级外围警戒线以增加对车辆入侵的延迟时间？

4．在双栅栏系统中，哪里是挡车器的最佳放置位置？

5．哪些方法可以升级外围警戒线以增加对敌方徒步入侵的延迟时间？

6．为什么确保一个房间的地板、天花板、墙壁的平衡是重要的，也就是说，它们有相同的延迟时间吗？什么将有助于确定是否需要进行这种程度的保护？

7．为什么使用多个障碍和不同障碍是重要的？

8．使用炸药获得关键资产的方法，有哪些优点和缺点？

9．为什么说在目标附近设计不必要障碍是一个非常划算的延迟机制？

.Chapter 12

第 12 章 响　应

正如前面几章所讨论的，一个有效的 PPS 系统必须执行探测、延迟和响应功能。其中最后一个功能——响应——将在本章阐述。响应功能包括响应人员和通信系统的使用。响应力量随设施不同有多种组成。一部分或者全部的响应力量部署在场所内或者场所外。响应力量可以包括私人警卫或者合同警卫，当地警察和州警，以及在某些事件中，联邦机关，如联邦调查局（FBI）、禁药取缔机构（DEA）或海关。在本章中，警卫将被认为是场所内可以对事件做出响应的人员；响应力量是对包括在特定设施里涉及的任何响应人员的统称，包括场所内和场所外。这些响应人员包括保安警卫、医疗、火警或安全员以及其他人员。

响应可以分为两种主要类型——现场立即响应（及时响应）和事后恢复。按照需求和设施目标，慎重决定在场所中不同情况下中采取何种响应方式。防护不同的目标需要不同的响应计划。例如，阻止入侵者破坏精炼厂内的重要价值目标需要现场立即响应，而事后修复技术则更适合用于低价值公司财产的失窃。对于基于恢复的响应，利用视频录像在事后进行回顾是非常有效和合法的。显而易见的是及时响应，相对于将重点放在恢复资产的响应策略来说，要求更高的探测和延迟。恢复策略并不总是适合所有的资产。例如，恢复一个被盗的文件或者信息也许没有什么意义，因为盗贼也许已经将其拷贝或者散布了。同样，一旦发生了职场暴力，逮捕犯罪者诚然可嘉，但是仍要考虑事件的余波。这些余波包含受害人或者受害人家属的法律诉讼，设施的负面宣传，雇员士气大跌，以及对抗设施的管制行为。

因为存在各种各样的响应人员类型，所以很难为响应力量提供具体程序或者任务信息。根据威胁、遗失资产的后果以及特殊设施，响应力量要么必须阻止对手达成目标，要么致力于恢复财产。恢复举措包括对容易发现对手的位置进行调查，保险索赔申报，或者在事件发生后立即追捕对手。完成这些功能的细节目标分配体现在多种限制条件，训练准备以及通过现实检验的表现标准，受设施工作准则和工作规程的支配。在本章中，PPS 的响应功能被分为 5 个部分——一般要求，应急计划、通信机制、中断犯罪和中止。

12.1 一般要求

响应力量的人员配置对响应功能的性能是尤为重要的。专有警卫力量是指设施的直接雇员成员。签约服务也存在于设施中，是指将响应任务外包给其他人。这两个选择哪一个更好存在很大争议（Fischer 和 Green，2006）。这个答案很可能取决于每个公司和设施的目标。设施的大小、资产、位置、花销和其他因素可能会让一个系统好于另一个。很多设施使用两者的混合，这样可以提供很大的弹性。赫迪格 Hertig（1999a）曾经写过文章讨论合同与专用力量之间的对比。在使用专有警卫和合同之外，一些设施也雇佣当地执法机关在夜间或者在大量使用时提供周期性的帮助，如早上或晚间的上下班高峰期。使用当地执法人员很有吸引力是因为这些人员有法定权威来逮捕或者拘留嫌疑人并使用恰当武力。需要引起注意和重申的是，当人们布置劣质的探测器时，如果 PPS 系统的响应功能对警卫高度依赖，对警卫的投资也许并不有效。一个更划算的解决方法是减少警卫人员，并且增加对警卫的技术支持。这会在更低的花费下提供比增加更多人员来说更好的 PPS 表现。

无论在设施使用哪种类型的警卫力量，有效使用警卫的关键在于训练。雇佣合同力量也许会减少花费，但是并不能免除雇佣设施对被雇佣方的行为的责任。由于这个原因，将设施提供训练或者训练期望与供应商加入合同条款是重要的。

和警卫与响应力量有关的法律问题的细节对于本书来说太多并且太复杂。但是，这些问题通常归结于民法和刑法的范畴中。在民法中，故意侵权行为，如攻击、殴打、非法拘禁和监禁、诽谤、侵犯个人隐私、恶意控诉以及过失等是常见的。当处理入侵者、使用违禁药物、性侵犯、窝赃、诈骗时则与刑法有关。在这些例子中，警卫力量需要搜集证据并交给执法人员以进行下一步的法律诉讼。另一个应用的法律区域是劳动法。劳动法适用的问题包括不正当解雇、公会活动以及监督罢工。应当考虑这些法律问题和其他相关问题以保护公司和雇员远离起诉。因为每一个州都有不同的法律涉及这些各种各样的元素，推荐在建立程序时聘请当地执法人员或者律师充当顾问以进行指导。赫迪格 Hertig（1999b）曾写过法律问题和安全功能的卓越综述。此外，一些行动，如绑架，需要通知有法律管辖的联邦机构。这个原则也适用于私人设施的爆炸或者对政府财产的攻击。

12.2 响应力量配置计算

两种立即响应的衡量是到达时间和中止效果。到达时间被用来建立中断；中止是到达以后对响应成功的衡量。中断是PPS系统探测、延迟、通信和响应力量的功能的衡量并被表示为中断几率（PI）。中止是响应力量的数量、训练、任何武器或者设备的使用的衡量并被表示为中止概率（PN）。正如第一章所描述的那样，这二者被用来衡量总体PPS系统的有效性（通过取得它们的产品）；关于如何使用这些衡量的附加信息在下一章内叙述："分析和评估"。

中断指的是到达地点的响应力量人员防止对手继续推进其进攻。中断依据威胁不同可以被一个人或者多个人实施。例如，到达地点的一个人员可以足够吓跑青少年破坏者，但是更多有目的的威胁需要更多合适的响应人员。从低到中等威胁，中断本身就足以有效应对，但是对中高级的威胁，中止对手是必要的。中断依靠可靠、精确和快速的警报报告和评估，同样依靠通信和有效的部署到合适地点。这些都是PPS系统的元素。

中止指的是任何对手和响应者的对抗并被定义为击败对手。一些威胁需要的不仅仅是用于击败的响应的存在性，而是用中止来衡量响应的有效性。有效性元素包括响应策略，程序（如力量的使用和以后的扣留行动）、训练、响应警报的人数和他们携带的设备。中止，则是更多训练和能力的衡量。中止可以使用全部暴力破坏连续性，包括到场（中断）、口头命令、实物阻拦、中级力量武器如警棍和胡椒喷雾器，或者致命武力（在一些高安全区域）。使用的技术依威胁不同而不同，但是响应力量起码必须和对手相同，在设备、武器和成功中止对手的人数上都是如此。

12.3 应急计划

应急计划是设施成功解决事件能力的一部分。提前计划会帮助设施管理者识别潜在目标，对不同威胁进行响应，与外部人员们合作，以及决定哪一级的警卫力量可以用于不同的情况。应预先建立文档良好的程序作为应急计划的主要部分。

PPS 的设计和分析过程的一个重要部分是资产识别。这在前一章的目标识别里有详尽的叙述。一旦设施里的资产被识别，安全管理人员可以评估对手可能的进攻设施范围以及特定资产的路径。这个信息在进行细节策略计划时帮助管理人员来处理设施中不同的威胁。

此外，确定警卫巡逻路径和时间表是十分有用的。基于对手的目标和丢失财产的后果，应用不同的响应力量策略。这些策略包括围堵、拒绝以及偶尔的攻击。

围堵是一种策略，用于对抗以盗窃作为目标的对手。这是指警卫和响应力量阻止对手带着盗窃的资产逃离场所的能力。在对手的目标是破坏或者暴力攻击时使用拒绝策略。在这个例子中，警卫或者响应力量必须防止对手完成破坏目标设备或者实施对他人的暴力攻击。为了使拒绝策略成功，响应力量必须出现在对手破坏或者攻击的时间并且就位。对于破坏目标的遏制战略并不好，因为响应力量往往是在破坏事件发生之后到场的。有时，响应力量需要武力克制对手。这在人质事件或者处理精神不稳定的人时很常见。

总的来说，战术规划也是应急计划的一部分。对于警卫行动的程序和计划在对手攻击的事件中应该完善确立。在紧急情况下的指挥链和指挥序列应该被熟知。与此相关的是需要确定中央指挥中心的位置并时刻保持其可以使用（如热或冷待命）。制订计划以保证响应力量持有的人数或者快速进出与定义的威胁相符合的适当设备。战术计划必须包括响应力量成功部署的具体细节。响应策略的围堵、拒绝和攻击必须被计划和练习。

警卫力量所扮演的角色应该被考虑到设施应急计划中。警卫力量的核心角色是围堵对手直到额外帮助到达。额外的帮助与警卫力量的部署不同并有做修复处理的能力。设施中有两套警卫也是可行的：一套检查认证信息，巡逻并且起到威慑/延迟的作用，而另一套是技艺精湛的小组，首要责任是响应恶意事件。

保安人员，由于其对设施的访问权和熟悉度，是场所发生反常情况下寻求援助的自然选择。这些情况包括飓风、洪水、火灾或者暴风雪等。在发生自然灾害、坏天气或者意外时，设施会要求保安人员帮助。这些服务合乎情理但是不能以保护设施财产做让步。在从设施投入力量之前程序必须完善，这些力量包括保安人员、管理人员、法律顾问、当地执法机关和其他公共安全机构，特别是当地火警部门，如果依靠他们提供帮助的话。这些程序需要记录并且包括在警卫训练中。在设施里工作的兼职治安官必须了解这些程序和场所存在的任何危害。这些程序并不需要对每一个异常状况详细记述，但是要能对这些情况适用。例如，万一发生大雨或者大雪，程序会要求设备维修人员提前到达在走廊安装地毯防止滑倒或者其他场所采取预备措施，如除雪。程序也可能包括通过当地广播、雇员语音信箱或者咨询电话通知雇员推迟工作时间表。警卫力量应该了解这些程序并且理解当时他们所处的角色。在断电或者火警事件中，安保人员应该帮助疏散建筑和进行群体管控直到发布解除信号或者做出其他决定。然后这些程序元素才可按照需要用于个别的紧急情况。安全管理人员不能独自地建立程序；他们必须综合各种设施部件的跨部门意见。

要使自然或者人为灾害停止给设施造成麻烦，需要安全组织或者外部代理的帮助。遭受自然灾害时，当地执法机关会优先保护公众然后才是设施。工业设施的需求也许会在保护名单的最后面；因此，寻求除了当地执法机关之外的资源是必需的。卡特里娜飓风是一个很好的例子。资源被集中用于救助人们，通过将他们转移到安全或更高的地方。而金融产业完全没有保护。如果中止是由于对手的攻击，则必须处理并且采取适当的程序来尽快恢复继续工作，在此同时收集并保护证据。在反常事件中，使用日常操作程序，如电脑文件的日常备份或将备份记录储藏在场所外，会减少灾难事件的影响。反常情况会揭示设施安全防护的弱点并且提供改进财产保护的机会。保安组织可以起到在反常时间发生后帮助设施恢复正常运行的作用，并且势必会涉及所有恶意攻击及其后果的调查。

安全管理人员在制订他们的应急计划时，应该考虑使用外部代理的帮助。设施可以和当地或者州执法机构创建一个支持协议或者和当地其他场所达成互助协议。为了促成协议，与外部代理或者设施的书面支持协议必须十分完善。书面协议应该包括场所警卫和其他代理之间的互助细节。协议必须完善并包括所有受协议影响的参与者并且经每个组织批准。问题如外部代理在事件中扮演的角色、场外通过警卫追击，以及通信都应该考虑在内。安全管理人员也会考虑使用其他代理进行恢复支持。这些决定需要基于代理的响应时间、训练、设备和对设施进行支持的可用性。此外，安全管理人员应考虑提供他们的警卫场外证明文件和权力来促进响应力量在设施边界外部的行动能力。这也许是在部署和追击期间的一个重要的考量。

通信在设施人员和其他代理之间的互动中将会是一个关键要素。因为不同的代理也许不在同一个无线电频率上，安全管理员需要在反常或者恶意情况中评估交替通信手段。会需要使用专用的输送线路来通知外部代理，并且通过预先计划的路径和围堵位置帮助解决现场通信问题。

12.3.1 联合演练测试

影响附近代理顺利支援设施的能力的一个关键因素是联合训练。设施安全管理人员应该制订提供响应支援的外部代理计划并进行周期性的演练测试。由代理的支持角色来确定训练的范围。如果在围堵中外部代理首先行动，那么主要围堵位置和责任范围就应该经过演练。然而，如果支援代理是起指挥夺回或者救护行动的作用，那么则需要更多的细节训练和设施知识。

一种定位和协调外部代理提供的帮助的方法是使用谅解备忘录（MOU）。应该建立 MOU 来保证外部代理的支援按照设施的优先顺序执行，并且应该回答以下问题。例如，设施的专用响应在哪里失败了？这一区域周围的其他设施有关键需求么？当组织设施的外部支援时，这是非常重要的一步。可能会有多个设施在特定区域或者管辖范围有关键需求，并且这些需求的优先顺序应该提前获知以便于对设施的保护制订恰当的计划，并且练习和持续更新这些计划。

12.3.2 调用力量

不同的威胁会要求警卫或者其他响应者采用多种多样的力量来处理面对的任何情况。响应力量人员应该有能力使用多种级别的力量以阻止对手的行为。这包括作为威慑和延迟存在的警卫，采用非致命武力，并且在恰当时，采用致命武力。力量的有效策略范围被称为暴力破坏连续性。暴力破坏连续性从警卫出现开始，通过号令进行，使用非致命武力，并且在最后才使用致命武力。设施应该有书面政策来对警卫使用力量提供清晰的指导方针，如果需要使用武器的话，决定采用哪种武器。发给警卫力量的武器应该与设施面临的威胁相对应。

调用力量的方针应该基于使用最小限度需要的武力来停止对手的行动，可以有变化但应在预期之中。一般情况下，所使用的力量数量通过对手的行动来确定。例如，没有武装的对手拒绝听从警卫的指示但并没表现出其他威胁的情况，使用的力量应该低于应对武装的并且对设备或者警卫存在威胁的对手。这种政策类型需要警卫有能力采用非致命武力武器，如冲击（警棒）或化学（MACE 喷雾器）武器。

在设施使用武装警卫时必须小心平衡财产的价值和附加的法律责任以及增长的训练花费。武装警卫被用于银行、装甲车公司、高犯罪区域的专用设备、大型购物中心，以及有复合高价值资产的大型工业复合体。是否在一个地点使用武装警卫应由设施的设计基础威胁来定。武装响应通常委托给当地执法机构，但是如果预计有武装威胁，则应要求警卫配枪。考虑到呼叫增援，设施警卫必须与当地执法机构联合演练，并且在设施适度使用任何授权的武力。

12.3.3 培训

在发展使用武力政策之后，监理人员应该提供响应力量人员的培训，来确保所有的人员都受过良好的政策培训和使用他们武器的培训。管理者应该考虑进行半年度或者一季度的训练和颁发证书来保证他们的人员有成功应用设施政策和武器的能力。所有的培训文件记录在面对任何法律挑战或者事后回顾时会十分有用。

当设计一个培训计划时，咨询设施安全管理人员和 PPS 设计者是很重要的。设施安全管理人员是对功能性能和警卫目标需求最了解的人。管理者也对单独培训日程负责。日程包括涉及警察的事物、程序、不针对系统操作的基本训练，如逮捕权力，调用力量和通信。PPS 系统的设计者是对 PPS 设备的操作和局限性和其他 PPS 探测功能和延迟功能最为熟悉的人。从设计者的观点来看，训练的目标是使响应力量使用 PPS 处理基本任务的能力最大化，即保护设施的财产。设施的培训计划应该说明与警察的合作、程序、他们的法律关系和保护系统的运行状况。在最低情况下的培训计划应该包括，“做与不做”的法律综述，人际间接触训练，使用暴力破坏连续性和事故报告。因为每个州要求不同等级的安全警卫训练，需要仔细地考虑州的要求和具体设施目标的要求来构建合适的培训计划。练蒂博杜 Thibodeau（1999）和贝克 Baker（1999）写过很棒的关于警卫培训方案的文章。

12.4 通信机制

通信是响应功能的要害部分。所有其他系统功能的表现都依赖于通信机制。信息必须通过通信网络进行快速和可靠的转移。响应力量的通信必须包含对手的行动和部署的指令。响应通信的衡量是精确通信的概率和与响应力量通信所需要的时间。通信网络包含语音和其他允许警卫和响应力量相互沟通的系统。当被设计确立基础威胁后，PPS 系统的成功操作需要依靠耐用的响应力量通信网络来取得信息上的优势并确立对手。在9·11袭击以后，一本新书（Dwyer and Flynn, 2005）提供了卓越的通信问题描述。

12.4.1 一般规程

用来保证有效的控制和警卫力量在设施内合作的最常见系统，包含低功率、电池供电、手持无线电。这些无线电是小型轻量设备，允许快速通报在日常巡逻中发现的情况并能在保安事件中快速部署响应力量。典型的无线电操作在2～6个频率或信道中任选一个。两个无线电之间最大可靠通信范围是1～3km。更大功率的传输和更好的接收器可以用在安全指挥部和保安车辆中。这些通信单元可以允许的可靠通信范围能超过12km。

在大多数情况下，无线电系统用于响应力量通信是常规的、窄带、调频（FM）、明码通信无线电系统。在本章中，明码通信是指不需要编码或者扰乱声音的传输。因此，可能发生对手在场所内外持有调整到同一频率的接收器进行窃听的问题。依据现场配置、区域和现场建筑结构，这些通信系统需要忍受缺乏公共射频通信系统。

这一系统的最大缺点在于掌上无线电的有限通信范围。使用更高输出功率的掌上单元，贯穿场所的射频中继器，或者多重接收机系统可以使这一缺陷最小化。射频中继器从手持单元接收到语音传输并将其通过单独的频率再次传输给系统内所有的其他单元。通过在高处安置中继器可以增加无线电的通信范围。多重接收机系统由一系列远程本地接收机与中央监控站通过地上通信线连接来组成。微机通过所有的多重接收机监控接收到的信号，并将从远程接收机接收到的最强信号传输到总站。

常见的无线电系统有很多优点，包括简单、易于操作、高效、低费。如果允许恰当的传输程序和遵守严格的通信网络条例，例行通信就可以使用这些系统，并能对例行日常商业进行有效管理。

12.4.2 窃听和欺骗

虽然常见的无线电系统在大多数设施中用于例行通信，但是在安全网络内的信息传输需要对抗机智和资源丰富的对手。常见的明文无线电系统有一系列的缺点。对手只要拥有常规的接收器，调节到合适的频率就可以从远离场所的位置轻松监视常规信息传输。即使频率未知，扫描器也可以自动地扫描和确定使用的频率。当使用常规无线电系统时，应该假设对手在窃听信息的传输。安全人员应该决定什么样的信息通过例行操作发布，以及对手会如何使用这些信息。即使是例行训练期间释放的信息也会给对手带来极大的价值。常规无线电通信应该限制在绝对必要并且无法通过其他更加安全方式传输时使用，如电话和内部通信系统。应该避免使用移动电话，因为信号容易被对手拦截。依据设施面临的威胁而言，常规无线电对于警卫来说可能是足够的。

同样的，对手只需要一个发送机调到工作频率就可以传输欺骗信息。在攻击设施时对手可能会使用欺骗信息来试图混淆响应力量人员。使用网络抵抗窃听的密文通信也同样会抵抗欺骗信息。如果对手不能理解经过扰乱和数码编码的信息，那么他们也很可能无法以适当方式控制传输有意义的欺骗信息。

一些程序上的选择也可以改善网络抵抗窃听和欺骗的能力。一种最有效的程序依靠使用更安全的传输媒体，如电话和内部通信系统。为了避免欺骗信息，最好使用某些类型的标识码。只有响应力量人员知道标识码并且能查证信息传输确实是被响应力量人员发送的。这是增加设施安全通信的一种简单并且低费的方法。标识码表的例子如图 12.1 所示。

水平和垂直交叉处表示标识码，用于无线电通信之前。例如，B2 位置的 MW 作为标识码。水平和垂直的标识也许会按天改变或替换以增加不确定性。

很多技术和系统可以提供不同程度的信息隐秘。更加安全一般意味着牺牲其他合适的经营特点。安全等级与复杂度、花销、信息清晰度以及一系列的密文通信技术有关，如图 12.2 所示。当系统变得更加安全，它同时也会变得更复杂、更昂贵，并在通信信道里产生更多的噪声，从而减少有效通信距离。

	A	B	C	D
1	BR	YT	XR	GM
2	PL	MW	BR	UB
3	ED	IM	RE	DF
4	MN	KU	ZI	JC

图 12.1　标识码表

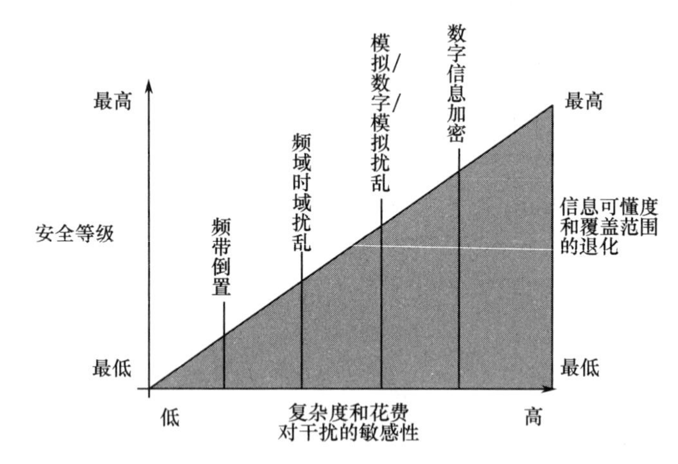

图 12.2　安全等级比较

当使用密文无线电时，最后需要考虑的一点是这样的硬件在通信网络对抗干扰时的有效性。密文无线电并不改善网络对干扰的抗性，它们甚至使得系统更加易受干扰攻击的影响。当使用更多的密文技术时，信息的可懂度和覆盖范围一般来说会变差，并且在受到干扰时消息的生存能力也会变差。

12.4.3　干扰

干扰指的是在通信系统的频段中插入干扰信号以达到掩盖期望信号的目的。射频系统最容易受到干扰的攻击，因为潜在的攻击者可以从外部场所干扰信道。不论是监控传输还是获得现成的频率文件，对手都可以获得系统的工作频率。其后的事情变得简单，只要把发射器调节到合适频率就可以进行干扰。如果干扰信号有充足的功率，就会掩盖真实信号以至于有效通信被严重消减或者完全破坏。干扰输出功率为 5W 的手持无线电单频系统，仅需要相同或者更大功率的小型手持无线电就可以完成。

可以通过最大化无线电网络生存能力，预备交替通信（意味着使用扩频无线电来补充无线电网络）并进行常规抗干扰演练，来发展高抗干扰通信网络。

12.4.4 通信网络的生存能力

在干扰攻击期间，人员培训和设备维修对无线电信道的生存能力有重大影响。最大化无线电网络完整性的方法是将训练、程序和设备与安全可靠的系统结合起来。程序要求定期维护设备，特别是电池和天线，有助于提高系统的有效性。另一个程序，编码的使用，也可以帮助无线电通信系统。用编码来替代句子或者短语的使用，如执法机关使用的 10 码（然而值得注意的是，一些美国的司法管辖区最近停止使用了 10 码，因为司法管辖区之间的编码不同。）编码使得对手窃听来进行情报收集更加困难，编码信息特别是数字编码在干扰中更加易懂。如果使用编码，那么就应该一直使用，这样它们会成为警卫之间的天然通信方式。在对手入侵的压力下尝试使用不熟悉的编码并不会帮助警卫力量。此外，使用更好的设备或在一般和收到干扰的情况下使用设备，并进行额外的训练，会使得警卫习惯这些运行条件。

如果所需消息的传递采用替换方法是可用的并且能被有效并且及时地使用，那么任何通信网络对无线电干扰都有抗性。如果主要无线电链接的备份是可用的，就必须在干扰训练中熟练地使用这些备份以便在真实的干扰攻击期间也能如此。如果冗余链路是可用的并且在训练中每个都被有效地使用，那么通信系统会在抗干扰能力上有很大提升。

彻底了解干扰几何学对干扰中维持无线电通信非常有用。使用大功率单元并且将单元移动到更近的位置可以改善网络生存能力。如果了解干扰几何学的效果，警卫就可以传递消息，否则就会被干扰。

12.4.5 通信的替代手段

倘若干扰成功，仅仅切换无线电信道是一种重新建立通信的简单手段。所有的无线电都应该最少有两个信道可以在任何时间使用。在信道之间选择的方法必须简单和直接。要令人感到满意最少有 4～6 个信道，但这并不总符合实际。程序上说，所有的警卫人员应该知道如何改变信道和选择哪个信道。一个切换安全信道的命令编码会是最有效的。

倘若主要无线电信道发生完全绝对的干扰，也许不可能传输命令来切换到备用无线电信道。为了克服这一困难，可以使用其他手段来发出命令，如安放公共广播系统、内部通信系统或者报警器。然而，即使成功地切换了信道，对手也可能很容易地定位替代信道并且重新开始干扰新的信道。

如果干扰威胁到设施的通信，失去无线电通信时应该通过使用替代通信来补充，从而有效地传播信息。一些替换通信包括输送线路或者移动电话、内部通信系统、手势信号、灯光、口哨、寻呼机。很多时候这些通信媒体很可能已用作其他用途。使用这些手段意味着在正常情况下创建一个网络以增强对窃听和欺骗以及干扰的抵抗能力。如果希望替换通信链路在干扰攻击中依然有效，那么其必须在日常抗干扰演习中得到训练。

在模拟干扰的条件下彻底运用提出的抗干扰技术，有利于该技术在面对真正干扰攻击时正常使用。在对手尝试在通信网络里中断信息流时，面对攻击带来的混乱和压力，不熟悉的程序和技术只能帮助对手而不是警卫人员。就像切换到备用安全信道这一简单的程序，也要在响应力量人员练习过很多次以后才能发挥作用。

12.4.6 胁迫报警

胁迫是一种响应力量通信系统能够掌握的运行情况。对手的行动可能会导致其与一个或两个响应力量人员进行对抗。越早发现这种情况越好。一旦响应力量注意到这种情况的发生，就应立即切换到其他通信频道来阻止对手获得响应力量行动的进一步信息。一些胁迫报警系统可以在市面上购买到并且安装在设施里来传播胁迫报警。这些系统同时也能让不安全的员工通过特定的应用发出求救信号，如在机场或者监狱里。

很多厂家提供的手持无线电上安装有一个按钮，可以通过按下这个按钮来发送包括单元识别的紧急胁迫信号到中央监控站。除了无线电上明显的启动按钮以及独立的胁迫传输器，其他胁迫信号发送方法也在一定程度上被研究出来。这些可供选择的方法包括隐蔽开关、拨杆开关和枪套开关。

一个隐蔽的装置可以让使用者在不被对手觉察的情况下发出胁迫信号。一种技术在使用者的鞋里使用小而平衡的磁簧开关，使用者通过卷曲脚上的大拇指来触发。安装在这个位置会导致大量的误报警，以至于无法使人满意。拨杆开关方法是由水银开关和独立的胁迫传输器组成，其紧附于使用者的皮带上。如果使用者倒在地板上或者倾斜过特定位置，开关闭合并且发出胁迫信号。有在执勤期间睡觉倾向的警卫会对使用这种方法有抵触情绪。枪套开关包括安装在枪套上的按钮上的平衡磁簧开关，当枪被移动时触发。这个警报可以由使用者自己来触发或者在对手移动使用者的枪时触发。当然，这种系统仅在使用武装警卫时有效。

12.4.7 扩频系统

在最近几年，通信系统可以通过使用特定的应用来提供很强的抗无线电干扰能力。这些系统被称为扩频系统。扩频这一术语描述了在不同基带上传输的各类技术。扩频无线电用于执法机构和一些政府设施里。由于其代价高昂，这些设备只会用于数量有限的安全人员、警卫或者响应力量人员。最适合响应力量通信的扩频系统是扩频跳频系统。跳频技术的介绍将贯穿本节。

使用窄带调频系统，信息通过离散频率发送。发射机和接收机必须调准并保持在通信传输频率，否则信息会丢失。这些系统带宽以 25kHz 为典型。跳频系统的发射机输出频率扩展频带宽度到 10MHz。如果 10Hz 带宽被使用，系统会创建 400 个或更多离散频率信道。按照发射机从数字编码发生器接受到的输入信号，系统可以在这些频率中以很短的周期内交替发送信息。发射机的数字编码发生器决定并同步其他所有接收机的数字编码发生器。在这些频率信道中，每个信道的驻留时间非常短。在这很短的周期内信息的传播很难被常规接收机探测到。

这种特性的组合迫使对手去干扰大部分的射频谱，但是在跳频网络内的同步无线电依然可以在信息传输的带宽满足的情况下获得信息。如图 12.3 所示是窄带调频系统和扩频跳频系统的常规输出频谱。两个图形都将传输所需要的带宽以 b 标识。成功的干扰器必须有效地干扰以常规无线电传输的带宽 b 或者以扩频系统传输的带宽 $N\cdot b$（N 是使用的跳频或者信道的总数）。大部分商用跳频系统中，N 大约为 250；但是在某些系统会里高达 2000。在这两种图形中信息带宽 b 为典型的 25kHz。

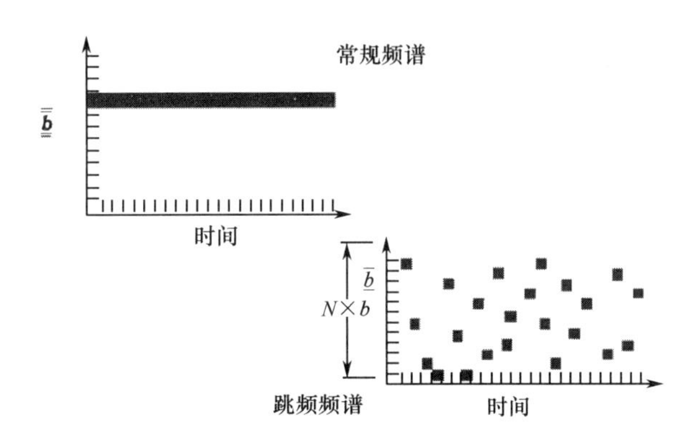

图 12.3　干扰常规无线电频带和扩频跳频无线电系统

在常规无线电中，只需要干扰一个带宽，但是在扩频系统中，必须要在恰当的时间干扰一系列的频率。

12.5　中断犯罪

除了战术规划和训练之外，响应力量练习在特定设施的部署也是很重要的。这样他们才知道在面对对手入侵并且需要及时响应时应该怎么做。根据练习的结果来得到预估响应时间。用现场演练来确定战术训练的结果是否达到预期以及整体战术规划是否符合实际。为了使响应力量得到规划和训练，必须提前确定威胁的特征。这个威胁量化也应该明确对手的目标是盗窃、破坏还是出于其他目的。

一种测试警卫能否在及时响应时做出熟练反应的标准是，在得到中断犯罪的通知之后他们能否在充足的时间内到达。响应人员要求掌握一定的技能来增加速度。这些需要测试的技能包括体能训练，压力下使用武力，使用中间力量，战术移动，精确响应通信，资产和设施的熟悉，以及利用 PPS 特点获取优势。在警卫力量是武装的情况下，周期地进行射击技术的熟练测试也是必需的。

这些技能中的一部分可以在教室里通过模拟课程进行评估。其他的，特别是测试这些能力的使用，只能在设施中或者其他与设施十分类似的地方。需要测试的技能熟练度应该以模拟练习对抗中响应力量中断攻击的能力作为衡量。对于立即现场响应来说，让人满意的熟练水平是能够防止损害或丢失资产。

中断犯罪的定义是响应力量成功到达恰当的地点应对对手。虽然目标是逮捕或者拘留对手，但中断仅指的是到达。因为大多数工业设施并不适合选择武力对抗，所以假设到达一定数量的响应力量即可有效地中止对手侵入这些地点。如果对手被认为是暴力的，响应力量人员和设备应该与威胁相匹配。这要求通信必须精确和响应力量的部署必须有效。

12.6 中立

在有可能发生响应力量和对手之间的武装冲突的设施里，必须进行例行军事对抗训练。这一套行动的术语叫做中止，并且通过谁获得战斗的胜利作为衡量标准。虽然这是传统上对中止的定义，但事实上，对某些对手来说中止可以通过非武装冲突来实现。例如，破坏文化遗产的人在面对安全警卫到达时就会被中止。如果破坏者逃跑或者投降，他们可以被认为是被中止了——他们已经被击败。通过扩展传统意义上的响应，我们可以增加其他衡量响应有效性的方式，即使是在警卫没有武装的场所。这一衡量可以被用于分析支持 PPS 系统的全局有效性。此外，这一衡量也可以用于提供警卫力量的公司的合同和作为选择最佳的服务提供商的一种方法。

部署描述了响应力量的行动，从接收到通信的时刻起到响应力量就定位于中止对手的进攻。这个功能的有效性衡量是部署到对手位置的成功率以及部署响应力量所用的时间。

响应力量的人员必须被训练，训练应该详细并且按照应急计划程序进行。此外，他们必须按照策略进行训练，这些策略能增加他们成功部署和到达对手位置的几率。这些策略包括：

（1）有关场所安全优先级以及漏洞的知识。

（2）防范以避免分心。

（3）适当的移动进入并且包围建筑。

（4）适当的夜间响应。

（5）使用交通工具进行适当的部署。

（6）作为一个响应小组成员如何进行工作。

涉及中止的进一步的细节，包括如何衡量中止，在脆弱性评估这本书里有所描述（Garcia，2005）。

12.7 管理规程

除了已经讨论过的训练和响应程序之外，正常运行的规程同样也存在于现场的警卫和场外的响应人员之中。抛开后勤问题之外，诸如换班表和覆盖范围、钥匙控制、警卫巡逻路径、公布命令，以及事故报告程序这些全部都是有效响应系统的一部分。依据场所的运行时间和威胁以及被保护的财产，有的会要求现场警卫 24 小时在岗，有的则不那么频繁。如果被保护资产的丢失后果不那么严重，仅会要求在正常商业时间内有现场警卫。在更大更加复杂的 24 小时运作的设施里，要求现场警卫更少的换班则是必要的。保卫设施需要的警卫数量由换班的次数，每班的警卫数量，希望警卫作为正常运作保护的目标，响应恶意威胁所需要的警卫数量，以及设施的响应策略而定。警卫可以定点布置，或者让其持续进行步行或者车载巡逻，或者将这两者结合起来布置。由于生病、休假或者公司要求的培训而导致可用人员的变化必须被并入换班表中。

在很多设施里，钥匙控制对于保安力量来说成为一个主要的问题。作为一般准则，必须要限制有关钥匙的数量，并且考虑钥匙复制的程序，在换班结束时归还钥匙或者在雇佣期满上交钥匙，并且考虑定期更换锁芯。有关钥匙控制的细节在第 10 章“出入口控制”中已有叙述。一个额外的程序应该被纳入钥匙控制之中，那就是在正常或者休息时间让现场警卫为员工开门而非给每个员工发放钥匙。详细存储雇员求助电话号码、采取合适方法验证雇员访问权（特别是在非工作时间里出入）的程序应当存在。例如，如果大门应该在每天早上 7 点钟打开，但有一天并没有开，那么就应该生成一份报告来调查失察的原因。下班时间的出入应该仅限于某些特定的人行小门或者闸门，并且应要求上级或者管理人员提前授权。在这个例子中，必须告知安全警卫已经授权。在使用自动化人员出入口控制的例子中，这些情况需要写入系统软件的出入口控制条例里。

在每个警卫换班期间，发布命令应该在每个警卫点都适用，这是警卫应该在其值班期间遵守的程序。这些命令一般包含行动，如守卫巡逻的频率以及报告和通知书和用于防恶意攻击或者异常事件的电话号码和其他特殊指令。发布命令也通常包括保护系统元件所需的细节格式和信息，或者其他值得注意的事项空白表格通常可用于促进这个过程。

12.8 小结

本章讨论了在一般情况下 PPS 的响应功能、应急计划、通信、中断和中止。应急计划包括战略计划和外部代理的协调行动、设施使用武力的政策、警卫力量的额外职责。讨论了与财产保护和潜在敌对行动有关的响应力量策略的重要性。强调了和外部代理有关的一系列问题以及联合演练测试的必要性。其中包括为了通信建立无线电频率、场外追击策略和许可、每个合作组的任务和责任，以及在响应行动中的命令链。使用武力的书面政策和使用这个政策的训练也十分重要。描述了警卫力量日常操作的额外程序，也描述了如警卫力量在安全事件或者恶劣天气情况下对设施进行援助，非工作时间的出入管理，以及发布命令。

依据威胁的不同，PPS 系统的成功运作有赖于可靠的响应力量通信网络来对抗窃听、欺骗以及干扰。密文无线电系统可以为通信网络提供抵抗窃听和欺骗的能力，并且在日常以及紧急情况下都能让人满意。数字编码无线电传输比模拟传输保密性更强，但是也更加昂贵。使用多种扰乱技术可以产生额外的操作问题。除非采取其他防范措施，大多数密文无线电使得通信网络更易受干扰的影响。为要求恰当的维护设备设立程序，对设备的使用和进行通信训练设立程序，以及使用替代通信媒体都是有效对抗干扰的技术。如果设计基础威胁中存在干扰威胁，设施安全经理应该考虑使用扩频无线电技术来提高对干扰的抵抗能力。

本章讨论了中断和中止的元素。当要求现场响应立即到达时，受过良好训练的响应力量及时到达适当位置的重要性怎么强调都不为过。仔细计划、训练并测试响应力量的能力十分必要。练习响应功能的工作技能与练习有关设备的维护和操作是同等重要的。正如设备设计一样，评估人员在 PPS 系统目标中的表现是十分必要的一个步骤。这样才能确保整体 PPS 系统——设备连同人员和程序一起——能够达到设计要求。

在所有响应元素中都应该着重考虑的是训练的需求。设施安全管理人员不应低估在所有响应系统领域内训练的价值。这些训练包括：与支援代理的联合演习、设施应急计划、响应力量部署、夺回运行、调用力量政策、武器和设备精通训练。通过有限范围的表现操练以及笔试，响应力量的有效性应该定期地进行评估。

本章总结了 PPS 设计和评估的第二个部分。此时，PPS 系统的目的和设计工具以及注意事项已经复习完了。这一过程的最后一个部分——分析和评估——将会在第 13 章讲述。

12.9 安防理论

应急计划是响应力量有效性组成的一个重要部分。它包括：公司政策和程序、训练、决定响应力量策略、调用力量以及常规操作程序。

响应恶意事件应该迅速，这要求响应力量具有及时响应的能力；或者通过更大范围的行动完成事后恢复。

响应力量策略包括围堵、拒绝和攻击。

响应力量有效性的一个重要元素是通信。

响应力量有效性的衡量包括响应力量的中断时间和通信概率。中止概率可以用于立即响应以及预期警卫和对手发生交战的场所。

中断是对响应力量到达恰当地点的描述。人们认为对于多数工业设施来说，响应力量的到达即意味着对手投降或者放弃入侵。对于高保安级别的场所，中止或者在中断后击败对手，是响应力量有效性的另一个方面。

12.10 参考文献

[1] Baker, D.R. “Curriculum Design,” in Davies, S.J., and Minion, R.R., eds, Security Supervision: Theory and Practice of Asset Protection. Boston: Butterworth- Heinemann, 1999, 127-133.

[2] Dwyer, J., and Flynn, K. 102 Minutes: The Untold Story of the Fight to Survive Inside the Twin Towers. New York: Henry Holt and Company, 2005, 352 pp.

[3] Fischer, R.J., and Green, G. Introduction to Security, 7th ed. Boston: Butterworth-Heinemann, 2006, 40-43.

[4] Garcia, M.L. Vulnerability Assessment of Physical Protection Systems. Boston: Butterworth- Heinemann, 2005, 250- 253.

[5] Hertig, C.A. “Considering Contract Security,” in Davies, S.J., and Minion, R.R., eds, Security Supervision: Theory and Practice of Asset Protection. Boston: Butterworth-Heinemann, 1999a, 227- 229.

[6] Hertig, C.A. “Legal Aspects of Security,” in Davies, S.J., and Minion, R.R., eds, Security

Supervision: Theory and Practice of Asset Protection. Boston: Butterworth- Heinemann, 1999b, 330-359.

[7] Thibodeau, C.T. “Staff Training and Development,” in Davies, S.J., and Minion, R.R., eds, Security Supervision: Theory and Practice of Asset Protection. Boston: Butterworth-Heinemann, 1999, 118-125.

12.11 问题

1．讨论下列应用注意事项：

a．一个安全无线电频率应该致力于安全运行。

b．购买的武器应该适用于设施。

c．警卫和响应力量人员应该受到良好的部署训练和使用武器的训练。

d．应该公开沟通和了解设施管理、安全管理和响应力量之间的缺陷和现实响应能力，而不是掩盖。

e．响应策略应该包含充足数量的响应力量警卫，不应假设不切实际或者不存在的围堵能力。

2．除了公司规程和程序之外的调用力量和无线电通信训练，还有什么额外的训练对响应力量人员有利？

3．什么是影响响应力量表现的个体因素？

4．响应功能最重要的方面是什么？

5．战术训练和战术练习的区别是什么？

6．决定警卫力量规模的一般性准则是什么？

7．作为响应力量一部分的外部代理在具体设施中扮演什么角色？

.Chapter 13

第 13 章

分析和评估

在 PPS 目标建立完成后，一个新的或改进的设计已经成熟，就有必要进行分析设计以满足目标方面的有效性。这种分析可以采用两种形式之一——定量或定性。严格的定量分析对于那些非常高风险的资产来说是非常必要的，即使敌方攻击的可能性非常低。这是商业核电站、监狱以及一些政府或军队装备等高安全级别系统的一个特征。这些方法也可以谨慎地用于博物馆、炼油厂、公共设备、飞机场、电信枢纽以及大的工业园区。在每一种情况下，至少会造成一些资产的损失或者破坏，这会带来很严重的后果——许多生命的损失，不可替代的文化和历史的损失，或者危及国家安全。这些资产所应用的响应策略通常是一种立即现场响应。只有这种必须需要这种级别的保护的资产，应用定量分析才是合理的，且对于系统组件的性能测试必须是有效的。

当评估较低的安全应用时，定性的分析更加适合。这些设施有较低的资产损失后果，并且可以更好地承受资产的损失和损坏。一些例子可能包括零售店、公寓、小型企业以及食堂。一些设施是资产的混合，因此 PPS 的设计者必须合理地平衡资源，使其对关键资产提供最大保护，对其他资产的保护较低。另外，每个设施也许会有其他的限制，这将很大地影响防护系统的设计。例如，尽管校园枪击案是不幸的，并且给人造成巨大的心灵创伤，但很少有将学校转换成周围有许多的安保层次的武装营地。设计和实现一个有效的系统更取决于这个系统的目标与约束。这就是为什么确定目标是过程中至关重要的一步。

在设计已经成形的情况下，PPS 的分析将会相应建立一种假设，涉及对于威胁和资产的系统性能，以及做出一种使成本-利益最佳的决定。无论使用定量分析或者定性分析，如前文描述的那样，在一个设施中，合适的系统概念和原则的运用将会确保资产保护的有效性。本章将会对分析过程进行说明，第 14 章“EASI 计算机分析模型”将会描述一个特定的模型根据分析方法来预测系统性能。

PPS 是一种复杂的探测、延迟和响应组件的配置，可以用于分析系统的有效性。这种分析将会找出系统的缺陷，帮助评估改进，以及确保代价和效率对比的平衡。这些方法可以用于对现有的防护系统或者一个计划中系统设计进行评估。重新对现有的防护系统进行评估有很多原因，至关重要的是，需要对系统设计时常进行评估和更新来与当前的实体防护硬件和系统结合或适应设施中的新过程、功能或资产。进一步的，在当前环境表明需要不同实物防护级别时，对特定设施的 PPS 的设计预计将随着时间的变化而不同。一个好的例子是对系统威胁的升级。只有通过周期性的再分析，才能发现并量化这些不断变化的情况造成的影响。

13.1　敌方路径

本章使用的原理和模型的分析和评估是基于资产存在的敌方路径进行的。敌方路径是一种针对设施的一系列有序的行动，如果完成的话，会造成成功的偷窃，破坏或其他恶劣的结果。图 13.1 说明了一种单个的敌方破坏路径，想要破坏工厂设施的水泵，攻击成功需要打破多层防护。保护组件沿着路径探测和延迟攻击，侦查不仅包括传感器的激活，而且包括警报的通信和评估。表 13.1 描述了这条路径上的安全组件，每个组件可以有探测和延迟部分。

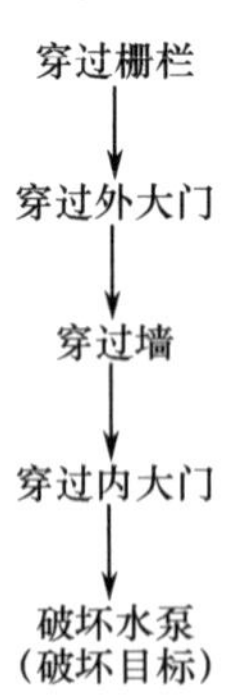

图 13.1　在高安全设施中破坏关键水泵的路径

表 13.1　破坏路径中的安全组件

攻击方式	延迟组件	探测组件
穿过栅栏	栅栏构造	栅栏传感器
穿过外门	门的硬度	门上的传感器
穿过墙壁	墙的硬度	人员听到的噪音
穿过内门	门的硬度	门上的传感器
破坏水泵	破坏目标所需时间	水泵的损失

防护系统的设计从对威胁的定义和目标资产的确定开始，根据设施的特点和保护目标制定特定的探测、延迟和响应组件。先前对这些用于路径分析的防护组件的性能测试进行描述，以确定系统的性能。这些性能测试包括探测概率、延迟时间、响应力量反应时间和通信概率，在大多数设施中，对每个资产可能有许多敌方路径；因此，对敌方路径的鉴定和评价通常是复杂的过程，计算机模型的使用有利于实现这个过程，正如第十四章所示。

13.2 有效性计算

敌方目标是用最小被 PPS 阻止的可能性或者最大成功攻击的可能性来完成一个路径，为了实现这一目标，敌方也许会试图减少完成这条路径所需的时间。这个策略包含尽可能快地穿过障碍物而很少考虑被探测到的可能性。敌方策略的一个例子是暴力攻击，如果在警卫反应之前完成这条路径，那么敌方就成功了。或者，敌方会尽力避免被探测到而较少考虑所需时间。这种敌方策略是基于秘密攻击，这种情况下，敌方可以成功地通过这条路径且不被检测到。

认识到这两种极端的敌方行动，可以利用有效的措施对系统性能进行评估。PPS 有效性的一个措施是沿着路径的最小累积时间延迟（T_{MIN}）与响应力量可用时间（T_{G}）的对比。完善的 PPS 为警卫提供了足够的延迟时间进行响应。图 13.2 描述了一种系统有效措施下的最小时间，箭头与图 13.1 的任务对应。对于一个有效的系统，T_{G} 必须小于 T_{MIN}，可以通过减少 T_{G} 或添加防护组件增加延迟，进而提高 T_{MIN} 来提高系统性能。这种措施的缺点是没有将探测考虑在内，没有优先级的探测是没有意义的，这是因为为了对敌方做出反应和中断，响应力量必须警醒。因此，最小的时间并不是系统效能的最好措施。

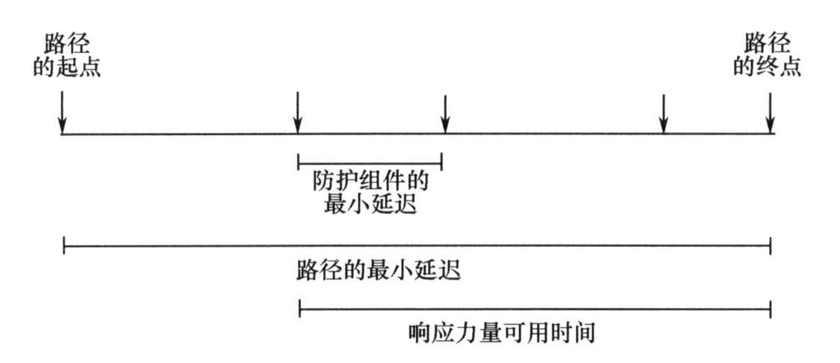

图 13.2　PPS 有效性测量的最低时间

另一种有效性的衡量是对手在实现目标前就被探测到的累积概率。一个完备的防护系统提供较高的探测可能性，图 13.3 描述了探测累计概率的有效性衡量，箭头与图 13.1 的任务对应。对于一个有效的系统，路径中累计探测概率 P_{MIN} 必须是一个合适的值，这种方法的缺点是没有考虑延迟，没有足够后续延迟的探测是无效的，因为响应力量将不会有足够的时间来中断敌方。

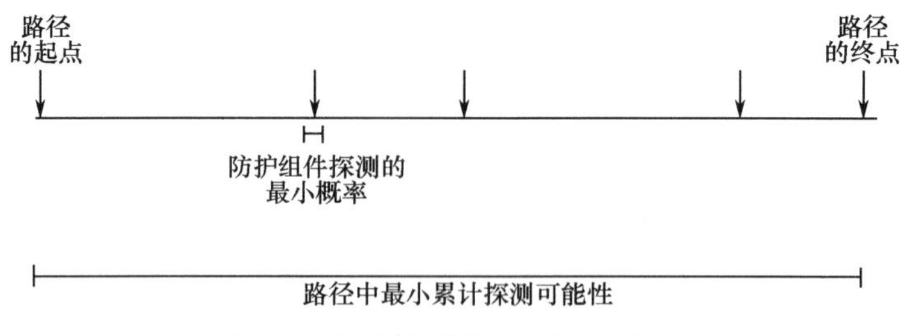

图 13.3　有效性测量中累积探测概率

由于每种措施都有不足，对于系统有效性衡量来说最好的方法既不是单独的延迟时间，也不是单独的累积探测概率。最好的有效性测量是及时探测，包括 P_{MIN}、T_{MIN} 和 T_G，及时探测的原理是在响应力量有足够的时间去中断敌方的关键点上，系统有效性采取探测累积概率的方法。图 13.4 描述了及时探测的原理，注意到路径延迟组件决定了敌方必定被探测的关键点。这个关键点是在当前路径中的最小延迟（T_R）刚好超过响应力量（T_G）反应时间的位置，被称为检测临界点（CDP）。中断袭击概率（P_I）是从入侵者攻击路径的起点到响应力量成功阻止入侵的检测临界点（CDP），这个关键点由 T_R 决定。我们使用 P_I 代表这个值，使之与整体探测累积概率区分，因为它只是统计了到 CDP 点的探测。由于 P_I 代表了及时探测，所以它是系统有效性的一种衡量，符合前文讨论的反应时间。及时探测仅仅考虑了探测、延迟以及响应力量反应时间。它不考虑响应力量和敌方的接触，一些工业设施不太可能采用致命武器来对抗敌方。因此本书不考虑这些方面。如果预计会进行力量接触，其他的建模和仿真方法可利用来预测冲突的结果，以中和的概率来衡量。这些方法超过了本书的范围，尽管如此，它们将用于一些高安全性的应用中。

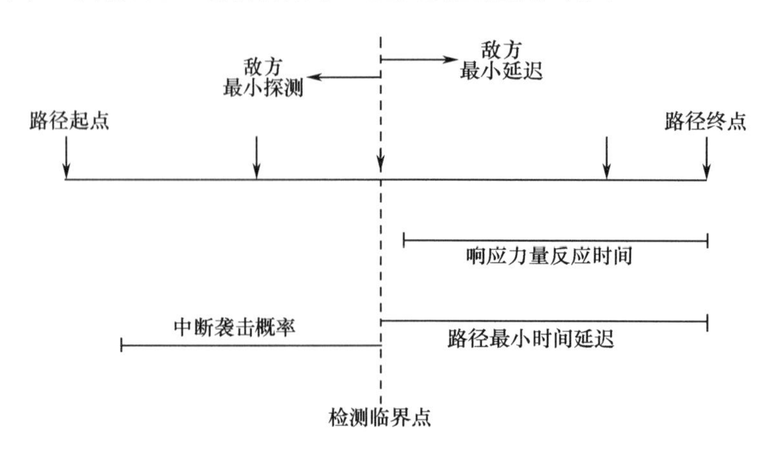

图 13.4　系统有效性计算的及时探测方法

13.3 定量分析

为了计算 P_I，我们做出一个假设：敌方在 CDP 之前将尽量减少探测，在 CDP 之后减少延迟。至于敌方减少探测，需要在接近 CDP 时小心移动，这种小心移动包括隐秘行动或欺诈。在 CDP 之后探测的有效性减少，因为响应力量进行响应时没有足够的剩余延迟时间。在关键点之后，假设敌人改变战术并尽量减少延迟。他会尽可能快地移动，而不会关心探测。需要注意的是敌方也可能不选这种攻击方式，这是一个保守的对系统有效性估计的方法。该系统的有效性在某些程度上依赖于敌方的战术。敌方可能综合使用暴力手段、隐秘行动和欺诈来完成他们的目标。这是一个基于威胁的好的设计对于系统有效性如此重要的原因。最成功的敌方假定是在整个路径中足够聪明的，直到 CDP 来打败或绕过探测，并且知道响应力量反应时间。

敌方将会在 CDP 后尽可能快地移动是一种保守估计。敌方战术不符合假设的攻击模式将会增加系统的有效性。例如，如果敌方在路径开始移动得非常快，他们不久将会被探测到，会留出更多的时间来响应。如果敌方在长时间内尽可能地避免探测（通过 CDP），这样会增加延迟，增加的延迟可以与剩余的探测组件一起工作，提供一个较高的探测概率，并且可以有效地反应。当然，一种敌方会在到达 CDP 时有效地避免探测，并且然后减少延迟，这样可以预期会成功。这就是防护深度如此重要的原因。如果敌方不知道在什么地方会被探测到和改变策略，这种变化可以增加中断袭击的概率。或者，在设施中设计多层的防护系统，将会增加设施安全地保护资产的机会。

在 PPS 组件方面，延迟时间以一个整体计算并且将探测的概率作为结果。因此我们有：

$$T_R = \sum_{i=k}^{m} T_i > T_G \qquad P_I = 1 - \prod_{i=k}^{k-1} P_{NDi}$$

其中，m 是整个路径中防护系统组件的数量；k 是 T_R 刚好超过 T_G 的关键点；T_i 是第 i 个组件产生的最小时间延迟；P_{NDi} 是第 i 个组件提供的不被检测到的概率（即第 i 个组件不会探测到敌方概率），这是对 P_D 的补充。例如，未被检测概率 0.2 意味着敌方不被检测的概率有 20%。因此，敌方会被探测到的概率 80%。重视分析模型中未被探测概率的使用，P_D 是对探测组件性能的测量。明显的，未被探测的概率不能直接量化，相反，如上文所描述的，我们假设探测在每个组件中是个变量，P_I 是中断袭击或对所有组件探测累积的概率。

接下来的例子描述了及时探测的概念，再次观察图 13.1 和表 13.1，如图 13.5 所示，假设现有的防护系统组件提供了时间延迟和不被探测的概率，并且探测发生在延迟之前。如果响应力量反应时间为 90s，分析员必须在敌方路径中找出敌方距离水泵大于 90s 时的关键点。在这个例子中，这个关键点在墙壁，在穿过墙壁后，路径中剩下的时间为 114s——破坏管道的 30s 加上进入内门的 84s。这意味着如果敌方没有在墙上探测到，将会没有足够的时间留给警卫来中断敌方，因为已经通过了三个探测组件。中断袭击的概率仅仅用这些组件计算。外墙没有探测组件，所以不被探测的可能性为 1.0，外门和墙壁的探测组件在 CDP 之前或当时表现出来。在这里给出结果：

活动	最小时间（s）	P_{ND}（P_D）	
穿过栅栏	6	1.0(0.0)	P_I=
穿过外门	84	0.9(0.1)	1−(1×0.9×0.7)=
穿过墙壁	120	0.7(0.3)	1−0.63=0.37
穿过内门	84	0.1(0.9)	T_R=114s
破坏水泵	30	10(0.0)	T_G=90s

图 13.5　及时探测基本示例

$$P_I = 1-(1.0\times0.9\times0.7)= 0.37 \text{（在 CDP 处探测累积概率）}$$

$$T_R=30+84=114\text{s（剩余的延迟时间）}$$

分析员将会重复许多敌方路径，找出最脆弱的路径，并且决定最满意的结果。最脆弱的路径是 P_I 最小的路径，如果这些结果不被接受，系统就必须改进。

在这个例子上，提升了系统的性能。如图 13.6 所示，在水泵上的延迟已经增加到 50s，且改进了外墙的探测，另外，响应力量反应时间减少到 40s，由于这些升级，P_I 增加到 0.87。仔细观察这些升级，发现 CDP 移动到内门上。因为响应力量反应时间已经减少到 40s，且水泵的延迟增加到 50s，现在 T_R 超过 T_G 的点（CDP）在水泵上。除了单独组件带来性能提升这些明显的优势外，这些升级也在内门上允许探测信任，这种情况在基本示例中没有。这些升级通过相对简单的方式获得。使用较高 P_D 的探测器将会增强探测；增加在水泵上的延迟可以通过将水泵锁在金属外壳中实现。通过安排警卫距离目标更近来减少响应力量反应时间，对可以接近高价资产人员的再分配，无论如何实现性能的提高，对提议或升级必要性的分析将会帮助设计者或分析者优化系统性能。在这个例子中，这个升级给系统增加了一层防护。

活动	最小时间（s）	P_{ND}（P_D）	
穿过栅栏	6	1.0(0.0)	P_I=
穿过外门	84	0.2(0.8)	1−(1×0.2×0.7×0.9)=
穿过墙壁	120	0.7(0.3)	1−0.13=0.87
穿过内门	84	0.9(0.1)	T_R=50s
破坏水泵	30	0.1(1.0)	T_G=40s

图 13.6　改进后及时探测示例

13.4 关键路径

显然，一个设施内有多条敌方路径。关键路径是 P_I 最低的路径。在探测、延迟和中断敌方的方面，关键路径具有全部防护系统的特征。在对设施进行初步量化分析后，将会对设施的升级进行初步考虑，首先是最脆弱的路径。使用均衡防护概念对升级进行分配，使所有通往关键资产的路径有大概相同的 P_I，均衡防护也许会允许那些相比其他路径过度保护的路径移除或替换一些保护元件。用相似的方法，通过对有较高 P_I 的防护组件在路径中的重新安置，从而对非常脆弱的路径进行加强。这是系统分析的一部分。一个好的分析者有能力最大化地利用现有的资金、设备和人员对系统进行改进以满足系统的防护目标。

需要注意到不同的路径取决于不同的敌方的目标。偷窃意味着敌方必须成功地进入和走出设施，但破坏仅仅要求敌方到达资产并有时间来成功地完成破坏活动。当进行定量分析时，这种不同是非常重要的，因为这将会决定响应力量有多少时间来中断敌方。

13.5 定性分析

定量分析用于当测试数据可用时，确保对关键的、高价值资产的防护，可在 PPS 上进行性能测试运行或在实验室测试运行。当不在这两个方面时——资产损失的后果较小或数据不可用时——可以使用定性分析。例如，如果一个资产可以暂时丢失或很容易代替，那它在系统中是价值有限的。也许会有其他的高价值的资产，也许是一个企业高管，这时无法进行全面的定量分析，因为严密地测试和确认高管周围各个方面的安全会具有很大破坏性，或时间上不可能这样做。

在定性分析的过程中，用一个描述符表示概率，如低、中或高等，而不是一个数值，分析员可以创建一个转换表，就类似于表 13.2 所示，可以用于分配这些描述符。这些分配是代表性地基于专业知识内容，而不是测试。这种表在分析过程中转换任何测试数据时都可以派上用场。

表 13.2 语言描述的概率与数值的转换表

概率的语言描述	相同且大概相对下面的概率	概率的语言描述	相同且大概相对下面的概率
非常低（VL）	0.1	高（H）	0.75
低（L）	0.25	非常高（VH）	0.9
中等（M）	0.5		

当没有性能数据来支持定量分析或者资产是有较低后果的目标时，该表可用于定性分析。

为了计算 P_I 的定性的相同价值，分析者可以通过两种方法。简单的方法是对探测之后系统延迟时间的主观预测值与响应力量反应时间的对比。如果延迟时间轻松超过了响应力量反应时间，就分配一个非常高的中断袭击概率。如果他们接近则归为中等。复杂的方法是制定一个时间表，就像本章之前所说的那样，并且从内心对基于分析者预测的时间刚好超过响应力量反应时间的 CDP 进行分类。分析者观看每一个探测点直到 CDP，并且对每个语言描述符进行分类。中断袭击的概率分类到最大描述符，超过所有的直到 CDP 的探测位置。

图 13.6 的基本示例应用这种方法，分析者必须预测 CDP 的位置，如果假设 CDP 在墙壁上，那么分析者将前两个位置分类为 VL，且第三个位置分配为 L。中断袭击的概率会被分配为 L，取三个数中的最大值。如果分析者错误地将 CDP 安排到内门，中断袭击的概率被分为 VH，则这个泵不能被很好地保护。这个例子表明定性分析极大地依赖于分析者的技能。

定性分析还需要分析者根据对威胁和目标的定义以及评估系统性能的步骤进行。但是分析员可以调整这些步骤来满足预算和时间的限制。在安全组件不能测试的情况下，对设备有一个基本的理解将会促成一个好的设计。例如，如果该应用处于很多的热源下，对内部探测器误报警原因的理解可以帮助设计者预测 PIR 在这个应用场合中将不会有效，这种理解也可以用于预测微波探测器将会正常工作，因为这些探测器误报警来源不存在，并且它们的能量将会充满这个区域。用这种方法，可以构造合理有效的系统，不需要与定量分析同样严格。

除了这些方面，使用定性分析的基本特征与基于定量分析的设计相同。安保原则，如延迟之前探测、深度防护、均衡防护、探测器的方位、对操作环境的考虑和误报率（NARs）、互补探测器、相机分辨率、白天-晚上的比例、合适的设备安装和维护，以及响应力量的训练，无论是运用哪种分析方式，都将在系统有效性方面起作用。防护系统的目的是无论在哪种情况下都会保护资产。

13.6 小结

本章描述了 PPS 系统建模中敌方路径的概念，有三种系统有效性的方法，包括延迟时间、探测累积概率以及及时探测。在这些方法中，及时探测是最重要的，及时探测的原理是在有足够的剩余时间来使响应力量中断敌方袭击的关键点上，敌方的最小累积探测可能性。本章也建立了定量和定性分析的基础。定量分析是当资产有不可接受的较高的损失后果时，且性能数据是可用的情况下进行。定性分析可用于资产有低的损失后果或者不能支持严格的定量分析时。对于定量分析，现场立即反应是有必要的，因为响应力量反应时间是整体系统有效性的一部分。

用于定量分析的性能测试包括探测概率、延迟时间和响应力量反应时间，沿着每条路径，注意到临界检测点的存在，包括与路径中剩余的延迟时间和反应力量时间的对比之间的关系。

13.7 安防理论

对防护系统的分析使用敌方路径这一概念。

分析可以是定量的或定性的，对于有高的损失后果的高价值的关键资产需要立即响应，选择定量分析。定性分析可用于有较低的威胁和较低损失后果的资产。

及时探测是在系统响应力量有足够的时间去打断敌方的关键点上计算敌方探测累积概率的方法。

定量分析中对系统有效性的测试方法是 P_I（中断袭击的累积概率），也是及时探测的方法。在高安保系统中，P_N 是中和的一种测试，P_I 和 P_N 将会代表系统有效性。

13.8 问题

1．讨论定量分析和定性分析的不同，一个保护系统中的什么组件会决定使用哪种分析类型？

2．什么是及时探测？

3．用于定量分析的性能测试是什么？

4．描述敌方路径的意思，为什么这个概念在防护系统分析中非常有用？

.Chapter 14

第 14 章

EASI 计算机分析模型

许多定量分析的计算机模型可以帮助分析者评估 PPS 的效果，大多数模型遵循相同的基本格式，它提供了包括输入数据、执行所需的计算以及显示输出的一种机制。有些特别擅长于分析内部威胁，而另外一些更适合外部威胁的分析。此外，有几种商业的产品可用于 PPS 的定性分析，这些方法对于防护系统的初步评估非常有用，而且可以帮助设计有关较低损失后果的资产的防护。如果在评估高损失后果资产的防护系统时，必须谨慎使用定性的分析方法。因为这种分析可能不能充分地预测系统的性能。

14.1 定量分析工具

一些用于桑迪亚国家实验室特定的模型。这不是一个完整的列表，由于技术的进步，一些模型已经被更新的模型取代，并且模型是不断被完善的，但是这个列表给出了模型改进的一个思想。所有的这些模型都基于严格且验证的研究和开发。

- ASSESS（分析用于评估保障和安全的系统和软件）——最新的专有模型，用于 DOE 中，与内部威胁组成一种先进的方法学。输出是对设施中威胁路径的排列，这种模型也会对敌方和安全力量的力量对抗进行分析，并且提供击败的可能性。该模型包含了 EASI 算法来预测系统性能。

- EASI（敌方序列中断袭击的估计）——在特定的路径和特定的威胁与系统运行的情况下，一种单独的、好用的评估 PPS 性能的方法。该模型对探测、延迟、响应和通信交互分析，从而计算中断袭击的可能性，这将会在下面章节中详细描述。
- FESEM（强制进入安保有效模型）——一种用于对在固定位置阻止敌方强行进入和攻击概率的分析。这个模型是使用一种仿真模型，在假定一系列的属性下来分析在假定的路径上的敌方的强行进入。这种模型已经不被使用且已经被 EASI 取代。
- ISEM（内部安保有效性模式）——一些内部人员模拟试图偷取材料或破坏设施，使用假定的路径和敌方属性的另外一种模式。与人事控制系统、传感器、门口探测器以及响应力量反应时间的概率有关的数据输入是非常主观的。这个模型不再使用且已经被 EASI 代替。
- SAFE（安防自动化设备评估）——SATE 需要有关设施、实物保护特征、敌方路径、响应力量以及选择出通往设施的最脆弱的路径的输入数据。这个模型随后在最脆弱的路径应用 EASI，使用 BATLE（简单的敌方威胁损失统计——一种力量对抗模式）决定入侵失效的概率。
- SAVI（对容易入侵系统的分析）——这个模型提供了对进入设施所有的敌方路径一种全方位的分析，一旦有关威胁、目标、设备、特定的 PPS 组件以及响应力量反应时间的数据输入，为了得到 10 倍的反应时间，SAVI 对 10 个最脆弱的路径进行编码计算和排列。这种模型使用 EASI 算法来预测系统性能。
- SNAP（安保网路分析过程）——SNAP 采用网路模型的方法解决问题。它需要对设施建模，对响应力量、敌方暴力手段进行分析。SNAP 是高度基于场景的，并且在一个确定的场景中使用假定方法来进行 PPS 有效性的测量。在力量对抗的战斗中，EASI 是首选的分析工具。

每种技术都利用及时探测的有效性分析。选择 EASI 作为本书中的模型是因为其他更复杂的路径分析方法都是基于 EASI 模型的。EASI 的使用非常简单，容易改进，且可以定量地表明改变实物防护参数的影响。EASI 从 20 世纪 70 年代的手算开始发展（Bennett, 1977）。现在已经存在使用个人计算机的改进后的版本（Chapman and Harlan，1985）。使用 EASI 最普遍的形式是 Microsoft Excel® 应用。Excel 的代码清单将会运行在个人计算机上，可以在 Appendix C 中找到。另外，这个模型可以从网站 http:// www. bhusa. com/ companions/ 0750673672/ default.asp 下载。本章将会解释这个模型的输入和输出，然后描述使用该模型的最好方法。

14.2 EASI 模型

EASI 是一种简单的计算方法，可以定量地描述在特定路径中改变实物防护参数所产生的影响。它使用探测、延迟、响应以及通信值来计算 P_I，但是，因为 EASI 是路径级的模型，它一次只能分析一个敌方路径或场景，路径级的意思是模型在分析防护系统性能时，每次只能分析一条地方路径或一个地方场景，即使如此，它也能很快速地进行计算并且分析该路径中 PPS 交互和时间之间的权衡。

因为要尝试去打败偷窃和破坏行为，所以必须试图通知响应力量，当剩余足够的时间来响应和击败敌方时，警报传送给操作者和响应力量，因此这是分析中的一个因素。如果 PPS 正常工作时，EASI 模型发生敌方中断，进而造成敌方与足够大的响应力量对抗，阻止他们在路径上进一步前进。模型的输入需要探测和通信的输入作为整体功能成功的概率，以及延迟和响应输入作为每个组件的平均时间和标准偏差。输出将会是 P_I 或者在任何偷窃或损坏行为发生之前的拦截概率。在获得输出之后，输入数据的任意部分的改变都会对输出造成影响。但是，因为 EASI 是路径级模型，随着系统越来越大和越来越复杂，更好的计算模型用于多重路径分析中。这个将会在接下来的章节讨论，在 14.4 节“敌对序列图（ASD）”中，ASD 提供了图解法来代表防护系统的组件，可以作为分析者和计算软件的接口。

14.2.1 输入数据

在 EASI 模式中，输入参数代表了探测、延迟和所需的响应等实物防护功能。这个模式也需要警告信号的通信可能性。探测和通信输入是在总功能成功进行时概率的形式。延迟和响应输入是每个组件的平均时间和标准偏移的形式。所有的输入适用于特定的地方路径。

EASI 对探测功能的每个传感器遇到敌方时的输入是 P_D。正如在之前章节中所描述的，这个概率较大地依赖于对手的能力，P_D 是探测器将会感知到敌方的反常的或者未经授权的活动的概率结果（P_S）。警报指示的概率将会送到评估或评价点（P_T），以及准确的评估警报概率（P_A）。P_S 在第 5 章“实物保护系统设计”讨论过，评估在第 8 章“报警复核与评估”讲到，警报传输到确定点是 AC&D 评估的一部分。这些性能测量的关系可以用 P_D 总结：$P_D = P_S \times P_T \times P_A$。

适应于响应力量的警报通信输入 EASI，作为警卫通信的概率 P_C。在大多数 PPS 中，成功地与响应力量通信的概率随着时间的增加而增加。进入 EASI 的值中警卫通信的概率 P_C 与警报通信时间有关，包括在响应力量反应时间（RFT）中。通过对 Sandia National Laboratories 设计和实现的系统的评估表明，大多数的系统的 P_C 至少为 0.95。在分析设施的过程中，这个数字可用于工作值，除非我们有理由相信这种假设是无效的。如果实际的测试产生不同的 P_C，那就用这个值；如果警卫通信显示是不可靠的，在该模型中就可以用较低的值代替。许多因素影响 P_C，包括使用通信设备缺乏培训、较少维护、处于无线通信的盲点或在实际的攻击中承受的压力。这种灵活性允许分析师根据所需要不同的 P_C 来正确地表示这个函数。

敌方通过给定的路径行进到目标所需要的延迟时间可以认为是需要完成特定的任务或

直接通往不同路径的时间总和。为了简单起见，任务时间和行进时间被称为敌方任务时间。通常来说，确切的预测敌方完成任务或在路径中行进所需的时间间隔是不可能的。这是因为敌方（或响应力量）不会总是在完全相同的时间里完成任务。例如，敌方可以花费更多或更少的时间通过门，或响应力量无法启动汽车。经过大量的尝试，将会观察到一些延迟值的变化。为了 EASI 允许这种预期的变化。把这些时间间隔建模为拥有平均值和标准偏差的随机变量。连续输入 EASI 的地方任务时间长度作为一个平均时间和标准偏差。标准偏差将在下文详细描述。

响应时间在 EASI 建模为传感器产生警告信号与响应力量和敌方相遇之间的时间，这个时间足够阻止路径中敌方的前进。这个时间包括下面列出的连续时间增量，如图 14.1 所示。这是成功警卫响应需要的事件链。

（1）警报通信时间。

（2）警报评估所需时间。

（3）警卫通信时间。

（4）警卫准备，收集武器，开动车辆等时间。

（5）警卫移动时间。

（6）警卫力量的调动和部署所需时间。

输入 EASI 的响应时间以单一的平均时间和标准偏差的形式，代表所有组件的总和，如图 14.1 所示，需要注意的是包含 6 种时间段的响应力量可用时间与第 12 章“响应”描述的响应力量反应时间是不同的，在 EASI 模型中，警报的通信和评估时间包含在 RFT 中，这样可以简化数据的输入和处理。RFT 的使用不应该与 P_C 混淆，RFT 是时间的一种测量，需要对警报接收、评估和响应。P_C 是衡量对响应力量通信进行响应的有效性。

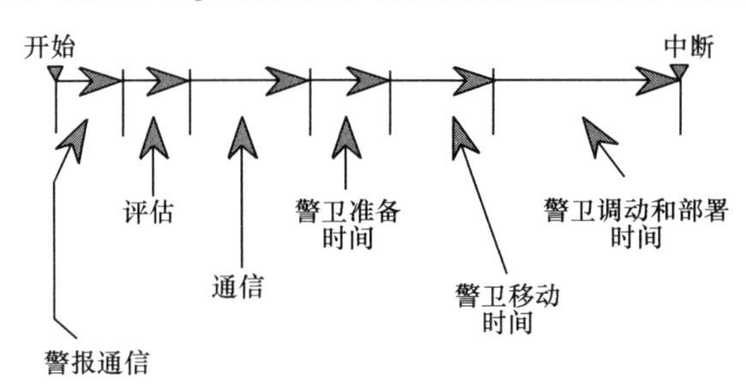

图 14.1 响应力量反应时间在 EASI 模型中的组件

这是 EASI 模型数据输入的最后注意事项。在数秒或数分钟为单位的时间内数据送入 EASI 中，但不是两者兼得，鉴于这种约束，延迟和 RFT 应该在相同的单位中。如果延迟时间在几秒内进入，RFT 在几分钟内进入，这种差异会影响输出结果的准确性。

14.2.2 标准偏差

为了更加有效地使用 EASI 模型，需要一些标准偏差的知识。标准偏差是衡量一系列的相关数据的离散。假设对设施中的响应力量反应时间测量 5 次，并在表 14.1 中给出结果。

表 14.1　响应力量反应时间测试

实验次数	响应力量反应时间（min）	(X_i-X_{avg})
1	9	0
2	7	−2
3	10	1
4	11	2
5	8	−1

注：在一个设备中进行了对响应力量反应时间的多次测试，X_{avg}是5次测试的平均值，X_i为单个的实验结果。

使用这些数据，平均响应时间为（9+7+10+11+8）/5 = 9min，标准偏移是衡量给定数据可能会偏移所有值的平均数据值。定量的计算如下：

$$S_n = \sqrt{\frac{\sum_{i=1}^{n}(X_i - X_{avg})^2}{n-1}}$$

$$= \sqrt{\frac{0+(-2)^2+(1)^2+(2)^2+(-1)^2}{(5-1)}} = 1.58$$

这是样本标准偏差，基于 n=5 的观察结果。如果收集许多响应时间的观察结果，样本标准偏差 S_n 将会趋向响应时间的真实分布的标准偏差 S。样本标准偏差 S_n 不能用于 EASI 模型中，这是因为 5 个数据点不足够证明对总体样本偏差的估计。一个更好的方法是在几个月内收集响应数据并将其分成 5 组。然后发现每组的 S_n 使用上面的等式，用平均值来估计总体标准偏差 S。这将至少需要 30 个数据点，有 6 个 S_n 的值。S_n 的平均值可以用于 EASI 中作为标准偏差。作为另一个选择方案，Sandia 测试已经表明时间的标准偏差可以保守估计为平均值的 30%。因此，如果没有足够的测试来建立一个统计学意义的标准偏差，可以简单地使用估计平均值的 30%。这些假设同样适用于延迟时间，即标准偏差与每个平均时间有关，而且标准偏差可以近似使用平均值的±30%。对于 RFT 及延迟时间中标准偏差的使用需要考虑一个事实，即警卫不可能总在相同的时间响应，而且敌方可以花费更多或更少的时间进入壁垒。

如果我们对 RFT 进行多次测量，我们希望发现这些数据点的曲线为高斯分布，如图 14.2 所示。在高斯分布中，68%的值在（$X_{avg}-S$）和（$X_{avg}+S$）的区间里，根据以上情况，我们可以确定 RFT 在 7.42min 和 10.58min 中为 68%的时间内。

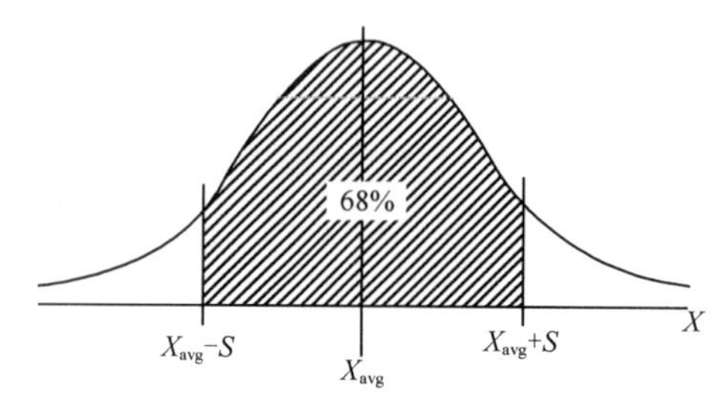

图 14.2　响应力量时间数据点的分布

14.2.3 输出结果

EASI 模型的数据输出是对足够的反应力量人员将在敌方完成偷窃或损坏行为之前的某些点上中断敌方的概率估计。输出结果是中断袭击的概率 P_I，如果路径中只有一个探测器，概率通过 $P_I = P_C \times P_D$ 计算。

14.3 模型工具使用方法

为了使用 EASI，第一步是对敌方行动序列的选择。这种选择是基于对设备的充分了解和对敌方合理的假设。接下来，根据选择的序列挑选一种通往资产的实物路径。沿着这条路径观察敌方任务，并且决定传感器的位置。然后，获取所需的数据：探测和通信的概率；平均和标准偏移时间和响应时间。最后，将数据送入计算机中获取结果。EASI 模型的真值没有结束，但是，分析者现在有机会改变数据输入，从而看出对输出结果的影响。一些例子将会证明这些影响。

14.3.1 EASI 样例

观察敌方在一个重要的区域试图损坏目标的例子，如图 14.3 所示，敌方试图进入栅栏，穿过建筑，暴力打开门，穿过重要地区，暴力打开另一道门，以及在重要资产上设置和引爆爆炸装置。探测和延迟值如图 14.4 所示，RFT 为 300s。

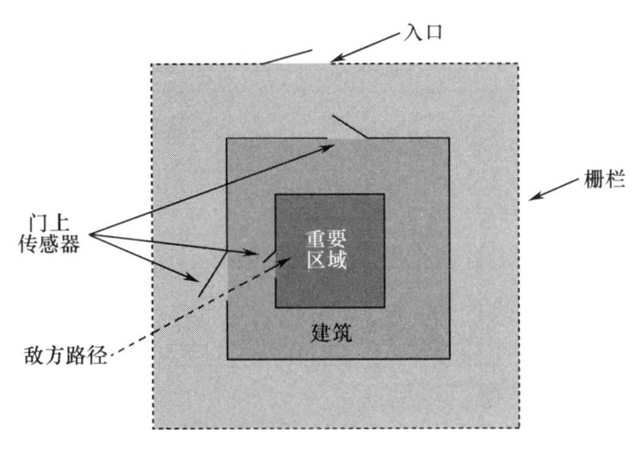

图 14.3 在至关重要的区域敌方进入资产的路径

在 EASI 数据输入之后，结果表明中断袭击概率为 0.48，如图 14.4 所示。分析者认为

P_I 太低并且进行改动来改善这个结果。如果在外部栅栏上装载栅栏探测器，则探测概率为 0.9，数据输入如图 14.5 所示。在这个升级案例中 P_I 为 0.58，这也许是合适的值并且证明了安装栅栏探测器系统是正确的。

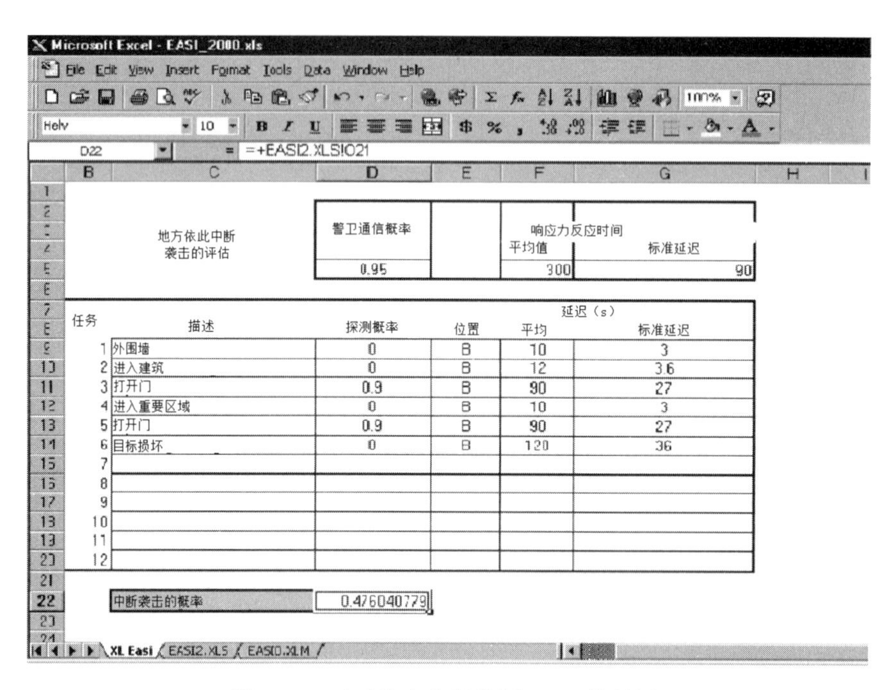

Microsoft Excel - EASI_2000.xls

D22 = =+EASI2.XLS!O21

地方依此中断袭击的评估

警卫通信概率	响应力反应时间 平均值	标准延迟
0.95	300	90

任务	描述	探测概率	位置	延迟（s）平均	标准延迟
1	外围墙	0	B	10	3
2	进入建筑	0	B	12	3.6
3	打开门	0.9	B	90	27
4	进入重要区域	0	B	10	3
5	打开门	0.9	B	90	27
6	目标损坏	0	B	120	36
7					
8					
9					
10					
11					
12					

中断袭击的概率 0.476040779

XL Easi / EASI2.XLS / EASI0.XLM

图 14.4　对于敌方路径分析 EASI 的结果

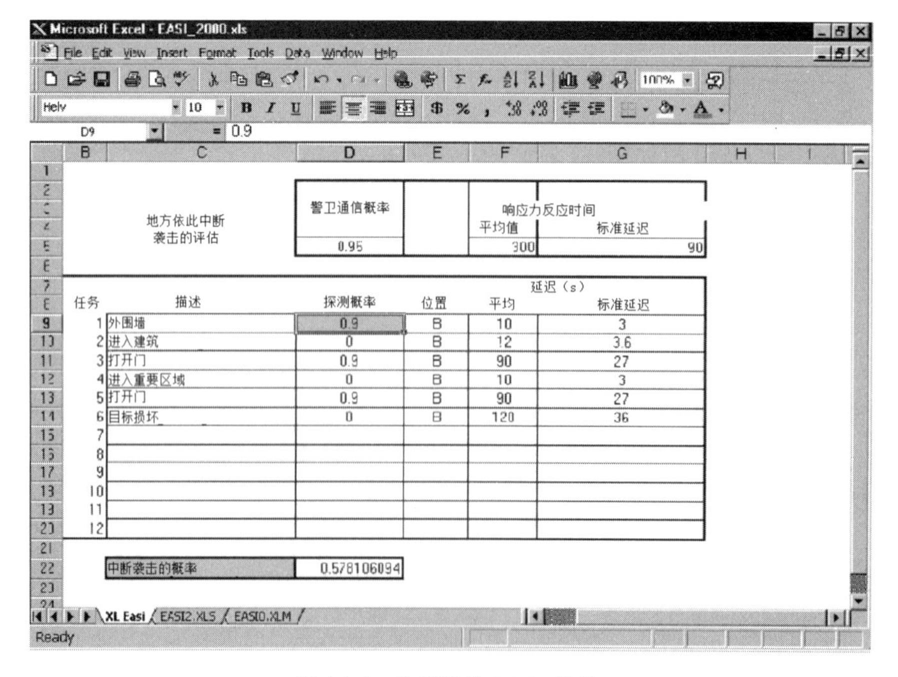

Microsoft Excel - EASI_2000.xls

D9 = 0.9

地方依此中断袭击的评估

警卫通信概率	响应力反应时间 平均值	标准延迟
0.95	300	90

任务	描述	探测概率	位置	延迟（s）平均	标准延迟
1	外围墙	0.9	B	10	3
2	进入建筑	0	B	12	3.6
3	打开门	0.9	B	90	27
4	进入重要区域	0	B	10	3
5	打开门	0.9	B	90	27
6	目标损坏	0	B	120	36
7					
8					
9					
10					
11					
12					

中断袭击的概率 0.578106094

XL Easi / EASI2.XLS / EASI0.XLM

Ready

图 14.5　升级后的 EASI 结果

如果这个值仍然无法接受，就对另外一种升级进行建模，如当 RFT 也减少到 200s 时，新的 P_I 是 0.9，如图 14.6 所示，这是一个重大的改进，并且仅需使警卫移动到离目标更近，即有较低的或没有另外的成本，或者，如果愿意，警卫可以留在他们的当前位置（RFT 仍为 300s），或许通过将其包含在硬化层中，使在资产处的延迟加倍。这将会导致 P_I 为 0.84，如图 14.7 所示，没有之前升级的值高，但可以更容易且便宜地实现，且操作上更好接受。当路径上的 P_I 大致相同时，PPS 被认为是均衡的，即对于敌方来说所有的路径的他们实现目标的难度相同。注意到这种均衡是通过探测、延迟和相应部件共同得到的，且有大量的组合将

Microsoft Excel - EASI_2000.xls

D22 =+EASI2.XLS!O21

地方依此中断袭击的评估	警卫通信概率	响应力反应时间 平均值	标准延迟
	0.95	200	60

任务	描述	探测概率	位置	延迟（s） 平均	标准延迟
1	外围墙	0.9	B	10	3
2	进入建筑	0	B	12	3.6
3	打开门	0.9	B	90	27
4	进入重要区域	0	B	10	3
5	打开门	0.9	B	90	27
6	目标损坏	0	B	120	36
7					
8					
9					
10					
11					
12					

中断袭击的概率 0.835922294

XL Easi / EASI2.XLS / EASI0.XLM

Ready

图 14.6 在减少响应力量反应时间后的 EASI 分析

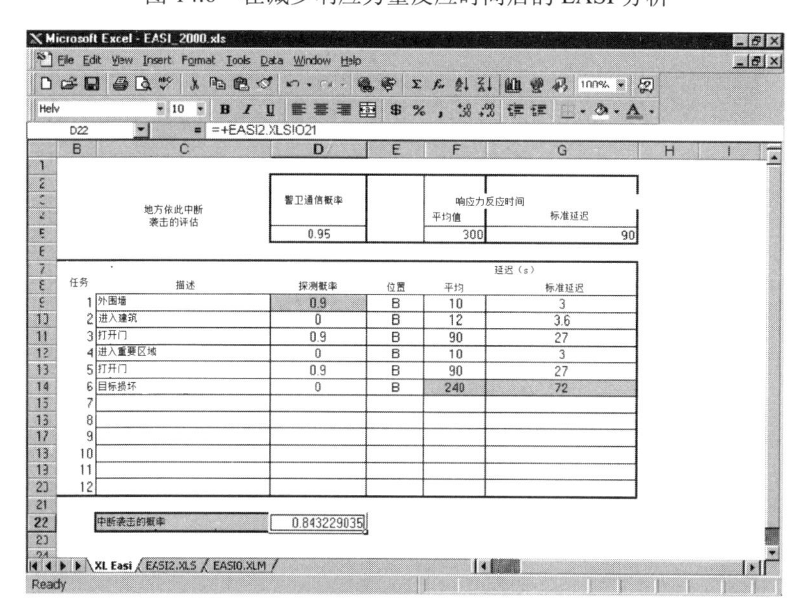

Microsoft Excel - EASI_2000.xls

D22 =+EASI2.XLS!O21

地方依此中断袭击的评估	警卫通信概率	响应力反应时间 平均值	标准延迟
	0.95	300	90

任务	描述	探测概率	位置	延迟（s） 平均	标准延迟
1	外围墙	0.9	B	10	3
2	进入建筑	0	B	12	3.6
3	打开门	0.9	B	90	27
4	进入重要区域	0	B	10	3
5	打开门	0.9	B	90	27
6	目标损坏	0	B	240	72
7					
8					
9					
10					
11					
12					

中断袭击的概率 0.843229035

XL Easi / EASI2.XLS / EASI0.XLM

Ready

图 14.7 EASI 在资产上添加探测的 EASI 分析

会形成可接受的系统性能。这提供了一种选择组合的机会，使其在不影响系统效率的情况下满足成本和操作要求。

这些结果表明了 EASI 模型的效果，即为了在实现之前判断防护组件和它们的性能来判断整体系统性能。在路径上的不同点上进一步操作探测和延迟组件将会强调前文中讨论的安全原则的价值。这包括提早进行路径探测和在延迟前进行探测，在资产上有效的延迟，探测、延迟和响应之间的关系，及时探测，以及深度防护和平衡防护的原理。

14.3.2 关键报警探测节点

如 13 章“分析和评估”所述，关键报警探测节点或 CDP 是路径上延迟时间恰好超过 RFT 的节点。EASI 不能定位 CDP，因为延迟和 RFT 是随机变量分布。因此在实际攻击中路径上任何一个点都有可能是 CDP。CDP 的概念太重要，因而不能不予考虑。尽管如此，因为它在需要进行额外防护的节点上给出了有价值的指导，所以应当在 CDP 之前或当时以及延迟之后增加防护。

许多更复杂的分析工具，如 SAVI 或 ASSESS，只需使用平均延迟和 RFT 就可以找出最脆弱的路径，因为当引入变量时，它们的算法就失败了。根据这些工具几年的经验表明，系统有效性可以通过基于平均时间设定 CDP，然后在 CDP 之前和延迟之后增加探测。基于平均值的 CDP 将在本章中被称为 CDP，而不是在第 13 章中更精确的定义。例如，在图 14.4 中，CDP 在第一个门上，为了解释 CDP 对于设计的有效性非常重要的原因，我们将会在目标本身结合探测（P_D=0.9），结果如图 14.8 所示。P_I 值为 0.48，这与基本系统一致，在图 14.9 中，栅栏处增加 20s 的延迟时间，再次造成 P_I 为 0.48。这些升级是对 CDP 错误的理解，并且对性能产生很小的影响。

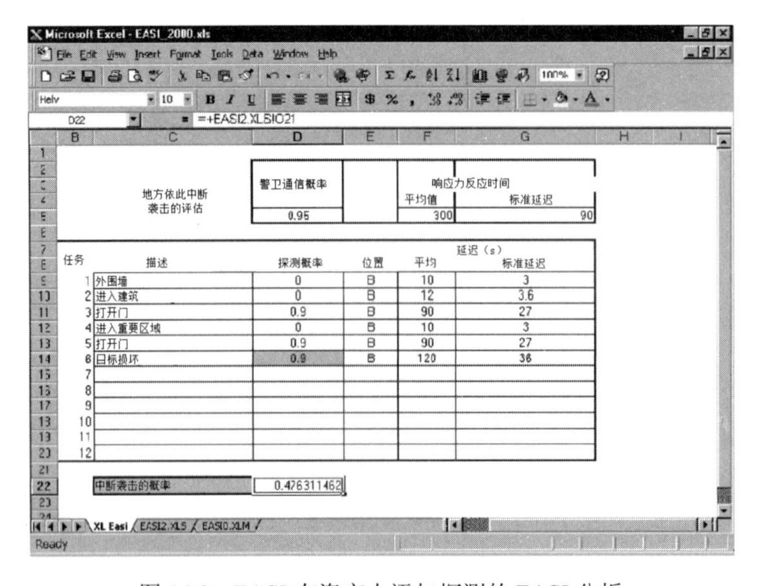

图 14.8 EASI 在资产上添加探测的 EASI 分析

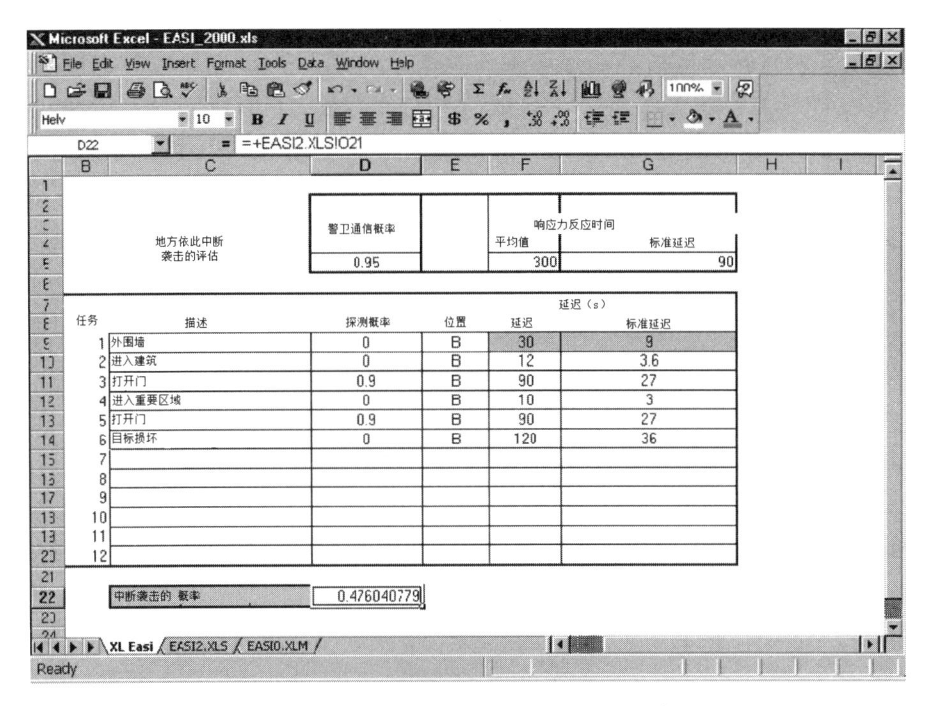

图 14.9　在栅栏上加入延迟的 EASI 分析

尽管实际上基于平均延迟和 RFT 设计 CDP 是可行的，但是必须谨慎地完成，在不同的时间内理解会有变化。在图 14.4 中，在 CDP 处的平均时间仅仅超过 RFT 10s——并不是很大的偏差。考虑到 RFT 的标准偏差是 90s，但是剩下的时间是 27s，我们可以看出 10s 的偏差不足以保证在门上的任何检测将会是有效的。具有代表性的是，需要 30s 或更多的时间。这并不意味着路径上的 RFT 和剩余时间有非常大的不同是本身的一个设计标准，但是当路径中大多数的探测的位置接近于 CDP 时是可以的。

14.3.3　在 EASI 中位置变量的使用

在这一点上，除了一个以外所有的 EASI 模型中输入组件都已经被讨论过了，最后一个输入落入一列中前面标记位置的数字。注意到每列的这些结果都有一个 B。位置列用于描述模型中低于延迟的特定防护组件的位置。考虑到如果探测和延迟都存在一个组件中，探测将会发生在延迟之前、延迟结束后或两者之间。由于这些可能性，EASI 允许相对于延迟对探测进行分配，使系统建模的效能更加准确。为做到这一点，对于延迟前的探测入口是 B，对于延迟时探测为 M，E 为在延迟后或末尾探测，若没有与延迟有关的探测，位置参数将是无关紧要的，当位置为 B 时，延迟时间使用平均延迟时间确定，为该值加上或减去标准偏差。当从 E 口进入时，EASI 将目标的延迟时间设为 0。使用 M 表明延迟发生在之前和结束之间。所以延迟时间是平均值的一半加上或减去标准偏差。这些假设的数学计算在附录 C 中。使用的位置参数允许模型相对于延迟时间的标准偏差更好地分配比重。这反过来允许分析者获得一个更真实的观察，即基于每个组件的探测和延迟时间的关系计算 P 作为中断袭击概率。这是一个复杂的点，可以通过例子的使用进行最好的解释。

例如，用磁控转换传感器锁的门可能被分配到位置 E，这是因为当门被打开一小段距离时探测器将会记录一个警告。入侵者对门上的攻击对象可能选择锁，然后进入这个门。在这种情况下，大多数的延迟时间用于撬锁，而不是穿过门，因此探测在延迟结束之后会减弱延迟的有效性。使用 M 位置参数的一个示例可能是敌方在穿过墙时使用爆炸物的情况。在这种情况下，敌方必须花费时间来安装炸药，然后在爆炸时撤离到一个安全的距离。这时候爆炸可能被发现，但是敌方仍然必须返回到墙上通过这个洞来继续攻击。因此在探测之后仍会有一段延迟。使用 B 参数的位置的一个示例是利用一个空间探测器在房间中监视门。在这种情况下，一旦敌方开始穿过门，传感器将会探测到入侵，但是敌方仍旧必须完成穿过门来得到资产。空间探测器在门延迟之前探测，因此使用 B 是非常合适的。

14.4 敌对序列图（ASD）

在一个典型的设施中，有多种选择来战胜不同层次的防护。例如，进入一个锁定的建筑，敌方可以击败门、窗、墙或屋顶。因为敌方可以在每层攻击任何选项，进入设施路径的数量很容易达到成百上千。为了给该设施中应用 EASI，分析者需要一些系统方法来记录这些路径。这种方法被称为敌对序列图。

敌对序列图是一种防护系统组件的图示法，用于帮助提高设施的 PPS 的有效性。它展示了敌方可以完成损坏或偷窃目标的路径，对于一个特定的 PPS 和特定的威胁，最脆弱的路径（或 P_I 最小的路径）可以使用 EASI 决定。这个路径建立了整个 PPS 的有效性。

对一个特定的场所创建敌对序列图时需要以下三个基本步骤：

（1）将分割成相邻的区域的设施进行建模。

（2）定义相邻区域的防护层和路径组件。

（3）记录各个组件的探测和延迟值。

敌对序列图通过对一个设施分成相邻的区域进行建模，图 14.10 是一个示例设施的表现，敌对序列图由矩形代表面积，根据区域的命名对特定的位置建模。敌对序列图形通过对相邻区域定义防护层进行 PPS 建模（见图 14.11）。每个防护层包括大量的防护组件（PE），是 PPS 的基本构建块。一些用于 ASD 的 PE 的类型和目标位置如表 14.2 所示，使用缩写词的目的是保持 ASD 表格较小。

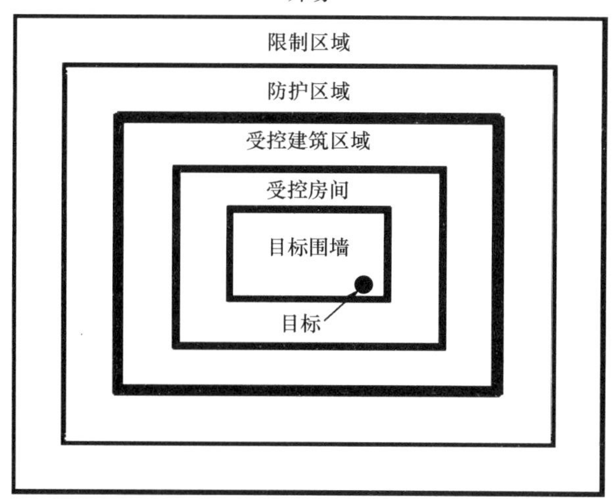

图 14.10 作为样本设施的相邻实物区域

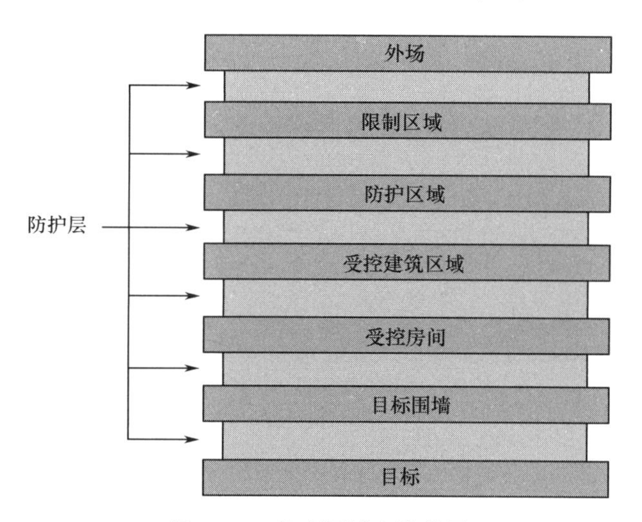

图 14.11 物理区域和防护层

表 14.2 用于 ASD 中最普遍的防护组件

防护组件		目标位置
EMP 应急门户	DUC 管道	BPL 大量的生产线
GAT 门	EMX 紧急出口	CGE 监狱
ISO 控制区	FEN 栅栏线	FLV 地板突起
MAT 材料门户	HEL 直升机飞行路径	GNL 通用位置
DOR 人员门口	OVP 天桥	IPL 项目过程线
SHD 运输/接收门	PER 人员门户	OPN 空地位置
SUR 表面	SHP 传送/接收门户	TNK 存储罐
VHD 汽车门口	TUN 隧道	
WND 窗户	VEH 汽车门户	

每个路径组件与探测和延迟组件相关，SUR 用于对墙、地板和天花板进行建模；DOR 用于描述人员门，在每个防护层不同类型的门都需要 DOR，一种通用的目标位置可以用于描述资产的位置，没有在上面的列表中指出。

一旦敌对序列图创建完成，分析者记录 P_D、平均延迟、延迟的标准偏差，以及每个组件的位置，每个进入和退出的路径都进行建模，入口路径部分的建模从外部位置到资产（目标），退出路径组件从资产到外部位置。一个给定的 P_E 可以遍历一次（进入或退出），或者在进入和退出的相反方向上遍历两次。ASD 已经发展到目前如图 14.12 所示。每个物理区域被一个防护层分离开，其中包含着防护组件。每个路径可以遍历入口和出口。当沿着路径进入设施向目标前进时，敌方试图在每个防护层上持续地击败所有组件。ASD 代表了所有敌方可能采取的所有可以得到目标的实际路径。

对于破坏的分析，只对进入路径进行评估，并且我们假设防护组件只会在一个方向上遍历，破坏行为只要求能够接近资产来对资产造成破坏；并不需要从设施中成功退出。对偷窃的分析，防护组件遍历两次——进入资产和从资产退出。一个更保守的防护目标，在敌方移动到目标位置之前中断袭击，仅需考虑进入路径。当进入和退出情况评估完成之后，可能的路径数量将在 ASD 中展现，即为进入路径的数量的平方。

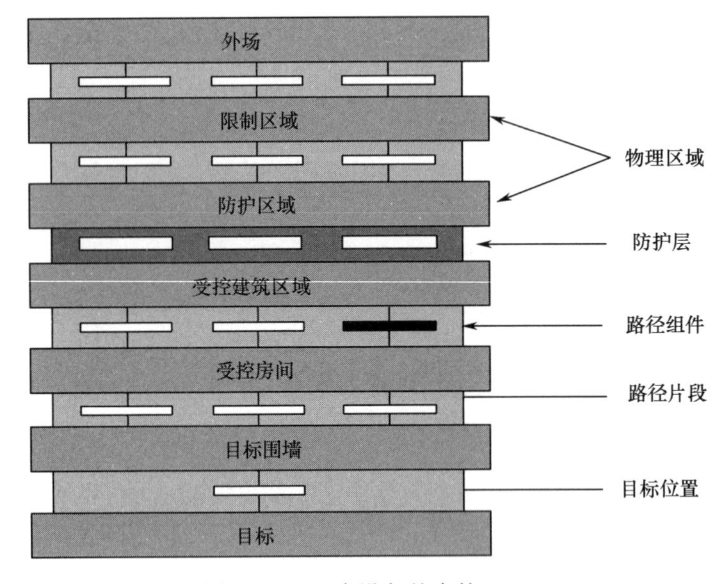

图 14.12　一个设备基本的 ASD

特殊地点的 ASD

特殊位置的 ASD 在设施中每个资产或有共同位置的一组资产上建立。目标是在一个位置上正确为存在的 PPS 建模。特殊位置的 ASD 是通过识别现有的设施中防护组件创建的。图 14.13 展示了一个简单的设施示例和 PPS 设计，每个区域包括一定的防护特点作为从外场到资产的运动步骤。图 14.14 是通过使用示例设施的信息创建的特殊位置的 ASD

结果，在每个设施的实物层建立防护功能组件。有时为了创建一个正确的特殊地点的 ASD，有必要偏离有序的通用 ASD 的物理区域和防护层。在 ASD 建模有两个特性——跳过和旁路。

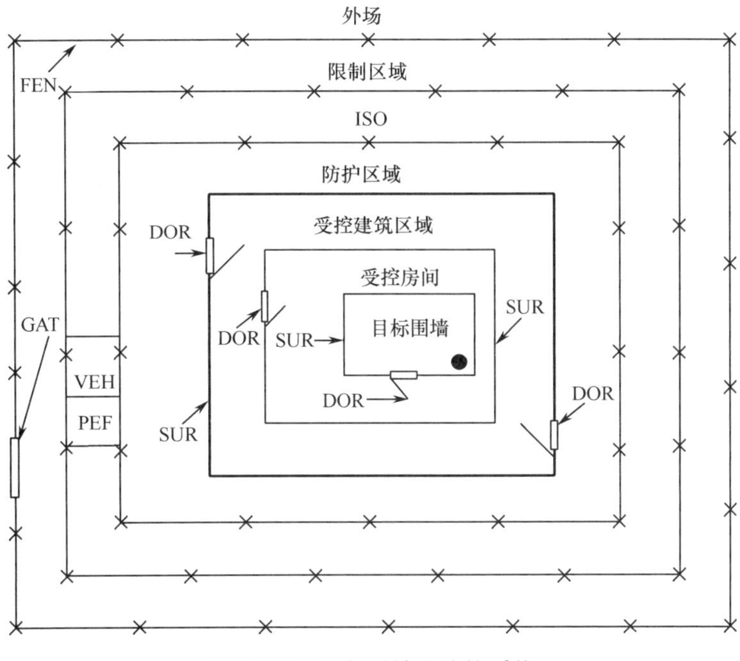

图 14.13 示例设施和防护系统

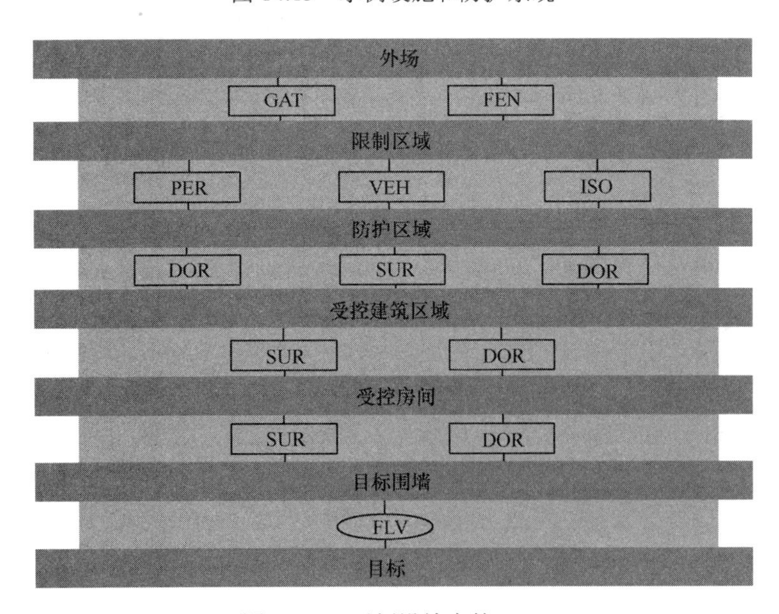

图 14.14 示例设施中的 ASD

跳过用于通用的 ASD 中，对没有直接连接到相邻的区域的特殊组件建模。如图 14.15 所示，有一堵墙控制受控建筑区域和目标围墙。这种现象可以通过包括 SUR 跳过受控建筑区域的组件对常见表面进行正确建模。除了所有被选中的间接路径，特殊位置 ASD（见图 14.16）展现了跳过受控建筑区域到目标围墙的直接路径（不包括穿过受控房间）。

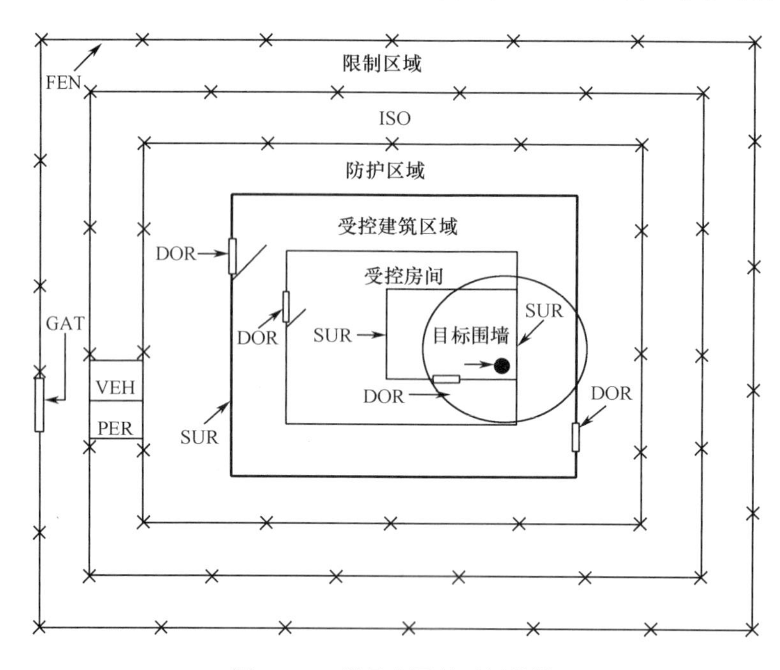

图 14.15　常见表面的示例设施

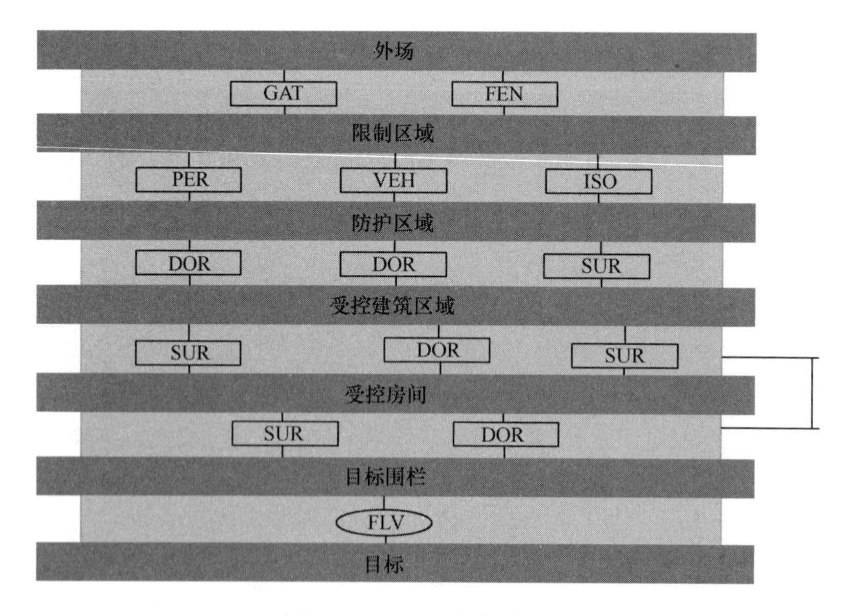

图 14.16　ASD 中跳过示例

旁路用于对缺失一层的防护层进行建模。可以通过消除这一层的所有元素来绕过 ASD 例子的特性。如图 14.17 所示，设施只有建筑区域而没有其他的受控房间，由此 ASD 将会在受控建筑区域和目标围墙中有直接的连接。旁路是通过在受控房间和目标围墙之间消除该层所有的路径组件实现的。图 14.18 展示了旁路的 ASD，不存在受控房间，因此一旦穿过表面，敌方将出现在目标围墙上。

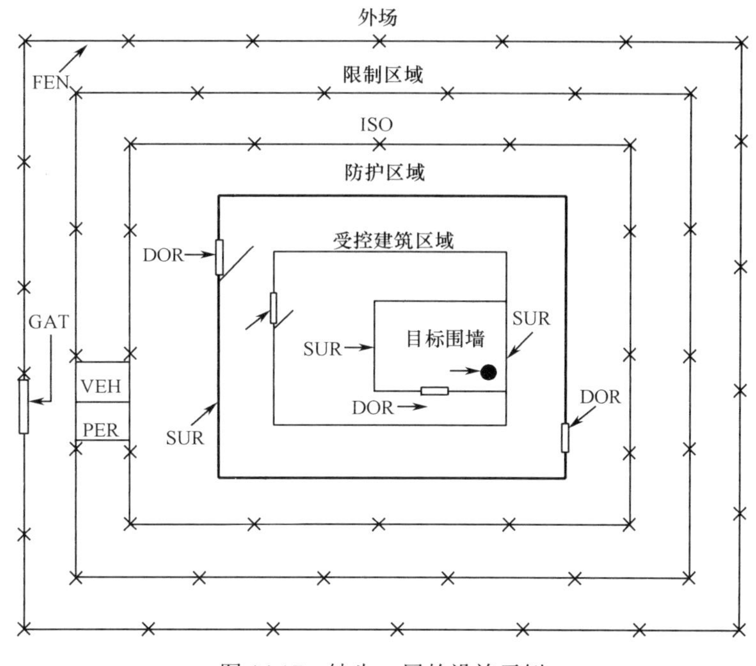

图 14.17 缺失一层的设施示例

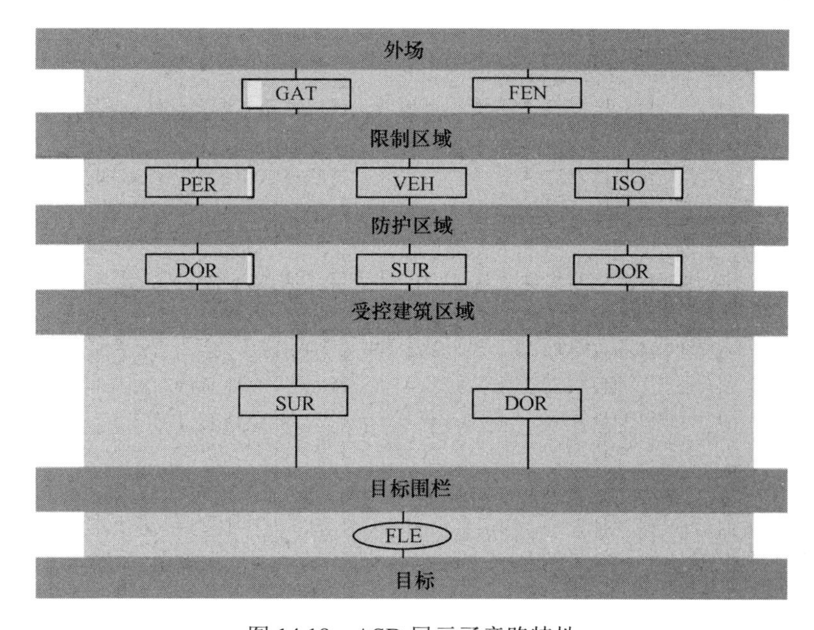

图 14.18 ASD 展示了旁路特性

随后，ASD 成为 PPS 中表示所有探测和延迟组件的一种有用的工具，生动地通过层来表示所有的防护组件，分析者将有一个简单的关于敌方进入设施和关键资产的所有路径图。

最弱的路径将会输入到EASI模型中，并且可以对由此产生的多个P_I进行计算和比较。当所有的路径几乎有同样的P_I时，分析结束且可以实现该系统。对多条路径计算P_I的过程是通过更复杂的模型计算的，利用计算能力和图像的ASD在各个单独的模块进行；尽管如此，这些模型还没有商业化。结果是EASI分析需要分析者成功地选择最脆弱的路径。其实在实际工业应用上更容易。因为一旦一个ASD画出来，以及集合探测和延迟方式，系统缺陷相对较容易发现。

ASD可以成为展现PPS中所有探测和延迟组件很有用的工具。通过形象地表示各层的防护组件，分析者将有一张敌方通往设施和关键资产的图，然后，多个路径可以在EASI中建模且对P_I进行计算和比较。

14.5 小结

EASI是对PPS的有效性定量评估的一个非常简单的方法，对确定的敌方使用一种特定路径和袭击方案并且立即进行响应。分析者必须输入有关描述敌方路径中探测、延迟和响应组件的数据。然后EASI模型进行计算和表示中断袭击的可能性P_I。如果P_I不满足，可以与另外一种PPS方式一起进行后续分析，运行决定最划算的方法。模型强调整个文章中提到的安全原则，包括延迟之前探测、均衡防护、深度防护、响应力量能力以及及时探测。

EASI仅仅分析了一种被分析者选择的特殊路径。EASI使用探测概率、警卫通信概率、RFT以及决定P_I的延迟时间。EASI是一种Microsoft Excel®应用，且为Excel工作表的一个副本在“EASI模型”附录C中连接。

在更大、更复杂的设施中，路径分析可以通过使用ASD得到有效的帮助。ASD是一种形象地表示设施中实物层、层之间的防护组件，以及通往资产的路径。一旦这个图像建立并收集到探测和延迟值，分析者可以回顾可能的路径，辨认出表现最弱的，以及决定整个PPS的有效性。

14.6 安防理论

EASI模型允许对资产所需的防护级别和存在性能数据来支持分析的防护系统进行定量的分析。

14.7 参考文献

[1] Bennett, H.A. 实物安全评估的 EASI 方法. SAND Report 760500 1977;1-35.
[2] Chapman, L.D., and Harlan, C.P. 在 IBM PC 上敌方连续袭击的 EASI 评估. SAND Report 851105 1985;1-63.

14.8 问题

1．EASI 的局限性是什么？优势是什么？

2．路径分析是什么意思？

3．使用图 14.4 以及表 14.3 的步骤和性能方法代表敌方偷窃的场景，而不是破坏。假设 RFT=300s，P_C=0.95，则 P_I 是多少？基于平均延迟和 RFT 的 CDP 的位置，可以对探测和延迟做什么提升？

表 14.3 题目 3 的数据

描　述	P_D	位置	平均延迟	标准偏差
1. 移动资产	0.0	B	60	18
2. 从至关重要的门退出	0.9	B	10	3
3. 进入第二个外门	0.0	B	20	6
4. 从外门退出	0.9	B	0	0
5. 进入门	0.0	B	15	4.5
6. 从设施退出	0.2	B	12	3.6

* 这不是与进入相同的门，而是从建筑退出的另外门。

4．从上面的问题 3 中使用最初的偷窃场景，假定 RTF=600s，P_I 是多少？如果 RTF 变到 150s 时 P_I 为多少？

5．使用图 14.4 的破坏场景，每次改变底下所示 EASI 位置变量且计算 P_I 的变化。解释你的结果，确定在进行下一个变化时把数据变回原先的值。

a．任务 1，减少栅栏，改为 M。

b．任务 6，破坏目标，改为 E。

c．任务 3，打开门，改为 E。

d．任务3，打开门，改为M。

6．使用图14.4的例子，改变通信概率为0.8、0.7和0.5，每个对应的P_I为多少。解释结果。PPS降低通信概率的原因是什么？

7．使用图14.14的ASD和表14.4的信息，请写出对于所有防护组件的ASD的细节。

表14.4　问题7的数据

威　　胁	携带爆炸和金属工具的人员在外走动
走动次数	连续的，大约10ft/s
倾斜/震动传感器	探测概率为0.8
攀爬栅栏/门	10s的延迟（攀爬）
人员门户的门（2）	每个门延迟12s
在人员门户结合标记阅读器（指纹或磁条）	探测概率为0.85
标记阅读器（指纹延迟时间）	8s延迟
官员的交通门户	探测概率为0.5，30s的延迟
微波表面检测系统	探测概率为0.9
控制区宽度	50ft
在所有门上的探测器	探测概率为0.99
金属外门1.6	60s延迟
30cm，钢筋混凝土墙和地板	3min延迟
金属外门2.3	30s延迟
1.6mm的内门	1min延迟
偷材料的时间	2min
破坏设施的时间	51s
所有时间的标准偏差	平均值的30%

8．对示例设施创建一个ASD，对物理区域、防护层、防护组件、路径段和目标进行说明，切记，如果有多个分布式目标，你需要做出一个以上的图。使用这个ASD，选择一些路径使用EASI方法建模。也许会需要使用对性能测量的假设值。

.Chapter 15

第 15 章

风险评估

本章所述方法的基本前提是必须将实物防护的设计和分析看作一个集成系统。因此，可以根据探测、延迟和响应中的所有要素对实物防护系统 PPS 整体的贡献加以正确的衡量。在更高层次上，安保经理、设施经理以及高级管理层必须在 PPS 有效性和所拥有的资源这两者之间进行平衡，并评估所提议的设计方案。如果缺少了有章法的、明确的以及分析性的评估，PPS 很可能将资源浪费在不必要的保护上，甚至更严重的是，不能为设施的关键部分提供充分的保护。例如，可能会不明智地对某个设施的员工餐厅以及关键的生产区域进行同等程度的防护。但是，如果通过一个没有安保的餐厅的货物装卸口就能随意进出的话，那么设施大门的最高级别安保就形同虚设了。

本章将针对 PPS 设计师和设施管理应思考的一些重要方面进行讨论，因为他们的责任是解决以下问题：我们如何知道安保系统是否足够完善？在前面的章节中介绍了设定的对手在设施最脆弱路径上攻击受阻的可能性，这一观点进一步发展并被确认为衡量 PPS 有效性的最佳方式。接下来的问题是：假设有一个给定的 P_I，那么它是否足够完善呢？

这个问题也可以描述成：相对于降低风险所付出的成本而言，设施愿意承受多大的风险？如果要找到这个问题的最好答案，就需要竭尽全力考虑这个企业的所有风险。贯穿整个企业的整体性风险包括财务风险管理、负债筹资风险、资产/净收入融资、员工收益、环境健康和安全以及物业工程和安保风险等。可见，安保只是企业风险中的一个方面，必须在大的风险图景中思考安保的资源分配。这使公司的首席风险官必须将各种各样的风险综合起来考虑，帮助公司管理所有的风险。安保部门可能会帮助其他领域弱化风险，安保组织是企业所依赖的众多功能组织之一，以确保集团公司管理及限制风险暴露。如果用有限的资源来管理所有风险，那么每一部分资源的使用都必须经过认真、系统的评估以求平衡风险。

本章将在企业风险的语境下,探讨如何应用有限的安保资源,并且描述安保系统如何全面降低设施的风险。本章中，风险的定义是损害或损失的可能性与潜在损失的数量的乘积。

15.1 风险管理方法

风险管理有几种不同的体现形式。好的风险管理计划应包括采用风险融资（保险）和风险控制工具来处理风险。使用的风险方案包括风险规避、减少、分散、转移和接受（Grose，1987）。对于不同时间、不同资产以及不同的设施，上述 5 种方法的任意组合都可能是适合的办法。风险规避的实现是通过消除风险的源头。例如，一个公司可能会选择从另外一个公司购买一个关键部件，而不是自己生产这个部件。这就将这个部件的生产线从可被阴谋破坏的目标中移除了。风险的减少的实现是通过采取降低企业风险的措施来减少损失的严重程度。这是许多安保方案的目标——通过采用一些安保措施来至少降低风险。风险也可以在多个地方进行分散。这可通过在多个具有相似生产能力的地点来实现。于是，在一个地点的受损程度可以通过提高其他地点的生产而加以控制。另一个风险分散的例子是将资产分布在一个大型的工业基地。当任何一个假定的对手攻击时，通过分离资产可以减少资产面临的风险。风险转移是使用保险来承担设施更换的费用或者设施由于受损而导致的其他费用。在很多安保系统中，这是一种重要的工具。风险接受是承认总有一些残余的风险。关键是有意识地明确一个企业所能接受的风险范围，而并非毫不知情地接受。这一点是本章余文要介绍的最后一种方法。

15.2 风险公式

书中基本的假设之一是需要一个方法对防护系统的性能进行量化。通过理解 PPS 如何保护资产不受威胁，我们可以研究在设计完成后风险残留的数量。为此，可以使用以下风险公式：

$$R = P_A \times [1-(P_E)] \times C$$

其中，R 是对手进入或者窃取某设施（或者利益相关方）的重要资产的风险。其范围是 0～1.0，0 代表无风险，1.0 是最大风险。风险是在一定时间内进行计量的，如 1 年或 5 年。P_A 是某一阶段内对手攻击的概率。这一概率虽然难以确定，但是通常可利用一些可获取的记录加以研究。概率的值从 0（不可能发生攻击）到 1.0（肯定会产生攻击）。有时，我们在计算风险时假设 P_A=1.0，意味着它是一个条件风险。也就是说，假定对一个设施的攻击将会发生。P_E 是系统有效性的概率（即防护系统有效抵抗攻击的概率）。它是中断攻击的概率与弱化攻击概率的乘积。在从 0（攻击方绝对成功）到 1.0（攻击方在攻击过程中绝对受阻）计算这一概率的时候，采用了及时探测的准则。C 是结果值，其 0～1 的数值范围与事件发生的严重程度相关。它是归一化因子，是由条件性风险值与整个场所的其他风险进行比较而得出的。可制定出所有事件的结果值列表以涵盖从最高到最低范围的损失。所以，通过使用结果值列表，所有可能事件的风险都可被归一化。合理分配有限的 PPS 资源以确保风险在整个范围内是可被接受的。

风险公式通过用 1 减去 P_I，表征了系统的有效性。如果 P_I=1.0，风险值降为 0。如果 P_I=0，那么条件性风险等于结果值，而结果值决定了风险的上限。对于那些可以预期的应变性事件，系统有效性的测量将有所变化。系统有效性是中断攻击的概率与缓和攻击的概率的乘积。然后用 1.0 减去这个乘积值（取代 P_I 的位置）。这个系统的有效性不仅考虑了快速反应的到来，而且也考虑了任何应变战斗的结果。大多数工业应用中，通常发生的事件不可预见，但是出于全面的考虑，我们涵盖了上述计算方法。

风险公式为我们提供了针对所做出的一些假设进行建模分析的机会。例如，如果我们假定一个攻击发生（当我们计算一个条件性风险），P_A（为 1.0）将从公式中退出。如果假定 C 等于 1.0，也就是说结果是我们能想象的最高值，那么参数 C 也从公式中退出。这就使得一个条件性风险 R 仅仅取决于 PPS 系统的有效性，这对于建立一个最恶劣情形的案例很有帮助，也就是当最强大的攻击对手必定攻击最没有防备能力目标的这一情形。然后我们可以使用不同的结果值，去确定公司遭受较少后果损失的风险值。这有助于对目标进行优先级不同的区分和适度的保护。最后，基于获得的数据，攻击的概率可能发生变化，由此可以获得对风险的实际评估。一次只改变这个“三步骤”流程的一个参数，以便于了解每个参数对结果的影响，这有助于对风险评估进行简化。在某些情况下，P_A 和 PPS 有效性是相互关联的。例如，一个非常有效的 PPS 可能会阻止对手的攻击，但本书中我们假定二者是相互独立的。在前面的章节中我们已经讨论了风险公式中各个参数的推导。现在我们可以来看整个流程是如何工作的，这些参量是如何整合在一起，以预测设施或者公司在安保方面所面临的风险。脆弱性评估（VA）流程是决定风险 P_I 的方法，也可为了改善系统脆弱性而升级现有系统。

15.3 脆弱性评估流程

为了确保一个完整和精确的脆弱性评估，有必要拥有一个经验丰富的团队。团队应该有一个安全专家担任负责人，确保脆弱性评估的正确性。团队的组成包括：

（1）团队负责人。

（2）安全系统工程师。

（3）响应专家。

（4）数据分析师。

（5）运行代表。

（6）主题专家，如解锁专家、爆炸专员或者信息系统专家等。

团队的部分成员可能只是不定期的需要，其他成员可能需要一直在岗。团队负责人应该在安全系统设计和项目管理方面具备经验。安全系统工程师应该对探测、延迟和响应技术，以及安全系统集成有所了解。响应专家应具备武器、响应力策略和培训、应急和急救计划以及调查技术等方面的知识。数据分析师应理解如何使用计算机模型预测系统性能。这个成员可能也是一个安全系统工程师、响应或者延迟专家，或者主题专家。根据具体的设施和面临的威胁，利用解锁、爆炸专家或者其他专门技能进行威胁评估并为设计的系统建立性能目标是很必要的。此外，运行代表们包括安全、生产、法律人员，为了提供系统的输入量——被允许的活动或者更改建议对运行产生的影响等信息，可能也需要其他设施专家。

一旦团队组成，设计和评估流程的第一阶段——明确系统目标，就可以开始了。这个阶段的结果输出应该是一个完整的表征描述，包括现有安全元素的描述，设计基本威胁或者威胁谱，以及对于设施内所有资产的认识和其关联的损失后果。资产的鉴别和后果分析可能借助于故障树的使用。就这点而言，可以采用 EASI 和 ASDs 建立基线系统模型，还可以确定初始的 P_I。这些结果可与系统目标进行对比，使用上面的公式可得到具体的风险值。如果风险值是可以接受的，现有系统就是令人满意的；如果风险值在可接受范围之外，那么就必须重新设计系统来降低设施的风险。

15.4 风险评估

为了真正做出具有成本效益的决定，必须了解系统的有效性、现有系统以及基线系统相关的风险，这点很重要。没有这些信息，不可能做出具有成本效益的决定，因为为了做出一个明智的决定，首先要知道减少风险以及减少风险所付出的代价。实现安全目标的可用资金是有限的，承认这一点也很重要。所以，如果某个设施受到的威胁程度高，但是资金只够其对抗较低程度的威胁，这就会产生额外的风险。对抗不同的威胁需要系统具备不同的性能或者有效性。但是系统的有效性取决于面临的威胁，不同的威胁会产生不同的 P_I 值以及不同的风险值。威胁越强大或者越复杂，安全系统就必须有更好的性能。图 15.1 描述的就是这种关系。一旦要决定投资建设保护系统，就有必要明确系统如何有助于降低风险。如果预计的威胁很高，但是仅有足够的预算或者其他资源来保护系统免受较低威胁的攻击，那么就存在严重的风险。

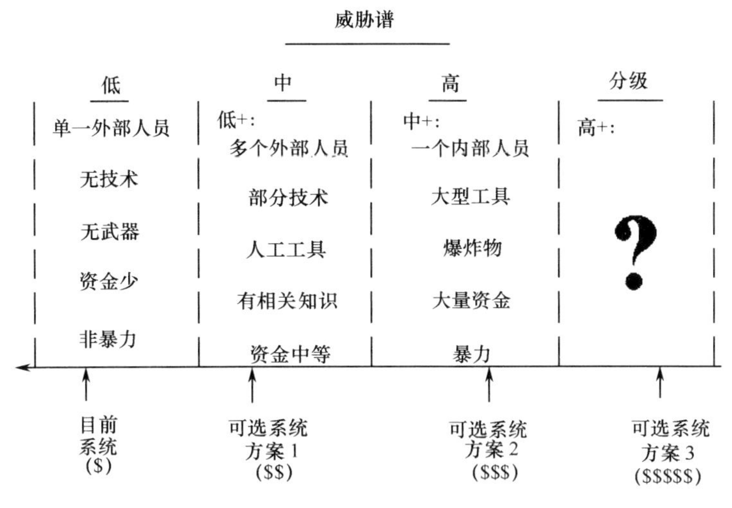

图 15.1 威胁谱和系统性能

这种分析可以作为争取更多资金进一步降低风险的依据，或者作为制订一个较长期计划以提高数年间安全程度的基础。风险评估的目标不是尽可能多地投入资金，而是帮助决策制定者将可用的资金尽可能有效地使用，降低设施或公司的安全风险。如果结果显示设施或公司面临着不可接受的高风险，可增加额外的资金以更快地提高安全系统的有效性。作为一种替代，完成风险评估将表明哪些威胁已被安保系统所缓解；哪些威胁对于设施而言仍具不可接受的高风险。风险评估一旦完成，就应被当作专有数据并在全公司有限的范围内共享。

设施的风险评估中另外一个有用的工具是第 4 章“目标辨识”中介绍的后果矩阵。既然对安全系统目标和功能进行了完整的讨论，那么再对其进行回顾就是有益的。表 15.1 是一个后果矩阵的样本。

表 15.1 后果矩阵

后果程度——高			
后果程度——中			
后果程度——低			
	发生概率——低	发生概率——中	发生概率——高

注：右上角的阴影格子表示必须预防的威胁。左下方阴影格子的威胁是或许可被接受的，或者经过有限的程序变化可被接受。其他没有阴影的格子表示在资源配置时必须有所决定的区域。根据不同设施的具体情况，后果严重、低概率事件等可能比其他事件占据更高的优先级。

在之前的章节中已经深入探讨过后果矩阵中的所有元素。威胁定义中明确了矩阵中对手攻击和威胁的概率。在识别对手攻击目标的时候确定损失后果。应特别关注出现在矩阵左上部的各种威胁——高损失后果和低发生概率事件。通常公司高管和安全经理认为发生概率低的事件的风险可被接受，因此不需要采取行动。如果设施真正准备接受这种风险，这种方法可行；但是低概率不是零概率。对于这些事件的全面考虑应是安保部门提供给公司的分析报告的组成部分，并且是使用条件性风险的最好例子。例如，挑战者号航天飞机爆炸、博帕尔化学泄漏导致 10000 余人丧生、切尔诺贝利反应堆事故都是后果严重、低概率发生事件。它们中没有一个是安全事件，虽然它们可能应该是。安全事件的例子包括俄克拉荷马城爆炸案、哥伦拜恩校园枪击案、守卫或犯人被杀的监狱暴乱、9・11 恐怖袭击以及巴黎夜总会爆炸案和伦敦地铁爆炸。

后果矩阵与对手攻击的概率、财产受损的后果以及威胁范围相关。后果矩阵是检验安保功能或向高级管理层提出增加预算需求时的有用工具。它把所有相关的信息用一个简单并图形化的形式呈现出来。其内容和风险以及提高安全系统有效性的各种方式相关，如图 15.2 所示。

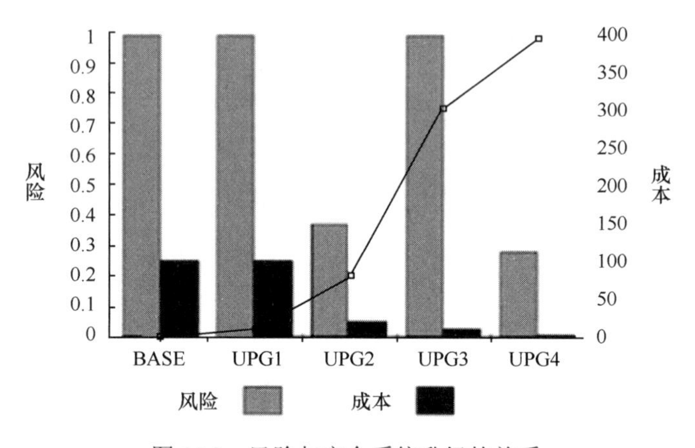

图 15.2 风险与安全系统升级的关系

每个升级方法都存在一定程度的风险和成本。这是我们尝试决定资助哪一种升级方法时，向高级管理层展示可能的升级方法的成本效益的一个快速方式。

通过使用风险公式，可以通过将系统性能与相对成本的风险降低关联起来以评估各种安全提升方式。安保部门可将其建议的安全方案用如下方式呈现：高级主管可通过其熟悉的准则充分理解安保部门是如何帮助整个企业的，安保部门可以取得哪些预期的、可衡量的提升来回报公司的预算投入。这些风险值都是基于系统有效性的测量或 P_E 的存在。如果采用量化分析，对 P_E 的测量就更加不确定，可能导致不正确的结论。只有当资产承受较低损失后果或者属于可接受风险范围时，才可被允许。

15.5 性能测试

除了使用 EASI 码来计算 P_I，系统的性能测试、元器件的性能测试以及初始数据的验证都应该在接受 PPS 最终设计方案所具备的风险之前进行。要求有实际性能测试相关文档来支持全面的风险计算。即使 PPS 设计方案已经被接受和批准，测试也应该继续进行。一些测试的类别如下：

（1）可操作性测试——由设施安全人员每天执行，确保 PPS 设备正常运行。

（2）性能测试——定期执行以确保 PPS 设备的敏感度足够高，能够支持分析模型中使用的 P_D 的假定值。

（3）后期维护测试——PPS 设备维护后执行，以确保设备运行正常，并且具备预期的敏感度。

（4）系统整体以及有限范围测试——由设施执行以确保系统的大部件能按照计划共同工作。一些应被测试的 PPS 的协调性部件可能是对响应和延迟的探测。

（5）评估测试——对 PPS 定期的、独立的测试，以确保 VA 仍旧有效，并保持 PPS 有效性的预期程度。

无论分析的基础是定性的还是定量的，都需要进行可操作性和后期维护测试。事实上，所有五种测试都能支持定性风险分析；唯一的区别是数据是定性地进入风险分析，而不是定量的。

15.6 小结

在前面的章节中已介绍了所推荐的 PPS 设计和分析流程。这个流程递增至 C、P_A 和 P_E 的最大值。一旦这些测量确定下来，就可以通过特定的一个威胁来计算设施的风险。通过使用风险公式，可以比较设施实物保护方面的不同升级方案。其中具备最佳投入产出效果的方案会被采用实施。这个流程可分配有限的安全资源来保护最重要的资产。此外，可使用一个量化的结果，并以高级主管所熟悉的术语，将他们从投资中能获得的回报表述出来。风险被资产损失结果归一化处理，从而对宝贵的实物保护资源进行合理的分配，使得所有的风险被限定在可以容忍的范围。

15.7 安防理论

通过风险公式，$R = P_A \times (1 - P_E) \times C$，用系统的有效性来量化设施所面临的一个特定威胁所带来的风险。使用风险公式，P_E 将促成做出良好的成本效益决策，并且帮助选择能够将风险降低到可接受数值的方案。

15.8 参考文献

[1] Grose, V.L. Managing Risk: Systematic Loss Prevention for Executives. Arlington, VA: Omega Systems Group, 1987, 47-48.

15.9 问题

1. 为什么风险评估对于一个安全系统的评估很重要？
2. 选择一个设施作为例子，并做出需要完成的脆弱性评估计划，包括团队应包括谁，团队应该完成什么任务，团队应该如何汇报自己的发现。
3. 使用风险公式和下列的信息计算一个设施的风险。
   a. 假设一个条件性风险，也就是说，对手将发起攻击。
   b. 当结果值由高（C=1）向中间（C=0.5）向低（C=0.2）变化，条件风险是如何变化的？
   c. 假设对于一个设计好的基准威胁——有内应的三个持枪罪犯，其系统的 P_I 是 0.7（最大可信的威胁），如果威胁现在降低到两个外部罪犯且 P_I 为 0.85，对于一个损失后果严重的关键资产，其条件性风险将如何改变？如果 I 增加到 0.95 以对抗最低程度的风险，且只有一个罪犯呢？
   d. 利用风险公式和资产的结果值是 0.5 这一已知的信息，计算下列 P_A 的风险：
      a. P_A=0.2
      b. P_A=0.5
      c. P_A=1.0

请问由此可以得出什么结论？

.Chapter 16

第16章 流程应用

本章探讨了如何将PPS系统设计和评估的原理运用于其他安全应用中。其基本的准则和流程适用于商店、酒店、博物馆、地铁、港口、重要的建筑保护等任意安全应用。但是本章只研究三种应用——要员保护、地面交通和网络系统。本章不探究细节，但希望通过展示如何使用相同的流程和原则，建立起大家对安全系统设计、集成和实施的一些共识。

16.1 要员保护

要员保护是安全防护中的一个特殊领域，通常出现在政府和大集团里。对高级主管的保护是这些机构的全面安保方案的一个重要组成部分，与PPS并行采用。与安全防护的其他领域一样，要员保护的第一个环节通常是风险评估。可能会是一个新政策出台、近期发生的一个安全事件、公司合并或者定期检查的结果。无论是什么原因，风险评估将对威胁、要员受袭的后果、要员安保系统的薄弱环节，以及攻击成功实施对股东和集团管理产生的影响等进行考量。

为了简化，我们假定要员的安全防护由一个人提供，并用一个术语——“要员”来指代被保护的高级主管。对于需要多人团队提供要员保护的情形，采用的基本方法是一致的。

对于公司的安全经理们而言，认识到对公众部门主管的保护与对公司主管的保护不同这点很重要。关键的区别在于公众部门主管的安保是合法的，部门主管必须接受保护。而对公司主管的保护并非法律所要求的，公司主管们倾向于更多地介入风险和威胁的检查，并对如何缓和威胁提出建议计划。对于私人公司而言，要员保护会对公司的运营产生一定的影响，所以必须对要员保护的成本进行认真分析，但公众部门的要员保护无此顾虑。例如，出于安全考虑，董事会授权的公司的专机使用必须经过认真审核其是否符合内部收入服务条款，并防止当飞机或汽车被私人滥用时引发对收入的质疑。

16.1.1 明确保护目标——设施表征、威胁定义和资产识别

在制订要员保护计划时，设施表征通常采取检查所有要员经常或者将要参访地点的形式。这些地点可以是家里、办公室、路途或有关的信息安全。家和办公室地点通常都会具备一定形式的实物保护措施。无论是官方业务还是私人休闲，通常应提前前往要员们将要参访的地方，并熟悉能够实施保护的地形、环境、人员、布局和当地的管理。除了检查会场、车辆进入、识别出口、楼宇里通往会场的专用保护通道，还要准备离开大楼的出口及备用通道。常见的做法还包括了解清楚附近的休息间，划定一个私人区域以方便要员接听突然打来的电话或者召开会议。应有机会去确定最近的医院或其他医疗救助点，以应对发生的需要医疗帮助的事件。

通常可以通过思考以下问题来确定主管们的日常路线：每天早上主管是不是会中途停车吃早餐或喝咖啡？是不是每天都去同样的地方？午餐时间呢？主管是不是健康俱乐部的成员？他们什么时候下班？主管接送孩子上学放学、去上舞蹈课或者参加体育活动吗？跟随在要员身边几天（如果可能的话）并将日常路线记录下来完成这一流程。做到这一点需要几天或者一周的时间，以发现要员的行为模式以及要员所处的不同环境——可预测的以及固定的路线会增加风险。可以使用 Holder 和 Hawley（1998）提供的清单来协助完成这一流程。

所有的线路都被评估之后，就可以得出一些确定的信息。通常可以划分成两个基本类别——可预测的区域和瓶颈点。可预测的区域通常包括要员的住所和工作场所，一定程度上，还包括这些地点的近邻。住所和工作场所的定义是广泛的。例如，住所可以是家里、酒店、度假村或者周末小屋。工作场所可以是办公室或者会议中心。在这些可预测的区域，攻击最有可能发生，因为对手知道要员最终都必须进入这些场所。对手可能只需要知道要员到达的大致时间；有内部人支持的话，将会有更多的机会和信息来选取攻击的时间和地点。

瓶颈点包括电梯、狭窄的或者单向的街道、桥梁、地下通道或建筑工地。如果可能的话，应该尽可能地避开或者减少出现这些地点；如果做不到，应将这些区域加入必须接受更严格路线检查的地点之中。

如同固定地点的 PPS，我们可明确主管们所面临的威胁。通过囊括了全球各地针对高级主管的敌对事件信息的商业服务，通过与其他主管和安保专家建立联系，通过了解当地

及国家法律，通过检查家里与办公区域的犯罪研究，我们可从商业服务中获取普通威胁的数据。一些开放的情报信息来源包括美国联邦调查局（FBI）的Infra、Gard计划、美国国务院海外咨询委员会（OSAC）、国际恐怖主义组织搜寻（SITE）研究所、海事安全委员会等。可以通过威胁高级主管的具体形式——信件、电子邮件、电话或工作场所暴力事件来确定威胁。一些部门，如金融服务、医药和能源部门，或者高级主管在海外工作的那些部门也有可能成为激进组织的目标，对高级主管、他们的家庭、居所和交通工具等实施攻击。在某些地区，还应考虑绑架儿童和劫持车辆等可能性。负责的安全官员应该制订出收集外部和内部数据以及信息来源的流程，从而保留目前相关的威胁信息。激进组织针对要员的攻击，包括过去的尝试和最新的兴趣，这一记录启示我们应有一个更积极和更有效的安保计划。

所采用的要员保护计划会因威胁的本质以及目标而异。如果是暴力威胁的话，将会使用明确的，以及各种不同的技术，使抗议者远离要员。要员保护的关键是要有能够描述出哪一个要员、在什么地方和什么时间需要被保护，以及这些保护措施可达到什么程度。例如，美国特工对于美国总统的保护力度显然比一个大公司对其高级主管的保护力度更大。与美国本土相比而言，在国外市场工作的中级主管和现场工作人员可能面临更高的个人风险，有国外业务的公司也会面临着更高的财务风险。通过将母公司的风险以绑架和赎金保险项目（K&R）的形式转移给保险公司承担，威胁的后果将会被部分弱化。这种保险项目的服务通常包括一个专业的安全机构，它代表客户以及保险公司来协商，确保被绑架雇员安全脱困并与他们的家庭协调配合。最好是在事件发生之前就建立起这些制度。

应该明确的是，在这一案例中受保护的资产是要员。这种保护也可以延伸到对要员直系家庭成员的保护。由于要员在其组织中所处的特殊地位，所以通常要花很多时间出差旅行，有时候是在有威胁的地域。考虑到要员面临着比普通人更高的风险以及经常和家人分离的情况，因此有必要对要员住所进行合理保护，以确保要员、家庭以及对获取公司知识产权（住所内计算机上的电子数据或者硬拷贝）的安全性。这是公司制度中需要注意的另外一个细节。

16.1.2 保护的功能——探测、延迟和响应

要员保护的首要功能——探测、延迟和响应是由提供保护的人（安保特工或者特工）实施的。可能有穿戴型金属探测器、无线电和武器等技术支持特工。在有效的PPS系统安装的地方，可由这些额外的安保层级提供补充保护。

特工的探测通常是直接的视觉观察的结果，通常可以采用对要员进行贴身保护与在附近进行不间断巡视的方式。前期的准备和情报搜集能提高发现威胁的可能性。挥手、延伸物或者突然的移动都可能是攻击发生的潜在线索。除了直接的观察之外，特工可能还需要对不同地点的人进行问讯以确定环境的正常状态。例如，如果要员每周五去剧院看演出，特工就会将这类行动定位为周五晚上的典型活动。

其他的探测方法包括搜查房间、建筑物、车辆以及包裹。包裹可能包括邮件、礼物、

行李和其他物品，尤其是陌生人发来的。可采用的减少要员攻击的一个程序性环节是筛检所有与要员工作密切的人。这一筛检通常是对与要员以及其家庭有经常接触的雇员、供应商和承包商进行背景调查。对于要员的辅助人员（秘书、个人助理、家务人员等）进行这方面意识的培训，能够完善保护计划并为潜在的攻击提供早期警示。

在主要威胁和潜在威胁间进行合理布局，迅速进行强烈干预，在适当的时候尽快疏散，以延迟攻击。“掩护和疏散”是紧急响应中的关键词，好的安保计划要求先遣人员具有迁移计划。要员保护中使用的技术包括防弹衣、防弹车和防弹玻璃等。通过增加距离来扩展保护区域的周长也是延迟攻击的办法，这也会有助于提早发现攻击。

响应通常要提前演练，包括将要员尽可能快地转移使其免受武装分子的攻击。正确的响应会因不同的威胁、攻击的武器、周边的环境和法律制约而不同。法律事务，尤其是海外的法律事务，可能会相当棘手，在实施特定响应的时候，应该对此有充分的认识。可采用的不同防御战术（Holder 和 Hawley，1998）包括：

（1）改变方向——通过改变要员的旅行路线，防止对手接近要员。

（2）回避——体面地使要员远离潜在的冲突事件，避免面对面的冲突。

（3）面对——如有需要可采用口头上的或体力上的对抗。在使用激烈干预的时候，必须小心并确保只在特定情况下使用且不触犯法律，要确保相关人员接受过防御技能的正确培训。

（4）幸存——生命攸关的时候，可采取的行动包括体力或者武装干预（尽管在美国很少发生）。

在某些情况下，还包括对被绑架要员的救赎。如果购买了 K&R 保险项目，K&R 专家会对这一流程进行管理。如果没有，那就意味着假定公司可以承受这一风险。

16.1.3 分析

在要员保护中，分析的基础是了解要员要参访的路线和地点，做好精心准备，并且配合相关的技术和人员防止攻击成功。在这种情况下，路线分析要涵盖对手和要员可使用的入口和出口；要提前设想各种可能的情形让特工和其他人员演习以确保有效的保护。可能通过相同的响应来应对不同的情形，避免系统过于复杂。例如，将要员从一个房间或一种情形下转移出去以阻止各种攻击得手。

通过各种搜索引擎监控激进分子或者其他威胁团体目前的行动，国外旅行时更新了解当地的国家形势，每天浏览本国安全和国家部门的相关情报信息等技术手段可以很大程度上完善安保分析和旅行预案。除此之外，如谷歌地图（Google Earth）这样的网站可提供参访地方的初步概况、疏散考虑、可替代的安全地点、医院和其他细节。可用笔记本电脑或者掌上电脑将这些信息整合为电子演示片，从而完成充分的准备并向多人行动小组和要员汇报。分析阶段的要员保护大多涉及对周边环境的了解、要员出访时与行动人员的配合，以及后备方案的制订。

16.2 地面交通

在此处的讨论中，我们限定交通仅为地面车辆（车辆），不是轨道或者水路交通。作为一个设计完备的 PPS 系统，其包含的环节有探测、延迟和响应，安全的地面保护也包含同样的环节。在交通安全系统中，虽然以不尽相同的方式提供相同的实物保护环节（探测、延迟和响应），但是它们与对手的任务时间表的关系却保持一致。通常可以将交通系统描述成一个具有内置延迟系统的移动控制接入区。接近运动的车辆是很困难的。探测是观察了解车辆的外部情况以及押运货物的工作人员，或是司机，或是司机和安保人员（如果有的话）。通过人员的直接观察，而不是依赖技术首先进行探测和随后的评估，当人员一旦发现自己处于攻击之下，探测和随后的评估就常常几乎同时进行。

对车辆和固定地点二者的响应，一个主要的区别是对前者而言，响应力量会在受袭时反击对手。对手可能会提前定位，并针对周围的区域进行准备以实施攻击。对手可能会利用地形之利，尤其是选择偏远或者过于拥挤堵塞的路线。反之，其采取的响应措施可能包括离开受袭地点，或者定位车辆以打败对手的攻击。

警卫可能会在场并且随车行动（如装甲车运输一般），而不是驻守在固定地点。由于车辆在不断移动，车辆与中心监控点以及任意响应的距离通常很远，因此响应力量内部自身的通信系统和中心监控地的通信系统都变得更为复杂。这种响应通常由地方或者联邦执法部门提供，由车辆驾驶员或者货主的安保人员协助。

协同并平衡技术和响应力量很重要。如果安保人员随车队而行，就能立即进行探测、评估、延迟和响应。另一方面，如果没有及时的响应，就可能要提高延迟的需求以确保安保人员有足够的时间到达现场并阻止攻击。当然，还有一个选择就是接受车辆被劫持或被偷窃的风险，并通过保险或者其他弱化后果的手段来处理。弱化后果的一个例子是在运送债券的时候使用银行的自动爆破染色包。引爆这些染色包可以使对手获得的债券变得无效，但是银行却可以对债券主人重新发行债券，并恢复其价值，这样做的真正损失只是由此带来的不便利性。

安保人员和技术之间的协同性是确保一个有效、均衡的安保系统的关键所在。在很多方面，地面交通安全比固定地点的安保更具挑战性。地面交通安保经常需要在公共领域执行任务，而且不可能获得与固定安保地点相同等级的门禁限制。除此之外，也许甚至更重要的是，攻击会在长达几千英里的路途中的任何一个地方发生，这就使得对手可以非常宽泛地选择潜在攻击地点。大多数情况下，这一选择可能是响应力量在有效时间内几乎不可能达到的地方。这些差异导致的结果是，运输中的安保人员在这样一个移动的安全系统中发挥着比固定地点中更为主导的作用。然而，无论在何种情况下，都必须首先由运输车辆技术单元为系统争取时间延迟，以确保为响应力量争取时间。由于安保人员拥有的移动 PPS

系统使得他们能够密切关注对手的攻击，并做出快速响应阻止攻击，所以训练有素、纪律严明的安保人员在行动中可减少例行公事的做法，增强对周围环境的认知，从而提高其行动的有效性。运输研究委员会在其主页上提供了大量有关运输安全的信息可供参考（http://www.trb.org/Activities/Security/TransportationSecurity3.asp）。

16.2.1 明确保护目标——设施表征、威胁定义和资产识别

对于地面车辆而言，设施就是车辆自身。对车辆的表征进行描述涉及与固定地点相同的方法，但是要素却有所变化。首先，运输车辆的结构描述采用了壁、顶与地等术语，大多常通过工程图纸和视觉观察而完成。接下来，对任何其他的实物保护系统元素，如通信和警报设备，进行描述。

应该仔细检查交通路线，尤其是可能的危险区域、瓶颈点和预定的停靠点；对手可能的潜入和疏散路线；影响事件时机的速度和距离。例如，车辆上坡减速时，往往比在平路上较快前进时，更易成为对手的目标。在交通堵塞的区域识别对手的潜入，并限制其逃跑和逃避也更为困难。地面交通包含如下各种运行状态：

（1）白天或夜晚，在预定地点停靠。

（2）白天或夜晚，在非预定地点停靠。

（3）白天或夜晚，驶往或者驶离一个停靠站。

（4）白天或夜晚，以不同的速度前行。

每一种状态都可能被不同的地形和环境所影响。

在设计系统之前，有必要对设施进行表征描述，识别威胁和关键资产，并明确风险管理的方案。运输威胁会在能力（如采用更多的车辆、包括伏击或在路上分散注意力等在内的战术）上有轻微的区别，但是威胁的定义在本质上是相同的。关键资产可能包括任何对手感兴趣的高价值的货物，包括商业产品（光盘、香烟、音响设备、珠宝等），特殊部件或者组件（特别的军事或工业部件、武器、爆炸物等），或者货币、药物以及其他具有市场价值的物品。

16.2.2 保护功能——探测、延迟、响应

根据物品的价值和所使用的法规指导准则，安保人员可能存在或可能不存在。如果存在的话，他们可能在车上、车前或者车后。这些安保人员持续不断地观察车辆，并担任安全系统中的探测和评估元素。响应力量的反应能力依赖于资产的价值和运输部门的政策。此外，如果有未经授权的人员试图进入车辆，接入控制和内部入侵检查等有效的措施就会触发入侵警报。车辆保护中使用的技术包括货舱的外锁以及运货板上的射频跟踪装置或者其他用于追回失物的单个器件。

攻击可能发生在路途中偏僻的区域，那里无法及时获得其他的安全援助。所需的延迟

是与货物同行的安保人员按照要求做出反应的时间。响应包括逃跑/躲避、立刻与对手交手、通过公开的或者隐蔽的方式将受袭消息通知中心监控点，减少资产的价值或者受损程度，或与对手协商。如果需要立即做出反应，最短的延迟时间就是响应力量在货物被对方转移到视线之外或破坏之前的到达时间。这取决于进入车辆货舱或者将其运走的时间、随车的安保人员的数量、受袭的车辆的数量和安保人员的策略。

设计出一个延迟充分、能够应对不同攻击能力和策略的延迟系统不是一件容易的事情，但是可在系统上设计出视觉遮挡、类似安全屋的结构、气体、加固的容器，剃刀带、链条等物件来成功延迟攻击。没有随行安保人员所制造的延迟和即时反应，很难设计出一个有效的保护系统。几乎不可能开发出这样一个仅仅依赖于技术的安全系统，它能延迟攻击足够长的时间以使其他响应者从较远的地点赶来支援并对抗一个精心策划的攻击。

除了最有价值的货物（装甲车速递是一个例外），一般很难看到除了司机之外的安保人员护送。如果有安保人员，由于安保人员从货物出发直到交货都必须一直在岗，且应训练有素和非常能干，至少应能与预估的对手身高、能力和目标相抗衡，所以安保人员的数量取决于成本。在绝大多数情况下，或者没有即刻反应，或者所做的反应只是为了找回失物或者拘押罪犯。当身处公众区域中，响应力量对于意外袭击的表现可能会更脆弱，记住这一点很重要。

为了加强安保人员基本的探测和评估功能，有必要进行有效的沟通。安保人员为组织和实施协调防御而不得不部署车辆和任意中心控制站之间的定期状态检查，向有关上级部门汇报事件的发生，呼吁执法或者寻求其他响应者对事件的支援。其中每一个行为的相对重要程度取决于和资产相关的政策、车辆所在地的公司流程以及资产拥有者对风险的容忍度。

如果做好了调查性响应的计划，那么就宜采用标签添加与/或跟踪技术。如果是即刻反应，那么运输车辆的设计就必须具备充分的延迟以确保安保人员能够在对手攻击得手之前做出反应并击败对手。一个安保性能优良的车辆能够更多地延缓对手接近车辆，并具备弹道防护和加强的安全性，同时还可能降低需要随行的安保人员数量。此外，车辆的出入口控制以及响应力量沟通能力对于保护运输中的货物是至关重要的。

首要的车辆安全要求可能包括弹道防护、出入口控制、延迟对手接近车辆以及响应援助。方法包括：

（1）一个强大的安全屋式的面板设计。

（2）进入货舱的坚固通道门。

（3）防篡改的密封条。

（4）出入口控制的两人准则。

（5）固定车辆的硬件。

（6）消除或者减少货物受损程度的后果弱化。

（7）用于协助追回的对手/资产标识和跟踪技术。

可以采用多层波纹钢的面板、内外不锈钢表面以及在钢管架上使用其他阻隔材料等方法设计特殊的车辆并提供延迟。波纹钢和车辆厢壁的整体厚度提供了进入延迟和弹道保护。

可将货物体积设计成拱形，以便尽可能大的体积和重量的货物被放置进车厢内。车厢的容量取决于为车辆选择的卡车底盘，以及车辆是否加置了装甲。一般倾向于采用能嵌入安全屋的地板、侧壁及天花板的飞机型货物捆绑轨道。这种设计为车厢、架装负载或壁架捆绑货物的方案提供了灵活性。也可以使用多道货物锁来确保车厢内货物的安全，制造出更多的延迟。

需要一个接入控制系统来控制接近货物所在区域的权限。例如，在一个插入式、尺寸有限、不规则的平板型挂件上输入3～8位的个人入口代码。建议使用能够支持1000个有效用户码，但是只允许有限次输入尝试、输码简便且能重新编码的电子锁。出入口控制系统的输出应能控制安装在车门上的机电式门锁。这种设计可使高精度的激发器（性能堪比飞机上所使用的）在接收到有效入口代码的时候启动锁块。这种锁块驱动多个、分离式的锁销，以实物确保车门的安全。无源的锁楔也能进行铰链边上锁。应加固门锁以更好地加强入口保护。

在车辆被劫持时，车辆的固定功能可防止对手将车辆轻易开走。可以从车上启动也可以从其中的一辆护卫车上启动车辆的底盘固定特性。底盘固定方法包括关闭引擎燃料设置、启动涡轮空气关闭阀、油门连杆失效装置，以及让车辆在启动几秒钟后停下来的可控的制动。通过可变计时器或者人工重置，能够实现可逆的固定系统。

车辆地面交通保护中使用的程序性技术包括与中心监控点的定期状态检查、多个车辆背靠背的停放（这样货厢门就不会被轻易打开），以及改变运输路线和时间等。

16.2.3 分析

对于一个固定的设施，建议同时采用路径分析和场景分析来评估PPS。但是，对于一个车辆而言，攻击小组必须穿越几个有限的防御层才能进入攻击目标。这使得路径分析不太适于分析一个实际运输系统的PPS有效性。对于有限防御层级的系统而言，更为有效的一个工具是场景分析。

采用普通的术语，分析师必须明确对手可能采用的攻击方法：

（1）截停车辆（如果车辆还没有停住）。

（2）闯入货区。

（3）抢货或者损毁货物。

（4）打败司机或者安保人员（如果在场的话）。

在场景发展中，分析应该考虑攻击有可能发生的地点和时间、分散注意力的伎俩、汽车炸弹、趁车辆护卫人员用餐袭击他们等，一旦拖车与牵引器或护卫人员脱离，阻止攻击的可能性就被降低。场景中必须有足够充分的细节，以确保充分并且准确理解所有对手的任务。需要考虑的问题包括：

（1）有多少人要攻击车辆？

（2）需要多少人才能搬移走目标物品？

（3）对手是否使用突击队来对付我们的响应力量？

一旦形成对场景全面和清晰的认识，就应该进行分析来判断是否能够有效地施加响应力量并阻止和弱化攻击。具有代表性的做法是使用计算机模型、主题技能、演练，或综合采用这些工具。对手的任务时间表与“探测、延迟及响应”时间表二者之间的关系和固定地点是一致的。

16.3 网络系统（计算机和网络）

为提供全面的系统安全，将章中所描述的PPS方法应用于计算机安全是很自然的一步（见图16.1）。用到的工具和流程不同于PPS中的工具，在高水平下，需要考虑相同工艺步骤来得到性能成本有效的系统。将实物安保的理念应用到网络安保中，保护计算机和网络免受恶意的破坏，这并不是个一对一的命题。延迟、时间差、实物接近和行话都是安保设计人员需要克服的困难。本节论述了如何将PPS系统应用于网络系统中，解释两者之间的相似和不同之处，并探讨将PPS应用到网络安保中的优缺点。

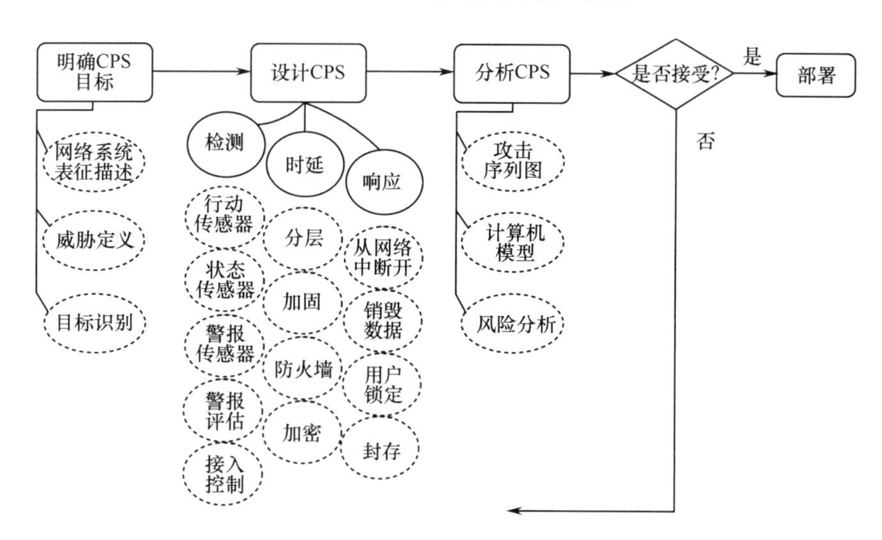

图16.1 网络防护系统设计和评估流程

16.3.1 网络安保基础

在最高层级上，网络安保包括确保广域和局域网的安全、无线技术、网络接入控制，以保护电子系统和其中存储的数据免受恶意攻击。网络安保的三个宗旨是可用性、机密性和完整性（Froehlich/Kent，1997）。可用性是确保计算机和网络服务的正常使用。可用性的例子包括传送用户消息的邮件服务器及可执行处理任务的台式计算机工作站。机密性是确保数据只能被拥有适当权限的用户访问。个人的信用数据、医疗记录和财产数据都是与保密性相关的重要信息的不同形式。完整性是确保数据和设想的一致，或接收到的数据和发送的数据一致。

尽管计算机安保的工具和流程与PPS中所使用的可能不同，但在较高层面必须考虑使用相同的流程步骤以确保实现一个性价比高的系统。在用户和数据交互这一方面，计算机安保关注的是验证、授权与认可。验证是确保用户的身份真实。验证的一个例子正如第10章“出入口控制”中所描述，在登录一个安全可靠网站的时候，输入只有用户自己知道的一些信息，或者关于用户自身的独一无二的一些信息。授权是明确用户的权利，如可在UNIX类的操作系统上读、写和/或执行文件。验证之后的认可是用户行为完全取决于另一个用户。一个最好的例子是用加密密钥对数据进行数字化签名的属性。

16.3.2 明确保护目标——设施表征、威胁描述和资产识别

在PPS中，网络保护系统（CPS）设计和评估的第一步是明确网络安保系统的目标。这些目标包括网络系统的表征、威胁的定义以及需要保护的资产。

网络意义上的系统表征包括对网络系统物理上和逻辑上的盘点。除此之外，关键还要了解企业的具体政策、政策执行和系统管理。计算机或者网络系统的物理组件包括显而易见的硬件（个人计算机、服务器、转换器和路由器、线缆）和不甚明显的硬件——和电脑相连的掌上计算机、临时的手提计算机、移动的计算设备、空闲无线接入点、硬盘驱动器和USB设备。系统设计的细节，如处理器结构，虽然有用但却不一定相关。网络拓扑、互联、网络接入、现有的防护和对这些连接的访问等都是系统表征的重要物理层面。

逻辑网络拓扑、网络端口和交通、使用的软件应用及其版本构成了逻辑表征。同时定义物理拓扑和逻辑拓扑有助于表征描述；由于二者相异，应对此保持动态的更新与了解。盘点系统中的协议和流程，并对客户端界面——个人计算机、终端和程序访问——系统的组成部分以及和其他系统的交互进行描述。

收集表征数据会是一项艰难的任务——网络是巨大和复杂的，互联比比皆是、用户添加和删除节电、技术在不断演进，这些都导致渴望更多的用户特征。加强数据搜集的软件工具确实存在，其中包括免费的、无处不在的Nmap和SolarWinds工程师工具包。硬件设备，如Fluke的OptiView 工作组分析仪，能提供更为永久的帮助。尽管可能需要艰难的调查性工作，但是自动的网络恢复工具和扫描有助于形成一个系统的完整图像。从这个意义上讲，通常大多数现代的AC&D系统在网络上使用多个计算机操作系统，网络系统宛如一个AC&D系统。因此，在描述CPS的时候，附录B将有所帮助。

接下来的CPS表征描述涉及制度、流程和运行管理。已经有或者将来要实施的制度是什么？制度已经被遵守或者实行了吗？是如何执行的？收集了什么数据来支持制度的实施？这些问题的答案将提供一个真实的运行图景。文档中的内容可能与实际发生的大相径庭。通过对PPS全面的表征描述，通常会将攻击的二级目标识别出来并加入需要受保护的

资产清单之中。CPS 表征描述的其他方面包括检查用户的概况、接入制度、在共享终端或输入密码时使用人工交互。

与 PPS 一样，一个好的 CPS 基于一个强大的威胁定义。在网络安保中，对威胁进行有效的定义所采取的步骤类似于实物安保：列出定义威胁所需的信息、搜集有关潜在威胁和威胁的信息、组织信息使之成为有效信息。数字、资源、能力、工具、动机等重要的威胁表征被整合在一起。本章讨论的是与网络相关的威胁的表征描述。

网络攻击能力首先是资金、教育和培训。低层次的罪犯是自筹资金，而国家则会资助黑客团队。教育和培训包括来自于大学或政府部门的计算机科学教育、公司培训、工业认证，或者仅仅是简单的自学技能的黑客。代码编写的能力可以从内核级或操作系统级，一直到高级别的可视化语言。评估能力是之前形成攻击的每一种能力的融合。好奇的年轻人几乎不具备评估能力，但是一个由国家资助的对手能够在不引起怀疑的情况下评估全球的网络。

网络对手的工具包括可能被攻击的硬件、软件和计算机及网络接入。硬件包括定制的电子产品、高速的个人计算机和服务器、用于测试目的的网络硬件、用于接入的通信设备。软件包括网络上免费获取的预输入的、过时的零日漏洞（Zero-day）软件——利用软件的漏洞且没有已知的补丁可用（Naraine，2006）。网络攻击的另一个工具，社会工程对于实现其终极目标至关重要。例如，对手可通过电话要求系统管理员授权或假装不知道密码而获取未经授权的访问。应考虑垃圾搜寻的方式获取密码和其他接入信息，并获取有用信息等人为办法。

动机可以是新手的好奇心，也可能是政府引导的想法。下面列举的是网络安保威胁谱中从最低到最高程度威胁的一个例子。

16.3.3 威胁谱举例

- 威胁程度很低——脚本编写

能力：没有资助，相当于高中教育程度，预先设定用途，仅有详细的场景，Windows 的中级用户，没有评估能力。

工具：家庭用户、学校或者公开级别的访问、预输入的、过时的、预定的软件开发。

动机：同伴中的地位、好奇心，随机的恶意行为。

- 威胁程度低——罪犯、心怀不满的员工（Associated Press, 2006）

能力：几乎没有资金或者靠借贷，接受一些教育或者公司培训，掌握预开发工具的高级使用，是 Windows 可能还是 Linux 的强大用户，具备杂乱但是准确的评估。

工具：公司级别的访问、开发的攻击工具、过时的软件开发，较少的社会工程。

动机：报复、获利。

- 威胁程度中级——有组织的犯罪（Day et al.,2006）

能力：资金充足、大学教育程度、零日漏洞（Zero-day）软件、精通大多数操作系统，重点是 Windows，具备常被认作是网络噪声的广泛的评估能力。

工具：高速网络和计算机接入，零日漏洞 Zero-day 软件开发代码、定制恶意软件（rootkits）、高级的社会工程服务程序协议（HTTP）和邮件代码。

动机：权力，获利。

- 威胁程度高——国家级别的，防御级别的对手

（Thorn-burgh，2005；Nie 2006）

能力：集中、政府资助培训和教育、内核级编码、分解和隐藏软件开发、精通所有的操作系统和硬件、秘密评估。在软件被使用前，这些威胁可能将弱点引入一部分软件中。例如，在海外为一家美国软件公司工作的程序员可能引入今后会用到的一个后门。

工具：高速、受限的网络及计算机接入，隐蔽的软件开发，定制的恶意软件，有可能包括虚拟技术。

动机：军事灌输、思想动机、渴望更高标准的生活。

明确 CPS 目标的最后一步是找出系统中受攻击的目标（资产、硬件和软件）。识别目标能够向网络防护系统设计人员揭示出利用现有资源可以对哪些资产进行最好的保护。目标识别包括明确希望避免的后果以及潜在的目标。窃贼通常都不具备相应的授权去获取数据。网络破坏包括数据破坏和删除，以及拒绝服务攻击（DoS）。表 16.1 中的后果矩阵式是总结目标的一个有效工具。与表 15.1 中的矩阵类似，表 16.1 这个矩阵描述了网络系统威胁和后果信息。在第 4 章“目标辨识”中，我们曾经具体讨论过如何生成一个后果矩阵。

表 16.1 后果矩阵

后果严重程度——高	工业间谍（盗窃/破坏代码）		
后果严重程度——中		雇佣解码高手（数据盗窃、损坏）	
后果严重程度——低			黑客（破坏网站）
	概率低	概率中	概率高

表中列举了对手的类型、目标和攻击的可能性，以及攻击的程度。 对比工业间谍和网站破坏者的例子演示了 PPS 目标识别过程的网络模拟。保护网络服务器免受众所周知的入侵，能降低仅有较少计算机教育背景的对手的成功率。进行能避开熟练受训的工业间谍的网络保护，可能会影响到公共网站的正常运行和使用。

16.3.4 CRS 功能——探测、延迟、响应

我们有意将每一种设计功能的具体技术仅作为例子来说明，是为了证明同样的流程适用于 PPS 和 CPS 的设计与评估。在实际应用中，必须综合使用许多技术，才能提供有效的 PPS。

探测是有效的 PPS 的首要元素。例如，当员工从公司网络上盗窃专有数据时，如果没有探测，员工就不用担心自己会被发现而无所顾忌地下载文件。在一个集成的 CPS 中，探测环节通常设置在与目标相距尽可能远的地方，以确保有足够的延迟来拖延攻击的到来。

CPS 中用于探测的器件包括主机和网络的入侵探测系统（分别是 HIDS 和 NIDS）、登录和警报、杀毒软件、网络监控和分析。关联引擎是一种新兴的探测技术，综合采用了前面所述的一些技术，从较小的不同的指标中探测出恶意事件。

紧接着探测的是延迟，最好将延迟环节设置在靠近目标的地方。 没有探测的延迟会失去效用，因为没有攻击的报告，我们就无法做出响应，延迟的目的是为做出正确的反应而争取时间。计算机安保中的延迟机理包括授权和接入控制、蜜罐技术、防火墙以及加密。

如错误密码的超时或锁定等接入控制都是延迟的简单方法。过去人们曾错误地认为防火墙是计算机安保的万应灵药，防火墙的实质是延迟。防火墙采用出口过滤，在内部和外部之间制造了一个屏障。蜜罐技术是在网络系统上设置陷阱，使其看起来很像有吸引力的攻击目标。蜜罐技术能够分散对手的注意力，理论上来说，可以引诱对手远离真正的目标，从而将攻击行动延迟一段有限的时间。

加密目前是最有效的、同时也是最被滥用的一种延迟形式。被证明的加密是指经过公开验证、正确应用并且无法破解的加密算法。这样的算法包括 AES、RSA 和 Blowfish 算法。有一些不恰当的应用，其中最好的例子是有线等效协议（WEP）。有线等效协议使用脆弱的初始化矢量（IV），现代工具和技术能够在几分钟内攻破它（Ossman，2004）。除了因糟糕的办法而导致系统不堪一击之外，如果买通或胁迫内部人员，也可能攻破加密。

在计算机安保中，探测和目标妥协之间的时间可能短到可以被忽略。这并不意味着就不能依照 PPS 准则来设计系统，而是响应的时间要按比例缩短——响应时间必须根据攻击的速度按比例设定并实施延迟。响应机理包括自动删除文件（需要安全备份）、消除网络连接、转移文件、隔离对手或攻击系统，以及改变系统管理员或者安保官员来进行人为干预。

16.3.5 分析

一旦明确目标并形成文档，设计好 CPS，就要进行系统分析。本节讨论了针对网络系统的分析技术：采用了攻击路径分析和有效性测量，以及技术缺陷和进展。对后果严重的网络系统和数据进行保护可能还需要定量分析。系统保护较低端的资产也可能会采用定量分析。

网络领域里的攻击路径众多并且各不相同。很少有系统管理员，更不用说安全工程师，能够将所有可能的路径和其对应的目标一一映射起来。映射和扫描工具，如用于网络探索或安全审核的免费开放源的工具 Nmap（http://insecure.org/nmap/）和具开放源主机、服务和网络监控程序的 Nagios（http://nagios.org/），都有助于完成这项艰巨的任务。也可使用硬件网络扫描器来确定系统中的路径和节点。在给定对手工具和能力的情况下，所有通向目标的路径都应被绘制出来。强调全面的网络系统的表征描述的重要性和目标定义，这是普遍的做法。

思考一个有关对手攻击顺序的简单例子。对手收集了某机构的开放源的、或可公开获取的信息。对手通过使用一个低级别、默认的、忘记取消其有效性的账号，发现了一个网络接入，导致对手最终发现预期目标。仍旧使用这个未经授权的接入路径，对手使用已知软件提高自身的用户权限，也许是通过缓存溢出。然后对手就畅通无阻地拥有了进入系统的权限并且直奔资产而去。

这个例子涵盖了对手的攻击路径、所遇的探测器、最后是关键的探测点。第一个探测器是默认账户的登录和管理员（如果有）通知。这点很像使用一个虚假的有效证件进入PPS客户端。接下来的探测器因缓存溢出提高权限而被触发。基于主机的探测可能会警示管理员并产生一个响应，这与门上BMS的旁路类似。分析也可能标明这点也是这个路径的CDP。当系统管理员或者自动响应仅仅来得及从缓存溢出转向阻止对手的时候，作为超级用户（由于权限被提高）的对手已经转向采用最快、最暴力的技术去获取目标了。

必须明确对手攻击顺序中每个网络保护环节的性能，以支持后果严重的系统的定量分析。计算探测的概率（P_D）仍是网络系统的一个问题。无论是侵入探测系统还是管理员警示都没有使用标准的探测程序或者量化提供P_D的数据。及时测试给定某点上的主机和网络传感器也许无法得到所有操作环境下绝对可靠的有效性，但是至少这个单一路径却能有助于分析专家对系统获得更好的理解，设计者也会产生在何处升级以提高安保的更好办法。众所周知的是，网络系统大量的路径使得问题的分析更为复杂，路径的数量随着网络接入和远程计算机结点的增多而迅速增加。

对于网络系统而言，很难判断延迟。来自对手和响应者的行动可能发生地很快，保护行动必须与攻击行为同样迅速。

中断概率同样适用于（P_I）网络系统。CDP在网络系统中的重要性与PPS中是一样的。减少时间，响应行动，拒绝攻击对手接入、转移目标或者仅设置陷阱引诱对手，这些都应考虑它们相对整个系统效能的及时性和贡献。至于响应力量有效弱化袭击的概率（P_N），与在PPS中的使用有一定的关联度。如果对手因为不是很确定自己是否已经被发现或者自动响应，对手中断了攻击，我们就弱化了这一攻击，尽管只是暂时的（对手第二天仍可能再次发起攻击）。这对于动机不强的威胁可能就足够了。通过删除重要文件来消除重要的法庭数据，这对于一些后果严重的资产保护可能是可接受的，但是实际上，应当慎重考虑通过这种行为来弱化攻击。

今天，绝大多数的CPS采用了定性分析，定性分析也适用于后果较轻的系统。主题事件专家在较高级别上也能够成功地确定系统的有效性，并仅根据后果的现金价值来确定有效性矩阵。基于定量分析的系统有效性，也就是确定侵入探测传感器的探测概率、网络屏障的延迟时间以及网络或人员的响应时间，这些都不是高端系统的标准配置。定量分析方法很少被提到（联邦金融机构检查委员会，2006），主观的有效性矩阵（Swanson，2001）才是规范。对于后果严重的目标的量化分析，应结合定性分析和分级有效性进行。

16.4 小结

本章简要回顾了三个不同安保应用的设计和评估，并证明了尽管应用不同，但是设计和评估的流程相同。利用要员保护、地面交通保护和网络系统进行了论证。确立安保系统目标的原则和观点、如何综合探测、延迟和响应功能进行有效地保护、系统分析技术的使用，这些用于要员保护、地面交通保护以及网络系统的防护一样适用于 PPS 系统。在每一个具体应用中，人、技术和流程的具体组合虽然会有所不同，但提供探测、延迟和响应的工具组合仍遵循同样的流程和同样的基本原理，以形成一个有效的防护机制。

16.5 参考文献

[1] Associated Press, Feds: Linkin Park Fan Hacks Phone Data. November 24, 2006. http://www.forbes.com/home/feeds/ap/2006/11/24/ap3202377.html,last accessed December 2006.

[2] Day, G., et al. McAfee Company, Criminals ‘target tech students’. http://news. bbc.co. uk/2/hi/ technology/6220416. stm, December 2006, last accessed December 2006.

[3] Federal Financial Institutions Examination Council（FFIEC）, Information Security booklet, July 2006. Information Security, Section: Information Security Risk Assessment. http:// www.ffiec.gov/ffiecinfobase/ booklets/information_security/02_info_ sec_%20risk_asst.htm, last accessed January 2007.

[4] Froehlich/Kent Encyclopedia of Telecommunications, vol. 15. New York: Marcel Dekker, 1997, 231–255.

[5] Holder, P.T., and Hawley, D.L. The Executive Protection Professional’s Manual. Boston: Butterworth-Heinemann, 1998, 64–67.

[6] Naraine, R. Microsoft Issues Word Zero- Day Attack Alert, December 7, 2006. http:// www.eweek.com/article2/0,1895, 2068786,00.asp, last accessed December 2006.

[7] Nie, P. Chinese army holds “Vanguard-206B” drill in E. China November 19, 2006. http://news.xinhuanet.com/english/2006-11/19/content_5349105.htm, last accessed December 2006.

[8] Ossmann, M. WEP: Dead again, Part 1., December 14, 2004. http://www. securityfocus. com/ infocus/ 1814, last accessed December 2006.

[9] Swanson, M. Security Self-Assessment Guide for Information Technology Systems. NIST Special Publication 800-26, November 2001. Washington: U.S. Government Printing Office. http://csrc.nist.gov/publications/ nistpubs/800-26/sp800-26.pdf, last accessed January 2007.

[10] Thornburgh, N. The invasion of the Chinese cyberspies（and the man who tried to stop them）, August 29, 2005. http://www.time.com/time/magazine/ article/0,9171, 1098961-1, 00.html, last accessed December 2006.

.Appendix A

附录 A

威胁表

外部人员表

	敌人类型				
潜在行动可能性（H,M,L）					
偷窃					
破坏					
其他					
动机（H,M,L）					
意识形态					
经济上的					
个人的					
（军事）能力/力量					
数量					
武器					
装备和工具					
运输工具					
技术经验					
内部援助					

内部人员表

内部人员	对资产的使用权（经常、偶尔、从不）	对 PPS 的使用权（经常、偶尔、从不）	偷窃的时机/机会（H,M,L）	破坏的时机/机会（H,M,L）	勾结的时机/机会（H,M,L）

.Appendix B

附录 B 网络位置调查

引子

1. 只在个人机器上电子版可用的危险信息资产不在调查的范围内。危险信息资产包括所有权数据、数据库、贸易机密、费用数据以及其他的相似数据。
2. 所有可以通过网络途径（非存放于储藏室的存储介质）轻易获取的敏感（危险）信息都是调查的范围（科目）。
3. 这个调查的目的是搜集关于每个位置的网络保护的初步信息。被分类如下：
   a. 探测或出入控制。例如：
      i. 口令；
      ii. 嗅探器；
      iii. 审计；
      iv. 实时监控；
      v. 入侵检测系统。
   b. 延时。例如：
      i. 加密；
      ii. 诱捕系统；
      iii. 分层访问控制；

iv．隔离。

c．响应。例如：

i．账目损坏；

ii．实时响应；

iii．服务器/装置未连接；

iv．文件删除；

v．人事通知。

调查问题

1．识别每一个包含敏感（危险）信息的网络。

1.1 谁是整个网络的连接节点？姓名、位置、电话、电子邮件？

1.2 个人（本地的和远程的）是如何通过特权授予的？谁授予的？授权列表如何维护？

1.2.1 有多少本地用户？

1.2.2 有多少远程用户？在哪里？

1.2.3 是否有定时的访问限制措施？详细描述。

1.3 设备（本地的和远程的）是如何通过特权授予的？谁授予的？授权列表如何维护？

1.3.1 有多少本地终端？

1.3.2 有多少远程终端？在哪里？

1.3.3 是否有定时的访问限制措施？详细描述。

1.4 在网络内，特定的识别出每一个包含危险信息的设备（服务器）、IP 地址和服务器名称。

1.4.1 识别主要的数据库及存储在设备上的文件（详细地说明数据的敏感性以及记录和字节的近似数量）。

1.4.1.1 本地用户？

1.4.1.2 远程用户？

1.4.2 识别这些设备所处的建筑物及房间。

1.4.3 在这些设备及数据库上运用了哪些网络防护手段：

1.4.3.1 入侵探测控制。

1.4.3.2 延迟。

1.4.3.3 响应。

1.4.4 识别子网络。

1.5 网络的连接方式是什么？（专线、快速线、私人的）

1.5.1 这些连接线路通过什么样的物理位置进入你所在的地点？

1.5.2 在这些连接线路上运用了哪些网络防护手段？

1.5.2.1 入侵探测控制。

1.5.2.2 延迟。

1.5.2.3 响应。

1.6 识别自网络。

1.6.1 谁是网络的核心节点？名称、地点、电话、电子邮箱？

1.6.2 两个子网络间的物理连接方式是什么？

1.6.3 在这些连接线路上运用了哪些网络防护手段？

1.6.3.1 入侵探测控制。

1.6.3.2 延迟。

1.6.3.3 响应。

1.7 提供此网络的所有图标，它的子网络、物理和逻辑连接及服务供给。

2．识别网络内部的所有连接，无论是永久的还是临时的。

2.1 在这些连接线路上运用了哪些网络防护手段？

2.1.1 入侵探测控制。

2.1.2 延迟。

2.1.3 响应。

.Appendix C

附录 C

EASI 模型

EASI 模型计算对敌方旨在威胁破坏的系列连续行动产生干扰的可能性。这是在连续行动保持充分长时间的情况下响应力量可以被通知的可能性。这种响应力量的通知被称为警报，而警报的可能性为

$$P(A)=P(D)P(C) \tag{1}$$

这里察觉到的可能性，是可以与响应力量通讯的可能性。

在只有单个探测感应器（或其他探测方法）的情况下，产生敌对行动干扰的可能性由如下公式给出：

$$P(I)=P(R|A)P(A) \tag{2}$$

这里响应力量较敌对连续行动率先完成的可能性。

一个敌对连续行动的发生由如下部分组成：一个起点，一系列的探测传感器，传输和障碍延迟及一个终点。传输和障碍可以被视为敌方所必须完成的任务。现如今的 EASI 版本允许详细说明关于任务延期的探测传感器的位置——任务延期之前、之后及之中。

如果当一个传感器激活时敌方行动直到完成的持续时间，是安防力量的响应时间，则遏制敌方的必要条件是：

$$\text{TR}-\text{RET}>0 \tag{3}$$

随机变量 TR 和 RFT 被假设是独立且正态分布*的，因此随机变量

---

*可能接近正态分布的要求，是让随机变量 TR 和 RFT 满足中心极限定理的条件。

$$X\text{=TR−RFT} \quad (4)$$

的正态分布表达式为

$$\mu_x=E(\text{TR−RFT})=E(\text{TR})-E(\text{RET}) \quad (5)$$

方差为

$$\sigma_x^2=\text{Var(TR−RFT)=Var(TR)+Var(RFT)} \quad (6)$$

以及

$$P(R|A)=P(x>0) =\int_0^{\infty}\frac{1}{\sqrt{2\pi\sigma_x^0}}\exp\left[-\frac{(x-\mu_x)^2}{2\sigma_x^0}\right]\mathrm{d}_x \quad (7)$$

在 EASI，$P(R|A)$使用近似于 Excel 中的 NormSDist 方程。因为这个方法考虑了序列中的剩余时间，评估感兴趣的通路中 p 点的 E (TR) 和 E (RFT)就要考虑到终点。每个障碍的突破时间和障碍间的通过时间是随机变量，同对手的资源相对应。所以，从任意点 p 到终点 n 的期望时间为

在 p 点的 E(TR)=E(在 p 点侦测时间)+ $\sum_{i=p+1}^{n}E(T_i)$

$E(Ti)$=任务 i 的预计执行时间

E(在 p 点侦测时间)=$E(T_i)$，（如果侦测在起始点（B））

=$E(T_i)$ / 2 如果侦测在中间点（M）

=0（如果侦测在终点（E））

假设每个任务是独立的，其余的点 p 和终端点 n 之间的路径时间的方差是：

在 p 点的(TR)＝Var(在 p 点侦测时间)＋ $\sum_{i=p+1}^{n}\text{Var}(T_i)$

Var(在 p 点侦测时间)＝Var（T_i）如果侦测在起始点（B）

＝Var（T_i）/4（如果侦测在中间点（M））

＝0（如果侦测在终点（E））

对于两个或更多的探测器，对于每个探测器，反应部队到达的条件概率 $P(R|A)$必须像之前描述的那样计算。对于计算从对手起点开始序列中断的累积概率 $P(I)$，必须考虑第一个点的检测，第二个点的检测，以此类推。例如，对于一个有两个检测点的线路：

$$P(I)=P(D_1)\cdot P(C_1)\cdot P(R1A_1)+(1-P(D_1))\cdot P(D_2)\cdot P(C_2)\cdot P(R|A_2) \quad (8)$$

需要注意的是，$P(C_1)$包含于第一项中而非第二项。因为，如果我们在第一个位置进行检测，但没有基于此检测传达给反应部队（由于堵塞等），在第二个检测点仅仅凭借在那个点的检测我们将可能没有机会传达信息。（这个事件的概率为 $P(D_1)\cdot(1-P(G))$，表示公式（8）第一个概率项中 $P(D_1)\cdot P(C_1)$与第二概率项中第一部分 $P(D_1)$的不同。）

基于类似推理的 $P(I)$的通用公式为

$$P(I)=P(D_1)\cdot P(C_1)\cdot P(R|A_1)+\sum_{i=2}^{n}P(R|A_i)P(C_i)P(D_i)\prod_{i=1}^{i-1}(1-P(D_i)) \quad (9)$$

EASI Excel 模型的补充说明

以下内容采用 Excel 的格式显示。EASI_formula_vu.xls 显示了每个计算的内容。如果用户没有因特网下载该模型，这个可用于检查键入后的输入内容。EASI_200.xls 展示了每个计算的值，可用于查找不正确的手动输入。所有文件指的是图 14.4 的 EASI 结果。

Excel 文件的第一个表格是一个图表格式，就像图 14.4 至图 14.9 所示。它可以用任意字体或线宽进行格式化，但数据的行列必须正确。表格中的数据（D～G 列，9～20 行）通过特定的路径传入。

	A	B	C	D	E	F	G
1							
2							
3		敌手顺序中断的预测		警卫通信概率		响应均值	攻击时间（s）标准偏差
4							
5				0.95		300	90
6							
7							
8		任务	描述	P（侦查）	位置	延时（s）	标准偏差
9		1	剪断护栏	0	B	10	3
10		2	跑到建筑物	0	B	12	3.6
11		3	打开门	0.9	B	90	27
12		4	跑到重要区域	0	B	10	3
13		5	打开门	0.9	B	90	27
14		6	破坏目标	0	B	120	36
15		7					
16		8					
17		9					
18		10					
19		11					
20		12					
21							
22		中断的概率		0.476040779			

第二个表（EASI2.XLS）：
所有的信息必须准确地显示在适当的单元格中。

	A	B	C	D	E	F	G
1							
2							
3							
4							
5		1		='XL Easi'!F5	='XL Easi'!G5		
6	PC	='XL Easi'!D5					
7							
8				mean	sdev	pad	1-pd
9		='XL Easi'!D9	='XL Easi'!E9	='XL Easi'!F9	='XL Easi'!G9	=$B$5*B9	=1-F9
10		='XL Easi'!D10	='XL Easi'!E10	='XL Easi'!F10	='XL Easi'!G10	=$B$5*B10	=(1-F10)*G9
11		='XL Easi'!D11	='XL Easi'!E11	='XL Easi'!F11	='XL Easi'!G11	=$B$5*B11	=(1-F11)*G10
12		='XL Easi'!D12	='XL Easi'!E12	='XL Easi'!F12	='XL Easi'!G12	=$B$5*B12	=(1-F12)*G11
13		='XL Easi'!D13	='XL Easi'!E13	='XL Easi'!F13	='XL Easi'!G13	=$B$5*B13	=(1-F13)*G12
14		='XL Easi'!D14	='XL Easi'!E14	='XL Easi'!F14	='XL Easi'!G14	=$B$5*B14	=(1-F14)*G13
15		='XL Easi'!D15	='XL Easi'!E15	='XL Easi'!F15	='XL Easi'!G15	=$B$5*B15	=(1-F15)*G14
16		='XL Easi'!D16	='XL Easi'!E16	='XL Easi'!F16	='XL Easi'!G16	=$B$5*B16	=(1-F16)*G15
17		='XL Easi'!D17	='XL Easi'!E17	='XL Easi'!F17	='XL Easi'!G17	=$B$5*B17	=(1-F17)*G16
18		='XL Easi'!D18	='XL Easi'!E18	='XL Easi'!F18	='XL Easi'!G18	=$B$5*B18	=(1-F18)*G17
19		='XL Easi'!D19	='XL Easi'!E19	='XL Easi'!F19	='XL Easi'!G19	=$B$5*B19	=(1-F19)*G18
20		='XL Easi'!D20	='XL Easi'!E20	='XL Easi'!F20	='XL Easi'!G20	=$B$5*B20	=(1-F20)*G19

	H	I	J	K
1				
2				
3	dddd			
4				
5				
6				
7				
8	P(first detn)	cum delays	Cum Var	True Mean
9	=F9	=D9+I10	=(E9*E9)+J10	=IF(C9="B",D9,IF(C9="M",0.5*D9,0))+I10
10	=F10*G9	=D10+I11	=(E10*E10)+J11	=IF(C10="B",D10,IF(C10="M",0.5*D10,0))+I11
11	=F11*G10	=D11+I12	=(E11*E11)+J12	=IF(C11="B",D11,IF(C11="M",0.5*D11,0))+I12
12	=F12*G11	=D12+I13	=(E12*E12)+J13	=IF(C12="B",D12,IF(C12="M",0.5*D12,0))+I13
13	=F13*G12	=D13+I14	=(E13*E13)+J14	=IF(C13="B",D13,IF(C13="M",0.5*D13,0))+I14
14	=F14*G13	=D14+I15	=(E14*E14)+J15	=IF(C14="B",D14,IF(C14="M",0.5*D14,0))+I15
15	=F15*G14	=D15+I16	=(E15*E15)+J16	=IF(C15="B",D15,IF(C15="M",0.5*D15,0))+I16
16	=F16*G15	=D16+I17	=(E16*E16)+J17	=IF(C16="B",D16,IF(C16="M",0.5*D16,0))+I17
17	=F17*G16	=D17+I18	=(E17*E17)+J18	=IF(C17="B",D17,IF(C17="M",0.5*D17,0))+I18
18	=F18*G17	=D18+I19	=(E18*E18)+J19	=IF(C18="B",D18,IF(C18="M",0.5*D18,0))+I19
19	=F19*G18	=D19+I20	=(E19*E19)+J20	=IF(C19="B",D19,IF(C19="M",0.5*D19,0))+I20
20	=F20*G19	=D20	=E20*E20	=IF(C20="B",D20,IF(C20="M",0.5*D20,0))

	L	M
1		
2		
3		
4		
5		
6		
7		
8	True Var	z-values
9	=IF(C9="B",E9*E9,IF(C9="M",0.25*E9*E9,0))+J10	=(K9-$D$5)/SQRT(L9+$E$5*$E$5)
10	=IF(C10="B",E10*E10,IF(C10="M",0.25*E10*E10,0))+J11	=(K10-$D$5)/SQRT(L10+$E$5*$E$5)
11	=IF(C11="B",E11*E11,IF(C11="M",0.25*E11*E11,0))+J12	=(K11-$D$5)/SQRT(L11+$E$5*$E$5)
12	=IF(C12="B",E12*E12,IF(C12="M",0.25*E12*E12,0))+J13	=(K12-$D$5)/SQRT(L12+$E$5*$E$5)
13	=IF(C13="B",E13*E13,IF(C13="M",0.25*E13*E13,0))+J14	=(K13-$D$5)/SQRT(L13+$E$5*$E$5)
14	=IF(C14="B",E14*E14,IF(C14="M",0.25*E14*E14,0))+J15	=(K14-$D$5)/SQRT(L14+$E$5*$E$5)
15	=IF(C15="B",E15*E15,IF(C15="M",0.25*E15*E15,0))+J16	=(K15-$D$5)/SQRT(L15+$E$5*$E$5)
16	=IF(C16="B",E16*E16,IF(C16="M",0.25*E16*E16,0))+J17	=(K16-$D$5)/SQRT(L16+$E$5*$E$5)
17	=IF(C17="B",E17*E17,IF(C17="M",0.25*E17*E17,0))+J18	=(K17-$D$5)/SQRT(L17+$E$5*$E$5)
18	=IF(C18="B",E18*E18,IF(C18="M",0.25*E18*E18,0))+J19	=(K18-$D$5)/SQRT(L18+$E$5*$E$5)
19	=IF(C19="B",E19*E19,IF(C19="M",0.25*E19*E19,0))+J20	=(K19-$D$5)/SQRT(L19+$E$5*$E$5)
20	=IF(C20="B",E20*E20,IF(C20="M",0.25*E20*E20,0))	=(K20-$D$5)/SQRT(L20+$E$5*$E$5)

N	O
Normal values	prod h?*n?
=EASI2.XLS!fornorm__a(M9)	=H9*N9
=EASI2.XLS!fornorm__a(M10)	=H10*N10
=EASI2.XLS!fornorm__a(M11)	=H11*N11
=EASI2.XLS!fornorm__a(M12)	=H12*N12
=EASI2.XLS!fornorm__a(M13)	=H13*N13
=EASI2.XLS!fornorm__a(M14)	=H14*N14
=EASI2.XLS!fornorm__a(M15)	=H15*N15
=EASI2.XLS!fornorm__a(M16)	=H16*N16
=EASI2.XLS!fornorm__a(M17)	=H17*N17
=EASI2.XLS!fornorm__a(M18)	=H18*N18
=EASI2.XLS!fornorm__a(M19)	=H19*N19
=EASI2.XLS!fornorm__a(M20)	=H20*N20
	=SUM(O9:O20)*B6

第三个表（EASI0.xlm）：

	A
1	fornorm (a)
2	=RESULT(1)
3	=ARGUMENT("z_value",1)
4	=z_value
5	=NORMSDIST(z_value)
6	=RETURN(A5)

术 语 表

表中的术语来自于桑迪亚实验室关于实物保护的培训材料，此外涉及安防方面的一些专业术语，增加了在其他专业领域使用的许多术语定义。

A

Acceptance testing 验收测试：通过对实物保护系统进行必要的检验，保证所有安装的设备均能满足设计文件要求，并符合安全规范要求。

Access control 门禁控制：

Access control measures 门禁控制措施

Access delay 访问延迟

AC&D 报警传输和显示

Acknowledge 报警信号接收显示

Activated delay 主动式延迟

Activated denial 主动式阻滞

Active 短路检测：是指用于传输连续信号的通信链路，在链路中断时进行检测。

Active infrared sensor 主动红外探测器

Active lines 有效扫描行

Active sensor 主动式探测器
Actual force 现实力量：由身体发出的力量，特指针对抢劫受害者的暴力行为。
Actual threat 现实威胁
Adversary 敌手/对手/敌对力量/敌方
Adversary action 敌方行动
Adversary action sequence（action sequence）敌方行动顺序
Adversary capabilities 敌方能力
Adversary class 敌方类型
Adversary neutralization（neutralization）进攻中止：是指针对一次袭击，设施的保卫力量使得敌方被抓、击毙或迫使其逃离
Adversary path 攻击路径
Adversary sequence modeling（sequence modeling）敌方行动顺序模型
Adversary task 敌方任务
AFC（automatic frequency control）自动频率控制
AGC（Automatic Gain control）自动增益控制
Alarm 警报
Alarm assessment 报警复核
Alarm priority scheme 报警优先级方案
Alert 警报
Analog signal 模拟信号
Angular field of view 视角
Annunciator 警报器
Aperture 孔径
ASD（Adversary Sequence Diagrams）敌方序列图
Assess 报警响应
Assessment 报警复核
Assessment zone 报警复核区：监控画面的成像空间能满足进行报警复核的要求
Attack 攻击/袭击
Authentication code 认证码
Auto-iris lens 自动光圈镜头
Automated access control 自主式访问控制

B

Background noise 背景噪声
Balanced line 视频信号对称传输线
Band-splitting（frequency scrambling）频带分割

Biometric device 生物特征识别设备
Bistatic 双基探测雷达
Blackmail 敲诈/勒索
Blinding 眩光
Blooming 光晕
BMS（Balanced Magnetic Switch）平衡磁力开关
Bridging（ or looping）input 桥接（环通）输入
Brightness（luminance）亮度
Broadband 宽频传输
Broadband jamming 宽频干扰
Buffer 缓存
Buried-line sensor 泄漏电缆
Burned-in image 烧附图像
Bypass 旁路

C

CCD（charge-coupled device）CCD 图像传感器
CCTV（closed circuit television）闭路电视
Classification 识别
Clear-voice 明码通信
Clear zone 高亮区
Coaxial cable（coax）同轴电缆
Coercivity 磁矫顽力
Collusion 共谋/串通
Common mode 共模
Communication 通信
Communication system 通信系统
Complementary sensors 互补性探测器
Containment 屏障
Continuous detection 长期设防
Contraband 违禁品
Contrast 对比度
Control track 控制声迹
Covert sensor 隐蔽型探测器
CPU（central processing unit）中央处理器
Crawling 爬行
Crawl test 爬行测试

Crossover 交汇点：在这一点上的两个重叠的微波传感器的光束的中心线相交。
Cross-talk 干扰：系统或系统部件之间的信号非正常转移。
CRT（Cathode Ray Tube）：阴极射线管/CRT 显示器

D

Deadly force 致命暴力
Dead spot 通信盲区
Dead time 空载时间
Deceit 欺骗/欺诈
Deception 微信号：一个试图混淆或欺骗对手的错误信息的传输。
Decoder 解码器
Defeat 击败
Delay 延迟
Denial 阻滞
Deployment 部署/调度
Depth of field 景深
Detection 探测
Detection and assessment 探测与评估
Detection zone 探测区
Deterrence 威慑/制止
Digtial encryption 数字编码
Digital signal 数字信号
Disgruntled employee 不满的雇员
Distribution amplifier 信号分配放大器
Diversion（divert）转移注意力
Doppler effect 多普勒效应
Due diligence 入职调查/背景调查
Duress 威胁/胁迫
Duress alarm 胁迫报警
Duress code 胁迫码
Duress system 胁迫报警系统
Dynamic 调频通信

E

EASI（Estimate of Adversary Sequence Interruption）EASI 计算机模型

Eavesdropping 偷听/窃听

ECD Electron Capture Detector

Effectiveness evaluation 防护效能评价

Electric-field sensor 电场传感探测器

Element 组件：实物保护系统的一个组成部分

Embezzlement 盗用/挪用

EMI（Electromagnetic Interference）电磁干扰

Encryption 加密

End event 树底事件（故障树模型）

Enhancement 优化：改变或调整实物保护系统，从而提高其操作性能。（例如：通过降低风险或费用的方法。）

Entry control 出入口控制

Entry control point 出入口控制点

Equalization 信号均衡：通过对电子信号的频率特征进行校正，从而减少信号线传输造成的损益。

Equalizer 信号均衡器

Equalizing pulses 信号均衡脉冲

Escort 护送/护卫

Event 事件：一类针对实物保护系统的行动，对手为了达到他的目标必须实施。

Excessive force 防护过度：在某种情况下采取不合理或不必要的防护能力。

Explosives detector 爆炸物品检测器：（1）离子迁移谱分析仪；（2）气相色谱电子捕获检测器。

Extortion 敲诈/恐吓

F

Facility 设施

Facility characterization（characterization）设施表征

Fail-safe 失去防护：用以保护资产的系统失效或失去动力。

Fail-soft 部分失效：也许由于性能下降，在系统中某一部件失效的情况下，造成实物保护系统的操作性和保护能力降低。

False alarm 假报警

False arrest 误抓捕：没有正当的法律效力而实施的抓捕。

False imprisonment 非法监禁

FAR（False Alarm Rate）误报率

Far-field 远场：是指入侵报警或视频复核的远端边缘，对报警复核而言，远场是指视频监控画面有限区域。

Feature criteria approach 关键技术指标
Field 视场
Field frequency 场频
Field of view 视界
FL（Focal Length）焦距
Flare 光反射
Float-charging（trickle-charging）浮充电
F-number 焦距比数
Foot-candle（FC）尺烛光
Force 暴力手段
Force continuum 暴力破坏连续性
Format 图像格式
Frame 帧
Frame frequency 帧频
Freeze frame 停帧
F-stop F 制光圈
Full-band jamming 全频干扰
Full duplex mode 全双工制式

G

Ghost 重影
Guards 警卫

H

Halo 光晕
Hardened container 实物容器
Hardening 硬化处理
Hoax 欺骗

I

Identification 鉴别
Illuminance 照明
Impostor 冒名顶替

Impostor pass rate 冒名通过率
IMS（Ion Mobility Spectrometer）离子迁移谱分析仪
Infrared 红外线
Insider 内部人员
Intercom 内部通话系统
Interlaced scanning（interlace）隔行扫描
Interruption 中断袭击：利用响应力量阻止袭击者的入侵。
Invasion of privacy 隐蔽入侵
IR 红外线
Iris（camera）镜头镀膜
Iris（eye）虹膜
Isolation zone 控制区

J

Jamming 干扰
Jamming geometry 干扰几何学

K

K-band K 波段（11-36GHz）

L

Lag 画面延迟
Land line 硬连接线路：硬连接通讯线路，例如电话线。
Light level 亮度级
Linear field of view 线性视场
Line-of-sight sensor 线性入侵探测器
Line-lock 行锁定
Line sensor 线性探测器
Line supervision 线路监听
Local communication 内部通信
Local threat assessment 局部威胁分析
Logic tree 逻辑树

Loop 环通
LOS（line of sight）线性传输
Lossy 损益
Lumen（lm）流明
Luminaire 泛光灯
Lux（lx）勒克斯

M

Magnetic buried-line sensor 地埋式电磁入侵探测器
Magnetometer 磁力计
Malevolent act 恶意行动
Malevolent action 恶意行为
Matching transformer 匹配变压器
Metal detector 金属探测器
Microwave reflector 微波反射器
Microwave sensor 微波传感器
Mitigating 弱化
Monochrome signal 黑白视频信号
Monostatic 单基探测雷达
Multiplexer 多路复用器
Multiplexing 多路复用

N

NAR（Nuisance Alarm Rate）误报率
Negligence 疏忽
Neutralize 入侵失效
Nuisance alarm 误报警

O

Offset 离地高度：探测器与地面的距离，入侵者可以采取爬行的方式通过微波探测器底部而不引起报警。

Off-site 外围/外场：在工厂或设施的土地边界的地区，不只是外部的建筑。

On-site 内场/内部

Outriggers 外伸支架：周界栅栏上向外倾斜一定角度的金属支架。

Outsider 外部人员

Overburden 过载

Overt 公开袭击：一种公开而不加隐蔽的攻击方式，如使用爆炸物袭击就是一种公开袭击。

P

P_{AS} probability of assessment 报警评估概率：定义了报警信号定位的速度和精度，用于评估对于报警信号的判断能力。

P_{AD} probability of assessed detection 入侵探测评估概率：报警探测概率和报警评估概率的乘积。

P_D probability of detection 报警探测概率：通过入侵报警探测器探测到敌方进入防护区域的可能性。

P_E probability of system effectiveness 防护系统有效抵抗袭击的概率

P_I probability of interruption 从入侵者攻击路径起点到响应力量成功阻止入侵的地点，探测能力的累积概率。

P_N probability of neutralization 响应力量有效中止袭击的概率

P_S 入侵报警探测器探测到非正常行为的概率，有时也称之为探测概率。

Pan/tilt mount 控制键盘：用于远程操控视频监控系统摄像机的控制装置。

Passive 被动式

Passive infrared sensor 被动式红外探测器

Passive sensor 被动式探测器

Path 路径

Performance criteria approach 主要技术参数标准

Performance test 性能试验

Performance testing 性能测试

Perimeter 周界

PETN Penta-erythritol tetra-nitrate 戊四硝酯（一种爆炸物材料）

Physical protection 实物保护

Physical security 实物安全

Physical security plan 实物保护计划

Piezoelectric effect 压电效应

PIN Personal Identification Number 个人识别码

Point detector 点探测器

Portal monitor 出入口探测器

Ported 屏蔽线缆
Positive feature 系统有效性特征
Positive personnel identity verification 有效个人身份验证
PPS physical protection system 实物保护系统
Primary event 初始时间
Priority 优先级
Protected area 禁区
Protective force 保卫力量
Protocol 通信协议
Psychotic 精神病患者
PTZ pan-tilt-zoom（摄像机）的转动/俯仰/缩放

Q

Quiescent 休眠状态：是指主动式入侵报警探测器在探测区域内无活动时的一种状态。

R

Raster 光栅
RDX 黑索金炸药
Real-time 实时
Reasonable force 正当防卫：使用合理的保卫力量保护自己或自己的资产，从而免于承担刑事责任，也称为法律效力。
Rebar 钢筋
Repeater 中继器
Resolution（horizontal）水平分辨率
Resolution（vertical）垂直分辨率
Response 响应
Response force 响应力量：用于及时应对敌方入侵的警卫人员和其他外部反应部队。
Response time 响应时间
Retina 视网膜
RF Radio Frequency 无线电频率
RFI Radio Frequency Interference 无线电频率干扰
RF shield 无线电频率保护
Risk assessment 风险评估
Roll 卷滚：由于暂时丧失垂直同步，导致监视器的图像出现垂直运动，经常出现在非同步切换系统的结果的垂直运动。

Roll test 滚动试验

Run test 运行测试

S

Sabotage 阴谋破坏

SAVI System Analysis of Vulnerability to Intrusion 入侵脆弱性分析系统

Scenario 场景：一种离线的事件顺序，用于表示攻击者达成入侵目标的行动。

Scrambling 乱码处理

Sector 防御区：通过多种探测器和视频监控系统构建实物保护系统的特定区域。

Secure 常态：指的是在此期间，无论入侵和防拆报警显示在操作员的控制台传感器的正常工作状态。

Security 安保：关于单位的各项活动、系统、程序、设备、人员和政策的机密信息或事项、敏感信息、重要资产和人员进行综合保护的集成系统。

Security area 安全区

Security communication network 安全通信网

Seismic buried-line sensor 地埋式震动探测器

Seismic disturbances 震动干扰

Seismic-magnetic buried-line sensor 地埋式震动地磁探测器

Self-test 自检

Sensitivity analysis 灵敏度分析

Sensor 探测器/传感器

Spoof 欺骗：通过任何技术或利用某种装置，通过检测器的探测范围而不产生报警。

Spread-spectrum system 展布频谱系统

Stand-off attack 远程攻击：并不进入某一设施而实施的攻击行动，如远距发射导弹攻击。

Stealth 隐秘行动

Stop-action 停帧：在记录系统中，以电子方式保存的图像在一个场或帧的处理。

Strategy 策略

Subsystem 子系统/分系统

Surreptitious 秘密或隐身，尤其是不留下任何证据的渗透或入侵。

Surveillance 监视/监控

Sync 同步

Sync generator 同步信号发生器

Synchronization（Sync）同步

Sync pulse 同步脉冲

T

T_G guard response time 响应力量反应时间

T_R time available for response 响应力量可用时间

Tamper alarm 防撬报警

Tamper-indicating circuitry 防篡改回路

Tamper-indicating device 防篡改装置

Tampering 篡改

Tamper protection 防篡改保护

Tamper-safing 防篡改安全

Target 防护目标/被保护对象

Target identification 目标识别

TDM Time-Division Multiplexing 时分多路转换

Terrain-following sensor 地形跟随探测器

Test pattern（电视信号）测试图

Theft 偷窃

Threat 威胁

Threat analysis 威胁分析

Threat assessment 威胁评估

Throughput 门禁系统的通量

Time-division multiplexing（time-scrambling）时分多路转换

Timely detection 及时探测

Transducer 转换器

Transient 高压脉冲：在电气系统中的突发性高电压尖峰，可造成拉弧或闪电；一般是由外部原因造成的短脉冲信号。

Triaxial cable 双屏蔽同轴电缆：其中心导体是由两个同心的，独立的屏蔽导体包围。

Turnkey 交钥匙工程

TV 电视/监视器

Twin-axial cable 双轴线缆

Twisted pair 双绞线

Two-man rule 双人原则

Type Ⅰ error 一类错误：在人员身份验证系统中，拒绝的声称的身份时，而自称身份是真实的。也叫拒识。

Type Ⅱ error 二类错误：在人员身份验证系统中，接受的声称的身份时所宣称的身份是假的。也叫错识。

U

Unauthorized person 未经授权人员

Unknown alarm 未知报警
Upgrade 升级
UPS 不间断后备电源

V

Vault 安全屋：房间的结构、门、墙、楼板和屋顶的设计使其难以入侵。

Vault-type room 安全型屋：是指某一设施的房间，采取了组合锁具，通过房间内的入侵报警系统探测任何通过墙壁、房顶、通道、开口、或房内的活动实施防护。

Video distribution amplifier 视频放大器
Visible sensor 可见型探测器
Vital area 禁区
Voice privacy 加密通信

Volume protection 监控范围：监控的整个区域，如房间，以检测从任何入口门，墙壁，地板或天花板的范围。

Volumetric sensor 空间探测器
Vulnerability 脆弱性/弱点
Vulnerability analysis 脆弱性分析
Vulnerability assessment 脆弱性评估

W

Walk test 步行测试
Waveform monitor 示波器

X

X-band X 波段

Z

Zone 特指某一特定区域（如禁区、监视区、防护区等）
Zone 区域
Zoom lens 变焦镜头